上海交大 · 全球人文学术前沿丛书

王 宁／总主编　祁志祥／执行主编

规圆矩方，权重衡平

中国科学史论纲

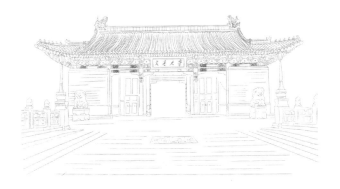

关增建　著

商务印书馆

The Commercial Press

创于1897

商务印书馆（上海）有限公司　出品
The Commercial Press (Shanghai) Co. Ltd.

　　关增建，河南郑州人。1990 年毕业于中国科技大学，获科学史博士学位。现为上海交通大学人文学院特聘教授，主要从事科学技术史尤其是物理学史、计量史、科学思想史等领域的研究，对通识教育及科学史的教育功能亦多有关注。其计量史著作被译成日文、德文、英文、俄文等在相应国家刊出。日本计量史学会学报《计量史研究》曾两度介绍其计量史方面的工作，给予高度评价。日本计量史学会前名誉会长岩田重雄将其誉为"中国计量史界的双璧"之一。

总序

　　经过各位作者和编辑人员的努力和仔细打磨，这套"上海交大·全球人文学术前沿丛书"第二辑很快就要问世了，我作为这套丛书的总策划和上海交通大学人文学院前任院长，应出版社要求特写下这些文字，权且充作本丛书的总序。

　　读者也许已经注意到这套丛书题目中的两个关键词：上海交大、全球人文。这正好涉及这套丛书的两个方面：学术机构的支撑和学术理论的建构。这实际上也正是我在下面将要加以阐释的。我想还是从第二个方面谈起。

　　"全球人文"（global humanities）是近几年来我在国内外学界提出和建构并且频繁使用的一个理论概念，它也涉及两个关键词："全球（化）"和"人文（学科）"。众所周知，全球化的概念进入中国可以追溯到20世纪90年代，我作为中国语境下这一课题的主要研究者之一对于全球化与中国文化和人文学科的关系也做了极大的推进。全球化这个概念开始时主要用于经济和金融领域，很少有人将其延伸到文化和人文学科。我至今还记得，1998年8月18—20日，时任北京语言大学比较文学研究所所长的我，联合了美国杜克大学、澳大利亚墨朵大学以及中国社会科学院共同在北京举行了"全球化与人文科学的未来"国际研讨会，那应该是在中国举行的首次从人文学科的角度探讨全球化问题的一次国际盛会。出席会议并做主旨发言的中外学者除了我本人外，还有时任美国杜克大学历史系教授、全球化研究的主要学者之一德里克，欧洲科学院院士、国际比较文学协会名誉主席佛克马，中国科学院哲学社会科学学部委员、北京大学教授季羡林，中国社会科学院外国文学研究所所长吴元迈，等等。会议的各位发言人对于全球化用于描述经济上出现的一体化现象并无非议，而对于其用于文化和人文学科则产生了较大的争议，甚至有人认为提出文化全球化这个命题在某种程度上就是为文化的西方化或美国化而推波助澜。但我依然在发言中认为，我们完全可以将文化全球化视作一个公共的平台，既然西方文化可以借此平台进入中国，我们也完全可以借此将中国文化推介到全世界。那时我刚开始在头脑中萌生全球人文这个构想，并没有形成一个理论概念。在后来的二十多年里，全球化问题的研究在国内外方兴未艾，这方面的著述日益增多。我也有幸参加了由英美学者罗伯逊和肖尔特主编的劳特里奇《全球化百科全书》的编辑工作，恰好我的任务就是负责人文学科的词条组织和审稿，从而我对全球化与人文学科的密切关系有了新的认识。特别是近十多年来中国文化以及中国的人文学术加速了国际化的进程，我便在一些国际场合率先提出"全球人文"这一理论构想。当然，我在全球化的语境下提出"全球人文"的概念，主要是基于以下几方面的考虑。

首先，在全球化的进程日益加快的今天，人文学科已经不同程度地受到了影响和波及。在文学界，世界文学这个话题重新焕发出新的活力，并成为21世纪比较文学学者的一个前沿理论话题。在语言学界，针对全球化对全球英语之形成所产生的影响，我本人提出的复数的"全球汉语"（global Chineses）之概念也已初步成形，而且我还指出，在全球化的时代，世界语言体系将得到重新建构，汉语将成为仅次于英语的世界第二大语言。在哲学界，一些有着探讨普世问题并试图建立新的研究范式的抱负的哲学家也效法文学研究者，提出了"世界哲学"（world philosophy）这个话题，并力主中国哲学应在建立这一学科的过程中发挥奠基性作用。而在一向被认为是最为传统的史学界，则早有学者在世界体系分析和全球通史的编撰等领域内做出了卓越的贡献。因此，我认为，我们今天提出"全球人文"这个概念是非常及时的，而且文史哲等人文学科的学者们也确实就这个话题有话可说，并能在这个层面上进行卓有成效的对话。面对近年来美国的特朗普和拜登两届政府高举起反全球化和逆全球化的大旗，我认为中国应该理直气壮地承担起新一波全球化的领军角色。在这方面，中国的人文学者也应该大有作为。

其次，既然"全球人文"这个概念的提出具有一定的合法性，那么人们不禁要问：它的研究对象是什么？难道它是世界各国文史哲等学科简单的相加吗？我认为并非如此简单。就好比世界文学绝非各民族文学的简单相加那样，它必定有一个评价和选取的标准。全球人文也是如此。它所要探讨的主要是一些具有普遍意义的话题，诸如全球文化（global culture）、全球现代性（global modernity）、超民族主义（transnationalism）、世界主义（cosmopolitanism）、全球生态文明（global eco-civilization）、世界图像（world picture）、世界语言体系（world language system）、世界哲学、世界宗教（world religion）、世界艺术（world art）等。总之，从全球的视野来探讨一些具有普世意义的理论课题应该就是全球人文的主旨；也即作为中国的人文学者，我们不仅要对中国的问题发言，同时也应对全世界、全人类普遍存在并备受关注的问题发出自己的声音。这就是我们中国人文学者的抱负和使命。可以说，本丛书的策划和编辑就是基于这一目的。

当然，任何一个理论概念的提出和建构都需要有几十部专著和上百篇论文来支撑，并且需要有组织地编辑出版这些著作。因而这个历史的重任就落到了上海交通大学人文学院各位教授的肩上。当然，对于上海交通大学在自然科学和工程技术领域的领军角色和影响力，国内外学界早已有了公认的评价。而对于其人文学科的成就和广泛影响则知道的人不多。我在这里不妨做一简略的介绍。实际上，上海交通大学历来注重人文教育。早在1908年，学校便开设国文科，时任校长唐文治先生亲自主讲国文课，其独创的吟诵诗文之唐调已成为宝贵的文化遗产。在这所蜚声海内外的学府，先后有辜鸿铭、蔡元培、张元济、傅雷、李叔同、黄炎培、邵力子等人文学术大师在此任教或求学。这里也走出了江泽民、陆定一、丁关根等中国共产党的领导人或高级干部。因此我们说这所大学具有深厚的人文底蕴并不算夸张。

新中国成立后，上海交通大学曾一度成为一所以理工科为主的高校，在改革开放的年代里，学校意识到了重建人文学科的重要性和必要性。经过多次调整与改革，学校于1985年新建社会科学及工程系和文学艺术系，在此基础上于1997年成立了人文社会科学学院。2003年，以文、史、哲、艺为主干学科的人文学院宣告成立，上海交通大学基础文科由此进入新的发展时期，并在近十多年里取得了跨越式的发展。其后，又有两次调整使得人文学院的学科布局和学术实力更加完整：2015年5月12日，人文学院与国际教育学院合并为新的人文学院，开启了学院发展的新篇章；2019年，学校决定将有着国际化特色的高端智库人文艺术研究院并入人文学院，从而更加增添了学院的国际化人文色彩。

21世纪伊始，学校发力建设世界一流大学，在弘扬"人文与理工并重""文理工相辅相成"优良学统的同时，强化人文学科建设，落实国家"人才兴国""文化强国"和"建设创新型国家"的战略目标。经过近二十年的建设，人文学院现已具备了从大学本科到博士研究生的完整的培养体系，并设有中国语言文学一级学科博士后流动站。学院肩负历史重任，成为学校"双一流"学科建设的重点。

人文学院以传承中华文化为核心，围绕"造就人才、大处着笔"的理念，将国家意志融入科研教学。人为本、学为根，延揽一流师资，培养一流人才，以学术促教学；和为魂、绩为体，营造和谐，团队协作，重成绩，重贡献；制度兴院，创新强院，规范有序，严格纪律，激励创新，对接世界。人文学院将从世界竞争、国家发展、时代要求、学校争创一流的大背景、大格局中不断求发展，努力成为人文学术和文化的传承创新者，一流人文素质教育和国际学生教育的先行者，学科基础厚实、学术人才聚集、人文氛围浓郁的学术重镇，建设"特色鲜明、品质高端、贡献显著、国际知名"的人文学院。

人文学院下设中文系、历史系、哲学系、汉语国际教育中心、艺术教育中心，国家大学生文化素质教育基地挂靠学院。世界反法西斯战争研究中心、中华创世神话研究基地作为省部级学术平台，人文艺术研究院、战争审判与世界和平研究院、神话学研究院、欧洲文化高等研究院、上海交通大学—鲁汶大学"欧洲文化研究中心"和东京审判研究中心等作为校级学术平台，也挂靠人文学院管理。学科布局涵盖中国语言文学、中国历史、哲学、艺术等四个一级学科。可以说，今天的人文学科已经萃集了一大批享誉国内外的院士、长江学者、文科资深教授和讲席/特聘教授。为了集中体现我院教授的代表性科研成果，我们组织编辑了这套全球人文学术前沿丛书，其目的就是要做到以全球的视野和比较的方法研究中国的问题，反过来又从中国的人文现象出发对全球性的学术前沿课题做出中国人文学者的贡献。我想这就是我们编辑这套丛书的初衷。至于我们的目标是否得以实现，还有待于国内外同行专家学者的评判。

本丛书第一辑出版五位学者的文集。分别是王宁教授的《全球人文视野下的中外文论研究》、杨庆存教授的《中国古代散文探奥》、陈嘉明教授的《哲学、现代性与知识论》、张中良教授的《中国现代文学的历史还原和视域拓展》和祁志祥教授的《中国美学的史论建构及思想史转向》。

本丛书第二辑出版四位学者的文集。关增建教授的《规圆矩方，权重衡平：中国科学史论纲》以严谨翔实的文献材料，就中国古代的宇宙观与时空观、天文与社会、物理现象探索、科学史研究的辨析求真、计量历史管窥等方面展开探索，呈现了中国古代科学史发展递嬗的大致脉络。杜保瑞教授的《中国哲学前沿问题》以哲学学科的视野展开思考，厘清了传统中国哲学的基本哲学问题，提出以系统性、检证性、适用性、选择性四个进路阐释并讨论传统中国哲学的理论。许建平教授的《中国文学史研究的去蔽寻道》一书视角几经转换，由社会视角转向人性、心灵视角，由行为叙述转向意欲分析，继而转向经济文化视角，将货币哲学引入文学史中。余治平教授的《董仲舒春秋大一统申义：儒家亲亲、尊尊的原则要求与谱系诠释》秉承董仲舒今文经学之风范，在公羊家"元年春，王正月""三世异辞"的叙事结构中，强化以历史认知的维度；阐发"存二王之后"以"通三统"的古代政治文明优秀传统，使"大一统"的内涵充实饱满。

　　通过这些学术著作，读者可以了解这四位学者的学术历程、标志性成果、基本主张及主要贡献。当然，我们也真诚地欢迎学界同仁批评指正。是为序。

王　宁

2024 年 4 月于上海

── 目录 ──

代序

详较管窥蠡测衡万物　细推质测通几识大千[*]

一、偶得风气之先，却有计量史大成

万辅彬（以下简称"万"）：早几年就想约您访谈，由于你我都比较忙，一直未能如愿，最近终于挤时间断断续续读了一些您的大作，这才拟好访谈提纲，终于可以开始访谈了。

由于您在科学技术史的多个研究领域取得了突出的成就，发表了百余篇学术论文，出版了《中国计量简史》等8部专著，《中国计量史》德文版还获得了2014年度国家社科基金中华学术外译项目立项，这是上海交大获得的首个国家社科基金中华学术外译项目，是贵校人文社会科学原创学术成果"走出去"的突破。您是上海交大科技史学科主要带头人之一，早在2008年就被推选为中国科技史学会的副理事长。您在自述中说："在已有的成果中，对中国古代物理思想和计量史的研究，偶得风气之先；对中国古代科技成就的阐释，树碑与毁庙并存，唯以取得合理解释为追求。治学取向向往兼容并包，

---

[*] 本文系万辅彬教授对笔者的访谈，原文刊登于《广西民族大学学报（自然科学版）》2016年第1期，这里有所删改。

对科学史在高等教育中的作用亦感兴趣。"我想首先请您详细介绍一下您在中国古代计量史研究方面所取得的成就。

关增建（以下简称"关"）：谢谢万先生抬爱，给了我一个这样的机会，使我有机会回顾一下自己的学术之路！

计量史是我关注的科学史研究的领域之一，也是我认为应该大力发展的一个科学史研究的方向。所谓计量，其本质特征是以法定的形式和技术手段实现单位统一、量值准确可靠的测量，它既是测量活动的基石，也对整个测量领域起指导、监督、保证和仲裁作用。计量这个概念，可以指测量本身，也可以泛指一种工作、一项事业或一门科学。计量是科学技术的基础，没有计量，就没有科学技术。计量也是国家机器正常运转的技术保障，是经济和贸易得以正常开展的技术保障。计量的重要性决定了计量史的重要性，由此，研究科技史，不能忽略了计量史。

我是从 20 世纪 90 年代下半叶开始想到要做计量史研究的。当时中国社会科学院有一个"八五"重点研究课题，要编撰一套"中华文明史话丛书"。这套丛书中有一些科技史的选题，其中有一部是度量衡史。丛书编委会中负责科技史选题的是中国科学院自然科学史所的王渝生副所长。渝生兄征询我的意见，我建议将原定的度量衡史改成计量史，因为计量史较之度量衡史，其内容更丰富，科技意味也更强。渝生兄对我的建议深以为然，写作这本书的任务也就落在了我的头上。

万：这个建议无疑把选题定位深化了、内容拓宽了。但前人对计量史没怎么研究过，不是拿现成的材料就能编成，而是要通过大量梳理、研究才能写成。

关：确实如此。真正要动手写，发觉并不容易。因为在中国学术界，有丘光明先生做的非常漂亮的度量衡史，有多位前辈做的厚重的天文学史、物理学史，但没有计量史。虽然蔡宾牟、袁运开两位先生主编的《物理学史讲义——中国古代部分》（高等教育出版社，1985 年版）书中，专门辟出一章写中国古代物理计量的起源和发展，但这样的一章还称不上是系统的计量史。

总体来说，中国的科学史界忽略了从整体上，特别是科学内涵上对计量史的把握，甚至于对计量史究竟应该包括哪些内容都还不甚了了。当时权威的说法是，在古代中国，计量就是度量衡。这种说法显然不妥，因为计量本质上是在统一单位的基础上的测量，而中国古代除了度量衡外，天文计量、时间计量、空间方位计量也是实实在在存在着的。

要写计量史，还要弄清楚计量在古代社会中的地位。古人是如何看待计量的？他们的计量理论是否发达，计量实践是否丰富？说到底，古代计量是否有足够的内涵值得研究？

实际上，在古代中国，人们对计量重要性的认识超越了当代人。中国古代有诸子百家，他们的哲学和政治主张互不相同，但他们在对计量重要性的论述上却别无二致，都把计量作为治国方略来对待。秦始皇统一中国后，做的第一件事情就是统一度量衡，这是他把这些思想家的理论付诸实施的具体表现。通过梳理相关文献，我们不难发现，中国古人不但从理论上对计量的重要性做过充分的论证，还发展出了颇具特色的计量理论，有过丰富多彩的计量实践。在计量基本要素，诸如计量单位制定、标准器设计与制作、量值传递、计量科学研究、计量的法制化管理等方面，中国古人走在了世界的前列。过去一提到中国古代科学，人们印象中就是农、医、天、算四大学科，实际上，计量是可以与这四大学科相媲美的第五大学科。在中国科学史领域，计量史研究是可以大有作为的。

根据这样的思考，我初步梳理了古代计量的基本内容，拟订了古代计量史的大致体例，撰写了《计量史话》一书，于2000年在中国大百科全书出版社出版。该书出版以后，得到了计量学界的关注，《中国计量》杂志社决定在该刊开辟"计量史话"栏目，邀我参与。我在该杂志上发表了自己对计量史一些理论问题的思考，诸如计量的社会功能、中国计量的历史分期等等。有一些计量事件和计量人物研究的文章也刊载在该杂志和别的一些刊物上。2005年，我和孙毅霖等合作完成的《中国近现代计量史稿》一书在山东教育出版社出版，国际科学史权威杂志 *ISIS* 于2009年第2期曾刊载书评，介绍该书并给予了好评。

万：一本《计量史话》引出了《中国计量》杂志"计量史话"栏目，还发展成一部专著，非常值得。

关：除了通过自己的研究为计量史的建设添砖加瓦，在上海交通大学科学史系的研究生培养中，我也根据学生兴趣，引导他们做计量史的题目，让他们成为计量史研究的生力军。继 2005 年在北京召开的第 22 届国际科学史大会设立计量史的分会场之后，2009 年在布达佩斯召开的第 23 届国际科学史大会、2013 年在曼彻斯特召开的第 24 届国际科学史大会，我都和日本学者合作，争取设立了计量史的分会场。在这些分会场，交大师生计量史研究的文章占据了越来越大的比重。到了今天，如果说在中国的科学史研究诸领域中，还存在着计量史研究这样一个领域，人们已经没有惊奇的感觉了。2015 年中国社会科学基金重大项目"中国计量史"的立项，也意味着学界终于认可了计量史作为科技史一个新的学科分支这一事实。

万：获得2015年中国社会科学基金重大项目可喜可贺！

您在中国计量史研究方面取得的成就国内公认，并获得国外学者好评，日本计量史学会前任会长岩田重雄曾在日本计量史学会学报《计量史研究》上说："［关增建教授的］研究范围极广，仅其部分研究内容就涉及中国古代计量理论、制定计量单位的科学过程、天文计量史、中国计量与科学的发展过程及其相互关系、中国古代计量和社会的相互作用、中国和东亚国家的计量交流史等多个分支。此外，他自1998年以来，还得到财团法人松下国际财团的研究资助。其业绩在国际上得到了高度评价。"将您和中国计量科学研究院丘光明教授一道，誉为"中国计量史界的双璧"。这是恰如其分的公允的评价。

关：丘光明先生是计量史研究的前辈，特别是在度量衡史研究方面成就斐然。我在和她交往的过程中，学到了许多东西。岩田重雄先生也是我所尊重的计量史研究的前辈，他曾担任过日本计量史学会的会长和名誉会长，是国际知名的计量史专家。他对中国非常友好，对中国计量史研究也很关注。我的《计量史话》一书，就是他请日本计量史学会常务理事、现在是副理事长的加岛淳一郎先生翻译成日文，在日本计量史学会学报《计量史研究》上连载刊登的。他罗列的我的那些计量史工作，在中国计量史领域属于先行一步性质的探索，对中国计量史学科的形成也起到了一些作用，岩田先生对此比较看重，所以他把我与丘光明先生相提并论，这是对我的抬爱。我把这看作是前辈的鼓励，激励自己不停步、不松懈，争取在计量史研究方面多做些工作。老先生 2013 年去世了。我也借此机会，表达对他的由衷的怀念。

二、科技史道路偶然选，计量史研究是必然

万：您是如何走上科技史研究之路，又是如何选择中国计量学史作为研究方向的？

关：我走上科技史研究之路，带有一定的偶然性。我是七七级学生，本科在西北工业大学度过，学的是物理学。当时大家都奔着四个现代化去努力，在考虑人生职业时当然首先要投身科技现代化，并没有想着要研究科技史。当时对科技史也没有多少了解。大学毕业后在郑州大学教普通物理，后来在校内听闻一种说法，说七七级是"文革"后首届大学生，从七七级开始，今后不是研究生在高校不能当讲师——虽然这种说法从来没落实过，然而还是因此动了心要考研究生。但当时七七级学生已经在单位发挥作用了，单位不太乐意让这批青年教师离开，就告诉我们说每人只给一次机会，考不中就安心在学校工作吧。既然只给一次考研机会，报考哪个专业就要仔细斟酌了。在翻检招生目录时，发现中国科技大学招科技史研究生，考试科目除了政治和外语外，还有四门，分别是普通物理、古代科技文献译注评、作文和综合考试。这几门课比较对我的口味，普通物理我学得还可以，课程考试曾得过满分。至于古文和作文，我们在读大学时，西工大考虑到"文革"十年，大学教师队伍断层，于是从录取的新生中遴选了一批人读师资班，定位是毕业后要在大学当教师。当时物理教研室的徐绪笃教授觉得这批学生今后要做大学教师，中文水平低了是不行的，于是从西北大学中文系请了一位教师，给我们开了一个学期的中文课。这门课主要是读古汉语。在课程的摸底考试和最后的结业考试中，我都排在了

前列。这样从文理两个方面一掂量，我觉得自己的文不会输给一般的理科生，理不会输给一般的文科生，考中国科大的科技史研究生应该还是有希望的，于是就报考了中国科大。考下来以后，成绩还不错，就这样很幸运地成了中国科大的学子。

进入中国科大后，因为我大学期间的毕业设计做的是根据激光散斑光强分布测量物体表面粗糙度的实验，那个实验的本意是要验证日本学者已有的工作，我把实验设置做了一点儿改动，结果比日本学者的还要好一些，最后的毕业报告还在当时的《陕西物理》上发表了，李志超老师觉得我做实验可能还可以，于是最初的定位是想让我做古代科技的模拟实验验证工作。读研究生第一个学期结束的时候，要提交课程论文，我在提交的文章中对汉代科学家张衡《灵宪》中的"闇虚"概念提出了新的解释，李老师看后，兴奋地对我说，你这个观点有道理，今后还是做文献吧。于是我就沿着做文献的路子走下来了，一直走到今天。

万：李志超先生有一双慧眼，他对学生的长处看得还是很准的。

关：实际上，对模拟实验和科技考古方面，我还是有些兴趣的。李老师在科技史界提倡科技考古方向，指导学生做了不少科技考古方面的课题。耳濡目染，我也比较留意这方面的动态。记得有一次趁周末去参观安徽省博物馆，发现在陈列的汉代文物中，有一件被馆方标记为"甑"的蒸具，在其上侧底部有凸起的截流槽，可以把顺器壁下流的冷凝水收集起来，同时还有个导管将其导引到器外。这就是说，该器物并非像馆方认为的那样仅仅是蒸具，它还可以起到蒸馏作用，是一个蒸馏器。而当时人们所知道的中国古代蒸馏器的起始年代，一般认为是在元代。现在这个蒸馏器是汉代的，而且是发掘出土的。当时我很兴奋，回到学校后告诉了李老师，李老师也很高兴，说这件器物的结构，决定了它一定是一个蒸馏器。后来我跟李老师合写了文章，在郑州召开的首届全国科技考古学术会议上做了宣读。我们的报告引起了与会人员的重视，其中包括上海博物馆的与会人员，他们专门找到我，提出要交换资料，进行合作研究。原来上海博物馆也有一件类似的器物，只不过他们的器物是征集来的，不像我们发现的这件，是直接出土的。这应该是我在科技考古方面的一个偶然的发现吧。我博士毕业后到郑州大学工作，曾任郑州大学文博学院院长，因职务之便，接触过不少考古学家，跟着他们学到了不少考古和文物的知识。这些知识，使我终身受益。我后来的工作，一直是以文献为主，但在解读古代各种文献时，会时时自我提醒，要注意用考古和文物的视角看待所讨论的问题。这样的视角，确实使我在研究中获益匪浅。

我是在中国科大完成了自己的研究生学业的。在李志超、钱临照两位前辈的指导下，先后获得了中国科大科学史的硕士、博士学位。硕士论文讨论的是方以智的科学思想，博士论文则进一步把研究视野扩展到了中国古代的物理思想。当时的中国物理学史，已经有不少高水平著述存在，但这些研究多从对器物的分析以及对一些较为明显能与近代物理知识挂钩的文献着手进行论述，缺乏对古代物理思想的系统研究。我的博士论文算是在这方面做了尝试，后来湖南教育出版社于 1991 年出版了我的《中国古代物理思想探索》一书，该书是学界第一部以中国古代物理思想冠名的著作。

在我的博士论文中，有一章专门讨论中国古代的测量思想。测量思想当然是古代物理思想的重要组成部分，对古代测量思想的讨论，构成了我后来研究计量史的前期工作。因为有这样的前期工作，后来我进一步思考了计量史的内涵，考查了它的重要性，发觉它确实是一座藏在深山人未识的金库，值得发掘，由此慢慢走上了研究计量史的道路。

三、三生有幸逢恩师，道器两精启后学

万：您是李志超先生的高足，李先生对他的学生影响是很大的，他的两部著作《国学薪火》和《天人古义》您都撰文给予评论。2014年李先生80华诞我有幸与会，聆听了您对李先生的评价。

关：确实如您所言，李先生对他的学生影响很大。这种影响，是人格与学术的双重感召。李先生刚正不阿、坦诚待人、不畏权贵、不计名利、倾心学术的特点，在认识和了解先生的人中，是得到公认的。在学术上，李先生

的特点是科学知识精通、文史底子深厚、思想敏锐活跃、动手能力超群。在前沿科学研究方面，李先生的波成像理论曾获 1979 年中国科学院重大成果一等奖，这充分体现了他的科技造诣之深。也正是因为有这样的造诣，李先生在阅读古代科技文献时，常常有令人耳目一新的发现。例如在他读沈括《梦溪笔谈》中《格术》条目时，就敏锐地发现了其中所包含的格术光学思想，并由此阐发了成像现象最基本的共性。他读《梦溪笔谈》中的《红光验伤》条目，一眼就看出了古人做法中的科技内涵。这样的学术洞察力，确实让我们望尘莫及。

李先生喜欢引用《易经》的"形而上者谓之道，形而下者谓之器"的说法，来区分科学史研究中的实证研究和思想辨析两个不同层面。在先生的心目中，这两个层面没有高低之分。我在先生 80 华诞庆祝仪式上对先生的评价是：道器两精。就"道"的层面而言，先生对中国传统思想的探究并由此引申到对思维和社会普遍原理的阐发，多为传统史学和哲学没有注意到的大问题，常常让人有振聋发聩的感觉。例如，先生通过对古文"機"的溯源，发现古文"機"是信息和控制的概念词，提出了"机发论"的思想，使这一影响了中华民族两千多年的重要思想得以重见天日。此外，先生还提出了"信息是物质存在方式"的学说，总结出了中国古典哲学六大论——合异论、混一论、玄始论、机发论、神生论、仁教论，在此基础上创立了"科技文化学"。如此等等。在当代的哲学家中，鲜见有如此之论者。先生的思想，确实是卓尔不群。

万：李先生的"道器两精""卓尔不群"在2014年80华诞庆祝座谈会上与会者达成共识。

关：就"器"，也就是科学史的实证研究层面来说，李先生的工作，也是我们望尘莫及的。先生最初介入科学史研究，是从沈括研究开始的。在研究《梦溪笔谈》所提漏刻精度问题时，先生在十分简陋的条件下，自己动手做实验，不但证实了沈括浮漏可达每昼夜误差小于 20 秒的精度，从而证明在惠更斯（Christiaan Huygens，1629—1695 年）发明摆钟之前，中国的水钟漏刻是世界上最精密的计时器，而且还从实验结果中意外发现了一个前人没有想到的因素，就是沈括漏壶的漫流壶中水的表面张力随温度变化可以调节水压，从而补偿了黏滞性对漏壶流量的影响。先生的这一石破天惊的发现，完全解释了沈括漏壶之所以会有那么高的精度的原因。除了对沈括漏刻的研究，先生对张衡候风地动仪工作原理的推测和复原方案的设想，对张衡水运浑象的复原考证，对梁令瓒黄道游仪的考证和复原，对苏颂、韩公廉水运仪象台的复原考证，尤其是对其关键结构，即李约瑟（Joseph Needham，1900—1995 年）所云之擒纵器原理的解说，都让人耳目一新而又心悦诚服。

我的硕士论文是在李先生指导下完成的。硕士毕业后，我在中国科大继续读科学史的博士学位，师从钱临照教授。在钱、李两位恩师的指导下，完成博士学业。

钱老是中国科学院资深院士，在晶体物理学方面成就斐然。同时，他还是中国科学技术史学会首任理事长、中国科技史领域《墨经》研究的开拓者。他对《墨经》中的光学、力学条目的研究，迄今在中国科学史研究领域仍然具有示范性意义。钱老治学严谨，对学生很有亲和力，同时又严格要求，以理服人。我有一篇讨论《墨经》凹面镜条目的文章，对条目中的"中"这一概念的理解与先生有所不同，先生专门把我喊去，摊开了一桌子的书跟我讨论。先生对学术认真的程度，给我留下了很深的印象。记得有一年暑期，我到钱老家里讨论毕业论文，进门后见老人坐在阳台上，一手拿蒲扇，一手拿着我的毕业论文，正在仔细批改。此情此景，我现在还记忆犹新。

在求学阶段，能够遇到李先生、钱老这样的老师，真是三生有幸。

四、辨析概念立新解，物理思想开篇章

万：李先生也因为学生们很有成就而感到自豪和欣慰。您在李先生的影响下对中国古代物理思想也很有研究，从《中国古代物理思想探索》这部著作中就可以看出您做了不少钩沉和阐发。请您也详细谈谈这方面的成就和体会。

关：《中国古代物理思想探索》一书，是在我的同名博士学位论文基础上完成的，1991年由湖南教育出版社出版。当时选这个题目做博士论文，压力还是很大的。首先是中国古代有没有物理学，这个问题是有争议的。如果没有物理学，何来物理学史？何来物理思想史？对此，我的理解是，"物理"这一概念，古今含义不同，有一个演变过程。中国先秦时期提出过"万物之理"的概念，古希腊亚里士多德著有《物理学》一书，该书所言之"物理学"，意味着对所有自然现象的研究，与中国人所说的"万物之理"颇有相似，人们在研究自然现象的过程中，因为研究对象的细化和研究方法的不同，逐渐分化发展出了不同的学科，形成了今天我们所说的物理学、化学、生物学等等。我们今天在回顾科学发展的历程时，也需要对古人各种各样的知识进行整理、分类，加以阐释，给予评价等，这就需要有一个描述框架和参照。当我们用今天所说的物理学的知识体系作为参照时，我们的研究就构成了物理学史的内容。从学理上说，物理学的含义不是一成不变的，它是从古代慢慢发展演变过来的，物理学史研究的任务，是要说明这一演变过程，而不是去论证古代也有类似今天的物理学的存在。曾有人主张按古人的知识结构、知识分类体系来撰写科学史，目的是要避免用现代知识解释古代学术。这种主张从实践上迄今未见到有成功的代表作问世，在学理上也是站不住的，因为如果严格按照其理念行事的话，史学研究最终将只能原封不动地复印古书，甚至连加个标点符号也是不应该的，因为即使只加个标点符号，也是掺杂了当今知识的结果。

虽然从学理的角度开展对中国古代物理思想的研究没有问题，但真正动起手来，还是面临许多问题。首先，研究古代物理思想，不能不涉及时空观，而当时兰州大学刘文英教授刚发表了《中国古代的时空观念》长文，既系统又深刻，这使我的研究一开始就面临一个很高的门槛。为此，我耗费了很大的精力来写这一部分。我的做法是，从原始文献着手，一条一条地分析解读，努力从古人的立论依据着眼，读出其内在的思维逻辑。这样一番努力，居然真被我读出不少新意，除了完成了博士论文，还顺带发了一些文章。

　　我对中国古代物理思想的研究，容易引起学界不同意见的，大概是对古代光学思想研究的那一部分。我的硕士学位论文做的是《方以智科学思想之研究》，在读方以智的《物理小识》时，在其对光的本性的论述中，发现了方以智是这样定义光的："气凝为形，发为光声，犹有未凝形之空气与之摩荡嘘吸，故形之用，止于其分，而光声之用，常溢于其余。气无空隙，互相转应也。"[①] 李志超老师在看了这段材料以后，断定方以智描述了一幅光的波动图景，这种波动图景不是现代光学的波动说，而是建立在方以智"气一元论"学说基础上的一种原始的波动说。为了与现代科学所说的光波动学说相区别，李老师建议把方以智的光波动学说称为"气光波动说"。李老师要我沿着这个思路继续探索。根据李老师的思路，我继续在《物理小识》中寻觅，很快发现了方以智的"光肥影瘦"学说讨论了光走曲线问题。"光肥影瘦"说的核心内容，是说光在传播过程中，总会向障碍物的阴影处侵入，使有光区扩大，阴影区缩小。方以智不但提出了这一概念，还专门做了针孔成像实验，力图证实他的理论。"光肥影瘦"说描述的图景，与今言之"衍射"本质上颇为相似。这样，方以智的光学理论就成体系了：它有自己对光的定义，有在其独特定义基础上推论出的光的传播方式，有运用这一理论对一些自然现象的解释，还有对这一理论相应的实验验证——尽管按照现在的认识，其实验验证并不能算是成功。当时分析出这样的内涵后，我很兴奋，也得到李老师的认可。在写文章时，因为担心被别人说是对中国古代科技的"拔高"，我试图不用"衍射"这个词，改用"绕射"，后来钱老提出异议，说那样做没有必要，因为绕射就是衍射。钱老说他们当年审订科学名词翻译时，diffraction 一词一开始是被译为"绕射"的，后来再三推敲，最后确定为更文雅的"衍射"。所以，没有必要因为要避嫌而采用"绕射"这个词。

　　不过，文章写成后，发表并不顺利，《自然科学史研究》就未能通过。大概是李先生和我的提法太超前了，审稿人不能接受。后来几经曲折，1987 年，

---

① （明）方以智，《光论》，《物理小识》卷一。

一家科普杂志《光的世界》刊登了李先生和我的文章《明末学者方以智的光波动学说》，更正式的文章一年后以《〈物理小识〉的光学——气光波动说和波信息弥散原理》为题，发表在上海的《自然杂志》上。写博士论文时，我将这一部分充实细化，放到了博士论文里面。

一些学者不接受我们对方以智光学思想这样的判断，理由大概是两个，一是说方以智的光波动说没有波长、周期这样的概念，这叫什么波动说？另一个是说方以智的"光肥影瘦"根本没有提到衍射条纹，他所做的针孔成像实验也看不到衍射条纹，怎么能说"光肥影瘦"概念与今言之衍射有相通之处？实际上，这些说法都是似是而非的。波是扰动或物理信息在空间上的传播，波长和周期并非是波的本质特征，单个的脉冲波就没有波长和周期。这涉及对波这个物理学概念的把握。至于方以智的"光肥影瘦"学说，那是他在其"气光波动说"基础上推论出来的，是一种理性构造，不是观察所得。这正体现了其理论高度的逻辑一致性。方以智试图通过实验和观察去证实他的猜想，这样的做法是可取的。我们不能因为他没有提到衍射条纹，就否定了这个概念的内涵。方以智在《物理小识》中，是把光与声相提并论的，认为二者以同样的方式发生和传播，没有人怀疑方以智对声的认识是一种朴素的声波动学说，为什么对于具有同样形态的方以智光学理论，就不愿意承认它是一种波动学说呢？当然，方以智的光波动说与当代科学所说的光波动说，完全不是一回事，二者也没有任何渊源关系，但我们不能由此认为他描述的光的产生和传播图景不是波动图景。

我的博士论文涉及不少这样的问题，除了方以智气光波动说，还有中国古代有没有原子论的问题、张衡的"闇虚"概念、古代的测量学说、误差理论等等。对这些问题，我的做法是将讨论的具体问题放在古代大的知识背景上，看我们对该具体问题的解释与当时的大知识背景是否相容。就拿张衡的"闇虚"概念来说，张衡在《灵宪》中解释月食发生原因，说："夫日譬犹火，月譬犹水，火则外光，水则含景。故月光生于日之所照，魄生于日之所蔽，当日则光盈，就日则光尽也。众星被耀，因水转光。当日之冲，光常不合者，蔽于地也，是谓闇虚。在星星微，月过则食。"只读这段话，很容易得出张衡已经正确认识到月食成因的结论，即月食是地球遮蔽了日光，月亮进入了地球的阴影所致。但是，如果考虑到当时的知识背景，张衡的《灵宪》是用阴阳学说解释宇宙问题的，天为阳、地为阴，天圆地平，地的尺度可以与天相比，比日不知道要大多少倍，这样的大地，其背向太阳透射的影子，将是一个巨大的扇形，太阳进入这个扇形区域，就会被遮蔽，不可能仅仅是在"当日之冲"的位置才发生月食。在发现这样的矛盾之后，再细致推敲张衡文章原意，就能发现现行解释的不合理之处，从而提出新的解释。

五、疑似之迹细致察，通几质测再解说

万：您对中国古代物理思想的探索之所以有独到之处，是因为能深入思考，不仅重视形而下的具体研究，而且重视形而上的哲学思辨。譬如对于方以智的"质测"与"通几"概念异同的辨析，就比较到位。

关：我对这两个概念的辨析，与硕士学位论文有关系。我比较重视对概念的厘清，认为概念是讨论问题的出发点和归宿，治学应该首重概念。我是在跟随志超师和钱老学习过程中，逐渐形成了这样的认识和习惯的。在读方以智的《物理小识》《通雅》等著作时，接触到了"通几"和"质测"的概念，检索前人研究基础时，发现学界对这两个概念评价很高，这引起了我的注意。

在《物理小识》的《自序》中，方以智给出了"通几"和"质测"这两个概念的定义："寂感之蕴，深究其所自来，是曰通几；物有其故，实考究之，大而元会，小而草木蠢蠕，类其性情，征其好恶，推其常变，是曰质测。"在其另一部著作《通雅》的《文章薪火》篇中，方以智进一步说道："考测天地之家，象数、律历、音声、医药之说，皆质之通者也，皆物理也。专言治教，则宰理也。专言通几，则所以为物之至理也。"考究方以智的思想，他认为学术可以分为三种，一种是探究"物理"，这是质测之用；另一种是探究"宰理"，即治国之道；再就是"通几"，意在探讨"所以为物之至理"。

因为方以智认为"通几"的功能是探究"所以为物之至理"，这与学界所

认为的哲学是研究物质根本规律的说法颇为相似，所以，"通几"是哲学；"质测"研究的对象是"万物之理"，在研究方法上还要"类其性情，征其好恶，推其常变"，这与科学的任务和研究方法是一致的，所以"质测"是科学。在二者的关系上，方以智说，"质测即藏通几者也"，"通几护质测之穷"，于是，这就与现代所说的"科学中蕴藏着哲学，哲学指导科学研究"的说法相一致了。在对哲学和科学关系的认识上，方以智居然达到了现代人所认识的高度，这无疑是令人鼓舞的。

但是，我对学术界的这一评价并不认同。这一方面是由于我在读科学史的研究生以后，受方励之教授"哲学是物理学的工具"说法的影响，不认同"哲学指导科学研究"的说法。因为哲学和科学是不同的学科，它们所遵循的规则、所追求的目标、所使用的方法乃至各自的价值判断，都不一致，因而很难用一个学科所得到的结论去指导另一个学科的研究。在科学史上，倒是不乏科学进步导致哲学理论更新的例子。在实践中，科学是走在哲学前面的。另一方面，方以智所说的"通几""质测"，其原义究竟是什么？与现在我们理解的科学和哲学的意义是否一致？这是需要仔细推敲的。

万：疑似之迹，不可不察。

关：要推敲，就要把这些概念放在大的历史背景演变上去考查。就"通几"来说，其核心在"几"这一概念上。在中国，"几"的概念，在先秦就存在了，《易经》中就提到了这一概念，意指事物变化发生前出现的细微征兆，把握了这些征兆，就可以"以微知著"，预知事物运动变化趋势。方以智一家从其曾祖父方学渐起，四世传《易》，自然对"几"的概念不陌生。非但如此，方以智还发展了这一概念，认为"几"不但存在于变化发生之前，而且存在于整个运动过程之中，是把握物质运动的关键。他认为，物质世界处于永恒的运动变化之中，每一变化发生之前及发生过程之中，总有些细微东西存在，它们体现了物质运动趋势，主导了物质运动发展方向，这就是"几"。"几"虽微小，却很重要，掌握了"几"，就把握住了物质运动根本，这是"所以为物之至理"。方以智所谓的"通几"，含义大致如此。如果要用现代学科概念去归类，大概属于方法论的范畴，还不能完全等同于哲学的概念。哲学的含义，比"通几"大得多，可以说"通几"是一种哲学活动，但不能简单地认为它就是古代哲学，这里面存在着大概念和小概念的差异。

至于"质测"，就不一样了，放在当时的历史背景下去看，明朝末季，西方传教士进入我国，随之也带来了令中国士大夫耳目一新的西方科学。这些科学因其超胜于中国的传统科学，难免要引起一些中国学者的兴趣，在研习会通之余，对其本身加以思考，认识到这类学术活动与中国传统学术主流有所不同，需要为之起一个专有名称以示区别，这也是势在必然。这一任务由方以智完成了。细致分析方以智对"质测"的种种解说，不难得出这样的结论。

说了这么多，归根结底，对古代的概念，应该实事求是地去分析古人的真正意涵，从而对之做出恰如其分的评价，而不是简单地用一些现代学术术语套上去，以为这样就是研究了。这是我的切身体会。

六、树碑毁庙并肩存，探究因果辨真章

万：您的母校——中国科学技术大学张秉伦教授也是一位思想活跃、求真求实的导师，在台湾学者刘广定先生从理论上对鲁桂珍和李约瑟的"秋石性激素说"提出质疑后，张秉伦教授指导他的研究生对5种具有代表性的秋石方进行了模拟实验研究和理化检测分析，否定了鲁桂珍和李约瑟关于秋石是性激素的说法。张先生这种理性怀疑的科学精神无疑对中国科大科技史专业的学生产生了深刻的影响，您也发扬了理性怀疑的科学精神，先后发表了《纠谬正说权衡度量》《中国科学史研究中的历史误读举隅》《析〈墨经〉之凹面镜成象实验——"中"是焦点而不是球心》《中国古代存在过原子论吗？》等一系列论文，您《推荐一部与我观点不尽相同的物理学史著作》的文章，可谓"树碑与毁庙并存"，真实反映了您"治学取向向往兼容并包""唯以取得合理解释为追求"的特点，给同道以深刻的印象，本人对此也深表钦佩。

关：所谓"树碑与毁庙并存"，实际是体现了我对科学史研究中两种倾

向的不满。一种倾向是对古人的顶礼膜拜，从树立民族自信心的美好愿望出发，不自觉地把古代一些原始的认识，说成是与现代观点一致的思想。对这样的庙宇，还是将其毁弃为上。例如，《左传》中曾经提到"陨石于宋五，陨星也"，说陨石是天上的星星落到地上的结果。学界据此认为中国人早在先秦时期就认识到陨石是天上星星掉下来的，正确揭示了陨石形成原因。相比之下，西方由于受到古希腊天界是完美的思想的影响，不承认陨石是从天上掉下来的，直到 1768 年，拉瓦锡考查此问题，还说陨石的形成是由于"石在地面，没入土中，电击雷鸣，破土而出，非自天降"①。这样一比较，很容易得出结论说，中国古人很早就对陨石形成机制有了正确认识，远远走在了欧洲人的前面。

但是，如果考查一下古人对陨石成因的认识，就会发现，古人对陨石之所以会坠下，是以天人感应学说立论的。古人认为，天上的繁星与地上的万民相应，民众安居乐业，星星就附天不动；国家治理混乱，民众颠沛流离，星星就会脱离天穹，坠落地面，以此昭示上天对统治者治理国家效果不彰的不满。而现代科学对陨石形成原因的认识，则是说在太阳系行星际空间，飘浮着大量太空物质，当它们与地球接近时，受地球引力作用而奔向地球，其中大部分与地球周围空气摩擦燃烧，形成流星，燃烧未尽的，落到地球上，就是陨石。古人没有行星际空间的认识，他们在天人感应思想支配下所说的星，只能对应于恒星，而恒星无论如何是落不到地球上来的。也就是说，中国古人对陨石形成原因的认识，与西方古代一样，无论如何都远远偏离了事实真相。

另一种倾向则是盲目崇拜当代科技，认为古人的那些东西不值一提，视古人丰富的创造力和令人叹为观止的思维成果如不见。前面提到的方以智的"气光波动说"的遭遇，就是一例。对此，我们当然要以实事求是的态度，客观地揭示古人取得的成就，揭示历史本来面目，这就是我所谓的树碑。古人

---

① 中国天文学史整理研究小组，《中国天文学史》，北京：科学出版社，1981年版，第147页。

确有大量成果，令我们叹为观止。例如，他们对计量重要性的认识、对度量衡标准器在计量中的地位和作用、对度量衡标准器的设计和制作等等，无不体现了他们的睿智才华。在我已有的成果中，有不少文章都是属于阐释这方面的内容的。

所谓"唯以取得合理解释为追求"，是我自己治学的一种方法。古人的那些思想、那些创造，不是凭空产生的，它们其来有自。做科学史研究，未必一定要给古人的认识以是否符合现代科学知识那样的评判，我们的目的是要真正认识古代的科学技术，这就不能不从探究古人的思想和创造背后的那些原因出发，分析其思维逻辑。要多问一个为什么，思考古人为什么会有这样的认识。这样一问，说不定就能问出一片新天地。例如，西汉扬雄在其《太玄·玄摛》篇中"察性知命，原始见终"，探究生命本原、万物终始问题，得出了"阖天谓之宇，辟宇谓之宙"的认识。他所说的"宇"指的是空间，"宙"指的是时间，这就是说时间是有起始的，时间开始于天地开辟。对扬雄的这一观点，传统的评价认为这是一种唯心主义的时间观念，因为如果时间有起点，就必然有起点之前的问题，而时间有起点的说法，又不能承认起点之前还有时间，这就必然导致是神、上帝等超自然因素创立了时间的认识。这样的时间观，当然是不可取的。

但是，如果我们问一声，扬雄为什么会提出这样的时间观，他的思维逻辑是什么，也许就会得出不一样的认识。我们知道，扬雄没有用超自然因素来解释自然的习惯，他把时间起点定位于天地开辟的时刻，是因为在此之前，宇宙是混沌不分的，缺乏有序运动，在那种状况下，无从产生有效时间概念。他在其《太玄·莹》篇中说，"天地开辟，宇宙拓坦"，表现了更清晰的这种思想。这是对时间概念本质的更深刻的认识。

要对历史现象取得合理解释，除了要多问一个为什么，还要把所论对象放在当时的历史背景上去考量。我多年前写过一篇散论，其中提到：历史是复杂的，在讨论历史问题时，要具体问题具体分析，不能简单从事。要学会用历史的观点看待历史，这不但有助于我们正确理解历史，而且也会增加我们看问题的宽容性，培养我们的历史意识，有助于我们正确地理解现实。河南省巩义市有一旅游景点，名为康百万庄园，内有一副对联，可为治史准则。该对联为：

> 读古人书须设身处地一想
> 论天下事要揆情度理三思

该联言简意赅，应该成为我们治学的座右铭。

万：您对天文学史也有所涉猎，例如您对"地中"概念的阐发就令人印象深刻。

关：天文学史与物理学史从来是有重合的，不管在西方还是在中国，都是如此。由此，研究物理学史，必须关注相应的天文学内容。学者研究问题，不能自我设限，不管是天文学史还是物理学史，只要有心得，都应该去探究。我对"地中"概念的讨论，就是这样得来的。

中国古人在很长一段时间里，没有地球观念。他们认为地是平的，其大小是有限的，这样大地表面必然有个中心，他们称其为地中。显然，地中观念是错误的，它不符合自然界的实际。也许正因为如此，科学史界过去对之关注不够。但地中概念又很重要，它在中国古代天文学发展的重要节点上几乎都发挥了作用，例如汉武帝时的太初改历，就有"落下闳为汉孝武帝于地中转浑天"①事件的发生；唐代一行接受唐玄宗诏令进行天文大地测量，其目的居然是"求其土中，以为定数"②；元代郭守敬进行规模巨大的"四海测验"，在传统所认定的地中处建高台测影，其测影台存留至今，既成为古代天文学发展的实物见证，也成为中国国家名称缘起的实物见证。类似的例证比比皆是。显然，研究中国科学史，地中是一个绕不过去的历史概念。出于这

---

① 《隋书·天文志上》。
② 《新唐书·天文志一》。

样的考虑，我对地中概念做了探析，发表了六七篇论文，引起了学界的注意。2010 年，我国以"天地之中建筑群"的名称，为河南登封嵩山的一组历史建筑成功申请到"世界文化遗产"的称号，其中的"观星台"遗址的学术支撑就是我的那几篇文章。

七、科史功能勤思考，通识教育结硕果

万： 自1995年以来，您对科学技术史的功能分析研究日渐深入，发表了多篇论文，特别是2012年在《上海交通大学学报》上发表的《通识教育背景下的科学史教育功能探析》一文，提出科学史课程是"通识教育不可或缺的核心课程"的论断，论述有理、有力，非常到位，发人深省。

关： 我对科学史教育功能的认识，有一个演变的过程。最早是在中国科大读研究生时，因为学了科学史，自然要问"科学史有什么用？"这一问题。对这个问题思考的结果，是 1995 年在《大自然探索》杂志上发表的《科学技术史功能新论》一文。没想到我早年发表的这篇习作，还被您注意到了。

博士毕业后，我到郑州大学任教，后来当上了郑州大学文博学院院长。在这样的岗位上，不能不思考跟教育有关的事情。自己的专业是科学史，这样很自然就想到了科学史的教育功能。同时，对这一问题的关注，也伴随着一种危机感而不断深入。科学史学科要兴旺发达，首要问题是要后继有人，做到这一点的前提是其培养的研究生要有出路。科学史研究生的出路，与科学史学科的功能有关。

科学史的确有其独到的社会功能。它本身兼具文理学科特质，是跨越当今社会高等教育因文理分科而导致的思维鸿沟的最佳桥梁。在普及人文教育、拓宽科普渠道、培养历史意识等方面，科学史也具有其他学科难以替代的作用。充分发挥科学史的社会功能，对当今社会的人才培养，大有裨益。为此，不能不重视科学史的教育功能。

1999 年，刘钝、廖育群诸公在北京香山组织了一个科学史发展战略论坛，我也有幸与会，在论坛上提出了上述观点，获得与会诸公共鸣，也成为科学

史学科的共识。进入 21 世纪以后，历届的科学史教学会议，都会围绕如何发挥科学史在高等学校人才培养中的作用的议题展开讨论。这充分反映了科学史界对科学史学科教育功能重要性的认识。

香山论坛后，我在从事科学史研究的同时，也在继续思考科学史的教育功能问题。2000 年，在《光明日报》上发表了《关注科学史教材编著》一文，深入到了科学史教材编写问题。之后，又发表了一些文章讨论这个问题。您提到的《通识教育背景下的科学史教育功能探析》一文，是我介入通识教育后对科学史教育功能进一步思考的结果。

万：您之所以有这样透彻的认识，是因为您对什么是通识教育进行了辩证思考，在上海交大新闻网"学者笔谈"栏目中，您另辟蹊径，诘问"通识教育不是什么？"，从另一个角度，加深对通识教育的理解。您认为通识教育不是博雅教育，也不是通才教育，更不是专业教育，当然也不是专业教育的对立面，而是用以引导学生在生活中作为一个负责任的人和公民首先应该接受的那部分教育，参考哈佛大学2007年通识教育的课程体系，由8个学科领域组成，分别是审美和阐释的理解、文化和信仰、实证推理、伦理推理、生命系统科学、物理世界科学、世界中的诸社会、世界中的美国，同时，担任这些核心课程的师资都是一流学者。哈佛要求学生必须在这8个领域中各选修一门课，每门课不低于1.5个学分，在一个学期内修完。所以作为上海交大通识教育指导委员会主任的您，认为"通识教育课程体系应经过设计，其内容要有选择"。科学史作为通识教育的核心课程之一是题中应有之义。

关：我介入通识教育，有一个渐进过程。在思考科学史的教育功能的过程中，逐渐接触到通识教育，开始对从更广泛的角度看待本科教育的教学体系问题产生了兴趣。这中间有些机缘促成了我对通识教育的了解。2007 年，上海交通大学要接受教育部的本科教学评估，在迎接评估的准备阶段，主管教学工作的印杰副校长点名要求我参加学校自评报告的定稿工作，这使我有机会对交大整体教学工作特点有了了解。评估工作结束后，学校组织了一批中层干部赴美国考察本科教学工作，我也随团前往。那是一次认真的考察，跑了不少大学，认真听报告，学到了不少东西。考察结束后每人要提交一篇考察报告，我则受命执笔全团的考察报告。完成这样的报告虽然花费了不少时间，但也值得，因为由此了解了美国大学教育，尤其是通识教育的状况，为后来上海交大的通识教育改革做了一些知识储备。

赴美考察结束后，学校决定推行通识教育，我也因缘际会介入其中。要推进通识教育，首先面临一个选择问题，因为在全世界范围内，没有一个通用的通识教育模式。在美国，哈佛大学的通识教育与芝加哥大学的通识教育就不一样。在国内，北京大学、清华大学、复旦大学等等都也不同程度地在推进通识教育，但他们的做法各不相同。那么，上海交大应该采取什么样的通识教育模式呢？我们经过分析，认为应该从通识教育的本意出发来设计通识教育。通识教育的本意是要培养 21 世纪负责任的社会公民，这样的社会公民的知识构成应该有其基本的要求，我们首先要弄清这些基本要求是什么，据此设计相应的课程，来实现我们的教育目标。所以通识教育的课程体系必须是经过设计和遴选的，不是简单开些文史课程就叫通识教育。在设计方法上，上海交大的通识教育课程体系设计采用的是目标倒逼方法：首先厘定教育目标，将其分解，用倒逼法设计课程体系。我们经过分析，认为哈佛大学的通识教育体系对交大有比较大的参考价值。我自己还申请到了上海市教委一个重点项目，对哈佛大学最新一轮通识教育课程体系改革进行研究。您提到的《通识教育不是什么？》那篇文章，就是我对通识教育与博雅教育、通才教育、专业教育等的关系思考后的一些认识。通识教育没有一定之规，我的那些说法，只是自己的一孔之见，供同道们品头论足之用吧。

万：非常感谢您用了这么多时间接受我们的访谈，今后有机会再深入交流。再次向您深表谢意。

第一章

中国古代的宇宙观与时空观

任何一个民族，当其文明发展到一定程度，都会对宇宙和时空问题产生兴趣，去思考宇宙的起源，探究宇宙的形状，猜测时空的性质，从而形成带有民族特点的宇宙观和时空观。本章就中华民族的宇宙观和时空观展开讨论，试图揭示我国先民对这些问题的认识。

第一节　中国古代的宇宙生成学说

在中国古代科学思想发展过程中，古人对宇宙起源演变问题的认识占据了重要地位，学术界对此早有研究。但迄止今日，仍然有诸多问题有待解决。例如冯友兰即曾提及："中国早期之哲学家，皆多较注意于人事，故中国哲学中之宇宙论亦至汉初始有较完整之规模，如《易传》及《淮南鸿烈》中所说是也。"[①]此说大体是对的，但也易给人造成先秦时期国人的宇宙论甚为简陋之误解。实际上，先秦时期国人不但提出了宇宙生成的思想，而且构建了宇宙生成的模式，为后世宇宙论的发展指明了方向。在此基础上，中国古人发展起了自己独具特色的宇宙生成演化理论。这些，正是本节所要论述的问题。

一、天地交而万物通

任何一个文明，当其发展到一定程度后，总会发出这样的疑问：我们生存的这个世界，换言之，也就是宇宙，是从哪里来的？

古人对此类问题的回答，最初是以神话形式表现出来的。传统神话"盘古开天地"，就是古人为解答此类问题所做的尝试。由于文献反映出的神话产生的时间总是晚于神话产生的真实时间，我们无从由之断定古人究竟何时开始探讨此类问题。但从现存的古籍来看，我们可以肯定地说，在先秦，中国人已经开始思考此类问题了，其中老子最早从理性角度对之做出了解答。

老子对宇宙起源问题的解答，可以归结为一句话："天下万物生于有，有

---

① 冯友兰，《中国哲学史（上册）》，上海：华东师范大学出版社，2000年版，第291页。

生于无。"①这句话是老子宇宙观的核心，它"可以把《老子》有关于宇宙观的各章都贯穿起来"②。它的中心思想，是说宇宙是从"无"中产生的。老子的这种解答，符合彻底的推理逻辑的要求。因为，从常理来看，世界上任何一个物体，它之所以能存在，一定有产生它的母体，这是"天下万物生于有"的含义。循此逻辑推演，万物将生生不息，无始无终。但这样的逻辑对宇宙起源是不成立的，因为宇宙无所不包，如果宇宙也有产生它的母体，那么该母体必然也应属于宇宙的一部分，这样，"宇宙源自何处"的问题就没有得到解答。所以，如果要回答"宇宙是从哪里来的？"，那就只能有一个答案：宇宙生于无。此即《老子》所言之"有生于无"。

但是，宇宙是如何从"无"中产生出来的？这是老子必须面对的问题。为此，老子引入了"道"的概念，他说："有物混成，先天地生，寂兮寥兮，独立而不改，周行而不殆，可以为天下母。吾不知其名，字之曰道。"③老子认为"道"是"先天地生"的，"可以为天下母"，即是说，天地万物是在"道"的作用下产生出来的。

那么，"道"是如何化生万物的呢？老子提出了一个模式："道生一，一生二，二生三，三生万物。"④对这一模式，冯友兰认为，它"是一种宇宙形成论的说法，因为它在下文说：'万物负阴而抱阳，冲气以为和。'照下文所说，一就是气，二是阴阳二气，三就是阴阳二气之和气。这都是确有所指的，具体的东西"⑤。即是说，由"道"产生了气，气又分化为阴阳二气，阴阳二气的融合化生出万物。

与老子此论相比，《周易·泰卦·彖辞》给出的说法更进了一步：

　　泰，小往大来，吉亨。则是天地交而万物通也。

---

①　《老子道德经》四十章，《诸子集成》，上海：上海书店出版社，1986年7月影印版，第25页。

②　冯友兰，《中国哲学史新编（上）》，北京：人民出版社，2001年版，第329页。

③　《老子道德经》二十五章，《诸子集成》，上海：上海书店出版社，1986年7月影印版，第14页。

④　《老子道德经》四十二章，《诸子集成》，上海：上海书店出版社，1986年7月影印版，第26页。

⑤　冯友兰，《中国哲学史新编（上）》，北京：人民出版社，2001年版，第335—336页。

孔颖达作《周易正义》，释此段云：

> 阴去故小往，阳长故大来。以此吉而亨通。此卦亨通之极。……
> "泰，小往大来，吉亨。则是天地交而万物通"者，释此卦小往大来，吉亨，名为泰也。所以得名为泰者，由天地气交而生养万物，物得大通，故云泰也。[①]

"小往"，指的是阴气的离去；"大来"，指的是阳气的归来。这是说，泰卦象征着在阴阳二气推移过程中，阴气的离去，阳气的归来，是吉利之象。之所以将其命名为"泰"，是因为它象征着万物的生养，是万物大通的标志。而万物的生养发育，是天地之气交融的结果。即是说，"通"是"交"的结果，而"交"是天地相交。显然，这里的"交""通"二字，意味着天地融汇，万物通达，这是古人心目中的理想境界，所以他们要用"泰"作为该卦卦名。

这段话，目的是要解释"泰"卦卦名的含义，其核心内容是"天地交而万物通"，认为天地相交导致了万物的化生。但是，按传统观念，天在上，地在下，天地相离，互不连属，它们何以能相交而化生万物呢？孔颖达理解《象辞》提出的模式是"天地气交而生养万物"，认为是天地之气的交融造就了万物。

所谓"天地气交"，指的就是阴阳二气的交融，这在《周易》中表现得很清楚。例如，《周易·咸卦·象辞》："咸，感也，柔上而刚下，二气感应以相与。……天地感而万物化生。"孔颖达正义曰："二气相与乃化生也。"这里的"天地感"，与"天地交""天地气交"等是一个意思，都是说的"二气感应以相与"，即万物皆因天地（阴阳）二气交感融合而生。《周易》以阴阳二气的交感作用为产生万物的本源，这是不言而喻的。

在这里，我们看到，《道德经》提出了"道生一，一生二，二生三，三生

---

① 《周易正义·泰卦》，（清）阮元校刻，《十三经注疏（上册）》，北京：中华书局，1980年影印版。

万物"的说法，其核心是"万物负阴而抱阳，冲气以为和"；而《周易》则提出了"天地交而万物生"的模式，中心思想也是说阴阳交融化生万物。两种说法形式上似乎有异，本质上则是一致的，都把阴阳交融作为化生万物的根本。正因为如此，晚于老子的庄子就接过了《周易》的说法，借老子之口说道："至阴肃肃，至阳赫赫；肃肃出乎天，赫赫发乎地；两者交通成和，而物生焉。"①显然，在宇宙生成论领域，老庄学派与儒家学派在对"天地交而万物通"的理解上是一致的。

　　老子《道德经》是道家思想的鼻祖，而《周易》则是儒家五经之首，这两部著作在宇宙生成模式问题上认识是一致的。鉴于儒道两家在中国历史上所具有的特殊地位，他们在此问题上的一致，导致阴阳二气交融化生万物的思想，成为指导后世宇宙论发展的圭臬。

二、"和而不同"生物模式

　　在先秦学者关于物质生成模式的探索上，还存在另一种见解，该见解以古代"和而不同"思想为万物生成论的核心内容。所谓"和而不同"，源于春秋早期史伯之论：

　　　　夫和实生物，同则不继。以他平他谓之和，故能丰长而物归之；若以同裨同，尽乃弃矣。故先王以土与金木水火杂，以成百物。是以和五味以调口，刚四支以卫体，和六律以聪耳……于是乎先王聘后于异姓，求财于有方，择臣取谏工而讲以多物，务和同也。声一无听，物一无文，味一无果，物一不讲。②

　　这段话表现的是五行学说的思想基础，其核心内容是说，产生新事物的关键在于"和"。根据史伯的说法，所谓"和"，是指"以他平他"，即用相

---

① 《庄子·田子方第二十一》，《诸子集成》，上海：上海书店出版社，1986年7月影印版，第311页。
② 《国语·郑语》，上海：上海古籍出版社，1990年版，第515—516页。

异的东西互相补充、有机组合，这样可以实现"丰长而物归之"，使事业壮大，产生新的事物。"和"的对立面是"同"，"同"是指彼此无差异的同类事物。"以同裨同"是指用同质的东西的量化扩张来壮大自己。史伯认为那样做的结果是"尽乃弃矣"，会毁掉已有的事业。五行学说以金木水火土而不是某种单一的元素作为构成万物的根本，即是出于这种信念。

"和而不同"理念的产生，是古人生活经验的升华。所谓单一的声调构不成音乐，单一的色彩形不成图纹，单一的味道无以果腹，单一的事物无从谈辨，等等，这类现象在日常生活中屡见不鲜，古人将这样的经验升华成理论，就形成了中国人独特的"和而不同"理念。这种理念，早在春秋时期，即已成为古人的共识，例如《左传·昭公二十年》记载齐桓公与晏子的对话，就阐释了同样的思想：

> 公曰："和与同异乎？"对曰："异。和如羹焉，水火醯醢盐梅以烹鱼肉，燀之以薪，宰夫和之，齐之以味，济其不及，以泄其过。君子食之，以平其心。君臣亦然。君所谓可而有否焉，臣献其否以成其可。君所谓否而有可焉，臣献其可以去其否。……声亦如味，一气，二体，三类，四物，五声，六律，七音，八风，九歌，以相成也。清浊，小大，短长，疾徐，哀乐，刚柔，迟速，高下，出入，周疏，以相济也。君子听之，以平其心。心平，德和。故《诗》曰：'德音不瑕。'……若以水济水，谁能食之？若琴瑟之专一，谁能听之？同之不可也如是。"

《论语·子路》篇有"君子和而不同"之语，《管子·宙合》篇有"夫五音不同声而能调……五味不同物而能和"之论，都表达了同样的认识。这里的"和"指的是不同物之间的对立互补、相辅相济，它是产生新的东西的前提。"知和曰常，知常曰明"[①]，"和"之意义，莫之大也。

---

① 《老子道德经》五十五章，《诸子集成》，上海：上海书店出版社，1986年7月影印版，第34页。

"和而不同"思想是中国人处理万事万物的指导性规则，当他们把这一规则应用于宇宙论领域时，就具体化为五行生物的万物生成模式。这一模式与源于《道德经》和《周易》的阴阳交融生物模式在表现形式和依据原理上有所不同。老子《道德经》第四十二章有"万物负阴而抱阳，冲气以为和"之言，讲究的是两极中和，对立互补。《周易·系辞下》有"天地絪缊，万物化醇，男女构精，万物化生"之语，也认为阴阳交融是生物的根本。这种说法所依据的原理是对立双方的融合，它与五行生物所依据的"和而不同"思想是不一样的。

另一方面，"和而不同"思想所表达的"和实生物"，核心思想是说同一事物的量化扩张不能产生新物。必须是不同性质的物的有机组合，才能形成新事物，才能使社会充满生机。社会要和谐、要发展，就必须能够包容各种组元，让它们和谐相处，互补共荣。就宇宙起源、万物化生来说，单一的元气皆"同"无"异"，它必须在化分为阴阳二气之后，靠阴阳二气这两种不同性质的气的对立互补，相互作用，才能衍化万物。这也正是《周易》"天地交而万物生"的思想来源。这一思想在某种程度上与"和而不同"学说有相通之处。正因为如此，在后世宇宙论的发展过程中，这两种学说，逐渐合二而一了。

冯友兰曾经指出，"先秦思想有两条不同的路线：阴阳的路线，五行的路线，各自对宇宙的结构和起源作出了积极的解释。可是这两条路线后来混合了"[①]。冯先生所说的这两条路线，在宇宙论问题上同样有所表现。其中"阴阳的路线"，相应于本节所言之老子《道德经》和《周易·泰卦·象辞》所构建之宇宙生成模式；而五行的路线，则是对《国语·郑语》中"和而不同"思想模型化的结果。它们的混合，发生于后世，汉代《淮南子》中已经有了这种混合的征兆。到了唐代，人们对之说得更清晰了。例如，《周易·系辞上》有"是故易有太极，是生两仪。两仪生四象，四象生八卦，八卦定吉凶"之语，唐代孔颖达为之"正义"曰：

---

① 冯友兰著，涂又光译，《中国哲学简史》，北京：北京大学出版社，1985年版，第226页。

太极谓天地未分之前，元气混而为一，即是太初、太一也。故老子云"道生一"，即此太极是也。又谓混元既分，即有天地，故曰太极生两仪，即老子云"一生二"也。不言天地而言两仪者，指其物体，下与四象相对，故曰两仪，谓两体容仪也。"两仪生四象者"，谓金木水火，禀天地而有，故云"两仪生四象"。土则分王四季，又地中之别，故唯云四象也。"四象生八卦"者，若谓震木离火，兑金坎水，各主时，又巽同震木，乾同兑金，加以坤艮之土，为八卦也。八卦既立，爻象变而相推，有吉有凶，故八卦定吉凶也。①

在宇宙论的范围内，孔颖达直接把《周易》的思想、老子《道德经》的思想视为一体，用五行学说来解释《周易》的宇宙生成论模式，完全无视这两种说法在所依据原理上的差异。他的做法，标志着宇宙生成论的阴阳生物和五行生物这两条路线的正式合一。从此，阴阳五行连在一起，就成了中国人解释宇宙生成常用的概念。南宋鲍云龙将此总结为："由是观之，太极生阴阳，阴阳生五行，五行生万物，是天地造化之自然，不涉纤毫人力。"②

三、先秦宇宙论的后续发展

先秦宇宙生成论的主体是以《道德经》和《周易》为代表的道家和儒家所构建的"无中生有，阴阳生物"模式，这一模式直接主导了汉代的宇宙生成理论。汉代的学者丰富了先秦宇宙论的内容，对先秦学者的论断做了进一步的阐释，加强了对宇宙演化过程的描述，发展了传统的宇宙生成理论。

例如，老子提出了"有生于无"的论断，但彻底的"无"如何才能生出"有"来？这是古人面临的一个思想难题。对这一难题的破解，以西汉《淮南子》的论述为最具代表性。《淮南子》开卷第一篇《原道训》提出：

---

① （唐）孔颖达，《周易正义》，（清）阮元校刻，《十三经注疏（上册）》，北京：中华书局，1980年影印版，第82页。
② （南宋）鲍云龙，《天原发微》卷三上，文渊阁《四库全书》版。

夫无形者，物之大祖也。无音者，声之大宗也。其子为光，其孙为水，皆生于无形乎？……所谓无形者，一之谓也。所谓一者，无匹合于天下者也。卓然独立，块然独处，上通九天，下贯九野，员不中规，方不中矩，大浑而为一，叶累而无根。……布施而不既，用之而不勤。是故视之不见其形，听之不闻其声，循之不得其身，无形而有形生焉，无声而五音鸣焉，无味而五味形焉，无色而五色成焉。是故有生于无，实出于虚。

《淮南子》通过把"无"定义为"无形"，为古代宇宙生成理论的展开铺平了大道。文中的"无形"，是指生成宇宙万物的本原，即所谓"物之大祖"。因为"无形"是生成万物的本原，是唯一的，所以它"无匹合于天下者也。卓然独立，块然独处"。正因为如此，人们将其称作"一"。由于"无形"是浑然一体的，由它而生万物，但"无形"不再有产生它的母体，所以它"大浑而为一，叶累而无根"。"无形"是无穷无尽的，它永无用尽之日，永无劳苦之感，故"布施而不既，用之而不勤"。这段话中的"无声而五音鸣焉，无味而五味形焉，无色而五色成焉"之语，隐含着把五行学说引入宇宙演化学说的可能性，为后世宇宙生成演化学说中阴阳学说和五行学说的合流开辟了道路。

针对《老子》和《周易·泰卦·彖辞》构建的宇宙生成模式，《淮南子·天文训》对之从细节上做了充实，揭示了古人心目中的宇宙生成过程。在"无形生有形"思想的引导下，《淮南子·天文训》描绘了这样一幅宇宙生成图景：

天地未形，冯冯翼翼，洞洞灟灟，故曰太昭。道始于虚廓，虚廓生宇宙，宇宙生气。气有涯垠，清阳者薄靡而为天，重浊者凝滞而为地。清妙之合专易，重浊之凝竭难，故天先成而地后定。天地之袭精为阴阳，阴阳之专精为四时，四时之散精为万物。积阳之热气生火，火气之精者为日；积阴之寒气为水，水气之精者为月；日月之淫为精者为星辰。

　　在这段话中，先秦笼统的"天地交而万物通"被具体化了。为了具体说明万物产生过程，《天文训》引入了时间和空间概念，引文中的"宇宙"，指的就是空间和时间。东汉高诱注解此处的"宇宙"曰："宇，四方上下也；宙，往古来今也。将成天地之貌也。"①时空的出现，为天地的形成准备了条件。这套理论的主要梗概是：寂寞静默的无在道的作用下，产生了时间和空间，在时空中孕育了阴阳二气，阳气轻清，上浮为天；阴气重浊，凝滞为地。阳气的聚合容易，所以天先形成；阴气的凝结困难，因此地后生定。天地形成后，天之阳气下覆，地之阴气上升，阴阳之气推移交融，造成四季循环，万物发生。阳气生成了日，阴气生成了月，日月散发出的阴阳之气组成了星辰。阳气形成了天，又自天而散发；阴气聚成了地，又由地而上扬，它们的交融推移导致了万物生发。显然，《淮南子》描绘的万物生成过程，使得先秦一些概念性的宇宙论学说，变得具体化了。

　　东汉张衡对这一图景描绘得更清晰：

　　　　太素之前，幽清玄静，寂漠冥默，不可为象，厥中惟虚，厥外惟无。如是者永久焉，斯谓溟涬，盖乃道之根也。道根既建，自无生有。太素始萌，萌而未兆，并气同色，浑沌不分。故道志之言云："有物浑成，先天地生。"其气体固未可得而形，其迟速固未可得而纪也。如是者又永久焉，斯为庞鸿，盖乃道之干也。道干既育，有物成体。于是元气剖判，刚柔始分，清浊异位。天成于外，地定于内。天体于阳，故圆以动；地体于阴，故平以静。动以行施，静以合化，埋郁构精，时育庶类，斯谓太元，盖乃道之实也。②

---

① （东汉）高诱，《天文训》，《淮南子注》卷三，《诸子集成》，上海：上海书店出版社，1986年7月影印版。

② （东汉）张衡，《灵宪》，《后汉书·天文志》，刘昭注引。

汉代是中国古代宇宙生成理论的繁荣时期，出现过多种多样的宇宙生成学说。但不管是哪一种，其理论的核心是一致的，都认为来自天地的阴阳二气的交融是衍育万物的根本，而这正是先秦宇宙论的核心思想。汉代的学者的功劳在于，他们以"有形生于无形"之说破解了老子提出的"有生于无"的思想难题，把它与《周易·泰卦·象辞》提出的"天地交而万物通"自然地对接了起来，把这一思想阐发得更为透彻，使之形成了理论。汉代以后的中国人，在讨论万物生成问题时，也无不以这一理论为圭臬。长此以往，就使得该思想成了中国传统文化关于万物生成理论的核心思想。

四、余论

在宇宙起源问题上，中西文明有着明显的区别。欧洲人自认为其文明受惠于古希腊文明多多，而在与宇宙起源问题相关的领域，希腊人值得骄傲的是他们的万物本原学说。欧洲思想发展的路径在某种程度上也确实是由古希腊的万物本原学说所引领的。希腊人探讨万物是由什么构成的，由此发展出了丰富多彩的万物本原学说，诸如"水为万物本原"、"数为万物本原"、四元素说、原子论，等等。这些学说启迪了人们的思想，对后世哲学和科学的发展发挥了不同程度的作用。但希腊人没有进一步把这些学说与宇宙起源问题联系起来，他们对宇宙起源问题着力甚少，很少考虑宇宙是如何"生成"的，留传下来的只言片语也以神话为主。希腊神话虽然灿烂夺目，但希腊神话在宇宙生成问题上对后人思想的启发却微乎其微。在漫长的中世纪，西方世界在此问题上所持的实际上是基督教的观点，即认为宇宙是上帝花了六天时间创造出来的。这是一种神创论的观点，时至今日，它在西方文明中仍然有着强大的生命力。

中国人对宇宙起源问题的思考要理性得多。虽然中国文化中也有盘古开天地那样的神创论思想，但整体来说，古人认为宇宙有起源，诞生于自然，是从其诞生以后由于大自然内部矛盾因素的相互作用而一步一步演化成现在的形貌的。这一理论，在传统思想中占据了主流地位。早在先秦时期，人们已有这样的认识，嗣后该思想继续发展，两汉时期达到其繁荣状态，到南宋朱熹时发展到顶峰。①

对宇宙起源问题的不同理解，造就了东西方科学不同的特征，对此，董光璧有精辟的见解，他认为我国古代科学特征表现在生成论上，而西方则表现为构成论。他有过这样的概括：

> 科学思想是从探讨宇宙的本原和秩序开始的。所谓本原意指一切存在物都由它生成，或一切存在物都由它构成。我把前一种观点称之为生成论，而把后一种观点称为构成论。生成论和构成论的不同在于，前者主张变化是"产生"和"消灭"或者转化，而后者则主张变化是不变要素之结合和分离。这两种观点在古代东方和西方都产生过，但在东方生成论是主流，而在西方构成论是主流。构成论的思想经由古希腊原子论在近代科学中复活而深远地影响着科学，而生成论的思想则刚刚进入科学不久，尚未引起科学家们的重视。
>
> 生成论和构成论的差别是造成东西方传统科学差异的总根源。因为生成论便于建立概念体系的功能模式，适合于代数描述，而代数形式又易于发展算法程序，于是形成了中国传统科学的功能的、代数的、归纳的特征。因为构成论便于建立概念体系的结构模式，适合几何描述，而几何描述又易于发展演绎推理，于是形成西方传统科学的结构的、几何的、演绎的特征。②

董先生的概括富有启发性。而中国传统科学所具有的生成论特征，正是在先秦时期奠基的，是当时人们思考宇宙起源问题所得认识的结晶所致。这一点，不管是在道家那里，还是在儒家那里，都得到了充分的表现。

---

① 参见关增建，《中国古代宇宙生成学说的演变》，载《大自然探索》，1994年第1期。
② 董光璧，《从构成论到生成论——序关洪兄〈现代原子论的演变〉》，载《科学文化评论》，2007年第4期。

第二节　中国古代宇宙结构理论的形成及发展

中国古代天文学的发展，宇宙结构学说占据了重要地位。从早期的"天圆地方"学说，到后来的宣夜说、盖天说、浑天说和其后围绕宇宙结构的一系列争论，古人在天文学的舞台上，上演了一幕又一幕波澜起伏、曲折复杂、扣人心弦的宇宙结构争论的大剧。围绕古人关于宇宙结构的认识，学术界已有丰富的研究成果，有鉴于此，本节不拟对古代宇宙结构学说做全面阐述，仅就作者读书有心得之处，做些评议。

一、对宣夜说的再评价

对宇宙结构的认识，是中国古代天文学的重要内容之一。中国人很早就形成了自己对宇宙形状的认识，一开始，人们主张"天圆地方"，认为天是圆形平盖，在人的头顶上方悬置，地是方的，静止不动。但这种认识并没有形成系统的学说，因为它本身存在着比较明显的漏洞。正因为如此，当曾子的学生单居离向他询问是否果真"天圆地方"时，曾子一针见血地指出："如诚天圆而地方，则是四角之不揜也。"[①]曾子并不否认"天圆地方"说的存在，但他认为那说的不是天地的具体形状，而是天地所遵循的规律。他引述孔子之语，把"天圆地方"说成是"天道曰圆，地道曰方"，即天所遵循的规律在性质上属于"圆"，转动不休；地所遵循的规律在性质上则属于"方"，安谧静止。显然，孔子师徒的说法，固然可以弥补"天圆地方"说在形式上的缺陷，但这种修补却也使该说丧失了作为一种宇宙结构学说而存在的资格，因为它所谈论的已经不再是天地的具体形状了。《吕氏春秋》进一步阐释了"天道圆，地道方"的含义：

> 天道圆，地道方，圣王法之，所以立上下。何以说天道之圆也？精气一上一下，圆周复杂，无所稽留，故曰天道圆。何以说地道之方也？

---

① 《大戴礼记·曾子天圆》。

万物殊类殊形，皆有分职，不能相为，故曰地道方。主执圆，臣处方，方圆不易，其国乃昌。[1]

《吕氏春秋》认为"天道圆"是因为精气圆融贯通，弥漫一切场所；"地道方"则是因为地上万物各有其本分，不能彼此侵占，并引申出帝王的执政之道，将其政治化了，彻底离开了"天圆地方"作为一种宇宙结构学说的本意。

替代"天圆地方"说的是宣夜说。宣夜说产生的时间已经不可考。《晋书·天文志》记载道：

古言天者有三家，一曰盖天，二曰宣夜，三曰浑天。汉灵帝时，蔡邕于朔方上书，言"宣夜之学，绝无师法。《周髀算经》术数具存，考验天状，多所违失。惟浑天近得其情"。

蔡邕生于东汉晚期，对天体形状的讨论是当时学术界争辩的热点，浑盖互不相让，新说层出不穷，这样的背景下宣夜说竟"绝无师法"，显示它的产生年代一定十分久远，而不是如一些学者所认为那样，是"产生于后汉时期"[2]，"与浑天说同时发展"[3]。

现在人们所知道的宣夜说，是东汉早期负责图书管理的高级官员郗萌根据其老师一代一代的讲述而记载下来的，《晋书·天文志》对此有具体描述：

宣夜之书亡，惟汉秘书郎郗萌记先师相传云："天了无质，仰而瞻之，高远无极，眼瞀精绝，故苍苍然也。譬之旁望远道之黄山而皆青，俯察千仞之深谷而窈黑，夫青非真色，而黑非有体也。日月众星，自然浮生虚空之中，其行其止皆须气焉。是以七曜或逝或住，或顺或逆，伏

---

① 《季春纪·圆道》，《吕氏春秋》卷第三。

② 钱宝琮，《盖天说源流考》，《钱宝琮科学史论文选集》，北京：科学出版社，1983年版。

③ 中国天文学史整理研究小组，《中国天文学史》，北京：科学出版社，1987年版，第165页。

见无常，进退不同，由乎无所根系，故各异也。故辰极常居其所，而北斗不与众星西没也。"

文中提到的"辰极"，指的是北极星；"七曜"，指的是日月和金木水火土五大行星。五星在天空的运行，看上去很不规范，它们在恒星背景上有顺行，有逆行，有时候看得见，有时候看不见，速度前后也不一致。宣夜说认为这是由于这些天体是自由飘浮在虚空中的，它们彼此没有联系，没有相互作用，因此其运动相互独立，没有共同的规律可循。天看上去有一定的形体和质地，那是由于它太高了，太广阔了，导致人们在看的时候产生了错觉。天的本质是虚空，所有的天体都自由悬浮在这个虚空之中。

由其内容可以看出，宣夜说立论的用意主要有二。一是解释常见的观测现象：天视之苍苍，其体若何？七曜运行，进退不同，与天何关？二是揭示相应的物理原因：天为何不陨不坠？日月众星，其行其止，机制何在？宣夜说对这些问题的思辨，自有其意义之所在，但它并未提出相应的数学方法，也就不能从事历法编算，这正反映了它的原始性以及年代的久远性。

宣夜说打破了固体天壳的概念，提出了一种无限空间的宇宙图景，认为日月星辰自由悬浮于无尽的空间之中，彼此互不相干。这是一种与古希腊的水晶天说完全不同的学说。在西方，认为天体嵌在晶莹坚硬的天壳里的观念根深蒂固，即使是提出了日心地动说的哥白尼，也持同样观念。直到1577年，第谷·布拉赫（Tycho Brahe，1546—1601年）追踪一个彗星的轨道，发现它通过太阳系，穿越了传统宇宙论的所谓晶莹坚硬的壳子，这种观念才算放弃。[①]而由于宣夜说的影响，固体天壳的观念在中国从未获得过像在西方那样的地位。这样，也就不难理解，在16世纪末叶，当持托勒密体系观点的传教士来到中国时，他们何以会以诧异的目光来看待这类中国固有的宇宙理论。同样，

---

① 参见［英］斯蒂芬·F. 梅森著，周煦良等译，《自然科学史》，上海：上海译文出版社，1984年版，第178页。

对比西方天文学发展的历史，当代科学史家们给予宣夜说极为热情的赞扬，似乎也在情理之中。

但是，如果我们不仅仅以西方天文学史某一特点为参照，而是把宣夜说放在中国科学史本身发展过程中加以考查，就会得出一种不同的评价。实际上，宣夜说比之盖天说和浑天说差谬甚多，它没有数学方法，不能用以编算历法，这尚属其次。它用阴阳对立的公式，把宇宙一分为二，一上一下，令天高地厚皆为无穷，本身即不合实际。更重要的在于，其内涵是反理性的。它认为天体运动彼此独立，迟疾任情，互不相关。这种观点，必然导致科学无所作为。对此，有必要与西方天文学发展的历史加以比较。在西方，当第谷的发现粉碎了固体天壳的观念之后，人们也曾有过类似的疑问：是什么推动天体运行并保持其正常格局？"一个可能性是天体自顾自地运行，各不相关，而且没有一个正规秩序。……可是早期的近代科学家多数都觉得，太阳，月亮，地球和行星的确形成一个有共同中心的体系，而且这个体系是由一条单一原理联系在一起的，这一原理也是天体的各种不同的有规则运动的基础。"①

如果没有这种信念，万有引力定律也就不可能被发现。而宣夜说倾向于宇宙无结构、无秩序，天体之间彼此毫无联系，这也就堵绝了人们探索自然规律的可能性，所以，它对科学的发展起不到促进作用，是没有前途的学说。此外，在对已有的观测现象的解释上，宣夜说也多有牵强。人们观察到的星辰运动，除了七曜有些特殊，其余众星均围绕大地每天旋转一周，彼此间距稳定，秩序井然，完全不像宣夜说所言，是在空中自由运动。"宣夜之学，绝无师法"，这就是历史的选择。今人将宣夜说推崇甚高，即使从纯哲学的角度考虑，亦有不妥之处。

二、盖天说的产生年代

与宣夜说相比较，盖天说术数具存，有其经典流布于世，这就是《周髀

---

① ［英］斯蒂芬·F.梅森著，周煦良等译，《自然科学史》，上海：上海译文出版社，1984年版，第178页。

算经》。《周髀算经》一书，历代多有注疏，是中国天算史上的重要文献，对物理学史研究也极有参考价值。盖天说的具体内容，各书所记微有差别，我们可以透过《晋书·天文志》的记载对其核心观点有所了解：

> 其言天似盖笠，地法覆槃，天地各中高外下。北极之下为天地之中，其地最高，而滂沲四陨，三光隐映，以为昼夜。天中高于外衡冬至日之所在六万里，北极下地高于外衡下地亦六万里，外衡高于北极下地二万里。天地隆高相从，日去地恒八万里。日丽天而平转，分冬夏之间日所行道为七衡六间。每衡周径里数，各依算术，用句股重差推晷影极游，以为远近之数，皆得于表股者也。

在具体的天地结构上，盖天说主张天地是两个中央凸起的平行平面，天在上，地在下，天离地的距离是8万里，日月星辰围绕着天北极依附在天壳上运动。为了制定历法，推算二十四节气，盖天家们天才地设计了七衡六间，用于区别太阳在其轨道上运行的不同位置。盖天说对相关天文要素都做了定量化的处理，其数学工具是勾股定理，采用的方法是立表测影，依据的原理是当时人普遍认为的"地隔千里，影差一寸"的假说。

关于盖天说的内容及其产生年代，科学史家们有过丰富的研究，这些研究大多围绕《周髀算经》展开。钱宝琮曾对《周髀算经》中的盖天说的数理内涵进行过条分缕析的讨论[①]，对我们了解盖天说全貌很有裨益。薄树人在钱宝琮工作的基础上对《周髀算经》中的盖天说做了进一步探讨，发展了钱宝琮的结论。他通过对《周髀算经》中许多矛盾的、非实测的数据进行分析，"发现了一个有趣的事实，那就是，《周髀算经》中的一些数据事实上是早已存在了的。例如，冬、夏至点和春、秋分点的去极度，二十八宿距星的赤经

---

① 参见钱宝琮，《盖天说源流考》《〈周髀算经〉考》。此两文均收入《钱宝琮科学史论文选集》，北京：科学出版社，1983年版。

差，等等"，而"北极距和赤经差，它们的同时出现，正是浑天说的表征"。①
这就是说，《周髀算经》是成书于浑天说之后，而且吸取了浑天说的成果。李
志超通过对《周髀算经》中有关概念的分析，也认为《周髀算经》卷下有关
数据是为与浑天说一致而硬凑的。他把《周髀算经》与《汉书》所记太初改
历之事及浑天说有关史料加以综合考查，对《周髀算经》的成书年代提出了
全新的猜测。"在汉武帝时期，太初历之始，有落下闳创为浑天之说。司马迁
与浑天家辩争不过，射姓等人奏请武帝召天下知历者二十余人，各自为算。
唐都、司马迁这一派人中的某一人或几人，集其师传之说，再加上自己的新
意，汇成一部《周髀算经》。书之上卷为其先师所传，下卷为当时在与浑天
对抗中增益之作。"②上述几位先生的精辟分析，笔者深感钦佩。

　　对于《周髀算经》的成书年代，历来众说纷纭，李志超将其与浑盖之争
联系起来，令人耳目一新。实际上，在前人关于《周髀算经》成书年代的考
证中，不少学者详征博引，考据精到，多有新意，但因未从浑盖之争角度考
虑，失之交臂，甚为可惜。钱宝琮根据陈梦家关于以八卦表示方位是受到
宣帝时新出现的《说卦》的影响的说法，指出："[《周髀算经》] 有冬至日
出巽而入坤、夏至日出艮而入乾之语，它的著作年代不能早于昭帝初年。"③
昭帝初年与太初改历相距不远，这在时间上与李志超的猜度基本一致。刘朝
阳在考证《周髀算经》成书年代时，根据书中有"冬至日加酉……旦明日加
卯……"之测定东西南北之法，而"卯主东，酉主西"为《史记》特有之说
法，因而判定其成书年代必在《史记》之后，进一步又从书中有"日月俱起
建星"的记载，而推断成书年代当在汉武帝太初之后。这一说法可以认为直
接支持了李志超的观点。但是，刘朝阳根据在"完全以刘歆之七略为蓝本的
《汉书·艺文志》中只称'八尺之表'，而绝不提及《周髀算经》一名词"的
现象，进一步推定"《周髀算经》成书之时期乃在刘歆以后，蔡邕以前，换

①　薄树人，《再谈〈周髀算经〉中的盖天说》，载《自然科学史研究》，1989年第4期。
②　李志超，《周髀数术议》，第三次全国数学史年会，1988年10月，合肥。
③　钱宝琮，《〈周髀算经〉考》，《钱宝琮科学史论文选集》，北京：科学出版社，1983年版。

言之，即为东汉之作品"①，这种说法，却过于保守。我们知道，扬雄卒于公元18年，五年后刘歆卒。扬雄在其《难盖天八事》一文中，已经对盖天说做了痛快淋漓的驳斥，很难设想在扬雄之后还会产生像《周髀算经》这样代表盖天说的鸿篇巨制。《隋书·天文志》明载"汉末，扬子云难盖天八事"，即扬雄此文发布于西汉末年，由此，《周髀算经》不可能产生于后继的王莽新朝，更不必说是东汉了。《汉书·艺文志》不载《周髀算经》之名，大概也事出有因，班固既然要为贤者讳，不愿明提司马迁等反对太初历之事②，那么对司马迁等人为抗拒浑天说而作的《周髀算经》之书，当然也就不再记述了。

　　这里有一个问题，《周髀算经》成书之时，浑天说已经出现，这是否说明盖天说产生于浑天说之后？实际上，《周髀算经》中记载的天地模型及数理推算方法，相当一部分是其先师历代相传的内容，时间十分久远，绝不会在浑天说之后。盖天说的关键在于认为天在上，地在下，天不可能转到地下去。这种观念由来已久，根深蒂固，不承认这一点，就无法解释为何浑天说提出之后，会引起那么大的波澜。与这些观念相配合的测算方法也早就有了，战国时魏人石申的《天文星占》中，已经有了二十八宿距星的距度等坐标位置值，就说明了这一点。更重要的是，盖天说的模型及推算方法早就用于编算历法，《孟子》书中有一句话，"天之高也，星辰之远也，苟求其故，千岁之日至可坐而致也"③，就反映了人们对这种推算方法的信心，这当于浑天说无涉。这样，有模型、有测算方法，还能编算历法以供实际验证，认为盖天说早在先秦时期既已存在，并不过分。《晋书·天文志》中记载有《周髀算经》家说，比《周髀算经》中的盖天说更为原始，这也说明盖天说先于《周髀算经》而存在。

---

① 据冯礼贵《〈周髀算经〉成书年代考》，载《古籍整理研究学刊》，1986年第4期。
② 李志超、华同旭，《论中国古代的大地形状概念》，载《自然辩证法通讯》，1986年第2期。
③ 《孟子·离娄章句下》。

三、浑天说的产生年代及其理论化过程

取盖天说而代之的是浑天说。关于浑天说的产生年代，有种种不同说法。徐振韬研究了长沙马王堆汉墓出土的帛书《五星占》，从《五星占》所载五星运行数据具有高度准确性出发，推论在先秦时期已有浑仪存在。[①]浑仪与浑天说不可分，这等价于说在先秦时期已有浑天说存在。但是，"浑仪这种测量仪器，可以测定经（入宿度）、纬（去极度）两个方向的坐标，由于单测赤道经度就不一定需要浑仪，因此，浑仪应该是随着同时测量纬度或其他方向的量的需要而产生的。目前所掌握的测量时代确切在落下闳以前的数据差不多全是赤道经度方面的量"[②]。由此，很难说先秦时期已经有了浑仪，当然也不能以此作为浑天说已经存在的根据。

问题的关键在于如何理解当时的角度测量。《周髀算经》中有"立二十八宿以周天历度之法"，是盖天说传统的测量方法。但用这种方法测得的是地平方位角而不是赤经差，以此来确定二十八宿的距度，存在着系统误差。对此，李志超提出，《周髀算经》对其测量数据有一个修正过程，修正的目的是要达到"天与地协"，赵君卿注说得明白：

> 协，合也。置东井、牵牛使居丑未相对，则天之列宿与地所为图，周相应合，得之矣。[③]

李志超由此得出结论说："西汉以前的二十八宿距度数，虽非浑仪所测，仍有一定的精度，这事不难理解。以往论者常以那些数据论证在落下闳以前早有浑仪，立足并非坚实。"[④]

这里有一个支持李志超观点的论据。《周髀算经》规定这种测量只能在星

---

① 徐振韬，《从帛书〈五星占〉看先秦浑仪的创制》，载《考古》，1976年第2期。

② 中国天文学史整理研究小组，《中国天文学史》，北京：科学出版社，1987年版，第186页。

③ 《周髀算经》卷下，赵爽注。

④ 李志超，《周髀数术议》，第三次全国数学史年会，1988年10月，合肥。

上中天时进行，而这对它所描绘的天地模式来说并不需要。我们猜测《周髀算经》之所以要这样做，可能是为了使所有星宿在被测量时都处于差不多的地平高度。这样，在转换为赤经距度时，它们就有类似的系统误差，处理起来就简便多了，只要同乘一个经验因子，再稍加修正即可。这当然是长期摸索的结果，也表明《周髀算经》确实对其测量数据有一个处理过程。

战国时代的慎到（约公元前4世纪）曾经说过："天体如弹丸，其势斜倚。"这里明确说天是一个球，可以视为浑天说的思想渊源。由于《慎子》一书在历代辗转流传当中，迭经后人删节，今日所见已非其原书，且有些版本中不见有此语，所以这一说法的来源亦为可疑。①当然，春秋战国时期，人们思想活跃，提出天为球形的说法并非绝无可能，但是，即使有此说法，在当时毫无反响，足证其影响甚小，亦未形成理论，显然不能认为浑天说作为一个学说在当时已经出现。慎到的说法，只是反映了一种粗浅的浑天观念。

真正把浑天观念形成理论并使之物理化的，是汉武帝时的落下闳。关于落下闳的事迹，由于史书记载的粗疏，已很难考，我们只能从一些相关的零碎史料中觅得一点蛛丝马迹。《史记》"索引"引《益部耆旧传》云：

> 闳字长公，明晓天文，隐于落下，武帝征待诏太史，于地中转浑天，
> 改颛顼历作太初历，拜侍中不受。

落下闳持浑天观点，他"明晓天文"，又能"改颛顼历作太初历"，这说明他对浑天说的理解，绝对不限于"天体如弹丸，其势斜倚"这样一种简单观念，一定有比较详细的理论。现在尚未有足够的资料证明在落下闳之前有浑天说理论，因此我们说是落下闳把片言只语的浑天观念形成了理论，升华成了浑天说。

---

① 陈兴伟，《慎到浑天说真伪考》，载《文献》，1996年第2期，第185—191页。

说落下闳把浑天说物理化了，主要是指他根据浑天说原理制成了相应的观测仪器，并依其观测到的数据制定了新的历法，使浑天说成了能够被检测验证的理论。落下闳制作的观测仪器是员仪（后代浑仪的前身），这里引述有关史料如下：

> 或问浑天，曰落下闳营之，鲜于妄人度之，耿中丞象之。[①]
> 暨汉太初，落下闳、鲜于妄人、耿寿昌等造员仪以考历度。[②]
> 汉落下闳作浑仪，其后贾逵、张衡等亦各有之。[③]

这里把落下闳所造的仪器分别叫作浑天、员仪、浑仪，这仪器不管其名称为何，因是用来"以考历度"的，肯定不是用于演示的浑象，只能是用于测度的浑仪。当然，它在结构上与后世所见可能不同，但那不是问题的关键。吕子方根据《益部耆旧传》中落下闳"于地中转浑天"一语，认定落下闳所转应为浑象，说否则不应置于地下[④]，实误。这里，地中，指天地之中，是浑天说所谓之天球的中心，在现今河南洛阳附近。"于地中转浑天"以测度，这是中国传统天文测度思想的必然要求[⑤]，这正表明落下闳所制是测度仪器，是浑仪之类。

落下闳制作了浑仪后，又"于地中转浑天"，观测星度，修撰历法，为太初改历做出了贡献。改历前，汉武帝因"有司言历未定，广延宣问，以考星度，未能仇也"。颜师古注曰："仇，相当。"于是，这才有太初改历。改历中，"闳运算转历，其法……与邓平所治同。于是皆观新星度、日月星，更以算推，如闳、平法"[⑥]。经过落下闳、邓平等人的努力，太初历最终得以产生。

---

① （西汉）扬雄，《法言·重黎》。
② 《晋书·天文志》。
③ 《新唐书·天文志》。
④ 吕子方，《中国科学技术史论文集（上册）》，成都：四川人民出版社，1983年版，第240页。
⑤ 参见本书第四章第一节，原载《自然辩证法通讯》，1989年第5期，第77—79页。
⑥ 《汉书·律历志上》。

正是由于落下闳等人的工作，浑天说才有了自己得以成立的坚实的基础，才能最后取盖天说而代之。

四、历史上的浑盖之争及其启示

盖天说和浑天说各自产生以后，在汉武帝时期修订《太初历》过程中发生了冲撞。这场冲撞很激烈，甚至导致编订历法工作无法进行。汉武帝采用的解决办法是让他们分别制定自己心仪的历法，然后拿出来接受检验，谁的历法更符合实际，就用谁的历法。最后的结果是浑天说者邓平等人制定的历法与实际天象符合得最好，于是就采纳了邓平的历法。这就是中国历史上著名的《太初历》的由来。

《太初历》的制定问题画上了句号，但由修订《太初历》所引发的浑盖之争却拉开了帷幕。在此后的一千多年的时间里，究竟是浑天说正确，还是盖天说合理，天文学界的争论之声不绝。汉代之后，人们对天体结构问题极度关注，讨论热烈，引发了各种各样的猜测。特别是在魏晋时期，诸说蜂起，人们辩论不休，出现了多种宇宙结构学说。隋朝的刘焯对之有形象描述：

> 既由理不明，致使异家间出。盖及宣夜，三说并驱；平、昕、安、穹，四天腾沸。[1]

所谓"三说并驱"，是指宣夜说、盖天说、浑天说三家的争论；"平、昕、安、穹"，则是指魏晋时期另外产生的四种宇宙结构学说。透过刘焯的描述，我们不难想象古人讨论宇宙结构问题的热闹程度。《晋书·天文志一》对"平、昕、安、穹"这些学说亦有所记载：

---

[1] 《隋书·天文志上》。

　　成帝咸康中，会稽虞喜因宣夜之说作安天论，以为"天高穷于无穷，地深测于不测。天确乎在上，有常安之形；地塊焉在下，有居静之体。当相覆冒，方则俱方，圆则俱圆，无方圆不同之义也。其光曜布列，各自运行，犹江海之有潮汐，万品之有行藏也"。

虞喜（281—356年）是东晋时期的学者，信奉的是宣夜说，在宣夜说基础上发展出了"安天论"，以此来反对浑天说和盖天说。他的学说遭到晋朝葛洪的讥讽。宣夜说的核心是天和日月星辰皆由气组成，没有固体天壳，日月星辰自由运动，葛洪反对的就是这一观念：

　　葛洪闻而讥之曰："苟辰宿不丽于天，天为无用，便可言无，何必复云有之而不动乎？"由此而谈，稚川可谓知言之选也。

葛洪主张天是有固体天壳的，星辰附着于天壳，与天壳一起运动。他的主张得到《晋书·天文志》作者李淳风的高度赞赏，认为是"知言之选"。虞喜的族祖虞耸则创立了"穹天论"：

　　虞喜族祖河间相耸又立穹天论云："天形穹隆如鸡子，幕其际，周接四海之表，浮于元气之上。譬如覆盂以抑水，而不没者，气充其中故也。日绕辰极，没西而还东，不出入地中。天之有极，犹盖之有斗也。天北下于地三十度，极之倾在地卯酉之北亦三十度，人在卯酉之南十余万里，故斗极之下不为地中，当对天地卯酉之位耳。日行黄道绕极，极北去黄道百一十五度，南去黄道六十七度，二至之所舍以为长短也。"

在此之前，三国时期吴国的姚信已经发明了"昕天论"，"昕天论"的立论依据当源于董仲舒的天人合一说，认为人与天形体相似，本质合一，所以可以通过观察人的形体来了解天的结构：

吴太常姚信造昕天论云："人为灵虫，形最似天。今人颐前侈临胸，而项不能覆背。近取诸身，故知天之体南低入地，北则偏高。又冬至极低，而天运近南，故日去人远，而斗去人近，北天气至，故冰寒也。夏至极起，而天运近北，故斗去人远，日去人近，南天气至，故蒸热也。极之立时，日行地中浅，故夜短；天去地高，故昼长也。极之低时，日行地中深，故夜长；天去地下，故昼短也。"

这些学说呈现百花齐放状态，但它们并不为学界所接受，《隋书·天文志》总结道：

自虞喜、虞耸、姚信皆好奇徇异之说，非极数谈天者也。

自始至终，天文界关注的目光，主要还是聚焦于浑盖之间孰是孰非，争论的主线基本是在盖天说与浑天说之间进行，基本趋势是浑天说越来越多地取代了盖天说。

浑盖之争涉及有关宇宙结构问题的方方面面。这场争论始于太初改历，改历结束后进入新的阶段，开始全方位进行。西汉末年，著名学者扬雄先是相信盖天说，后来在与另一位学者桓谭的争论中，被桓谭所说服，转而信奉浑天说。他经过细致思考，发现了盖天说诸多破绽，撰写了著名的《难盖天八事》一文，从观测依据到数理结构等八个方面，逐一对盖天说做了批驳。比如，他提出，按盖天说的说法，天至高，地至卑，太阳依附在天壳上运动，也是高高在上的，人之所以看到太阳从地平线下升起，是由于太阳太高了，导致人产生了视觉错误。但是，即使人眼会因观察对象的距离远而产生视觉错乱，水平面和光线的传播是客观的，它们是不会出错的，那么就在高山顶上取一个水平面，以之判断日的出没。观测证明太阳确实是从水平面之下升起的，光线也是从下向上传播的，这与盖天说的推论完全相反，证明盖天说是错误的。这是扬雄从观测依据的角度对盖天说所做的批驳。整体来说，他从八个方面对盖天说所做的批驳，有理有据，是盖天说无法辩解的。

但是浑天说也有自己的软肋。浑天说主张天在外，表里有水；地在内，漂浮水上。这一主张成为盖天说批驳的重点，东汉学者王充就曾一针见血地指出：

> 旧说，天转从地下过。今掘地一丈辄有水，天何得从水中行乎？甚不然也。①

王充的责难是颇有说服力的，因为按当时的人的理解，太阳是依附在天球上的，天从水中出入，就意味着太阳这个大火球也要从水中出入，这是不可思议的。面对王充的责难，浑天说者的态度是，只要有充足的证据证明太阳是从地平线下升起，又落到地平线下面，它即使出入于水中又有何妨？晋朝的葛洪就针对王充的责难，提出了判断浑天说是否成立的判据：

> 日之入西方，视之稍稍去，初尚有半，如横破镜之状，须史沦没矣。若如王生之言，日转北去者，其北都没之顷，宜先如竖破镜之状，不应如横破镜也。②

葛洪以太阳落入地平线时呈现出"横破镜"的状态这一事实作为依据，指出这种现象与盖天说的推论相反，证明盖天说是错误的。他提出的判据是有说服力的。从观测的角度，只能承认浑天说是较为正确的。至于太阳从水中出没的问题，南北朝时期的浑天家何承天给出了自己的解释：

> 百川发源，皆自山出，由高趣下，归注于海。日为阳精，光曜炎炽，

---

① 《隋书·天文志上》。
② 同上。

一夜入水，所经焦竭。百川归注，足以相补，故旱不为减，浸不为益。[①]

何承天的构思很有意思，他的辩解，表现了浑天说者为修补自己理论上的漏洞所做的努力。但这种努力，并未起到太大的作用，这是因为浑天说有一个根本的缺陷——它没有地球观念，没有意识到海洋也是大地的一部分。

到了唐代，僧一行接受唐玄宗指令，要"测天下之晷，求其土中，以为定数"，通过组织天文大地测量，确定地中的准确位置。他在这场前所未有的测量活动中，发现了一些浑天说和盖天说都不能解释的现象：

> 原古人所以步圭影之意，将以节宣和气，转相物宜，不在于辰次之周径。其所以重历数之意，将欲恭授人时，钦若乾象，不在于浑、盖之是非。若乃述无稽之法于视听之所不及，则君子当阙疑而不议也。而或者各守所传之器以术天体，谓浑元可任数而测，大象可运算而窥。终以六家之说，迭为矛盾，诚以为盖天邪？则南方之度渐狭；果以为浑天邪？则北方之极浸高。此二者，又浑、盖之家尽智毕议，未能有以通其说也。则王仲任、葛稚川之徒，区区于异同之辨，何益人伦之化哉。[②]

所谓"南方之度渐狭"，是指在用浑仪测天时，发现在南天球部分，越是向南，天上的度数越紧密，这与盖天说的主张相反。因为盖天说主张天是个平板，以北天极为中心，所有的天度，在北天极处汇集，向南则以伞状方式向外辐射，不可能出现"南方之度渐狭"的现象。而"北方之极浸高"，是说在地表面向北方移动时，会发现在不同的纬度，北极星在逐渐升高。这是地球说的表现，但浑天说虽然主张天是个圆球，却主张地是平的，地平大地观没法真正解释"北方之极浸高"的现象。一行所说的"此二者，又浑、盖之家尽智毕议，未能有以通其说也"，是符合实际情况的。

---

① 《隋书·天文志上》。
② 《新唐书·天文志一》。

面对这种矛盾现象，一行思考的结果是，天文测量的目的是为了编制更为精准的历法，不在于考辨浑天说和盖天说孰是孰非，当人们无法通过测量来解决这些问题时，正确的态度应该是"阙疑而不议"。一行的态度，并不可取，因为回避矛盾不能促进科学的发展。历史事实也确实如此，一行的议论，并未平息浑盖之争，甚至一直到了12世纪的南宋，大学者朱熹仍然在关注着浑天说和盖天说究竟谁是正确的这一问题。他的态度很明确：

　　　　有能说盖天者，欲令作一盖天仪，不知可否？或云似伞样，如此，则四旁须有漏风处，故不若浑天之可为仪也。①

朱熹是从天文观测仪器的制作角度反对盖天说的，其潜在思想是认为宇宙应该是封闭的，四旁不能"有漏风处"。他的话表明，从公元前2世纪浑盖之争登上历史舞台，一直到公元12世纪，学者们仍然在讨论浑天说和盖天说的孰是孰非。中国古人对天体结构问题的关注程度，由此可见一斑。

纵观中国古代的这场旷世学术之争，我们发现，古人在这场争论中，秉持着一个重要原则：判断一个学说是否正确，关键在于其是否符合实际情况，而不是看其是否遵循某种先验的哲学观念。比如，古人一直认为天地是由阴阳二气生成的，从这个观念出发，如果承认这一前提，就得承认盖天说是正确的，因为阳气轻清，阴气重浊，轻清者上浮为天，重浊者下凝为地，这样所导致的，必然是盖天说所主张的宇宙结构模式。但古人在争论中，并不以阴阳学说作为判断依据，他们所关注的，是究竟哪种学说更符合观测结果。对此，南北朝时期著名科学家祖暅（有些书中叫祖暅之）的一段话可作代表：

　　　　自古论天者多矣，而群氏纠纷，至相非毁。窃览同异，稽之典经，仰观辰极，傍瞩四维，睹日月之升降，察五星之见伏，校之以仪象，覆

---

① 《朱子语类》卷二。

之以晷漏，则浑天之理，信而有征。①

　　祖暅比较了浑盖双方的差异，在查阅典籍记载的基础上，通过实地天文观测，并使用仪器进行校验，发现浑天说更符合实际，这才得出了浑天说可信这一结论。浑盖之争过程中表现出来的重视实际校验的做法，是中国古代天文学的一个优秀传统。这一传统与希腊天文学的某些特点有明显的不同。

　　除了不以先验的哲学信念为依据判断是非外，浑盖之争在其他方面的表现也完全符合学术发展规律。政治和宗教等非学术因素没有介入这场争论之中。南北朝时，南齐的梁武帝偏爱盖天说，曾集合群臣，公开宣讲盖天说。对于他的主张，天文学家中不以为然者大有人在，但梁武帝并未采用暴力手段迫害那些不相信盖天说者。佛教传入中国后，佛教主张的宇宙结构模式，与浑天说亦不一致，但中国历史上从未有过以佛教学说为依据，强行要求人们放弃自己所信奉的宇宙结构学说的事例。宗教因素没有成为裁决浑盖是非的依据，也没有人因为信奉某种宇宙理论而受到政治或宗教上的迫害。这些，无疑都是浑盖之争中值得肯定的地方。

　　持续了一千三四百年之久的浑盖之争，是中国天文学史上的一件大事，它贯穿于这个时期中国天文学的发展过程之中，促成了与之相关的众多重要科学问题的解决，促成了中国古代天文学诸多重要成就的获得。例如，被后人奉为中国古代历法圭臬的《太初历》，是浑盖之争的直接产物；再如，在中国历史上赫赫有名的"小儿辩日"问题，是在浑盖之争过程中得到了合理的解答；又如，在中国数学史上著名的"勾股定理"以及相关的测高望远之术，是在浑盖之争中为发展天文测算方法而形成的；更如，唐代僧一行组织的天文大地测量，是为了解决浑盖之争的一个重要命题——地中的位置而得以实施的；还如，中国天文仪器的发展，亦与浑盖之争息息相关……类似例子，不胜枚举。这表明，浑盖之争在中国历史上有着延续时间长、参与人员

────────────

① 《隋书·天文志上》。

多、涉及面广、讨论内容丰富、后续影响大等特点，它表现了中国古人对宇宙问题的关注程度，体现了中国古人对待科学问题的态度。这种规模和深度的争论即使在世界文明史上亦不多见。我们完全有理由说，浑盖之争，作为中国历史上最引人注目的学术论争之一，将永载中华文明发展的史册。

第三节　中国古代的时空观念

时空问题是物理学的根本问题。在科学史上，多次科学革命最终都与时空观念的变革直接相关。从科学的角度讨论古人所持有的时空观念，是物理学史乃至科学思想史必不可少的研究内容。

一、时空的定义与性质

我国古代对时间概念的探索，早在先秦时期即已开始。《管子》一书中有《宙合》篇，西汉刘向释篇名曰："古往今来曰宙也。"这里"宙合"的"宙"，即指抽象意义的时间，而"合"则指空间。由"古往今来"定义时间，着眼的是时间的流逝；由"四方上下"定义空间，则着眼的是空间的三维。

除了用"合"表示空间外，古人更多地则是以"宇"表示空间。据《文子·自然》篇记载："老子曰……往古来今谓之宙，四方上下谓之宇。"在历史上，类似的说法很多，表明它是中国古代常见的一种空间表示方法。后世文人骚客，提及古往今来、四方上下之语的，代不乏人，说明这一定义是被普遍认可的。

《庄子·庚桑楚》对空间的定义则强调其客观实在性，说："有实而无乎处者，宇也。"即是说，空间是一种客观实在，它可以容纳一切，其本身却不能被别的东西容纳。这一定义同时也涉及了空间的无限性。

而时间"古往今来"的定义，则反映了它的一个基本特征：流逝性及不可逆性。古人对这一特征有很多形象的说法，如《论语·子罕》中就提到：

子在川上曰："逝者如斯夫，不舍昼夜。"

孔子的比喻十分贴切。《文选》注中有墨家的两句佚文："时不可及，日不可留。"也是讲的时间的流逝及其不可逆性。古代大量惜时诗的存在，更是反映了人们对时间流逝不可逆性的深切认识。

时间的流逝是连续的还是不连续的？是均匀的还是不均匀的？古人对这些问题从直觉上做了肯定回答。《淮南子·原道训》中说：

> 时之反侧，间不容息，先之则太过，后之则不逮。夫日回而月周，时不与人游。故圣人不贵尺之璧，而重寸之阴，时难得而易失也。

"间不容息"一语告诉我们，时间流逝是连续的。实际上，孔子感叹的"逝者如斯夫，不舍昼夜"一语，也潜含了这样的意思。中国古代不像古希腊那样，曾经存在过时间是不连续的、由不可分的量所组成的观点。"先之则太过，后之则不逮"，是说时间完全按照自己的规律流逝，其流逝是均匀而客观的。在科学上，古人本能地认为时间流逝具有均匀性，并以此为基准判定各种物体运动的均匀与否。在中国天文学史上，月亮、太阳运动不均匀性的发现，是很重要的成果，这些成果的取得，就是建立在时间均匀流逝这一前提条件之下。"日回而月周，时不与人游"，则是说时间的运行完全是客观的，独立于人的意识之外。这也是一个很重要的认识，因为只有是客观的，才能保证均匀流逝这一假设的成立，才能以之为基准讨论物质的运动。

在中国古代典籍中，《墨经》对时空概念的讨论，可谓最具分析精神，因为它具体讨论了时空的定义、构成要素、时间与运动的关系等。在《墨经》中，时间被抽象称为"久"，空间被称为"宇"。《墨经》指出：

> 《经上》：宇，弥异所也；久，弥异时也。
> 《说》：宇，东西家南北；久，古今旦暮。

《墨经》对空间的定义颇富分析色彩，它强调空间方位，认为各种具体方位的集合就构成总的空间方位。《经上》有"宇，弥异所也"的定义，《经说》解释道："宇，东西家南北。"即空间是各种不同场所或方位的总称，例如东、西、家、南、北这些具体方位概念，合在一起就抽象出总的空间概念。引文中提到"家"，这是墨者选定的空间方位参考点。东西南北以何为定？以生活中心"家"为参照而定。因此，这里也涉及空间方位定域问题，注意到了具体空间方位的相对性。

同样，此条认为时间（久）是各种不同具体时刻的总称，具体时刻就像古今旦暮那样，它们是具体的，合在一起就抽象出了总的时间概念。本条的精华在于它对"弥异"二字的使用，"弥异"就是包容一切有差异的某类事物，此处即时空。这是古今中外独树一帜的时空观念，有极强的逻辑性。[①]

此外，墨家还进一步分析了时间构成要素：

《经上》：始，当时也。

《说上》：始：时，或有久，或无久。始，当无久。

本条分析的是时刻和时段的区别。墨家认为时间可分为有久之时和无久之时，有久之时对应于一段时间区间，无久之时则相当于时间坐标轴上的一个时点，这里被定义为"始"。刘文英指出："始，作为一个时间概念，表示一个物体运动时间的起端，尚无持续的区间，所以说，'当无久'。如果说'有久'，即持续了一段时间，那就不是开始了。这里'当时'二字，不应忽略。'当时也'，即当其'无久'之时也。把'始'定义为'当时'，这就清楚地告诉人们，这个'始'指的是一个物体运动变化的开始，并非时间本身的开始。"刘说允当。《墨经》此条科学意义在于它为时间计量奠定了理论基础。时间计量的实质就是对选定的两个时刻之间的时间长度进行澜量。墨家是中国最早为时刻这一概念下定义的，其功不可没。

---

① 参见李志超，《天人古义——中国科学史论纲》，郑州：河南教育出版社，1995年版，第163页。

《庄子·庚桑楚》对时空概念的定义，则侧重于从其本质和有限无限的角度加以考虑：

> 出无本，入无窍，有实而无乎处，有长而无乎本剽。有所出而无窍者，有实。有实而无乎处者，宇也；有长而无本剽者，宙也。

宇指的是空间，空间是一种客观存在，却没有地方容纳空间，因为空间本身就是容纳别的事物的。时间是流逝的，当然有长度，但它却没有始终。这里的本剽，就是始终之义。《庄子》的本义，是说时间是一种无形无象的存在，它处于无尽的流逝过程之中（宇有实，宙有长）。这与古罗马卢克莱修（Lucretius）所说的时间本身并不存在，而是事物的变化使得人们产生了过去、现在和未来的感觉的说法，在内涵上也许不无相合之处。《庄子》的定义，更侧重于对时间无限性的强调。时间究竟有限无限，是历代哲人争论的焦点之一，直到今天依然是一个深受科学家重视的问题。

另外，中国古人也有将"宇"和"宙"合在一起，用"宇宙"表示空间的。这虽然与现代用法一致，但却为学术界所忽略。学术界通常认为，古人以"宇"表示空间，以"宙"表示时间，"宇""宙"连用，则综合表示空间和时间，所谓"往古来今谓之宙，四方上下谓之宇"，就昭示着这一点。这种认识固然是不错的，但不能绝对化，古人并非一概用"宙"表示时间，"宙"的本义与空间相关。《说文解字》说："宙，舟舆所极覆也。"这种意义的"宙"，就只能是抽象的空间概念了。从"宙"的这种定义出发，古人将其与"宇"连用，表示空间。从而演化出"宇宙"这一抽象空间概念，这里不妨举几个例子。

晋朝郭璞《江赋》："若乃宇宙澄寂，八风不翔，舟子于是搦棹，涉人于是舣榜。"[1]陆云："函夏无尘，海外有谧，芒芒宇宙，天地交泰。"[2]后秦姜岌：

---

[1] （晋）郭璞，《江赋》，《昭明文选》卷十二。

[2] （西晋）陆云，《大将军宴会被命作诗一首》，《昭明文选》卷二。

"日之曜也……赫烈照于四极之中，而光曜焕乎宇宙之内。"①这些，都是以"宇宙"表示空间的典型例子。

对于古人将"宇""宙"连用或并提以表示空间的做法，必须有清醒的认识，否则在评价古人相关学说时，就容易犯错误。例如东汉张衡在其《灵宪》中论述了天地直径以后指出："过此而往者，未之或知也。未之或知者，宇宙之谓也。宇之表无极，宙之端无穷。"对于这一段话，论者咸以为张衡提出了无限时空观念，从而给予高度评价。其实，从上下文来看，张衡这段话只讨论了无限空间观念，与时间概念无涉。

二、时空的有限与否

我国古代在时空有限无限问题上，两方面观点都有。《管子·宙合》篇曰："宙合之意，上通于天之上，下泉于地之下，外出于四海之外，合络天地，以为一裹。散之至于无间……是大之无外，小之无内，故曰有橐天地。"天地囊括万物，宙合又有橐天地，大之无外，这样的空间，应该说是无限的。引文的最后一句特别指出，无限性是表现在宏观、微观两个方面的。这一认识非常深刻。

东汉马融则指出，即使天地看上去好像闭合的，空间也仍然是无限的。他说：

> 潢漾沆漭，错纷槃委，天地虹洞，固无端涯。②

章怀太子李贤注曰："虹洞，相连也。"天地看上去在天际相连，但实际上它无边无垠，是无限的。中国古人对空间无限性的议论比较丰富，下节我们还会专门讨论。

---

① （后秦）姜岌，《浑天论答难》，《续古文苑》卷九。

② 《后汉书·马融传》。

　　"古往今来谓之宙"的说法，没有规定时间的终始，不妨认为潜含了时间无限的观念。"有长而无乎本剽"，则明显地说时间没有终始。类似的说法，后世文人还有许多。而主张时空有限的，亦大有人在。老子《道德经·第五十二章》指出："天下有始，以为天下母。"《淮南子·天文训》说："道始于虚霸，虚霸生宇宙。"扬雄《太玄·玄摛》则说："阖天谓之宇，辟宇谓之宙。"这些说法都认为时间有起点，始于虚霸；空间有范围，限于阖天。

　　今人治史，往往对古人无限时空观褒扬备至，而对有限时空观贬挞有加，这有失偏颇，因为这两种观点都有其内在依据。我们要做的是对其进行细致分析，汲取其合理的思想方法，而不是评价孰是孰非。

　　无限时间观念首先是逻辑的推论，这在《庄子·齐物论》篇有清楚的表现：

　　　　有始也者，有未始有始也者，有未始有夫未始有始也者。

即是说，"如果说宇宙有个'开始'，那在这个'开始'之前，一定还有一个没有开始的'开始'，在这个'没有开始的开始'之前，一定还有一个没有开始的'没有开始的开始'。依此可以这样无限地推论下去"[①]。所以，从逻辑上，应该承认宇宙是无限的。宋代朱熹在谈到时间无限性时说："无一个物似宙样长远，亘古亘今，往来不穷，自家心下须常认得这个意思。"[②] "自家心下"一语，表明朱熹大概也是从逻辑推理的角度考虑这一问题的。

　　也有用时间古今差别的相对性来进行论证的。根据《庄子·知北游》篇的记载："冉求问于仲尼曰：'未有天地可知耶？'仲尼曰：'可，古犹今也……无古无今，无始无终。未有子孙而有子孙，可乎？'"古代情况与现代一样，由此推论上去，时间也就"无古无今，无始无终"了。成书于晋朝的《列

①　刘文英，《中国古代的时空观念（续一）》，载《兰州大学学报（哲学社会科学版）》，1979年第2期。

②　《朱子语类》卷九四。

子·汤问》篇则提到:"殷汤问于夏革曰:'古初有物乎?'夏革曰:'古初无物,今恶得物?后之人将谓今之无物,可乎?'"古今差别是相对的,据此上溯,时间当然没有起点。

但是,古人主张时间有限观念者,也有他自己的逻辑。我们如果承认宇宙是生成演化而来,那么与之相应对时间有起始的观点也不应大惊小怪。在这里,有必要对一种常见的观点说几句话。这种观点认为:"古今中外,谁如果要追求整个宇宙在时间上的开端,那必然认为要有一种'非物质'的或'超物质'的东西是物质世界的创造者。……在宇宙开始之前的时间或物质世界产生之前的时间,等于造物者,等于上帝。"[①]"时间有限论总是要导致承认创造世界的造物主存在的,因而它也总是归结于宗教神学。"[②]这些说法缺乏对被批评对象内在因素的具体分析,给人以强加于人的感觉,因而是不能接受的。

实际上,现代天体物理学在讨论宇宙起源问题时,正在致力于发展一种新的物理理论,这一理论的重要特征之一是时间概念的失效,认为在普朗克时间(10^{-44}秒)尺度之内,不可能进行足够精确的时间测量。这样,时间概念的使用是有限制的,时间概念开始使用之处,就是时间的起源。[③]这是物理学进展提出的新观点,它并不认为上帝是物质世界的创造者。

另外,即使不考虑量子力学效应,也不能轻易否定古人的有限时间观。这里我们做点具体分析。扬雄主张"辟宇谓之宙",即认为时间开始于天地生成,而根据汉代的宇宙演化理论,天地生成于浑沌[④],这样,扬雄的观点就等价于说浑沌状态下时间概念失效。《淮南子》则更直截了当地说,"虚霩生宇宙",认为时间是从迷离静默、幽明不分的状态下衍生出来的,时间的产生,标志着这种状态的结束。即是说在迷离静默状态下,时间概念同样是失效的。这种时间有限观念并未导致造物主的出现,倒是反映了对时间本

① 刘文英,《中国古代的时空观念(续一)》,载《兰州大学学报(哲学社会科学版)》,1979年第2期。
② 郑文光、席泽宗,《中国历史上的宇宙理论》,北京:人民出版社,1975年版,第151页。
③ 参见方励之,《道生一的物理解》,载《科学》,1988年第1期。
④ 关增建、华同旭,《汉代宇宙演化理论评述》,载《自然辩证法通讯》,1990年第3期。

性至为深刻的理解。我们知道，时间与物质的运动分不开，时间的流逝只有通过事物的变化才能反映出来，才能被人们感知。从这个意义上说，没有物质的有序运动，时间概念就不能生效。得出这样的结论不需要相对论力学知识，东汉黄宪《天文》就曾指出："不睹日月之光，不测躔度之流，不察四时之成，是无日月也，无躔度也，无四时也。"[①]17世纪德国哲学家莱布尼茨（Leibniz，1646—1716年）持有类似的观点[②]，古罗马卢克莱修在《物性论》中也讲得很清楚，他说：

就是时间也还不是自己独立存在；
从事物中产生出一种感觉：
什么是许久以前发生的，
什么是现在存在着，
什么是将跟着来，
应试承认，离开了事物的动静，
人们就不能感觉到时间本身。[③]

将此与中国先贤的叙说相比较，有理由认为中国古代时间有限观念在对时间本性的探讨上，就某种程度而言达到了与西方类似的认识。因为在浑沌状态下，物质缺乏有序运动，时间流逝也就无从得以反映。所以，认为时间开始于浑沌状态结束的结论，顺理成章，而且与宇宙生成演化理论并协，这是古人的高明之处，不能轻易否定。

三、同时的相对性

在时间科学发展过程中，同时性概念具有重要地位。要研究这个问题，

---

① （东汉）黄宪，《天文》，《古今图书集成·历象汇编·乾象典》卷六。

② G. J. Whitrow, *The Natural Philosophy of Time*, Oxford: Oxford University Press, 1980, p. 36.

③ ［古罗马］卢克莱修著，方书春译，《物性论》，北京：商务印书馆，1981年版，第25页。

必须首先讨论时间计量单位的客观唯一性问题，古人对此有所涉及，《管子·侈靡》中就有这样的对话：

> 问曰：古之时与今之时同乎？曰：同。

从经典物理学角度看来，时间流逝绝对均匀，由此，认为古之时与今之时同，是正确的。但另一方面，由于地球自转有一个长期逐渐变慢的趋势，导致作为自然时间计量单位的日的长度也发生相应变化，这样，如果认为《管子》中的"时"指的是自然时间计量单位，那么，"古之时与今之时同"，就是错误的判断。从上下文来看，《管子》谈论的似乎是后者。其判断虽然是错误的，但这段话的内涵是说古代单位时间长度与现在单位时间长度相等，因此，这里"同"指的是客观标准的唯一性。这一思想是可贵的，它是讨论同时性问题的基础。

时间流逝是客观的，绝对均匀，但这并不影响人们对其主观感觉的不确定性。《淮南子·说山训》即曾指出，人们对时间流逝快慢的主观感觉是靠不住的，书中举例说：

> 拘囹圄者，以日为修；当死市者，以日为短。日之修短有度也，有所在而短，有所在而修也，则中不平也。

中，内心也。一天的长短本来是一定的，有人感觉它短，有人感觉它长，完全是他们内心不平静的缘故。这段话把时间流逝的客观性及人们对之主观感觉的不确定性做了清晰的区分，表明了对时间概念认识的深化。《淮南子》的说法，比之后世清谈文人如陆九渊等侈谈的"宇宙便是吾心，吾心即是宇宙"无疑高明很多。因为陆九渊的说法虽有其一定的认识论上的意义，但把时间看成纯主观的东西，却使它完全丧失了成为科学概念的资格。

出乎我们意料的是，古人在承认时间流逝的客观性的同时，还对同时性概念做了思考，在其文学作品中对同时相对性有大量涉及。例如，唐代段成式在《酉阳杂俎·玉格》中云：

> 卫国县西南有瓜穴……相传苻秦时有李班者，颇好道术，入穴中行可三百步，朗然有宫宇，床榻上有经书，见二人对坐，须发皓白。班前拜于床下，一人顾曰："卿可还，无宜久住。"班辞出……至家，家人云班去来已经四十年矣。

《太平广记·洞冥记》有类似的记载：

> 东方朔生三岁，忽失，累月方归，后复去，经年乃归。母曰："汝行经年一归，何以慰我？"朔曰："儿暂之紫泥之海，有紫水污衣，仍过虞泉湔浣，朝发中返，何云经年乎？"

同类的想象还有许多，如《述异记》中有"烂柯山"的传说，神话小说《西游记》中，多处提到"天上一日，下界一年"之语，这些故事，都认为不同场合时间流逝不同，这与相对论时空观主张的同时相对性，在结论上不无相通之处。但应该指出的是，二者的基础及内涵是完全不同的。中国古人的提及，主要是出于对尘世仙境差别的憧憬，并将这一差别用时间流逝反映出来，是文学艺术想象力所致，在方法上与相对论无涉。但无论如何，这些传说，无疑昭示着古人是思考过"同时性"这一重要时间概念的。

在具体科学问题上涉及同时性概念的，元初耶律楚材也许可以作为一个例子。根据《元朝名臣事略》的记叙，事情起源于对一次月食的观察。依据当时通行的历法——《大明历》的推算，食甚应发生在子夜前后，而耶律楚材在塔什干城观察的结果，是"末尽初夏而月已蚀矣"。他经过仔细思考，认为这不是历法推算错误，而是地理位置差异造成的。对于月食这一事件，各地是同时看到的，但在时间表示上则因地而异，《大明历》的推算对应于中原地区，他说：

　　　盖大明之子正，中国之子正也；西域之初更，西域之初更也。西域
之初更未尽，焉知不为中国之子正乎。隔几万里之远，仅逾一时，复何
疑哉！①

　　这是说，对于同一事件，不同地区是同时看到的，但各地时间表示可以
不同，据此，耶律楚材提出了里差概念，认为在地面上东西相距较远的两地
有不同的地方时。虽然这一概念与建立在地球学说基础上的时差概念不能完
全等同，但它依然是我国时间概念向前发展的标志。

四、空间取向的绝对性

　　中国古代空间观念的一个重要特征，是其对空间取向性的重视，认为空间
各向异性，方向具有绝对意义。这一特征的作用首先在于它发展出了一套实用
角度概念体系，用四维、八干、十二支表示二十四个地平方位角。由于中国古
代角度概念缺乏，这一体系成功地解决了物体分布地平方位的表示问题，因而
具有较大的实用价值。而其更重要的意义则在于，它是对空间物理特性的一种
揭示。物质的分布及运动与空间分不开，所谓空间的各向异性，实际上反映了
物质在空间中分布及运动的特征，认为它不是浑浑沌沌，各向同性，而是沿各
个方向有不同的表现。因此我们说这一认识揭示的是空间的物理特性。

　　中国古人对空间取向绝对性的论述很多，较早的文献如《管子·七法》
篇即曾提到："不明于则而欲出号令，犹立朝夕于运钧之上。"立朝夕，即确
定东西取向。不能在旋转的钧石上树立方向标志，因为方向本身是确定的，
而旋转的钧石带来的是方向的不确定性。这里就涉及方向的绝对性。

　　除了水平方向，古人对铅直取向亦很重视，认为它是自然本身的特质，
人类在主观上不能对之加以更改。《荀子·王制》篇提到的"有天有地，而上
下有差"，就反映了这种认识。《墨子·辞过》："至人有传：天地也，则曰上
下；四时也，则曰阴阳；人情也，则曰男女；禽兽也，则曰牝牡雄雌也，真

―――――――――
① （元）苏天爵，《中书耶律文正王》，《国朝名臣事略》卷五。

天壤之情，虽有先王不能更也。"这些都反映了一种绝对的上下观念。

中国古人的绝对上下观，与其固有的地平大地观分不开，古人缺乏地球观念，认为大地是平的，在量级上与天的大小差不多，因此，上下取向是绝对的，背离地面，就是向上，否则为向下。因为地面是平的，所以所有向上的方向是平行的。这与古希腊人不同，希腊人笃信地为球形，他们的上下观以指向地心为下，背离地心为上，是一种相对的上下观念。后来，在中国古代宇宙结构理论中出现了浑天说，认为天包地外；否定了传统所谓天在上地在下的说法，但中国人对于上和下的理解并没有改变。这种绝对上下观与地球说不相容，后来成为中国人接受地圆说的思想障碍。例如，清代陈本礼在反对明末清初传入我国的地圆说时就曾议论道：

> 泰西谓地上下四傍，皆生齿所居，此言尤为不经。盖地之四面，皆有边际，处于边际者，则东极之人与西极相望，如另一天地，然皆立地上。若使旁行侧立，已难驻足，何况倒转脚底，顶对地心，焉能立而不堕乎！ [①]

陈本礼的这种疑虑，从西方相对上下观念来看，不成其为问题，清初学者方中通即曾运用西学观点解答过这一问题："方者以上为上，以下为下，圆者以边为上，以中为下。地居天之正中，故人以各立之地为下，不知其彼此颠倒也。" [②] 因为方者以中为下，以边为上，人在地球上无论居于何处，都是头上脚下，倾坠之事，当然无从发生。

中国和西方关于上下的观念在几何意义上完全不同，但引导他们产生上下意识的物理因素则是同一的，是地心引力。古人通过对与地心引力有关的大量事实的感受，结合他们对大地形状的认识，产生了各自不同的上下观念。由此，古人对空间在铅直方向取向性的重视，有其内在的物理依据，即地球

---

① 　游国恩主编，《天问纂义》，北京：中华书局，1982年版，第117—118页。
② 　（明）方以智，《物理小识》卷一，方中通注。

引力的客观存在，尽管他们自己并不知道这一点。

古人重视对方向的判别，是由于他们认为空间不同的方位有不同的性质。所谓"五方配五行"，就反映了这种认识。五方，指东、西、南、北、中五个方位。古人认为五行按木、金、火、水、土顺序与上述五方相配。这种说法在古书中比比皆是，这里不多做列举。古人不但认为空间方位有五行意义上的差异，而且进一步把它推向了更广泛的含义。《晏子春秋》的一则记述可以帮助我们更好地理解这一点：

> 景公新成柏寝之室，使师开鼓琴。师开左抚宫，右弹商，曰："室夕。"公曰："何以知之？"师开对曰："东方之声薄，西方之声扬。"[①]

东汉高诱注"室夕"曰："言其室邪不正……夕又有西意。"这是说，房子朝向不正，会通过它的声学效应表现出来。本条记述未必属实，但它反映了古人一种信念：空间取向的不同，有着物理意义的差异。

《晏子春秋》的记述，虽然迹近神话，但其思想内涵则未必完全荒唐，因为方向概念的产生，确有其一定的物理依据。正如人们对铅直方向的强调是对重力现象的体会一样，水平四向观念的产生则是对地球自转有关现象感受的结果。地球的自转，造成了太阳东升西落的周日视运动，这导致东西二向的建立。地球自转时，角动量守恒，其自转轴在空间中的指向恒定不变，这一指向投影到地面，就构成了南北二向。因此，地球自转是人们得以建立恒定水平四向的物理基础。

空间取向是绝对的，这等价于说空间各向异性。古人这一认识与现代所谓宇宙学原理大相径庭。宇宙学原理主张宇宙均匀各向同性，它揭示了大尺度空间物质分布的特性。中国古代的有关认识，是就人直接可见尺度而言的，它与现代宇宙学原理是互补的。

[①]《晏子春秋·景公成柏寝之室而师开言夕，晏子辨其所以然第五》。

五、"时刻之原"概念

随着我国时间计量精度的提高，人们对时间本质的认识也渐趋深入。我们知道，时间流逝与物质运动分不开，根据经典物理学观点，所谓从科学角度探讨时间本质，就是要选择最能反映时间均匀流逝特征的物质运动形式，这归根结底是时间计量问题。中国人和古希腊人一样，倾向于以天体有规则的运动作为时间的标准和度量。我们知道，大自然提供给人们的自然时间单位是年、月、日，它们分别与天体不同的运动形式相对应，据此，古人认为时间具有不同的本原，凡是能够形成自然时间单位的天体运动形式，都是时间的本原。《管子·宙合》即曾提出：

　　　　岁有春秋冬夏，月有上下中旬，日有朝暮，夜有昏晨，半星（原注：星半隐半见也）辰序，各有其司，故曰天不一时。

这种认识比较粗糙，其实质在于将天体运动与时间流逝等同起来，所以才叫作"天不一时"。这并不可取。另一方面，古人也有把时间本原进一步扩大到不能形成自然时间单位的天体运动形式上去的，例如王充《论衡》就记叙了这样一种说法："《传》书曰：宋景公之时，荧惑守心，公惧，召子韦而问之。"子韦告诉他这象征祸，应在君，不过可以转嫁给宰相、国民或岁收。宋景公述说了一通他不愿意嫁祸于人的道理，子韦听后就祝贺他说，你讲了善话，天会褒扬，让荧惑迁徙三舍，增加你的寿命，并解释说："君有三善，故有三赏，星必三徙。徙行七星，星当一年，三七二十一，故君命延二十一岁。"[①]司马迁《史记》亦有此传闻。这种传说，实属荒诞，可以不去理它，我们感兴趣的是它所表达的时间观念，认为火星的运动也能决定时间，这无疑是时间度量具有多种本原观念的反映。

在自然时间单位年、月、日中，日是基本单位，积日成月，积月成岁。

---

① （东汉）王充，《论衡·变虚篇》。

对日这一自然时间单位的探讨，也反映了古人对时间本原的认识。《周髀算经》卷下提到：

> 日主昼，月主夜，昼夜为一日。

这是将一日分为昼夜两部分，认为它们分别由日、月运动所决定。《礼记·祭义》中提及的"祭日于坛，祭月于坎，以别幽明，以制上下"，也反映了同样的认识。这种认识很难付诸实用，所以历史上人们从未用这种方法测定过日的长短，更多的则是把太阳连续两次上中天的时间间隔定义为一日，这实质是认为太阳的周日视运动能更本质地反映出时间流逝特征。用单一天体的运动表征时间流逝，有利于时间观念的科学化，因为这是时间计量的基础。

也有用恒星运动来确定日的长度的。中国古代以漏刻计时，分昼夜为一百刻，要求漏刻计时与天象变化相一致。所谓立表下漏，是以日上中天作为校正标准的，而后晋马重绩则提到另一种方法，据《五代史·马重绩传》记载：

> 重绩又言漏刻之法，以中星考昼夜为一百刻，八刻六十分刻之二十为一时，时以四刻十分为正，自古所用也。

"以中星考昼夜"，是指以同一恒星连续两次上中天的间隔作为一日，其物理实质是以地球自转作为时间计量标准，所得结果为恒星时。在古人所涉及的各种天体运动中，地球自转（其表现是恒星周日视运动）最为均匀，所以马重绩述说的这种方法，相当科学。但恒星时与太阳时有一定差异，必须将恒星时折算为太阳时，才能使漏刻计时与人们对时间的感觉相一致。而且这种方法也只是用来校正漏壶，并未发展成以恒星运转为基础的计时方法。

宋代沈括的工作值得一提。他在研究漏刻计时的准确性时提出：

　　　　下漏家常患冬月水涩，夏月水利，以为水性如此；又疑冰澌所壅，
　　万方理之，终不应法，予以理求之，冬至日行速，天运已期，而日已过
　　［案：已过二字误，依义当为未至］表，故百刻而有余；夏至日行迟，天
　　运未期，而日已至表，故不及百刻。既得此数，然后复求晷影漏刻，莫
　　不泯合，此古人之所未知也。[①]

天运，此处指恒星的周日视运动。由这段话可以看出，沈括已明确认识到，
恒星的视运动比太阳的视运动更为均匀，更有资格作为计时的标准。这在认
识上比马重绩提高了一步。沈括通过精心设计和调整漏壶，坚信自己的漏壶
计时是准确的，与天运一致，并以此作为标准观测日运，证实了他自己"日
行有迟速"的判断。沈括工作的意义在于，这是中国人首次认识到人为造成
的均匀时间系统可以取代自然时间系统作为计时标准。现在，人们用原子时
取代了以地球自转周期作为单位的世界时，这可以说是沈括思想的现代实施。
当然，二者之间并不存在渊源关系。
　　在中国时间观念发展史上，明末徐光启具有重要地位。他通过比较各种
计时方法的优劣，明确提出了"时刻之原"概念，要求人们选择最能反映时
间均匀流逝特征的物质运动形式作为计时之本。他论说道：

　　　　定时之本，壶漏为古法，轮钟为新法，然不若求端于日星。昼则用
　　日，夜则任用一星，皆以仪器测取经纬度数，推算得之。[②]

这里"端"，即本原之义。壶漏指传统的漏刻计时，它虽然能达到一定的精
度，但其操作繁复，而且存在计时起点问题，也有累计误差，须常用日晷校
准。徐光启分析说：

---

① （北宋）沈括，《象数一》，《梦溪笔谈》卷七。
② 《明史·历志一》。

壶漏等器规制甚多，今所用者水漏也。然水有新旧滑涩，则迟速异；漏刻有时而塞，有时而磷，则缓急异。定漏之初，必于午正初刻，此刻一误，无所不误，虽调品如法，终无益也。故壶漏者，特以济晨昏阴雨晷仪表臬所不及，而非定时之本。①

所谓轮钟，疑即传教士利玛窦（Matteo Ricci，1552—1610年）向皇帝进献的自鸣钟、怀表之类。西方具有实用价值的齿轮钟，是德国维克于1370年制成的，误差约每天20分钟②，在1658年惠更斯发明摆钟之前③，这类机械钟的误差都相当大，当然也就没有资格做"定时之本"。徐光启认为："所谓本者，必准于天行，则用表、用仪、用晷，昼测日，夜测星，是已。"④

这里昼测日、夜测星，是否认为时间具有不同的本原？否，徐光启认为这二者是统一的，他说：

太阳依左行分昼夜，故此独为时刻之原。⑤

左行，指太阳每天的东升西落，它与恒星周日视运动一样，是地球自转的反映，也是恒星时得以产生的根本原因。在现代原子时钟被采用前，依地球自转计时是人们从大自然所能获得的最为均匀的计时系统。由此，徐光启的论述富有科学内容。而且，他提出要寻求"时刻之原""定时之本"，反映出16世纪中国人对时间概念的探索已经进入科学化和理论化阶段，应该得到高度评价。

---

① （明）徐光启，《测候月食奉旨回奏疏》，《徐光启集（下册）》，北京：中华书局，1963年版，第355页。
② ［英］李约瑟，《中国科学技术史（第四卷第一分册）》，北京：科学出版社，1975年版，第578页。
③ ［日］汤浅光朝著，张利华等译，《科学文化史年表》，北京：科学普及出版社，1984年版，第40页。
④ （明）徐光启，《测候月食奉旨回奏疏》，《徐光启集（下册）》，北京：中华书局，1963年版，第355页。
⑤ 《浑天仪说二》，《崇祯历书》。

六、关于时空关系

在古人有关时空关系的议论中，占主导地位的是时间与空间相关的说法，例如，《管子》中有《宙合》篇，其中提到"宙合有橐天地"。按后人注解，古往今来曰宙，四方上下曰合，即这里的"宙合"指时间和空间，天地就存在于时空之中。这是将时间与空间相提并论。古籍中常见四时配四方之说，认为春属东，夏属南，秋属西，冬属北，则是将特定的时空相联系。《庄子·则阳》引容成氏曰："除日无岁，无内无外。"认为没有时间的累积，连空间方位的内外都无从区分。明末方以智对时空关系有更精辟论述：

> 《管子》曰宙合，谓宙合宇也。灼然宙轮转于宇，则宇中有宙，宙中有宇。春夏秋冬之旋转，即列于五方。[①]

方以智把时间比成轮子，以为时间的推移在空间中进行，空间中有时间，时间中有空间，二者浑然一体。这种陈述，侧重于强调时空相关性，与牛顿绝对时空观强调时空互不相关相比，着眼点有所不同。

我国先秦典籍《墨经》的《经下》篇，从物理问题着手，涉及了时间、空间和运动的关系。《经》："行修以久，说在先后。"《说》："行，者（诸）行者必先近而后远。远近，修也；先后，久也。民行修必以久也。"《经》："宇域徙，说在长宇久。"《说》："宇：徙而有处，宇。宇南北，在旦又在暮，宇徙久。"引文中的"久"，是墨家所定义的抽象时间概念，"宇"则表示空间。这两条，都是说空间距离的变化伴随着时间的流逝。即对于表征运动而言，时间、空间缺一不可。

中国古代这种时空和运动不可分的观念，得到了当今学界的热情赞扬，人们倾向于把它看作是爱因斯坦相对论时空观在中国古代的朴素表现。但这种认识不能成立，中国古代时空观的科学基础并未超越经典物理学范围。爱

---

① （明）方以智，《物理小识》卷二。

因斯坦本人即曾指出："我们必须注意不要认为实在世界的四维性是狭义相对论第一次提出的新看法，甚至早在经典物理学中事件就由四个数来确定，即三个空间坐标和一个时间坐标，因此全部物理'事件'被认为是寓存于一个四维连续流形中的。"①即是说，物理"事件"发生于一定的时间和空间之中，从这个意义上说，时空是联系在一起的。中国古人的论述，与经典物理学内在并不矛盾。

狭义相对论时空观所主张的时空相关，有其特定内涵，那就是同时相对性概念。这一概念是在光速不变和自然界定律对洛仑兹变换保持不变这两条原理的基础上推证出来的，它认为，"所有与一个选定的事件同时的诸事件就一个特定的惯性系而言确实是存在的，但是这不再能说成为与惯性系的选择无关的了"②。即是说，"每一个参考物体（坐标系）都有它本身的特殊的时间，除非我们讲出关于时间的陈述是相对于哪一个参考物体的，否则关于一个事件的时间的陈述就没有意义"③。所谓时间与空间的不可分，是就这一意义而言的。显然，狭义相对论的时空观（广义相对论的时空观更进了一步，认为时间、空间与物质不可分，这里姑且不论）在依据的原理和具体内涵上都与中国古代时空相关的观念不同，我们不能说中国古代时空观远离经典物理学而接近于狭义相对论的时空观。

中国古代时空观在表现形式上有异于牛顿的陈述，那是由于双方思想方法不同，因而在讨论同一问题时，着眼点也不同。西方思想方法以分析为主，他们当然知道表征物理事件要用4个坐标，但并不去强调它的整体性，而是侧重于具体分析每个坐标对表征物理事件所起的作用，分析的结果，时空被分割为一维的时间和三维的空间，二者相互独立，时间的流逝对于不同的参照系是一样的，由此，产生了牛顿的绝对时空观。中国人则侧重于综合，重视

---

① ［美］爱因斯坦著，杨润殿译，《狭义与广义相对论浅说》，上海：上海科学技术出版社，1979年版，第117页。

② 同上。

③ 同上书，第22页。

整体效应，认为要表征物理事件，时间空间缺一不可，所以，二者不可分。在相对论时空观提出之前，人们认为牛顿绝对时空观天经地义；相对论广为人知之后，人们又对中国古代时空观推崇备至，这些皆为不妥。中国古人的说法与牛顿的论述有相通之处，它们都揭示了经典物理学时空观的某些特征。将这两种说法结合起来，可以获得对经典物理学时空观比较完整的认识，这就是其价值之所在。

第四节　中国古代关于空间无限性的论争

空间有限与否，是历代哲人关注的课题之一。探讨古人对此的有关认识，是科学思想史重要研究对象，也是本节的中心议题。

一、无限空间的性质

中国古代很早就产生了空间观念，并对之做了定义。对此，前节已经有所叙述。

古人不但定义了空间概念，而且早在先秦时期，就对空间的无限性有所认识。早在先秦时期，《管子·宙合》即讨论了无限空间的性质：

> 宙合之意，上通于天之上，下泉于地之下，外出于四海之外，合络天地，以为一裹。散之至于无间……是大之无外，小之无内，故曰有橐天地。

所谓"宙合"，即指空间。《管子》定义的无限是"大之无外"。"无外"是古人对空间无限性所做的扼要描述，非常形象。

先秦典籍《墨经》则用数学语言对空间的无限性做了规定：

> 《经》：穷，或有前不容尺也。

　　《说》：穷：或不容尺，有穷；莫不容尺，无穷也。

　　"或"为"域"本字。尺，古人测长之器或单位。《经》的意思是说，如果一个区域有边界，在边界处连一个单位长度都容不下，那么它就是有限的。如果一个区域是无界的，无论向何方前进，用尺子去量总也不到尽头，它就是无穷大的，即是无限的。用数学语言对无穷空间做出规定，这在中国历史上，是十分罕见的。

　　中国古人对无限空间的描述，更多的是类似于战国时代名辩之家惠施的语言：

　　　　至大无外，谓之大一；至小无内，谓之小一。[①]

大一，可以理解为无限大，它是无所不包的，没有什么能越出它的范围；小一，可以理解为无限小，它什么都不能包容，没有什么能进入它的范围。这就是古人对空间无限性的理解，它与《管子·宙合》篇的理解是一致的。这种理解一开始就认识到无限性表现在宏观、微观两个方面，其思想是非常深刻的。

　　《列子·汤问》对空间无限性的讨论同样着眼于宏观、微观两个方面，认为空间是"无极无尽"的：

　　　　殷汤曰：然则上下八方有极尽乎？革曰：无则无极，有则有尽，朕何以知之？然无极之外，复无无极；无尽之中，复无无尽。朕是以知其无极无尽也，而不知其有极有尽也。

　　《列子》认为，无限空间是唯一的，它借夏革之口，论证了这种唯一性在

---

① 《庄子·天下》。

宏观、微观两个方面的表现，即所谓的"极""尽"问题。极，指空间的外部边缘；尽，指空间的内部破缺。《列子》认为，如果空间是虚无，它就没有边缘，是无限的；如果空间由具体物质组成，它的内部就会有尽处，即空缺，这样，空间的无限性就是不完全的。但是在无穷大的宇宙之外，不可能再有无穷大的空间，在光滑连续的纯粹空间之内，也不会再有空缺。《列子》认为空间的实际情形是"无极无尽"，亦即空间不能等同于实体物质，它是容纳具体物体的，是无限大的，内部也是连续的、光滑的，没有空缺。《列子》能够考虑到空间的破缺与否，其思想深度令人叹服。

《庄子·天下》篇引辩者之言云："我知天下之中央，燕之北、越之南是也。"从地理角度来看，越国在南，燕国在北，天下之中央只能在越北燕南，而不是相反。要想使这一论断成立，可以用无限观念作解：无穷大之"天下"，不存在所谓之中央。换言之，可谓到处都是天下之中央。由此，说它存在于燕北越南，并不荒唐。

无穷空间没有中心的思想，被唐代著名文学家柳宗元做了透彻的说明。柳宗元认为，"无极之极，莽弥非垠"，"东西南北，其极无方"，明确指出空间是无限的。因为无限，所以它"无中无旁"，没有中心，也没有四旁。[①]由无限空间观念发展到进一步否定宇宙中心的存在，在人类认识史上是一大进步。

二、有限空间观念

在无限空间观念流行的同时，中国古代也存在着有限空间观念，这些有限空间观念又各有其不同的表现形式。

一种表现形式是对无限空间观念心怀疑虑，既不愿承认，也不能否认，于是采取回避态度。《庄子·齐物论》提到："六合之外，圣人存而不论。"这种议论具有典型性，而且对后世影响甚大。所谓六合，指的就是包含四方上

---

① （唐）柳宗元，《天对》，《柳宗元集》卷十四。

下的某种封闭空间。中国古代第一部数理天文学著作《周髀算经》也提到，可知空间的范围是八十一万里，"过此而往者，未之或知。或知者，或疑其可知，或疑其难知"①。《周髀算经》对于可观测范围之外空间存在与否闪烁其词，这与所谓"圣人存而不论"的说法一样，实质都是一种有限空间观念。

古人之所以对所谓"六合之外"含糊其词，原因在于他们找不到一种令人信服的办法去解决这一问题，明代刘基一针见血地指出了古人在此问题上面临的窘境：

> 楚南公问于萧寥子云曰："天有极乎？极之外又何物也？天无极乎？凡有形必有极，理也，势也。"萧寥子云曰："六合之外，圣人不言。"楚南公笑曰："是圣人所不能知耳，而奚以不言也。故天之行，圣人以历纪之；天之象，圣人以器验之；天之数，圣人以算穷之；天之理，圣人以《易》究之。凡耳之所可听，目之所可视，心思之所可及者，圣人搜之，不使有毫忽之藏。而天之所秘，人无术以知者惟此。今又不曰不知而曰不言，是何好胜之甚也！"②

因为在可观测范围之外是否仍有空间存在，"是圣人所不能知"，因此他们就对之采取"存而不论"的态度——承认问题的存在，但不去讨论它。

"存而不论"之说在古代影响很大，类似说法比比皆是。例如，明儒杨慎的态度，即属于这一类。杨慎知道有限和无限是一对矛盾，他重申前人的议论道："天有极乎？极之外何物也？天无极乎？凡有形必有极。"③说宇宙是有限的，宇宙之外是什么？说宇宙是无限的，任何一个客观实体必然是有限的。这就是一对矛盾。面对这种矛盾，杨慎认为，人处在宇宙之中，不可能解决

---

① 《周髀算经》卷下。
② （明）刘基，《郁离子·天道篇》，转引自《中国哲学史资料选辑（宋元明之部下）》，北京：中华书局，1982年版，第434—435页。
③ （明）杨慎，《升庵集·辨天外之说》。

这一问题，也没必要去解决它。他说："盖处于物之外方见物之真也。吾人固不出天地之外，何以知天地之真实欤？且圣贤之学切问近思，亦何必天外之事耶？"①因为不可知，也就不必去知，这种推论，究其本质，仍然是一种有限空间观念。

中国古代有限空间观念往往跟具体的宇宙结构学说结合在一起，这是它的另一种表现形式。传统宇宙结构学说主要有三种：宣夜说、盖天说、浑天说。宣夜说所持是一种开放的宇宙模式，因而与无限空间观念结下了不解之缘。盖天说主张天地是两个平行平面，是一种半开放的宇宙模式，由之衍生出的是一种被扭曲了的无限空间观念。浑天说则主张天是一个圆球，地在天的中央，天包着地，天大地小。这是一种封闭模型，由这种模型出发，易于导出有限空间观念。所以中国历史上的有限空间观念，很多都与浑天说纠结在一起。

例如，西汉扬雄原系盖天家，后转而信奉浑天说，并作《难盖天八事》以驳盖天说。他对空间范围的描述是："阖天谓之宇。"②阖天，指浑天说所主张的天球；宇，指空间。空间的范围局限在一个有限大小的固体天壳之内，这是有限空间观念的典型表现。

那么，在浑天说所主张的固体天壳之外，是否还有空间存在呢？不同的浑天家对这个问题的回答也不同。例如，东汉张衡是浑天说的集大成者，他认为在浑天说所主张的天球之外，还存在无穷无尽的空间。他说：

> 八极之维，径二亿三万二千三百里，南北则短减千里，东西则广增千里。自地至天，半于八极，则地之深亦如之，通而度之，则是浑已。……过此而往者，未之或知也。未之或知者，宇宙之谓也。宇之表无极，宙之端无穷。③

① （明）杨慎，《升庵集·辨天外之说》。
② （西汉）扬雄，《太玄·玄摛》。
③ （东汉）张衡，《灵宪》，《后汉书》，刘昭注引。

对于这一段话，论者咸以为张衡提出了无限时空观念，从而给予高度评价。其实，从上下文来看，张衡这段话只涉及空间观念，而与时间无涉。张衡认为，人们用数理方法所能观测和认识的空间是有限的，超过这个范围，仍有着无穷无尽的空间存在。所以，他是明确主张无限空间观念的。

也有浑天家持另外的观点。例如，三国时王蕃就明确反对任意臆测天球之外空间范围的做法，他说：

> 夫周径固前定物，为盖天者尚不考验，而乃论天地之外，日月所不照，阴阳所不至，日精所不及，仪术所不测，皆为之说，虚诞无征，是亦邹子瀛海之类也。[①]

王蕃的话，体现了一种求实态度：不妄言观测手段达不到之处。作为一个天算学家，他的态度倒也无可非议。

后世浑天家们的论述，更多地则是从浑天理论本身的要求出发，认为必须有一个固体天壳存在，才能解释宇宙现存之秩序。

浑天说认为天是一个固体球壳，恒星镶嵌于其内壁，日月五星附丽于天弯上运动。这个固体天壳说为有限空间观念提供了天文学基础。随着天文学的发展，古人对固体天壳说产生了疑问，例如三国时代杨泉就曾明确指出："夫天，元气也，皓然而已，无他物焉。"[②]日本中国科学史家山田庆儿对浑天说的这一转变评价甚高，他认为："浑天说的弱点被最终克服，是认识到天不是一个固体，而是由回转之气所支配的。"[③]天不是固体的认识，有利于无限空间观念的发展。但是这种理论难以解释人们观察到的天体运动。为了说明天体尤其是七曜的运动，古人又发明了刚风说，即山田所谓的"回转之气"，该说认为大地外层气的旋转导致了七曜的悬浮和运动。李约瑟博士指出："十

[①]　（三国）王蕃，《浑天象说》，《开元占经》卷一。

[②]　（三国）杨泉，《物理论》。

[③]　[日]山田庆儿，《古代东亚哲学与科技文化》，沈阳：辽宁教育出版社，1996年版，第157页。

一、十二世纪，邵雍和朱熹时常提到支持天上日月星辰并使之运行不息的
'刚风'。我们已说过，朱熹认为气有九层，各层的运行速度不同，因而刚度
也不同，这正相当于古代著作家屈原等所想象的'九重'天。"[1]

刚风说的提出，是为了解释天体的运动，但这一学说的问世，却为固体
天壳说提供了发展契机。因为做圆周运动的物体必然有离心倾向，对于"刚
风"，亦不例外，为使"刚风"的旋转不致于因离心运动而中断，就必须假
定在其外有固体天壳的约束。朱熹就曾指出："天地无外，所以其形有涯而其
气无涯也。为其气极紧，故能扛得个地住，不然则坠矣。外更须有躯壳甚厚，
所以固此气也。"[2]元代史伯璿也针对有学者所谓天体旋转"但如劲风之旋，
实非有体"之言，指出："天若全无形体，则日月星辰所丽之处，其外皆是无
穷无极之空虚。天之气固浩然盛大，若浑无形体以范围之，愚恐其只管如劲
风之旋，转散出茫无边际之空虚，则在外者虽厚，亦岂能如此之皆厚？在内
者虽劲，亦岂能如此之常劲？"[3]朱子与史伯璿之言，虽然强调了固体天壳的
存在，为有限空间观念提供了生存土壤，因而易于受到今人指责，但他们注
意到了结合具体的宇宙结构理论，运用生活中可以理解的物理知识进行论证，
其做法本身是无可非议的。

三、"天外有天"之说

在中国古代无限空间观念中，有一种说法流传甚广，那就是脍炙人口的
天外天说，认为在我们现存的天体系统之外，还存在无穷多类似的天体系统。

天外天说是古人对无穷空间结构的一种猜测，这种猜测早在先秦时期就
已经初露端倪了。先秦时期，随着社会的发展，人们活动区域的扩大，思想
界对宇宙无限性的认识也逐渐深入，一些人开始对无穷空间的结构进行猜测

---

① ［英］李约瑟，《中国科学技术史（第四卷第一分册）》，北京：科学出版社，1975年版，第
　　121页。

② （明）张九韶，《理学类编》卷一。

③ （元）史伯璿，《管窥外篇》卷下。

了。历史学家顾颉刚先生对此有具体论述，他说：

> 因为那时的疆域日益扩大，人民的见闻日益丰富，便在他们的思想
> 中激起了世界的观念，大家高兴把宇宙猜上一猜。《庄子》上说，"计四
> 海之在天地之间也，不似礨空之在大泽乎？计中国之在海内，不似稊米
> 之在太仓乎？"这是充其量的猜想，把四海与中国想得小极了。[1]

《庄子》的猜测，只是对宇宙无限性的一种形象说法，而同属战国时期的思
想家驺衍则对这种想象中的巨大宇宙的结构做了具体解说。驺衍的著述虽然
很多，但都失传了，只在司马迁的《史记·孟子荀卿列传》中保存了一点。
司马迁记叙驺衍治学特点，说"其语闳大不经，必先验小物，推而大之，至
于无垠"。驺衍把这套方法也用到了对人们所知空间范围之外宇宙结构的猜
测上：

> 中国名曰赤县神州，赤县神州内自有九州，禹之序九州是也，不得
> 为州数。中国外如赤县神州者九，乃所谓九州也，于是有裨海环之。……
> 如此者九，乃有大瀛海环其外，天地之际焉。[2]

驺衍认为中国叫赤县神州，是全世界八十一州中的一州，禹所划分的九州只
是在赤县神州内的划分，不能叫州。像中国这样的赤县神州，九个合在一起，
方可称为九州，它的周围有裨海环绕。这样的九州一共有九个，大瀛海环绕
其外，那里才是天地的边际。

驺衍之言，虽然"闳大不经"，但它毕竟是古人对我们所生存的天体系
统之外的宇宙结构之猜测。"大九州"说因其过于具体而被人们视为荒唐不

---

[1]　顾颉刚，《秦汉统一的由来和战国人对于世界的想象》，《古史辨（第二册）》，上海：上海古籍
　　出版社，1982年版，第6页。

[2]　（西汉）司马迁，《史记·孟子荀卿列传》。

经，但它所蕴含的在我们生存的天地之外仍存在类似的天体系统的思想，却被人们接受了下来，并且由于佛教的传入而得到了进一步加强。佛教对于无穷空间的结构构造了一套精致的模型：

> 佛道天地之外，四维上下，更有天地，亦无终极。然皆有成有败，一成一败谓之一劫。自有此天地已前，则有无量劫矣。①

佛教的这种"天外有天"的无限宇宙结构理论，在思想上与驺衍的大九州说是相通的，在形式上则把驺衍之说推向了极端，而且与时间观念联系了起来，显得更为精致。这种学说在本质上是思辨的，南北朝时期刘宋宗炳作《明佛论》，对此有清晰论述：

> ……谨推世之所见，而会佛之理，为明论曰：今自抚踵至顶，以去陵虚，心往而勿已，则四方上下，皆无穷也。②

"心往而勿已"的结果，是得到了无穷空间的观念，这表明无限空间观念只能产生于人们的思维推理。从这种认识出发，宗炳进一步指出：

> ……无量无边之旷、无始无终之久，人固相与陵之以自数者也。是以居赤县于八极，曾不疑焉！今布三千日月，罗万二千天下，恒沙阅国界，飞尘纪积劫，普冥化之所容，俱眇末其未央，何独安我而疑彼哉！夫秋毫处沧海，其悬犹有极也，今缀葬伦于太虚，为蔑胡可言哉！③

这段话意思是说，人类自身就在无穷时空中生存，因而对于自己所生存

---

① 《隋书·经籍志》。
② （南朝）宗炳，《明佛论》，《弘明集》卷二。
③ 同上。

的天体系统的真实性从不产生怀疑，既然如此，为什么要怀疑在太空中还存在无穷多这样的天体系统呢？所谓"恒沙阅国界"，是说在宇宙中这种类似的天体系统的数目就像恒河水中的沙粒一样多，是佛教对于无穷概念的一种形象说法。引文最后一句是对于人类生存于其中的天体系统与整个宇宙关系的认识，其所达到的思想深度是令人叹服的。

正因为"天外有天"说是人们思维逻辑的必然结果，这一学说在历代思想家中引起了广泛共鸣。北齐颜之推就曾从人们感觉经验不可靠这一命题出发，对天外天说做了肯定论述。他认为："凡人之信，唯耳与目，耳目之外，咸致疑焉。"例如，"山中人不信有鱼大如木，海上人不信有木大如鱼；汉武不信弦胶，魏文不信火布；胡人见锦，不信有虫食树吐丝所成；昔在江南，不信有千人毡帐，及来河北，不信有二万石船：皆实验也"。在列举了上述例子之后，颜之推质疑道：既然如此，"何故信凡人之臆说，迷大圣之妙旨，而欲必无恒沙世界、微尘数劫也？而邹衍亦有九州之谈"[①]。颜之推认为，人的直接经验是有限的，因此，从直接经验出发，否定佛教的"天外天多如恒河沙数"之说，是不可取的。他特别指出：佛教的这种主张，与驺衍的大九州说，在思想方法上是一致的。即是说，不要因为它是外来的就排斥它，它在中华本土也有其思想渊源。

颜之推崇信佛教，他宣扬"恒沙世界"是在情理之中，而自称三教外人的元初思想家邓牧，在对无穷宇宙结构的认识上却也与佛教之说不谋而合，他说：

> 天地大矣，其在虚空中，不过一粟耳……虚空，木也，天地，犹果也。虚空，国也，天地，犹人也。一木所生，必非一果；一国所生，必非一人。谓天地之外无复天地焉，岂通论耶？[②]

---

① （北朝）颜之推，《颜氏家训·归心篇》。
② （元）邓牧，《伯牙琴》，张岂之、刘厚祜标点，北京：中华书局，1959年版，第22页。

邓牧的叙述直观形象且富有深意，因而得到后人广泛赞同。古人类似的论述可以举出很多，即使时至今日，人们在探讨空间的无限性时，不少人采用的论证方式乃至所用的语言，仍然同邓牧十分接近，这充分表明了该学说影响的深远。

四、对天外天说的批判

在"天外有天"这无限空间结构理论广为流布的同时，也有学者对之提出质疑。北宋学者邵雍即曾指出：

> 物之大者，无若天地，然而亦有所尽也。①

天地，亦即我们生存于其间的这个天体系统，当然是可以被穷尽的，可是，在我们生存的天地之外，是否还有别的天体系统存在呢？邵雍对之持怀疑态度，他说：

> 人或告我曰："天地之外，别有天地万物异乎此天地万物。"则吾不得而知之也。非惟吾不得而知之也，圣人亦不得而知之也。凡言知者，谓其心得而知之也。②

所谓"心得而知之"，言外之意，是说天外有天这种理论是臆测的，无事实根据。邵雍的说法是正确的，因为极力倡导天外有天之说的宗炳，其本人就明确认为该说是"心往而勿已"的结果。实际上，即使直到今天，认为在我们生存的天体之外还存在无穷多天体系统的观点，也仍然是一种哲学思辨。既然如此，邵雍的怀疑，也就是可以理解的了。

---

① （北宋）邵雍，《皇极经世·观物内篇》。
② 同上。

在历史上，对佛教的天外有天说做出全面而又系统批判的，是元末思想家史伯璿。

史伯璿，字文矶，温州平阳人，著有《四书管窥》《管窥外篇》等书。《四库全书提要》评价《管窥外篇》说，该书"于天文、历学、地理、田制，言之颇详，多能有所阐发"。就在这些"阐发"之中，史伯璿对佛教所谓"天外之天多如恒河沙数"之说做了深刻批判。

史伯璿在评论佛、道二教时说：

> 二氏虽则皆是伪妄，然释氏之规模弘大，无所依仿，如尘芥六合、梦幻人世，开口便说恒河沙数世界、便说微尘数劫、阿僧祇劫，直是说到无畔岸、无终穷去处。……自古异端之害，无有能过之者。[1]

显然，史伯璿对佛教所谓"天外之天多如恒河沙数"之说持坚决反对态度，认为该说危害甚大，必须坚决批判。

史伯璿对佛教天外天说的批判，首先植基于他对佛教徒知识结构的不信任。他说，佛教所谓的"恒河沙数世界、微尘数劫之说，此皆所谓遁辞，非实有此事也"[2]。为什么呢？史伯璿指出：

> 佛尚不知天地形体如何、日月星辰运行之躔次又如何，而妄为须弥之说，以自欺欺世。见在六合内事犹且如此，况于过去未来与六合外事，人所不闻不见者，则亦何所不用其欺哉！其言皆不足信也。[3]

这是说，佛教徒不具备基本的科学知识，他们在人们已经弄清楚了的天文问题上，尚且信口开河，自欺欺人，更何况在人们无法把握的"六合外事"

---

① （元）史伯璿，《管窥外篇》卷上。
② 同上。
③ 同上。

上，他们的说法当然是"皆不足信也"。

史伯璿对佛教的治学态度也提出了尖锐批评。他认为佛、道二教，对社会都是有害的，但二者危害程度不一样，他说：

> 二氏之害，佛氏尤甚，盖以其长于欺诳而人莫之觉耳。自其所言，见在事与六合内事绝少，所言多是过去未来与他方世界之事。何也？盖佛本非真有所知者，而妄以无所不知自任。本非真有所知，则现在事与六合内事皆众人所共见闻者，言之少有差错，则人将以实事证之，彼亦不得肆其欺诳矣。若不言之，而无一论以自盖，则其本非真有所知之迹将为人所窥觇，而人亦莫之重矣。故自任以为无所不知，而其所知者则过去未来之事与他方世界之事，动以恒河沙为数，然后见在事与六合内事皆为至近至微，而谓有不足言者矣。①

正像《韩非子·外储说左上》所说的画鬼易、画犬马难，因为"夫犬、马人所知也，旦暮睹之，不可类之，故难。鬼魅无形者，人皆未见之，故易也"。佛教徒专挑那些漫无边际之事进行论证，因为这些论证不容易被人找出差错，无法证伪。显然，佛教徒治学态度不是实事求是，而是为了"炫其所知""肆其欺诳"。他们动辄言恒河沙数世界，就是为了达到欺诳世人的目的。

另外，史伯璿还对佛教徒的治学方法进行了批判。佛教的恒河沙数世界之说，很容易让人信服，当时就有人对史伯璿提出："既曰天有体矣，则天体之外虚空无极，安知不又有此之天地乎？然则佛氏四方上下恒河沙数世界之言，未必皆是虚妄，亦不必深訾之也。"②对此，史伯璿回答说：

> 六合之外，圣人不论，非莫之晓而不敢论也，论之无所证据，初无

---

① （元）史伯璿，《管窥外篇》卷上。
② （元）史伯璿，《管窥外篇》卷下。

益于人，只足以惑人耳。①

史伯璿主张论之要有所证据，表现了一种追求实证的科学精神。他认为，论证提不出证据，只会引起人们的思想混乱。史伯璿指出，佛教宣讲恒河沙数世界，传播的就是这种无法证伪的荒唐学说：

> 佛氏自欲炫其无所不知之高，所以每每称说他方世界之事，以疑骇愚俗而夸耀之，初岂耳闻目见其实有是？则不过亦以臆度之私，创此荒唐之论而已。②

既然是"臆度之私"，缺乏实证，当然就不是科学的。史伯璿进一步指出，佛教徒所言，看上去恢宏阔大，他们其实并不懂得无限的含义，他说：

> 纵如其言，果有恒河沙数世界在此天地之外，然空虚终是无涯，又岂有终极之处哉！况佛氏尚不识此天地形状为何如，而妄为须弥山之说以肆其欺诳，则其所言六合外事，又岂有可信者哉！③

这是说，无限是唯一的。在此天地之外的"空虚"无穷无尽，没有终极，是无外的。既然无外，也就不可能在其外还存在有"恒河沙数世界"。更何况佛教连现存世界都认识不清，它所宣扬的"六合外事，又岂有可信者哉！"

那么，佛教徒为什么要宣扬这套理论呢？史伯璿指出："其徒以久其教而已。"他分析说：

> 大抵世人贵耳不贵目，凡天地间所有之事、所身亲见者，虽甚大极

① （元）史伯璿，《管窥外篇》卷下。
② 同上。
③ 同上。

变已莫能晓者，亦以为常，而不加疑问。一闻佛氏洪阔侈大之言，则自以为所未尝见而疑骇错愕，茫然自失，虑其一旦至此境界，则将无所恃赖也。及闻佛氏有如此之神通变现，安得不畏之服之，而幸其可为将来之恃赖哉！ ①

也就是说，佛教抓住人们心理活动特点，通过宣扬恒河沙数世界之类超出人们经验之外的说教来使人们信服，从而增加其信徒，扩大其势力。对此，人们要保持警惕。

综观中国历史上关于空间无限性的论争，史伯璿对佛教所谓"恒河沙数世界"的批判是相当深刻的。他的言辞不无夸张过头之处，但他追求实证的思想方法则是应予肯定的。宇宙有限与否，现代人们认识也不一致。在这种情况下，重温中国古人有关论争的历史，相信对今人会有一定的启发。

第五节　中国天文学史上的地中概念*

地中概念在中国天文学史上十分重要，它不但是古人宇宙结构理论的重要组成部分，而且在古代天文计量方面发挥了巨大作用。对有关地中问题的关注，影响了中国古代天文学的走向，促成了中国天文学史上一些重要事情的发生。对此，应该给予足够的重视。

一、地中概念的缘起

地中概念的产生，与古人对天地形状的认识有关。早在先秦时期，中国古人就产生了天圆地方的观念，认为天地分离，天在上，地在下，地是平的。地中概念就是这一认识的自然产物。因为当时的人们还没有将地理观念与无

---

① （元）史伯璿，《管窥外篇》卷上。
* 感谢李迪教授惠赠相关资料。

穷思想结合起来，即使如邹衍提出的大九州说，被人们视为惊世骇俗之论，也仍然是一种有限观念。既然地是平的，其大小又是有限的，地表面当然有个中心，这个中心就是地中。由此，地中概念与地平思想是一致的。

既然如此，这样的地中具体在什么地方呢？对此，古人有不同的解答。一种说法系从原始宗教观念出发，认为众神借以攀缘登天的建木所在地即为地中。在中华民族发展过程中，曾有那么一个阶段，人们认为天地相通。很多古书上都记载颛顼使重、黎绝地天通之事，则显见古人认为，在天地未被隔绝之前，它们是可以相通的。在古人心目中，天地的通道是大树，或者高山。建木就是作为其通道的一种大树。《淮南子·地形训》揭示了建木的位置和作用："建木在都广，众帝所自上下。"众帝，指的就是众神。需要指出，古书记载以树为天地通道者，除建木外，尚有若木、扶桑、穷桑、寻木等，这其中唯独建木被与地中联系了起来，原因在于它除了是天地通道外，还具备一些天文学特征。《吕氏春秋·有始览》载曰：

> 白民之南，建木之下，日中无影，呼而无响，盖天地之中也。

《淮南子》中也有几乎完全一样的话。可见古人之所以以建木为地中，除去其神话含义外，"日中无影，呼而无响"是他们赋予地中的很重要的天文、物理特征。

以"日中无影"作为地中特征，这一做法不合中国传统。先秦时期人们活动区域主要集中在黄河流域，但日中无影这一天文现象，至少也要在北回归线上才能发生，这已经远离当时人们的活动区域。所以，这种说法的来源至今尚不太清楚。不过，在唐代僧人道宣所著《释迦方志》卷上，我们倒是发现了这一学说在后世的回响：

> 昔宋朝东海何承天者，博物著名，群英之最，问沙门惠严曰："佛国用何历术，而号中乎？"严云："天竺之国，夏至之日，方中无影，所谓

天地之中也。此国中原，影圭测之，故有余分，致历有三代，大小二余增损，积算时辄差候，明非中也。"承天无以抗言。

　　佛教来自印度。惠严之论，合乎印度实际。北回归线横贯印度中部，在这个纬度上，确实有"夏至之日，方中无影"的现象。惠严以此来论证印度位于"天地之中"，以抬高"佛国"历法的地位。他的论证竟让精通天文学的何承天"无以抗言"，由此可知，以"日中无影"作为地中特征这种做法，至少在南北朝时，还是有一定影响的。何承天与惠严的这场争辩，《高僧传》亦曾提及。[①]这些记载表明，该说法的得以延续，与佛教的传入不无关系。

　　与佛教关系更为密切的是另一种地中观念——须弥山地中说。须弥山本非中国固有之山，它只存在于佛教经典之中。据梁代有名的《楼炭经》的记载，须弥山耸立于世界的中央，高三百六十万里，周围有七个连峰，同心圆状似的包围着它。日月众星像浮云一样，随着风在须弥山周围转动。[②]须弥山说是佛教有关天文地理知识的一个重要学说，但由此说引致的须弥山地中说却对中国天文学史发展的主流影响不大，故此这里不再多议。

　　在中国本土的诸山中，与须弥山地中说相类的是昆仑山地中说。《艺文类聚》引《水经》曰："昆仑墟在西北，去嵩高五万里，地之中也。"昆仑山之所以被视为地中，是由于古人赋予了它一定的神话和天文特征。太史公司马迁在《史记·大宛传》中引《禹本记》言："河出昆仑，昆仑其高二千五百里，日月所相避隐为光明也。其上有醴泉华池。"《博物志》卷一则引《河图·括地象》曰："地南北三亿三万五千五百里。地祇之位起形高大者有昆仑山，广万里，高万一千里，神物之所生，圣人仙人之所集也。出五色云气、五色流水，其白水南流入中国，名曰河也。其山中应于天，最居中。"《山海经·西山经》亦云："西南四百里，曰昆仑之丘，是实惟帝之下都，神陆吴司

———————

① （明）陈耀文，《天中记》卷一，文渊阁《四库全书》版。
② ［日］山田庆儿，《古代东亚哲学与科技文化》，沈阳：辽宁教育出版社，1996年版，第173页。

之。"昆仑山既然是"日月所相避隐为光明"处，是圣人、仙人居住之处，又是天帝之下都，且与天的中心相对应，说它是地中，岂不是很相宜的吗？只是这个地中，与须弥山地中说一样，都没有对中国古代天文学的发展产生多大实际影响。

二、洛邑地中说

在中国历史上留下较大影响的是洛邑地中说。关于该说，古籍中有许多记载，例如《论衡·难岁篇》："儒者论天下九州，以为东西南北，尽地广长，九州之内五千里。竟三河土中，周公卜宅，《经》曰：'王来绍上帝，自服于土中。'雒，则土之中也。"雒，即洛，周代以后称洛邑，位置在今洛阳市范围。土中，即地中。这是说，从周公的时代起，洛邑已经被认为是地中了。

洛邑之所以被认为是地中，有其一定的文化背景。就地理位置而言，洛邑地处北纬34度半，在远古时代，这里正是宜于先民生存、栖息之地，是古代文明发祥地之一。《史记·封禅书》说："昔三代之居，皆在河洛之间。"这话是可信的，考古发掘也证明了这一点。在远古时代，人们社会活动范围小，因而往往会产生一种感觉，认为自己居住的地方就是天下的中央。河洛地区文明发源比较早，河洛人认为雒是天下之中的思想，不可避免地要影响到其他文明相对落后地区的人们，这是洛邑地中说的历史根源。

洛邑地中说之所以广泛被人们接受，是因为它跟周公营洛联系在了一起。牧野之战，周人打败了殷人，武王因为洛地居天下之中，有意在此营建东都。《史记·殷本纪》说，武王"营周，居于雒邑而后去"，指的就是这件事。但武王并未完成营建洛邑的任务。①武王去世以后，他的遗愿得到了继承。在周公的主持下，周人最终营建了洛邑。②

周公营洛，有其政治上的考虑。周为小邦，猝然灭殷，实为不易，这种

---

① 《逸周书·度邑》。
② 《史记·周本纪》《逸周书·作雒》《尚书·周书·康诰》中均有相关记载。

情况下，又如何以偏居西土的镐京为中心去镇抚不甘失败的殷遗民，去治理整个天下？这成为周初政治家不得不考虑的问题。考虑的结果，营建洛邑成了他们的选择之一。对此，汉代人总结说："王者京师必择土中何？所以均教道，平往来，使善易以闻，为恶易以闻，明当惧慎，损于善恶。"[①]的确，在古代社会条件下，把京师置于国家地理中心，从管理的角度来说，确实要方便些。周公历来被儒家奉为政治上的楷模，周公营洛无疑为洛邑地中说罩上了一层神圣的光环，使它更易于被后人所接受。这是古人以洛邑为地中的政治原因。

洛邑的气候条件，也易于使人想到它的地中地位。人们心目中的地中，应该是冷暖适宜，风调雨顺，宜于人类居住之处。当时的伊洛平原就满足这些条件。东汉张衡在文学史上，以其《二京赋》而驰名，其《东京赋》描写洛阳的天文气候特征道："昔先王之经邑也，掩观九隩，靡地不营；土圭测景，不缩不盈，总风雨之所交，然后以建王城。"[②]张衡是浑天学派的重要代表人物，他对洛邑的描述，很注重其天文和气候特征。他的话与《周礼》对地中的规定是一致的，由此可以见到洛邑地中说的影响之大。

三、浑盖之争中地中概念的作用

地中概念在中国天文学史上发挥作用，首先表现在浑盖之争中。盖天说和浑天说是中国古代宇宙结构理论中具有实用价值的两个重要学说，它们曾进行过长达数百年之久的大论争，地中概念在这场论争中发挥了一定作用。对此，我们过去并未给予足够的重视。

相对于浑天说而言，盖天说产生的时间要早一些。盖天说主张天地形体相似，二者分离，天在上，地在下，"天似盖笠，地法覆盘，天地各中高外下。北极之下，为天地之中，其地最高，而滂沲四隤。三光隐映，以为昼

---

① 《白虎通·京师》，《白虎通疏证（上册）》，北京：中华书局，1994年版，第157页。
② （东汉）张衡，《东京赋》，《昭明文选》卷三。

夜"①。显然，盖天说拒绝以人世社会中心所在地为地中的洛邑地中说。盖天说的地中概念，是对先秦昆仑山地中说的扬弃。

昆仑山地中说有其自己的特征：就地形而言，该说强调地中处"起形高大"；就天文特征而言，则"日月所相避隐为光明"。这两点，在盖天说地中概念里均可觅到其踪迹。本来，"北极之下为天地之中"，是盖天说理论的自然推论。盖天说主张天在上绕北极平转，北极为其转动中心，天地形体相似，地的中心自然就在北极之下，远离人的居住地了。但依据盖天说的理论，得不出地中处"其地最高，而滂沲四隤"的结论，所以，"其地最高"的说法，有可能是受昆仑山地中说影响的结果。另外，在对地中方位的认识上，两说也比较接近。正因为如此，当盖天说被浑天说取代以后，盖天说的地中概念并未随之销声匿迹，而是与昆仑山地中说结合起来，被道教所利用了。正如日本学者福永光司所言："把昆仑山作为'天地之中'，使之与天枢——北极星相对应，与作为'太帝之居'的北极紫微宫相对应的广大的世界地理学说，就原封不动地成为六朝时期以后道教宇宙构造论的原型。"②

盖天说赖以成立的基础之一是测量。立表测影，推算日高天远、七衡六间是其强项。在测量恒星空间方位时，盖天学派采用了一种"引绳致地以希望"的"立周天历度"之法，《周髀算经》对之有具体介绍。其内容是：在平地上作一"径一百二十一尺七寸五分"之圆，依"径一周三"，则圆周为365¼尺。以一尺为一度，分圆周为365¼度，这就与整个天空圆周的分度对应起来了。在此基础上，在圆心处立一标杆，"以绳系颠"，瞄准天上的恒星，同时在圆周上立一根"游仪"，通过游仪将恒星的相对位置在圆周上标示出来，这样就可以测定恒星彼此之间相距的度数了。

《周髀算经》的这种测量方法，反映的是一种比例对应测量思想。③这种

---

① （唐）魏征、（唐）长孙无忌，《天文志》，《隋书》卷十九。

② ［日］小野泽精一等编著，李庆译，《气的思想》，上海：上海人民出版社，1990年版，第136—137页。

③ 参见关增建，《中国古代物理思想探索》，长沙：湖南教育出版社，1991年版，第224—232页。

思想与其宇宙结构学说是一致的。根据《周髀算经》的认识，在平地上作圆并分圆周为365¼度，是要"以应周天三百六十五度四分度之一"，即与天周大圆相对应。根据盖天说的宇宙理论，既然星宿丽天平转，要将其彼此相距度数测出，就要将其缩映至地，所以要在平地上画圆进行测量。以《周髀算经》之术测量，结果很难准确，但正如钱宝琮所言："中国古代不知利用角度，然有《周髀算经》测望术，日月星辰在天空中地位，亦大概可知矣。"[①]

　　但是依盖天说的理论，《周髀算经》的测量方法也有不严格之处。问题就出在盖天说"地中"的位置上。因为如果完全按比例对应方法进行测量，则这类测量只能放在地中处进行，这样才能保证地上的小圆与天空星辰运行的大圆完全对应，才能保证天上恒星分布情况被一一对应地缩映在地面小圆上。但盖天说的地中远在北极之下，人们不可能到那里进行测量。这一矛盾，是盖天说难以解决的。

　　浑天说产生于西汉中期。汉武帝时，为制定《太初历》，武帝组织了一批包括民间天文学家在内的制历班子，由司马迁率领进行工作。在这批人中，司马迁是盖天家，而民间天文学家落下闳等人则是浑天家，他们在制历过程中产生了严重分歧，以至于制历工作无法进行。汉武帝只好解散了这个班子，让他们分头制定各自的历法。最后经过比较，武帝选择了落下闳、邓平等人的《八十一分历》作为《太初历》颁行天下。[②]

　　由制定《太初历》引发的浑盖之争，一开始就集中在与测量有关的问题上。司马迁等人所用的观测手段是"定东西，立晷仪，下漏刻，以追二十八宿相距于四方"[③]，这跟《周髀算经》中描述的立表测度法是相通的。这种方法受到浑天家们的反对。对于司马迁等测得的"太初本星度新正"，大典星

① 钱宝琮，《〈周髀算经〉考》，《钱宝琮科学史论文选集》，北京：科学出版社，1989年版，第126页。

② 李志超、华同旭，《司马迁与〈太初历〉》，《中国天文学史文集（第五集）》，北京：科学出版社，1989年版，第126—137页。

③ （东汉）班固，《汉书·律历志》。

射姓等"奏不能为算"，而落下闳等人则依据浑天学说，用其发明的早期浑仪，"为汉孝武帝于地中转浑天，定时节，作《泰初历》"①。"转浑天"就是用浑仪测天。地中概念就这样登上了浑盖之争的历史舞台。落下闳"于地中转浑天"一语，就揭示了这一点，因为西汉的都城是长安，而在中国历史上，长安从来没有取得过地中的地位。落下闳是在远离长安的浑天家心目中的地中进行测量的。

　　但是，落下闳"于地中转浑天"一语，是晋朝虞喜的追述，《史记》《汉书》只说落下闳"运算转历"，并未提到他测天之事。虽然对"转历"一词可以有不同的理解，例如理解为"转浑天、制历法"，这样，落下闳测天之事仍可以得到肯定，可落下闳的"转浑天"是否就在地中，在《史记》和《汉书》中是找不到记载的。不过，后世浑天家对此的回答却是肯定的。之所以如此，是因为在他们的心目中，"日月星辰，不问春秋冬夏，昼夜晨昏，上下去地中皆同，无远近"②。即是说，地中是进行天文测量的理想地点，在地中进行测量，符合比例对应测量思想的要求，其结果最具权威性和参考价值。不在地中进行的测量，其结果很难被大家认可。正因为这样，三国时王蕃在论证了地中的各种特征之后，就曾明确指出："六官之职，周公所制。勾股之术，目前定数。晷景之度，事有明验。以此推之，近为详矣。"③唐代李淳风在引述西汉刘向《洪范传》所记"夏至影一尺五寸八分"时，则专门指出："是时汉都长安，而向不言测影处所。若在长安，则非晷影之正也。"④由此，在后世浑天家们看来，对地中位置及其作用的认定，是当时浑盖之争中引人注目的一个问题，落下闳是通过在"地中"进行的测量，为浑天说战胜盖天说奠定了基础的。而在我们看来，至少在三国以后，地中概念在浑盖之争的发展过程中，是发挥作用了的。

---

① 晋朝虞喜之言，参见《隋书·天文志上》。
② （唐）魏征、（唐）长孙无忌，《天文志》，《隋书》卷十九。
③ （唐）瞿昙悉达，《开元占经》卷一。
④ 《周髀算经》卷上，李淳风注。

四、阳城地中说

浑天学者拒绝盖天说的地中概念，那么，他们心目中的地中又是在哪里呢？答案有两种：一是洛邑，二是阳城。尤其是阳城地中说，在中国天文学史上占据了极其重要的地位。

阳城即今河南登封的告成镇，位于郑州西南，距郑州只有几十公里。阳城地中说的由来，据说也跟周公有关。据后世文献记载，周公在营造洛邑时，首先对地中进行了测定，而且周公测定的地中，不是在洛邑，而是在阳城。《周礼·大司徒》追叙了当时人们对地中所做的定义：

> 日至之影，尺有五寸，谓之地中。天地之所合也，四时之所交也，风雨之所会也，阴阳之所和也。然则百物阜安，乃建王国焉。

《周礼》这是以夏至时的日影长度为一尺五寸来定义地中。之所以如此，萧良琼有过解说。[①]他认为，商代把表这种古老的天文仪器叫作"中"，"立中"就是立表，商代的人通过"立中"来标志供测量用的基本的中心坐标点之所在。商代人认为任何地方都可以作为测量的中心点，都可以"立中"。但人们在实践中发现，在不同的地方表影长度不同，这才启发人们通过一个确定的日影长度去寻找地中。《周礼·大司徒》的规定即缘此而生。

由《周礼》这段文字尤其是其中最后一句来看，周公所定的地中，似乎应在洛邑，但后世学者却大都认为是在阳城。明代学者陈耀文撰《天中记》，其卷一引《太康记》云："河南阳城县，是为土中，夏至之景，尺有五寸，所以为候。"登封士人陈宣则追述阳城为地中的经过：

> 周公之心何心也！恒言洛当天地之中，周公以土圭测之，非中之正

---

① 萧良琼，《卜辞中的"立中"与商代的圭表测景》，载《科技史文集（第十辑）》，上海：上海科学技术出版社，1983年版，第27—44页。

也。去洛之东南百里而远，古阳城之地，周公考验之，正地之中处。[①]

这是说，周公是按照《周礼》中所说的方法进行测定的，测定的结果，认定了地中是在阳城。陈宣是明代人，在他之前，已有不少学者持阳城地中说的观点。例如北宋政治家范仲淹《游嵩山十二首》中即曾提到："嵩高最高处，逸客偶登临。回看日月影，正得天地心。念此非常游，千载一披襟。"[②]元初郭守敬改革天文仪表，组织"四海测验"，把阳城作为一个重要基地，建台立表，实地观测。郭守敬所建的登封观星台遗留至今，成为阳城地中说的实物见证。[③]在中国天文学史上，《隋书·天文志》历来被视为经典之作，该书更是从天文角度追述道："昔者周公测影于阳城，以参考历纪。……先儒皆云：夏至立八尺表于阳城，其影与土圭等。"唐代贾公彦，东汉郑玄、郑众等注疏《周礼》，均以为阳城即为周公所定的地中。阳城为地中的观念，尤其是在历代天文、律历等志上，得到了充分反映。

但是，所有论证周公定阳城为地中的文献，均为晚出，历史的真相究竟如何，我们已经不得而知。上述大量引文，只是表明了阳城地中说在中国天文学史上的重要性，这是需要特别指出的。

阳城为地中的说法，有其一定的文化背景。从地中概念与早期人类社会活动中心之关系的角度来看，"禹都阳城"是古代文献常见的说法，而考古发掘也证实了春秋战国时期古阳城的存在，古阳城的位置确实是在今河南登封的告成镇[④]，这表明以阳城为地中的说法有其历史渊源。

另外，阳城紧临嵩山，而嵩山在古代社会，也有其不可替代的神秘色彩。《国语·周语上》载有"昔夏之兴也，融降于崇山"之语，融指火神祝融，而

---

① 《登封县志》，明嘉靖八年本。

② 同上。

③ 关增建，《登封观星台与郭守敬对传统立竿测影的改进》，载《郑州大学学报（哲学社会科学版）》，1998年第2期，第63—67页。

④ 河南省博物馆等，《河南登封阳城遗址的调查与铸铁遗址的试掘》，载《文物》，1997年第12期。

崇山即指嵩山。由此，嵩山还具有作为沟通天地之通道的功能。武则天多次封嵩山，正是这一神秘色彩的后世效应。夏都阳城，自然以阳城为中心，此说与嵩山所具有的神秘色彩结合起来，并与天文学上对地中的需求相一致，成为被相当一部分天文学家所认可的地中。

正因为阳城地中说与洛邑地中说各有所据，因此这两种说法在后世均有人信奉。李淳风在注释《周髀算经》卷上时说：

> 《周礼·大司徒职》曰："夏至之影，尺有五寸。"马融以为洛阳，郑玄以为阳城。

马、郑均是硕儒，以注解经典为能，他们的意见尚不能一致，影响到后人，自然也各有所宗。后世一些天文学家所用测量数据，也多取自这两地。对此，李淳风在注释《周髀算经》卷上时做了追述：

> 后汉《历志》："夏至影一尺五寸。"后汉洛阳冬至一丈三尺，自梁天监已前并同此数。……晋姜岌影一尺五寸。宋都建康在江表，验影之数遥取阳城，冬至一丈三尺。宋大明祖冲之历，夏至影一尺五寸。宋都秣陵，遥取影同前，冬至一丈三尺。后魏信都芳注《周髀算经》四术云[按永平元年戊子是梁天监之七年也]：见洛阳测影。……开皇四年，夏至一尺四寸八分，洛阳测也；冬至一丈二尺二寸八分，洛阳测也。

由此可见，尽管"先儒皆云，夏至立八尺表于阳城，其影与土圭等"[①]，但地中究竟是在阳城，还是在洛阳，浑天家们意见并不一致。一般来说，在理论上赞成阳城地中说的人要多一些，这在历代天文律历等志中表现得非常明显。但在实际测量时，由于受到诸多条件的限制，人们更愿意选择在中心

---

① （唐）魏征、（唐）长孙无忌，《天文志》，《隋书》卷十九。

城市内进行，这就是历史上有不少在洛阳测影记录的缘故。但无论如何，说地中概念在浑盖之争及浑天说的发展过程中发挥了重要作用，毫无疑问是可以成立的。

五、地中位置的测定

既然地中概念在浑天说中十分重要，而关于地中的具体位置又有不同认识，这启示浑天家们想到，能否依据《周礼》的定义，运用立竿测影的方法，将地中位置具体测出来呢？《周礼·大司徒》给出了地中的定义，并指出了测量它的途径：

> 以土圭之法测土深、正日影，以求地中。日南则景短多暑，日北则景长多寒，日东则景夕多风，日西则景朝多阴。日至之景，尺有五寸，谓之地中。

浑天家对这一定义的看法是："此则浑天之正说，立仪象之大本。"[①]但这一定义毕竟有些粗疏，因为其中只有"日至之景，尺有五寸，谓之地中"这句话具有可操作性。但若真的按这一定义去寻找地中，则会发现，符合这个条件的地点有无穷多个。因为大地实际是个圆球，在同一纬度上进行测量，所得的影长是一样的。正因为如此，古人深切感受到了这一方法的难度，《隋书·天文志》就曾针对该法明确指出："案土圭正影，经文阙略，先儒解说，又非明审。"因此，要依之为据判定地中，显然十分困难。

到了南北朝时期，事情出现了转机。据《隋书·天文志》载，大数学家祖暅"错综经注，以推地中"，发明了一套通过立竿测影来推定地中的方法，我们详引如下：

[①]　（唐）魏征、（唐）长孙无忌，《天文志》，《隋书》卷十九。

先验昏旦，定刻漏，分辰次。乃立仪表于准平之地，名曰南表。漏刻上水，居日之中，更立一表于南表影末，名曰中表。夜依中表，以望北极枢而立北表，令参相直。三表皆以悬准定，乃观。三表直者，其立表之地，即当子午之正。三表曲者，地偏僻。每观中表，以知所偏：中表在西，则立表处在地中之西，当更向东求地中；若中表在东，则立表处在地中之东也，当更向西求地中。取三表直者，为地中之正。又以春秋二分之日，旦始出东方半体，乃立表于中表之东，名曰东表，令东表与日及中表参相直。是日之夕，日入西方半体，又立表于中表之西，名曰西表。亦从中表西望西表及日，参相直。乃观三表直者，即地南北之中也。若中表差近南，则所测之地在卯酉之南；中表差在北，则所测之地在卯酉之北。进退南北，求三表直正东西者，则其地处中，居卯酉之正也。

　　祖暅五表定地中的方法，几何学意义十分清楚，它表现的是地平大地观，认为东西方向是唯一的，南北方向也是唯一的，两个方向的交叉点就是地中。为了确定正南北方向，祖暅把计时工具引了进来，通过漏刻提供的时间来判定是否达到日中之时，以日中时刻的日影方位与夜晚天北极方位相比对来确定正南北方向。同时，他又通过春秋分时太阳的出没方位来判定正东西方向，东西南北两个相互垂直的方向确定以后，它们的交点就是地中的具体方位。

　　祖暅把时空联系起来，通过时间判定空间，进而确定地中位置。这一做法，在地中测定史上尚属首次。而且这种做法几何图景鲜明，立论严谨，从数学上看无懈可击，因而获得后人认可。《隋书·天文志》对之详加引录，唐贾公彦在疏解《周礼·大司徒》"日南则景短多暑，日北则景长多寒"等语时，也运用了五表法的思想。他认为，周公就是用五个表来测定地中的，他说："周公度日景之时，置五表，五表者于颍川阳城置一表为中表，中表南千里又置一表，中表北千里又置一表，中表东千里又置一表，中表西千里又置一表。"有了这些表以后，据表进行观测，就可以确定地中。显然，周公五表说纯系贾公彦之想象，是他对祖暅五表说的发挥。由此更可以看到祖暅五表法的影响。不过，贾公彦的发挥却使其失去了可操作性。

祖暅的五表之法尽管在数学模型构造上十分严谨，但它的前提——大地是平的，有个中心——是错误的。因此如果真正用这一方法进行测量，将会发现处处皆是地中。正因为如此，《隋书·天文志上》才感叹道："古法简略，旨趣难究，术家考测，互有异同。"对地中位置的测定，表现了一定的怀疑态度。

到了元代，地中概念仍未消失，元初天文学家赵友钦也精心探究过地中的测求方法，他简化了传统的五表之法，只用一个表测定地中。其方法是："当午日中，画其短景于地，以为指北准绳。置窥筒于表首，随准绳以窥北极。若见北极当筒心，则其处为得东西之正。"①用这种方法测得的是正南北方向。因为按地平概念，正南北方向是唯一的，它正好位于东西方位的中点，故赵友钦称其为"得东西之正"。测得"东西之正"以后，又于春秋二分前通过漏刻判定时间，根据漏刻判定的时间，"于春分前二日或秋分后二日日正当赤道之际，于卯酉中刻视其表景，画地以定东西准绳。若卯酉两景相直而不偏，平衡成一字，则南北正中矣。两景或曲而向南，则其地偏南；或曲而向北，则其地向北矣"。对于他的发明，赵友钦自我评价道："此法盖以午景与北极定东西之偏正，又以东西之景定南北之偏正，测验之最精者也。"确实，如果他的宇宙结构模型是正确的，那么他的这种方法无疑是可以成立的。在本质上，赵友钦的一表法跟祖暅的五表法是一致的，它们都抛开了传统的以夏至影长一尺五寸处为地中的定义，从纯粹的几何意义出发进行测定。但因为其前提是错误的，所以如果用其实测，其结果也是不能确定的。在中国历史上，任何企图通过实测来确定地中的做法，都是不切实际的，因为地中概念本身是不成立的。

但是，依古人的认识，地中位置的准确与否，直接影响到对历法的制定。尽管严格说来，这一认识并不准确，因为只有在盖天说"引绳致地以希望"

———————————

① （元）赵友钦，《革象新书·天地正中》。

那种测量方式中，测量是否在地中进行才有实际意义。而浑天家们用浑仪进行测量，"地中"位置就无关紧要了。但古人认识不到这一点，为此，他们不得不继续对地中概念进行探讨。可要进行探讨，从数学上看，祖暅的五表法又是不可逾越的，在这种情况下，古人开始从更根本的因素上考虑这一问题了。

六、地中概念与天文大地测量

《周礼·大司徒》对地中的定义是："日至之影，尺有五寸，谓之地中。"为什么会有这种定义？郑玄注云："景尺有五寸者，南戴日下万五千里，地与星辰四游升降于三万里之中，是以半之，得地之中也。畿方千里，取象于日，一寸为正。"由此看来，地中的定义缘于地隔千里、影差一寸的传统认识，正如朱熹所言："《周礼注》土圭一寸折一千里，天地四游升降不过三万里，土圭之景，尺有五寸，折一万五千里，以其在地之中，故南北东西相去各三万里。"[①]

地中定义依赖于影千里差一寸之说，而即使运用祖暅的五表法也测不出地中具体位置，这一现实，使人们开始怀疑起千里一寸这一传统认识。隋代刘焯就明确指出：

> 《周官》夏至日影尺有五寸，张衡、郑玄、王蕃、陆绩先儒等，皆以为影千里差一寸，言南戴日下万五千里，表影正同，天高乃异。考之算法，必为不可；寸差千里，亦无典说：明为意断，事不可依。[②]

刘焯认为，只有通过实地测量，才能真正解决这一问题。他建议立即组织实施这一测量。他说：

---

① （明）张九韶，《理学类编》卷一。
② （唐）魏征、（唐）长孙无忌，《天文志》，《隋书》卷十九。

　　焯今说浑，以道为率，道里不定，得差乃审。既大圣之年，升平之日，厘改群谬，斯正其时。请一水工，并解算术士，取河南北平地之所，可量数百里，南北使正，审时以漏，平地以绳，随气至分，同日度影，得其差率，里即可知。

　　刘焯的建议并未被采纳，但引起了学术界的重视，李淳风就对地隔千里、影差一寸之说提出了自己的怀疑。到了唐开元年间，政治稳定，经济发达，有可能进行测量了，在僧一行的组织下，中国历史上第一次天文大地测量终于得以实施。这次测量的目的，是要"测天下之晷，求其土中，以为定数"[①]。测量的结果，发现了一些浑天说和盖天说均不能解释的现象，否定了传统"地隔千里，影差一寸"的说法，也使人们通过实地测量确定地中位置的想法破灭。唐代以后，中国历史上仍有几次天文测量，但都不再以求得地中为目的了。

　　一行组织的测量是在唐开元十二年（公元724年）进行的，这次测量的地点之一是浚仪岳台，在岳台测得的夏至八尺之表影长为一尺五寸三分，很接近一尺五寸。于是有人开始选岳台为地中，后周王朴是其中的代表人物。王朴认为：

　　古者植圭于阳城，以其近洛故也。盖尚慊其中，乃在洛之东偏。开元十二年，遣使天下候影，南距林邑，北距横野，中得浚仪之岳台，应南北弦，居地之中。大周建国，定都于汴，树圭置箭，测岳台晷漏，以为中数。晷漏正，则日之所至，气之所应，得之矣。[②]

　　王朴认为是一行的天文大地测量确定了岳台为地中。他的这一说法并不

---

① （北宋）欧阳修、（北宋）宋祁，《天文志》，《新唐书》卷三十一。
② （北宋）欧阳修，《司天考第一》，《新五代史》卷五十八。

准确。从测量结果来看，一行并未确定地中的具体位置。就其内心而言，一行仍倾向于以阳城为地中的传统认识，他的《大衍历议》处处以阳城晷影为参照，就表明了这一点。但王朴选岳台为地中的做法，却被北宋王朝所继承，其主要原因自然是因为岳台位于北宋都城开封，这与前人以人类社会活动中心所在地为地中的做法是一脉相承的。以岳台为地中的做法时断时续，但它一直存在于北、南两宋时期。对此，李迪先生的论文《以岳台为"地中"的经过》有详细论述[①]，这里不再多说。

七、地中概念的多样化

在中国天文学史上，还有其他一些地中概念，在此亦应予介绍。

其一是晋朝天文学家虞耸创立的穹天论，《隋书·天文志》记其要点如下：

> 天形穹隆如鸡子，幕其际，周接四海之表，浮乎元气之上。……天北下于地三十度，极之倾在地卯酉之北亦三十度，人在卯酉之南十余万里，故斗极之下，不为地中，当对天地卯酉之位耳。

这是说，天的北极在地的正东西方位北边三十度，而人居住的地方则在地正东西方位南边十余万里，地中方位既不在北极之下，又不在人所居处，而是在天地的正东西方位上。就像穹天论是对盖天说和浑天说的调和一样，虞耸的地中概念也是对盖天说和浑天说二者地中概念的调和。但他的这一调和并未被别人接受，李淳风就曾指出："自虞喜、虞耸、姚信，皆好奇徇异之说，非极数谈天者也。"[②]所以，虞耸地中概念在天文学史上没有什么反响，是理所当然的。

---

① 李迪，《以岳台为"地中"的经过》，载［日］山田庆儿、［日］田中淡主编，《中国科学史国际会议：1987京都シンポジウム报告书》，京都：京都大学人文科学研究所，1992年版，第89—96页。

② （唐）魏征、（唐）长孙无忌，《天文志》，《隋书》卷十九。

南北朝时刘宋何承天则提出了地中概念的另一种定义。《隋书·天文志》记载他的观点说：

> 周天三百六十五度三百四分之七十五。天常西转，一日一夜，过周一度。南北二极，相去一百一十六度三百四分度之六十五强，即天径也。……从北极扶天而南五十五度强，则居天四维之中，最高处也，即天顶也。其下则地中也。

何承天这段话，在中国天文学史上明确提出了"天顶"的概念，并由此改动了地中的定义。他所说的天顶，实际是嵩洛地区人们的感觉，因此他的定义与阳城地中说或洛邑地中说基本是一致的。但他从天地结构本身出发对地中进行定义的做法，却显得十分自然，因此，后人提到这一问题时，也常常采用类似的说法，例如朱熹在介绍浑天说时就曾提到：

> 其术以为天半覆地上，半在地下……北极出地上三十六度，南极入地下亦三十六度，而嵩高正当天之中，极南五十五度，当嵩高之上。[①]

嵩高，指嵩山，是阳城所在地。显然，朱熹所述与何承天之论在本质上是一致的，与阳城地中说的传统定义也不矛盾。

元初赵友钦在《革象新书·地域远近》中，不但精心讲求地中的测量之术，还试图探讨阳城地中说与昆仑山地中说之关系，他指出：

> 古者以阳城为中，然非四海之中，乃天顶之下，以为地中也。论四海之中，则昆仑为天下地平最高处，东则万水流东，西则万水流西，南北亦然。其山距西海三万余里，距东海不及二万里，则天下之地多在地

---

① 《古今图书集成·历象汇编·乾象典》卷五。

中以西，地中之东则皆海也。故四海之内，不中于阳城。中于四海者，乃天竺以北，昆仑以西也。若天之所覆，通地与海而言中，则中于阳城矣。

赵友钦之论，把天文上的地中概念与地理上的地中概念做了区分，他认为阳城地中是天文意义上的地中，而纯粹陆地意义上的地中则位于昆仑山的西边。昆仑山不是地中，它只是大地的最高处。赵友钦之论，概念是清楚的。

从地理的角度寻找地中位置，还可以得出其他地中学说，如汝阳天中说。明末方以智《通雅》卷十三《地域·方域》对此有所记述：

汝阳之天中山，天之中也。舆地以河南为中，而汝宁又居河南之中，故汝阳县北三里，有山曰天中，云测影植圭，莫准于此。……或曰：或言此地夏至日中无影，非也，此地距北陆黄道十度，日晷恒在北，广州则无影耳。

文中的汝阳，是旧汝宁府府治所在地，治所在今河南省汝南县。引文中所说的"天中"，指的依然是地中，因为它是以"舆地以河南为中，而汝宁又居河南之中"为立论依据的。这一学说在天文学界未发挥什么作用，由之引发的有关其地天文特征的议论，也未被天文学界认可，方以智的记述已经清楚地表明了这一点。

在古代中国，也有不少人否定地中的存在。《庄子·天下》篇引辩者惠施之言，曰："我知天下之中央，燕之北、越之南是也。"从某种意义上来讲，这就是对地中概念的否定。这一否定的依据是什么，我们还不太清楚，有可能是地球说的影响，也有可能是无限空间观念的作用。地球说与地中观念不相容，无限观念与地中说同样也是不相容的。特别是后一点，在中国古代宇宙结构理论中，表现得非常清楚。例如，宣夜说主张天地均为无穷大，它就没有为地中观念留下立足之地。唐代柳宗元也持无限空间观念，他对天地形状的描述是："无极之极，莽弥非垠……东西南北，其极无方。"①既然这样，天地自然就"无中无旁"，没有中心存在。

以无穷观念否定"地中"存在，这是中国古代思想家的一项杰出工作。相比之下，宋代思想家程颢对地中的否定则别开蹊径。程颢认为："地形有高下，无适而不为中，故其中不可定。"②程颢之言，已经接近地球学说了，而地球说与地中概念当然是不相容的。

虽然中国古代有不少人反对地中概念，但他们的说法毕竟不是科学的论证。即使程颢之言，也称不上是明确的地球学说。正因为如此，即使到了明代，在讨论具体天文学问题时，地中概念仍然在发挥着作用。例如景泰年间，首都早已迁到北京多年，可是在讨论昼夜晨昏标准时，明代宗却反对已经行之有效的根据北京实际加以制定的做法，其理由是："太阳出入度数，当用四方之中，今京师在尧幽都之地，宁可为准？"③地中概念对中国天文学的影响，由此可见一斑。

明朝末年，传教士进入我国，带来了西方的地球学说，在中国士大夫中引起很大震动。经过认真思考，中国学者逐渐接受了这一学说，他们在讨论天文学问题时，开始"以京师子午线为中而较各地所偏之度。凡节气之早晚，月食之先后，胥视此"④。到了这个时候，传统的地中说才真正地寿终正寝。剩余的，只有纯粹的文化史意义了。

八、结语

综上所述，我们可以看到，地中概念是中国古人地平大地观的产物。它的产生和发展一开始跟宗教意识有关，被认为是建木所在地昆仑山、须弥山等；后来又与安邦治国的需要联系到了一起，被认为是在洛阳。当天文学发

---

① （唐）柳宗元，《天对》，《柳宗元集》卷十四。
② 《河南程氏遗书》卷第二上。
③ （清）张廷玉，《明史·历志一》。
④ （清）张廷玉，《明史·天文志一》。

展到了一定程度以后，人们又从天文学角度出发定义了一些不同的地中，其中有盖天说"北极之下为天地之中"的说法，也有《周礼》以夏至日影长一尺五寸处为地中的定义。依据《周礼》的定义所确定的地中被认为是在今河南登封附近的阳城。地中说对中国古代天文学的影响主要表现在测量思想上。古人从比例对应测量思想出发，认为只有在地中进行的测量才最具权威性，数据才最可靠。地中概念在浑盖之争中发挥了作用，浑天家们认为落下闳是借在地中进行的测量战胜了盖天说。浑天家在进行天文计算和测量时，往往要以地中为基本的参考点。浑天家认可的地中有洛阳和阳城两处，为了确定地中的准确位置，祖暅提出了用五个表测定地中的方法。尽管他的方法在数学上无懈可击，但该法赖以成立的地平大地观却不能成立。《周礼》对地中的定义依赖于影千里差一寸之说，为了从根本上解决地中问题，刘焯提出了进行实地测量以确定该说是否成立的建议，他的建议到了唐代被一行组织实施了。一行进行天文大地测量的目的就是要"求其土中，以为定数"。一行的测量并未解决问题，但五代的王朴却以他的测量为依据，认为地中是在浚仪岳台。此外，晋朝的虞喜对盖天说和浑天说的地中概念做了调和，而南北朝时的何承天则提出天顶之下为地中的新学说，还有其他一些有关地中的说法，也有否定地中存在的言论。地中概念的影响一直到明代仍然存在，直到传教士传来地球学说，地中说才在中国真正地销声匿迹。

第二章

中国古代的天文与社会

中国古代天文学的发展，呈现出两个特点，一方面是遵循天文学本身的发展规律，诸如重视观测，重视观测仪器的改进，讨论宇宙结构，发展合适的算法等等；另一方面则与社会发生密切的互动，具有较强的社会功能。天文学与社会的互动，既有天文学发展本身受社会观念影响的一面，又有其反过来作用于社会的一面。本章主要讨论天文学与社会相互影响的一些表现。

第一节　中国古代星官命名与社会

星空划分和命名，是天文学发展的必然产物。当天文学发展到一定阶段，出于观测和研究的需要，人们把星空分成不同的区，区内的恒星分成大小不等的群，群内的星用假想的线联系起来，组成各种图形，并赋予相应的名称。这样的群，现代叫作星座，古代称为星官，星官下属的星，有些也被赋予了名称。

星官的命名，用意在于标志天空中的星象，它所表达的内涵自然与天文学知识相关，但更多的却反映了地上人世间的生活和信念，并反过来对社会本身又产生了一定作用。不同的文化背景有不同的星座划分和命名体系，研究这一问题，不仅可以获知古人关于星象的知识，更重要的，它有助于我们了解古代天文学与社会之间的相互作用。本节即就此展开讨论。

一、图腾崇拜的表现

中国古代对星官的划分和命名有一个逐渐演变的过程，其中形成年代比较早的是所谓四象二十八宿命名法。二十八宿又叫二十八舍或二十八星，是古人为观测日月五星运行而划分的二十八个星区。古人把二十八宿分为四组，让它们分属四方（也叫四陆），与五种动物形象相配。这五种动物形象即为四象，它与二十八宿的对应关系为：

东方苍龙——角、亢、氐、房、心、尾、箕

南方朱雀——井、鬼、柳、星、张、翼、轸

西方白虎——奎、娄、胃、昴、毕、觜、参

北方玄武——斗、牛、女、虚、危、室、壁

　　所谓玄武，包含了龟和蛇两种动物，以龟蛇缠绕为一象，与苍龙、朱雀、白虎合称四象。四象与二十八宿的出现孰先孰后？它们的相配形成于什么时间？对于此类问题，由于年代久远及史料的不足，学界尚未形成定论。有学者认为，四象的产生要早于二十八宿。这一说法，钱宝琮提倡于前[①]，王健民等响应于后[②]，自有其一定道理。近年来，又得考古发掘支持。1987年，在河南濮阳西水坡仰韶文化遗址的发掘工作中，考古工作者发现了几组用蚌壳摆塑的动物图像，其中一组即为龙虎相配图。据报道，这些图案有比较明显的天文学意义。[③]这一发现可以认为是对钱宝琮等人观点的支持。

　　四象起源年代的久远，启示我们在思考其形成原因时，要与图腾崇拜联系起来，因为年代愈是久远，图腾崇拜就愈是盛行。在现存的古代文献资料中，也可以为这种联系觅到一些蛛丝马迹。例如，《左传·昭公十七年》即有这样一段记述：

　　　　昔者黄帝氏以云纪，故为云师而云名；炎帝氏以火纪，故为火师而火名；共工氏以水纪，故为水师而水名；太皞氏以龙纪，故为龙师而龙名。我高祖少皞氏之立也；凤鸟适至，故纪于鸟，为鸟师而鸟名。

　　这段话，可以认为是对几个不同部族的记述。他们各有其崇拜物，鸟和龙即列入其中。这些部族之间有斗争、有融合，最后共同汇为中华民族，而

---

① 钱宝琮，《论二十八宿之来历》，《钱宝琮科学史论文选集》，北京：科学出版社，1983年版。

② 王健民、梁柱、王胜利，《曾侯乙墓出土的二十八宿青龙白虎图象》，载《文物》，1979年第7期。

③ 濮阳西水坡遗址考古队，《1988年河南濮阳西水坡遗址发掘简报》，载《考古》，1989年第12期。

鸟和龙在这一过程中的影响，则是被人为地搬到天上，成为四象之二——苍龙和朱雀。

其他两象同样如此。虎作为百兽之王，长期受到人们崇敬。《说文解字》训虎为"百兽之君"，就反映了这种意识。《山海经·西山经》所载之神，即与虎崇拜有关。龙虎相配作为一种象征，在中国历史上十分悠久，前述濮阳西水坡遗址发现的龙虎相配图，即为一个例证。同样，龟和蛇也是人们崇敬的动物。"《大戴礼》曰：甲之虫三百六十，而神龟为之长。"[①]龟不但被目为带甲壳类虫之长，而且还要加上"神"字，它在人们心目中的地位，由此可见一斑。至于龟成为贬义象征，则是非常晚近的事情。人们对蛇的崇敬也由来已久，这里只举一个例子：伏羲、女娲在传说中是神话人物。《帝王世纪》对他们的描述是："太昊帝庖羲氏，风姓也，蛇身人首，有圣德。……帝女娲氏，亦风姓也，作笙簧，亦蛇身人首。"[②]至于龟蛇缠绕，则是出自如下的观念："《玉篇》云：'龟天性无雌，以虵为雌也。'虵为蛇的异体字。即古人认为龟都是雌性，只有与蛇交配才能繁殖后代。故夏人要以龟蛇合体作为本民族的完整图腾。"[③]

显然龙、虎、龟蛇、凤鸟都是人们崇拜的动物形象，古人以之组成四象，使其上应星空，是很自然的，因为在古人心目中，天是神圣的，把他们崇敬的动物移到天上，接受人们的景仰，这完全合情合理。

陈久金通过研究《山海经》东山、南山、西山、北山经所载相应的龙神、鸟神、虎神、蛇神崇拜及上古各民族地域分布特征，提出："四象概念源于上古华夏族群的图腾崇拜：东方苍龙源于东夷族的龙崇拜，西方白虎源于西羌族的虎崇拜，南方朱雀源于少昊族和南蛮族的鸟图腾崇拜，北方玄武源于夏民族的蛇图腾崇拜。"[④]这种说法是有道理的。当然，这一论断细节上是否完

---

① 《艺文类聚》卷九十六。
② 《艺文类聚》卷十一。
③ 陈久金，《华夏族群的图腾崇拜与四象概念的形成》，载《自然科学史研究》，1992年第1期。
④ 同上。

善，是否也适用于恒星分野观念，都还可以讨论，但陈久金把四象概念的形成与华夏族群图腾崇拜联系起来的做法，则无疑是正确的。

四象概念的形成，进一步巩固了它所代表的这几种动物形象在人们心目中的地位，导致这一概念广泛深入社会生活之中。例如，在现存的汉唐铜镜上，常见刻有四象图案；在发掘出土的西汉瓦当上，不乏塑有造型生动的四象纹饰；行军布阵，要按方位悬打四象旗子；谈曲说艺，常道及四象神主英名……一般说来，图腾崇拜随着社会进步而渐趋消亡，但在中国古代，对四象的重视则与日俱增，随着时间的延续而愈演愈烈，以至于形成了传统文化的一个有机组成部分，时至今日，它所代表的动物形象还有一定的生命力。这无疑是它和星空结合了起来，而我国先民对天文又极其重视的缘故。

二、生产生活的反映

如果说四象的选择，受到先民图腾或原始崇拜的影响，那么二十八宿中某些星官的命名则更多地反映了地上人们的生产和生活。下面举例加以说明。

二十八宿与四象配合，分为东、南、西、北四官。东官最后一宿为箕，北官最先一宿为斗。箕四星，它们连接起来的形状和古代用于扬米去糠的簸箕相像，由此得名。斗六星，其连接形状相似于古代容量器"斗"。因而得名。箕斗二宿古代经常连称，如《诗·小雅·大东》："维南有箕，不可以播扬；维北有斗，不可以挹酒浆。"描述得形象且生动。地上之簸箕具有播扬的功能，人们把这引申开来，认为天上箕宿也与搬弄口舌、播扬是非有关。《史记·天官书》说："箕为敖客，曰口舌。"《史记索隐》引宋均的话注解说："敖，调弄也。箕以簸扬，调弄象也。箕又受物，有去去来来，客之象也。"由箕、斗的命名及引申，我们从中可以看到天上星象与地上人世生活是如何联系起来的。

北官七宿中有虚、危、室、壁，这四宿的命名，其内容都与建筑有关。[①]

---

① 　刘操南，《二十八宿释名》，载《社会科学战线》，1979年第1期。

这里仅以室宿为例说明。室宿，又称为营室，原为四星，分为东西两壁，两壁对峙，成四方形，适如宫室之象，因以为名。古人把营室与地上的建筑活动相联系，《诗·鄘风》："定之方中，作于楚宫。"定星即营室，这句诗可以这样理解："定星在西周时期于立冬前后初昏时见于南中，农时毕，可以从事于建筑矣。"[1]《国语·周语中》单襄公引《夏令》曰："营室之中，土功其始。"也是指的此事。到了后来，人们从营室中分出了壁宿，但这并不影响室宿原来被赋予的建筑上的意义。

又如二十八宿中的毕宿，其得名缘于它的八颗星组成的图形类似于古代一种捕鸟工具——毕。《诗·小雅·鸳鸯》有："鸳鸯于飞，毕之罗之。"毛传云："鸳鸯……于其飞，乃毕掩而罗之。"这里的毕，指的就是捕鸟具。

再如井宿的命名，缘于其构图适如汲水之井状；觜宿的命名，是由于它的三星构成的形状与鸟味状相联系；翼宿的得名，则由于它的构形活像鸟张开的双翼……如此等等，不一而足。这里姑且从略。显然，这些星官的命名与它们构成的图案有关，而这些图案的选择则与地上人们生产、生活的器具分不开。如果地上没有箕、斗、毕、井这些东西，天上的星官也绝不会被这样命名。即是说，其象在天，其名则源于地。

古人用地上事物命名星官，很多情况下并不考虑它构成的图形，而是直接以地上之物名之。特别是对星官下面单星的命名，尤其如此。例如，尾宿中有鱼星，斗宿中有农丈人星，井宿中有野鸡星，这些都是单星。对于单星，它们当然构不成其名字所表示的那种图案，它们的命名，是人类社会生产生活在天上的直接反映。当然，所有这些，并不仅限于二十八宿的范围，在全天星官的命名中，都可以找到类似的情形。

古人用自己周围的人、物、事命名星空，这一命名的结果反过来又作用于人世，对社会产生了它自己独特的影响。例如，牵牛、织女两星，遥遥相对，在银河两侧辉耀，引人注目，因而后人围绕这两颗星产生了各种美丽的

---

[1] 钱宝琮，《论二十八宿之来历》，《钱宝琮科学史论文选集》，北京：科学出版社，1983年版。

传说。例如，《古诗十九首》描写道：

> 迢迢牵牛星，皎皎河汉女，
>
> 纤纤擢素手，札札弄机杼。
>
> 终日不成章，泣涕零如雨，
>
> 河汉清且浅，相会复几许？
>
> 盈盈一水间，脉脉不得语。

　　由这里进一步发展，就是动人的神话传说牛郎织女的故事了。牛郎织女的形象作为劳动人民追求爱情、向往自由幸福生活的象征，长驻人们心中。试想，如果天空中星官不是被这样命名的，牛郎织女的故事还能产生吗？即或产生，它还会有像现在这样的魅力吗？围绕这一传说在民间产生的七夕乞巧等各类习俗，还能够存在下去吗？

　　星象世界，绚丽璀璨，文人骚客，常作吟咏。因而星官的命名，对中国古代文学艺术等具有不可忽视的作用，它为古人提供创作题材，激发他们的创作欲望，刺激他们的创作灵感。翻开古书，古人吟咏星空之作几乎比比皆是，这些作品，当然要受到星官名称特点的影响，这是不言而喻的。

　　古代星官命名的这一特点，对社会政治生活也会有作用，这是需要特别指出的。这里我们举一个例子。东汉末年，战乱频仍，饥荒严通，统治中国北方的曹操为节约粮食，曾下令禁酒。这一命令遭到希望"座上客常满，樽中酒不空"的孔融的激烈反对。据《后汉书·孔融传》记载："时年饥，兵兴，操表制酒禁，融频书争之，多侮慢之辞。"《孔融集》记载的《与操书》论道："天垂酒旗之曜，地列酒泉之郡，人有旨酒之德。尧非千钟无以致太平，孔非百觚无以堪上圣。……由是观之，酒何负于治者哉！"孔，指的是孔子。孔融这是从天、地、人三个方面论述酒对治理国家的好处，认为既然天上有酒旗这一星官，地上的人就应该允许饮酒。

　　孔融的论证，实际上把因果关系弄颠倒了。天上有酒旗这一星官（属柳宿），是地上人们发明了酒的结果。倘若地上本来无酒，天上也绝不会有酒旗这样的星名。由此，他的论证在逻辑上不能成立。但在当时，法天思想盛行，人们认为地上一切都要取法于天，所以孔融才以此为据与曹操论争，这使得曹操多少有些尴尬。后来孔融被戮于曹操，与此大概不会毫无关系。

三、社会组织形式的再现

我国古代星名称谓对社会生产生活的反映，并非这一星空命名系统的突出特征，西方在命名星座时，也有类似情形。我国古代星官命名有异于西方的最大特征是，它突出表现了中国古代封建社会的组织形式。壮丽璀璨的星象，被组织成一幅等级森严的职官图，从而使得中国古代星空划分与命名体系，实际上变成了中国封建社会组织形式在天空的一个投影。

在这里，有必要比较一下中国和西方不同的星空命名方法。西方用星座标志星空，星座名称虽然也有用地上的物品命名的，比如唧筒座、船底座、圆规座等，但绝大部分则是以动物名称或古代巴比伦、古希腊神话中的人物命名。这一传统与古希腊天文学有直接关系。而古希腊之所以会产生这样的星座命名传统，与当时的社会状态是分不开的。古希腊很长时间维持着城邦制的国家形式，平权观念比较深入，因而他们对星座的命名就不像中国那样等级森严。古希腊神话传说内容丰富而且成熟，这反映在他们的星座命名上，就有许多以神话人物或动物命名的星座，而且这些星座大都与具体的神话故事相对应。

与之形成鲜明对比的是，中国的星官体系多以国家机器、社会组织、职官制度等命名。西方叫星座，中国叫星官，这本身就有差异。（中国也有称星官为星座的，但这种星座不包含星空区划的含义，与现今所说的星座概念有所不同。"座"在中国古代，亦指官，例如东汉时，尚书今、尚书仆射以及六曹尚书，合称就叫"八座"。）司马迁的《史记·天官书》，通篇是讲星的，他直接以"天官"名之，把"星"与人世间的"官"相提并论。《史记索隐》对此解释得很清楚：

> 官者，星官也。星座有尊卑，若人之官曹列位，故曰天官。

实际上，星有大小亮暗之不同，却无尊卑之分。所谓"星座有尊卑"，完全是比附人类社会等级制度的结果，是古人法天思想的反方向施行。

下面我们具体说明古人的这种星官命名传统。

中国古代星区划分的最终确定形式是把天空分作三十一个大区，即所谓三垣二十八宿分区法。三垣指紫微垣、太微垣、天市垣，其定名虽然是在唐代，但它的雏形出现时间却要早得多。即以紫微垣而言，它包含多个星官，在《淮南子·天文训》《史记·天官书》中，叫作紫宫，即是紫微垣的前身。其中的星官，基本上都是按人类社会组织形式命名的。

例如，《史记·天官书》开篇伊始即写道：

> 中宫天极星，其一明者，太一常居也；旁三星三公，或曰子属。后句四星，末大星正妃，余三星后宫之属也。环之匡卫十二星，藩臣。皆曰紫宫。

《史记索隐》注这段话说："《春秋合诚图》云：紫微，大帝室，太一之精也。"《史记正义》注解说："泰一，天帝之别名也。刘伯庄云：泰一，天神之最尊贵者也。"这里"泰一"即"太一"。可见，所谓"太一星"，指的就是天上最尊贵的帝王。旁边的三颗星是三公，或者是皇子之类。三公是古代职官名，在西周时期，三公指太师、太傅、太保，他们地位高，权力大，说话甚至王都得听，与王的命令几乎具有同等效力。西汉时期，三公指丞相、太尉、御史大夫，其地位比之西周时期，已经下降许多，所以，司马迁才会有这样的犹豫之词："旁三星三公，或曰子属。"这正反映了三公地位下降的事实。

除了三公这样的辅弼，这段话还命名了正妃、后宫、藩臣之类星名。这表明，它完全是仿照地上以帝王为中心的社会组织形式来标示天上星名的。

紫微垣是围绕同名的紫微垣星官扩大发展出来的。紫微垣星官的形式，更类似于朝廷升朝议事的情形。根据《步天歌》，紫微垣星官以北极为中枢，左右两列，成屏藩形式。《晋书·天文志》描述说："紫宫垣十五星，其西蕃七，东蕃八，在北斗北。一曰紫微，大帝之坐也，天子之常居也，主命主度也。"其具体构成为：

左垣八星：左枢、上宰、少宰、上弼、少弼、上卫、少卫、少丞
右垣七星：右枢、少尉、上辅、少辅、上卫、少卫、上丞

这多么像帝王升堂议事的形象：王者居中，臣下左右分列、文武济济一堂，次序分明，等级森严。只是，这是在天上，是古人依照他们的社会组织形式强加于星象世界的。

在紫微垣星区内，还有其他一些星名，也与帝王生活有关。例如，这里有象征帝王众多妻妾的女御星，有专为帝王传呼时刻的女史星，有可供帝后休眠的天床星，有用于帝王蔽阳的华盖星，还有象征专门服侍帝王及其妻妾的太监的星——势星。帝后们的日常膳食，由内厨星专司；要宴享群臣，则由天厨星供应。外国使节来谒，有传舍星供其休寝；中国臣属进言，则有尚书星纳言上圣。真是应有俱有，万般俱全。

如果说紫微垣内星名反映了社会中枢机构的组织情况，那么太微垣内的星名则表示诸侯及其辅政官员。《晋书·天文志》说："太微，天子庭也，五帝之座也，十二诸侯府也。其外蕃，九卿也。一曰太微为衡。衡，主平也。又为天庭，理法平辞，监升授德。列宿受符，诸神考节，舒情稽疑也。"这段话，可以认为是反映了太微垣内星官命名原则。

太微垣中有灵台星。所谓灵台，即观象台，古人用以观测天象。古人不仅把灵台作为星名，而且赋予该星相应的功能。《隋书·天文志》说："灵台，观台也，主观云物、察符瑞、候灾变也。"可见，古人在用地上人类社会组织形式命名星官时，是多么一丝不苟，因为星星本来是在天上，用不着再设一个灵台星去观测它们自己。

封建社会中也广泛存在商品交换，作为这一事实的反映，就是天市垣的命名。天市垣星区的星官，是按市场形式命名的，古人将它们编排得井井有条，各安其位，充分显示了中国古代封建社会的高度组织性。在天市垣的星官名称中，有斗、斛这样的量器，有屠肆，有车肆，还有专门称度金钱的帛度。尤其是其中同名的天市垣星官，以该星区内帝座星为中枢，十二颗星分两列排开，依次代表各个地区，它们是[①]：

左垣十一星：魏、赵、九河、中山、齐、吴越、徐、东海、燕、南海、宋

右垣十一星：河中、河间、晋、郑、周、秦、蜀、巴、梁、楚、韩

好像全国各地都来这里交换，它们分设摊位，各依位置，公平交易，有条不紊。管理的完善，组织的合理，在这里得到充分反映。

封建社会的不平等，在星官命名中也被表现出来。例如，紫微垣中有天理星、天牢星，天市垣中有贯索星。《晋书·天文志》解释说："魁中四星为贵人之牢，曰天理也。"又说："天牢六星，在北斗魁下，贵人之牢也。贯索九星在其（按：指招摇星）前，贱人之牢也。"原来，位于紫微垣的，是贵人之牢；位于天市垣的，是贱人之牢。人世间贵贱的差别，就这样在天界反映了出来。

除了三垣之内的星官，二十八宿中有不少星名也源于封建社会组织或官职。例如，氐宿中有阵车、骑官、车骑、阵骑将军；室宿中有土公吏、羽林军；娄宿中有天大将军；毕宿中有诸王；井宿中有五诸侯；星宿中有天相；等等。甚至帝王的使节，也被搬到了天上。毕宿中有天节八星，《晋书·天文

---

① 这里给出的排列顺序依陈遵妫，《中国天文学史·星象编》，台北：明文书局，1985年版，第388页。

志》说："毕附耳南八星曰天节，主使臣之所持者也。"认为它象征使臣持节，宣威四方。因而后世也常常把皇帝的使者美称为"星使"，文人骚客，常有提及，盖源于此。

还有直接把地上将相搬到天上的，最具代表性的是傅说星。傅说据传是商朝武丁时期的奴隶，武丁发现他是个人才，举以为相，使商朝得以中兴。以傅说名星，表现了后人对他的崇敬。

古人企盼大一统社会，希望天下归一，但实际上，在他们认识所及的地理范围内，从来都是多国、多民族并存的。这样，不同民族、国家要彼此交往，难免要碰到语言翻译问题。这在古人对星官的命名中，也得到反映。毕宿中有九州殊口星，就是专司此职的。《晋书·天文志》说："天节下九星曰九州殊口，晓方俗之官，通重译者也。"

以上我们列举这些例子，意在说明，古人是如何按照他们所处社会的结构、组织形式，来划分星区、命名星官的。反过来，这套命名系统一经建立，对社会本身也产生了影响，这也是需要提及的。

中国古代星官命名这一特点对社会的影响，首先表现在文学方面。它使人们想到，在天上也存在着如同人世的组织形式。由此出发，古人创作了大量的神话作品、小说传奇。以之为题材的，俯拾即是。各类文学作品，对之几乎都有涉及。这类例子很多，这里不再列举。

反映在建筑上，魁星阁在古代甚为常见，这无疑表达了人们希望在科举场上高中的心理，因为魁星的"职责"就在于主宰文章兴衰。在古代星区划分中，天皇大帝居住的地方叫紫微垣，这样，紫微就成了一个与帝王关系密切的词汇，例如皇宫叫紫禁宫，皇城叫紫禁城，这都与紫微有关。

在对职官制度的影响上，我们也举一个例子加以说明。魏晋时期，皇帝内府中有中书省，是专门的文书处理机关，这一名称，在唐代曾有所改变，据《新唐书·百官志》注云："开元元年，改中书省曰紫微省，中书令曰紫微令。"这一改动，使我们看到了传统星宫命名系统对古代社会职官制度的影响。这里有一个比较微妙的关系：星官名称本来是人们按地上官制命名的，它一旦定型，反过来又会对古代职官制度产生影响。由此，古人所说的"法天"，本质上还是"法人"，因为"天"是人创造出来的。

在古代，聪明些的皇帝也利用星官命名的这一特征，作为自己某些施政措施的理论依据。例如，东汉时，光武帝之女馆陶公主求明帝任命其子为郎官，汉明帝知道他的这位外甥德才欠佳，不肯答应，只是赐给了很多钱而已。明帝拒绝的理由是："郎官上应列宿，出宰百里，苟非其人，则民受其殃，是以难之。"[①]这里反映的，也是这种天上星官与地上官职相对应的思想。正因为这种思想在古代是被普遍认可了的，馆陶公主才没有更多的话好说。

四、哲学观念的作用

中国古代对天体的认识和命名，不可避免要受到古人哲学思想的作用。

在古代哲学思想中，最常见、应用最广泛的大概要属阴阳观念。这对观念，也影响到古人对天体的命名，突出表现在对日月的命名上：日名太阳，月号太阴，是为明证。

五行观念也是中国古代非常普及的哲学观念，在对太阳系肉眼可见的五大行星命名过程中，它发挥了重要作用。五星名称很多，先秦时叫辰星、太白、荧惑、岁星、镇星。岁星又名摄提，镇星又名填星、地候。五行观念产生并普及之后，五星又被改称为水星、金星、火星、木星、土星，并一直沿用至今。这当然是受五行学说影响的结果。

这里我们又一次看到中西文化的差异。对于五大行星，我国命名为水、金、火、木、土，西方将其叫作Mercury、Venus、Mars、Jupiter、Saturn，这些都是古罗马神话中的神名，分别表示商、爱、战、主、农诸神。这当然与西方星座命名传统有关，反映了西方古代神话传说发展成熟的特点。

影响到中国古代星体命名的另一哲学概念是"太一"，相应地有"太一"

---

① 陈久金，《华夏族群的图腾崇拜与四象概念的形成》，载《自然科学史研究》，1992年第1期。

星名。对此问题，科学史家钱宝琮先生有所分析。[①]下面的讨论，主要参考了他的观点。

"太一"概念，与哲学上的"一"分不开。"一"字作为哲学概念，在老子《道德经》中已经出现了：

> 圣人抱一为天下式。……
>
> 昔之得一者，天得一以清，地得一以宁，神得一以灵，谷得一以生，侯王得一以为天贞，其致之一也。

这里所说的"一"，与老子提出的"道"的概念是相通的。以"一"作为宇宙万物本原，这对后世哲学家影响很大，例如《淮南子·诠言训》即曾提到："一也者，万物之本也，无敌之道也。"

那么，"一"是如何演化为"太一"的呢？钱宝琮指出："战国以后各家哲学，大多数喜欢讨论道术的，总免不了带些阴阳家的色彩。分开来叫做'阴阳'的、合拢来就叫做'一'。不过为避免误解起见，用'太一'这个新名词来代替那个莫名其妙的'一'。"[②]"太一"作为一个哲学概念就这样产生了。《吕氏春秋·仲夏纪·大乐》篇说："太一出两仪，两仪出阴阳。""万物所出，造于太一，化于阴阳。"《淮南子·诠言训》说："洞同天地，浑沌为朴，未造而成物，谓之太一。"《淮南子·要略》说："原道者，卢牟六合，浑沌万物，象太一之容。"在这些例子中，"太一"都是作为阴阳未分之前的宇宙本原来用的。"太一"这一概念，比"一"更神秘莫测，因而深得古人推崇。推崇的结果，它由一个哲学观念演化成了一位总理阴阳的天神。这一转变，大概在西汉初期已经完成。

"太一"既然是一位总理阴阳、辖管万事的天神，它在天宫中就应该有

---

① 钱宝琮，《太一考》，《钱宝琮科学史论文选集》，北京：科学出版社，1983年版。

② 同上。

自己特定的居处，这样，"太一"这一概念，与星官就发生了联系。《淮南子·天文训》说："紫宫者，太一居也。"《史记·天官书》开篇伊始即说："中宫，天极星，其一明者，太一常居也。"《史记正义》注云："泰一，天帝之间名也，刘伯庄云：'泰一，天神之最尊贵者也。'"太一既然为"天神之最尊贵者"，它在天宫的居处当然也非同一般。我们知道，地球一日一夜自转一周，天上的恒星从地面观察也一日一夜旋转一周。天空中被地球自转轴指向的位置是不动的，我们称之为天极。天极在我们北方。故又名北极。所有天体看上去都绕北极运转，距北极越近的星，其转动幅度就越小，古人就认为其地位越优越。从这个逻辑出发，西汉初期的人认定，北极附近最明亮的一个星地位最优越，就把它作为"太一"神常常居留的地方，即所谓"太一常居"也。

"太一常居"成为星名，这当然是"太一"概念在地上出现之后的事情。在此之前，人们对该星的特殊地位即已有所认识，称其为北辰，并曾赋予过它类似帝王的称号。唐以后天文学家干脆直接称其为帝星，不再叫它"太一常居"或"太一"了。[1]尽管如此，"太一"这一概念在古人命名星官过程中发挥过作用，则是毫无疑问的。

古人对星官的命名和认识，还深受"枢"这一概念的影响。枢，本义指门上的转轴，一般情况下，枢用于表示跟转动轴线有关的部位。古人对"枢"概念的重视，主要源于他们独特的转动理论，认为转动中心对于物体的转动具有特别的重要性，可以引导、控制整体的运动。[2]这一观念被推广开来，"枢"就成了泛指重要或中心部位的常用术语，常被提到。

"枢"的概念也被古人用于对天体运动的描述中。这是因为，由于地球自转，天球看上去不停地绕贯穿南北极的轴线转动，这正适宜于用"枢"概念进行描述。例如，后秦姜岌《浑天论答难》就有这种用法：

---

① 钱宝琮，《太一考》，《钱宝琮科学史论文选集》，北京：科学出版社，1983年版。

② 关增建，《中国古代物理思想探索》，长沙：湖南教育出版社，1991年版，第142—149页。

　　天体旁倚，故日道南高而北下；运转之枢，南下而北高；二枢为毂，
日道为轮，周回运移，终则复始。

　　这里的"枢"，指的就是连接天球旋转的南北二极的轴线。枢与璇组合
而形成的词"璇枢"，是代指天体运动的专有名词。唐代权德舆写过一首诗，
提到"璇枢无停运，四序相错行"，即是此种用法。

　　天球旋转有南北两极，中国人位于北半球，只能见到天球之北极，即北
天极，因而北天极在中国人心目中，也就异乎寻常的重要。《晋书·天文志》
说："北极，北辰最尊者也。其纽星，天之枢也。天运无穷，三光迭耀，而极
星不移，故曰居其所而众星拱之。"这段话，就充分表明了这一点。由此也可
以明了古人为什么要环绕北天极建立紫微宫星官。《史记索隐》引《春秋元命
苞》说："紫之言此也，宫之言中也。言天神运动、阴阳开闭、皆在此中也。"
这种解释，与古人关于枢轴对转动具有控制、引导功能的认识，在内涵上是
一致的。

　　前面提到，古人选择当时北天极附近一颗亮星作为"太一常居"，该星
又名帝星，西方叫它小熊座 β 星。另外，在紫微垣中，还存在另一颗帝星，
《晋书·天文志》说："勾陈口中一星曰天皇大帝。其神曰耀魄宝，主御群灵、
执万神图。"这颗星，西方天文学称其为小熊座 α。之所以出现"二帝并存"
局面，同样与古人重视北天极的思想意识有关。我们知道，由于岁差缘故，
北天极位置在不断变化，西汉初年，β 星离开北极不过七八度，是北天极附
近最为显著的明星，它取得如此之中国名称，是合乎情理的。两晋时，北天
极移动到距 α 星和 β 星距离大致相等的位置，但 α 星比之 β 星要亮得多，
于是人们就恭请"主御群灵，执万神图"的"天皇大帝"从 β 星乔迁到 α 星
去。乔迁实现了，但 β 星的帝王尊号也不能废除，于是紫微宫里就有了两个
天帝。①

① 钱宝琮，《太一考》，《钱宝琮科学史论文选集》，北京：科学出版社，1983年版。

北斗七星在古代具有独特作用。《史记·天官书》说："斗为帝车，运于中央，临制四乡。分阴阳、建四时、均五行、移节度、定诸纪，皆系于斗。"北斗七星如此重要，与它靠近北天极、处于恒显圈内的位置分不开。"运于中央，临制四乡"的描述，与"枢"的功能也相近。古人把北斗第一、二两星分别命名为"天枢"和"天璇"，也昭示着这一点。另外，紫微垣中还有"左枢""右枢"这些星名，用来表示天帝的辅佐，这自然也是受"枢"这一观念影响的结果。

"枢"的这一用法，反过来作用于社会，进一步加强了它表示权柄的含义。例如，朝廷重臣是"枢臣"，政权中心是"枢府"，朝廷重务是"枢务"。唐宋元明诸朝，还有以"枢密院"为名的官署。有时，人们还直接引用相关星名表示手握重权，例如《后汉书·崔骃传》中"重侯累将，建天枢、执斗柄"之语，即是此类用法。

总而言之，中国古代星体命名的指导思想，可以东汉张衡《灵宪》一段话为代表，他说：

> 地有山岳，以宣其气，精种为星。星也者，体生于地，精成于天，列居错跱，各有逌属……在野象物，在朝象官，在人象事；于是备矣。

即是说，星虽然在天，但其本质在地：就其生成而言，星是地上万物之精在天上的表象；就其属性而言，它与地上事物有一一对应的关系。由此，古人对星体的命名，构成了一幅古代封建社会生活、组织、思想观念等的映射图。这完全合乎逻辑，因为在古人心目中，星象本来就是地上万事万物在天空的表现。

在这里我们有可能窥到中国、西方在星体命名上表现不同的某些内在原因。在西方天文学发展过程中，天凡相隔的观念影响很大，相当多的学者都认为天体质地决然不同于地上物体，这样当他们在为星体命名时，自然要竭力表现出天凡之间的差别来。既然天凡相隔，那么满天繁星最有可能的也就是与神话人物挂钩了。而在古代中国，"星也者，体生于地，精成于天"，是一种传统认识。星与地上万事万物是一体的，是地上之物在天上的表象，这样，对天上众星的命名，自然要表达出地上事物的情形，这是合乎逻辑的。这一命名反过来又作用于社会，形成了传统文化的有机组成部分。

第二节　日食观念与传统礼制

日食是一种自然现象。当代人们对日食的关注，或出于探索自然界奥秘的需要，或出于对天文现象的好奇，很少有人把它同礼仪制度相联系。但在古代中国，人们对日食的重视，却导致了一种程式化的日食救护仪式的产生，这使得日食成为能够对传统礼制产生影响的少数几种自然现象之一。

一、与日食相关的礼仪的形成

中国古人对日食十分重视，这种重视由来已久。例如，"在殷虚卜辞中，有不少关于日月食的记载。在武丁卜辞中，记日食的有10例"。这些记载，反映了殷代人们对日食的重视。

实际上，比殷代更早，夏代的人们就注意到了日食。对此，《尚书·胤征》篇的记载可为例证：

惟时羲和，颠覆厥德，沈乱于酒，畔官离次，俶扰天纪，遐弃厥司。乃季秋月朔，辰弗集于房，瞽奏鼓，啬夫驰，庶人走。羲和尸厥官，罔闻知，昏迷于天象，以干先王之诛。

《尚书正义》孔氏传解释这段话中一些专业名词道："辰，日月所会，房，所舍之次，集，合也。不合即日食可知。"所以，"辰弗集于房"，在此即指日食。本篇所述是历史上著名的"书经日食"，引文是胤侯奉夏王之命，讨伐羲和时所发布的檄文的一部分。而讨伐的借口，竟是负责观测报告天文的羲和因沉湎于酒，未能对一次日食做出预报。一般认为，《胤征》篇是较晚的文献，所以这次记载未必可靠。再者，说夏人已能准确预报日食，也令人难以置信。但这次日食却得到今人的认可，公认是世界最古老的记录。[1]围绕夏代这次日食所发生的事情能流传下来被后人所追记，不管记录本身是否失真，这件事反映了夏人对日食的重视，则是毫无疑问的。

再往前追溯，原始时代的人也会注意日食。正如苏联宗教史专家约·阿·克雷维列夫所说，在原始时代，"日常现象未必会引起原始人特别注意。每天的日出使他感到无所谓，因为这种现象并没有破坏他的生活秩序，而日食倒会引起他的兴趣、恐惧和惊奇"[2]。在这里，虽然不可能有确凿文献的支持，但原始时代的人重视日食，却是于理可信的。

原始社会的人们不了解日食发生的真正原因，他们认为日食是太阳遭到了某种动物的侵犯，于是一旦发生日食，就要敲锣打鼓相助太阳赶走侵犯者。[3]这就形成了一种原始的救护太阳仪式，这种仪式的实质是一种巫术，原始先民们想象他们用这种模拟地面驱赶野兽的方式就能将侵害太阳的动物吓走。因为日食一般时间不长，不久就逐渐复圆，人们就认为是这种仪式发挥了作用。于是，每当发生日食，就要举行类似的活动，这就使其逐渐成了一种流俗。

随着认识的发展，人们逐渐产生了一种意识：导致日食的内在原因并不那么简单，动物食日也许出于天帝的意愿，象征人世将有灾难。这启示人们想到，在日食时，单凭敲锣打鼓去驱赶吞食太阳的动物，显然是不够的，还需要乞求天帝，使太阳重放光辉，不要降灾祸于人间。这样，在人们举行的日食救护仪式中，又增加了祭祀乞求的内容。[4]这种巫术与祭祀的合一，构成

---

[1]　中国天文学史整理研究小组，《中国天文学史》，北京：科学出版社，1987年版，第124页。

[2]　[苏] 约·阿·克雷维列夫著，乐峰等译，《宗教史（上册）》，北京：中国社会科学出版社，1984年版，第30页。

[3]　中国天文学史整理研究小组，《中国天文学史》，北京：科学出版社，1987年版，第120页。

[4]　同上书，第124页。

了古代日食救护的基本形式。当国家产生以后，这种仪式得到统治者的认可，并做出相应的规定，由官方来组织它的实施，于是，日食救护也就从流俗演变成了国家礼制的一部分。

日食救护究竟何时被人们视为"礼"的一部分，现在还不够清楚，据前引《尚书·胤征》篇来看，似乎夏代已经如此。到了春秋时期，则救日为礼已经成为政治家、思想家的共识。如《春秋·庄公二十五年》："六月辛未朔，日有食之，鼓，用牲于社。""鼓"是巫术，"用牲于社"则为祭祀，这里记载的是官方组织的救护仪式，显示出这种日食救护已经形成礼制。《左传》对本条解释说："非常也。惟正月之朔，慝［阴气］未作，日有食之，于是乎用币于社，伐鼓于朝。"《左传》认为在某些特定月份出现的日食是一种奇异现象，所以要采用一些固定的仪式来救护之。这些固定仪式就是所谓的"礼"。《左传·昭公十年》对此有更清楚的记载：

> 夏六月甲戌朔，日有食之。祝史请所用币。昭子曰：日有食之，天子不举，伐鼓于社，诸侯用币于社，伐鼓于朝。礼也。

昭子之言表明，当时人们已经把日食救护当作了一种固定的礼仪制度。

在中国古代思想家中，孔子是比较讲究礼制的，他对日食与礼仪的关系也发表过自己的见解。《礼记·曾子问第七》记叙了孔子师徒的一段对话，内容为：

> 曾子问曰："诸侯旅见天子，入门，不得终礼，废者几?"孔子曰："四。""请问之?"曰："大庙火、日食、后之丧、雨沾服失容，则废。如诸侯皆在而日食，则从天子救日，各以其方色与其兵。"

诸侯集体朝见天子，当然是大事，若非特殊情况，不会半途而废。孔子把这些情况归为四类，其中日食赫然与太庙失火、王后之丧并列，由此可见他对日食救护的重视程度。

日食与礼仪的关系并非仅限于日食救护，它还涉及社会生活的其他方面。例如，被尊奉为道家创始人的老子，对日食与礼仪的关系就曾发表过独特见解，他的主张给孔子留下了深刻印象。一次，孔子随老子帮人料理丧事，灵柩行至途中，发生日食，老子对孔子说："丘，止柩就道右，止哭以听变，既明反而后行，礼也。"[①]老子从礼的角度出发，让灵柩停下，等待日食结束后再继续前行。孔子对此颇感迷惑，归来后问老子道：灵柩出动以后，不能返回，一旦遇到日食，无法预料它结束的早晚，这样，还不如继续前行。老子解释说：

> 夫柩不蚤出、不莫宿。见星而行者，唯罪人与奔父母之丧者乎！日有食之，安知其不见星也。[②]

孔颖达解释其中的寓意说："唯罪人及奔父母之丧见星而行，今若令柩见星而行，便是轻薄人亲，与罪人同。"[③]所以，送葬路上，一旦碰到日食，就要"止哭以听变，既明反而后行"。

《礼记》对老聃、孔丘的记述，未必实有其事，但它至少表明，在其作者心目中，日食与礼仪的确有着千丝万缕的联系，上至朝廷大典，下及庶民丧葬，无不涉及。另一方面，从这些论述中我们也可以看到，当时人们对于日食发生规律还知之不多，所以这些礼仪大都是作为一种应急措施而做出的规定。《宋书·礼志》指出："古来黄帝、颛顼、夏、殷、周、鲁六历，皆无推日蚀法。"既然不能事先预报，只好把日食救护作为应急措施而加以规定了。这是先秦时期日食与礼制关系的一个重要特点。

------

① 《礼记·曾子问第七》。

② 《礼记正义》卷十八《曾子问第七》，（清）阮元校刻，《十三经注疏》，北京：中华书局，1980年版。

③ 《礼记正义》卷十九。

二、日食救护礼仪与日食预报

随着科学的进步，人们对交食规律有了越来越多的认识，逐渐发展到能够对日食有所预报了。这就使得朝臣有足够的时间去为日食救护做准备，相应的救护仪式也就脱离了原来的应急性，变得复杂了。这是科学进步对日食救护礼仪产生的一个直接结果。例如，汉代的日食救护仪式是：

> 日有变，割羊以祠社，用救日变。执事冠长冠，衣皂单衣，绛领袖缘中衣，绛裤袜，以行礼，如故事。[①]

这种仪式，比之先秦时期，在服饰要求上有所复杂化。而到了晋代，日食救护变得完全繁复而程式化了：

> 自晋受命，日月将交会，太史乃上合朔，尚书先事三日，宣摄内外戒严。挚虞《决疑》曰：凡救日蚀者，著赤帻，以助阳也。日将蚀，天子素服进正殿，内外严警。太史登灵台，伺候日变便伐鼓于门。闻鼓音，侍臣皆著赤帻，带剑入侍。三台令史以上皆各持剑，立其户前。卫尉、卿驱驰绕宫，伺察守备，周而复始。亦伐鼓于社，用周礼也。又以赤丝为绳以系社，祝史陈辞以责之。（社），勾龙之神，天子之上公，故陈辞以责之。日复常，乃罢。[②]

这样的仪式，堪称盛大隆重，远非以前那种临时的应急措施所能比拟。在这里，如果没有预先的演练，很难做到有条不紊，何况尚书还要"先事三日，宣摄内外戒严"，所以，这种形式的日食救护，倘若没有事先预报，是不可能得以组织实施的。自晋以后，日食救护仪式虽然历代有所变化，但就

---

① 《后汉书·礼仪志》。

② 《晋书·礼志》。

其规模与程式而言，基本上与晋朝类似，或更有过之，这与日食预报愈来愈准确有一定的关系。

随着日食预报的精确化，在各地举行的救护仪式也进一步正规化，例如清代的日食救护礼仪就经历了这样一种变化：

> 日食救护，顺治元年定制，遇日食，京朝文武百官俱赴礼部救护。康熙十四年改由钦天监推算时刻分秒，礼部会同验准，行知各省官司其仪。凡遇日食，八旗满蒙汉军都统副都统率属在所部警备，行救护礼，顺天府则饬役赴部……①

清廷之所以能使各地日食救护礼仪正规化，其前提条件是天文学的进步：钦天监不仅能准确预报日食，还能根据有关原理推算出各地日食具体发生时刻及不同食分。由于明末清初之际的西学东渐，清朝天文学的发达程度远胜于其前历代王朝，能够更准确地完成这种推算，所以清朝才有条件将地方救日仪式归入国家礼制。

在古代传统科学条件下，日食预报不可能完全准确，这就产生了一个问题：预期发生日食与朝会庆典冲突时应该如何办？因为日食于朔，而朝会庆典也只能于正月朔旦即元月初一举行，这就有可能发生冲突。东汉建安年间就碰到过这样的事情：

> 汉建安中，将正会而太史上言正旦当日蚀，朝士疑会否，共咨尚书令荀彧。时广平计吏刘邵在坐，曰："梓慎禆灶，古之良史，犹占水火错失天时。诸侯旅见天子，入门不得终礼者四，日蚀在一。然则圣人垂制，不为变异预废朝礼者，或灾消异伏、或推术谬误也。"或及众人咸善而从

---

① 《清史稿·礼志九》。

之，遂朝会如旧，日亦不蚀。邵由此显名。[1]

到了晋代，人们开始对刘邵的见解提出非议。晋臣蔡谟专门写文章驳斥刘邵，他认为日食预报当然会出差错，但不能以此为借口，在预计会发生日食的时刻举行庆典。他说：

> 灾祥之发，所以谴告人君。王者之所重诫，故素服废乐，退避正寝，百官降物，用币伐鼓，躬亲而救之。夫敬诫之事，与其疑而废之，宁慎而行之！[2]

日食禳救是为了表示君臣对天的诚敬，不能疑信参半，而要宁可信其有，不可信其无，这才可以谓之虔诚。蔡谟还讥讽刘邵对《礼记》的引用，他说：

> 闻天眚将至，行庆乐之会，于礼乖矣。《礼记》所云诸侯入门不得终礼者，谓日官不预言，诸侯入，见蚀乃知耳。非先闻当蚀而朝会不废也。[3]

《礼记》的规定，是针对日官不能预报日食的情况而做出的。现在既然可以预报，就要把准备救护放在首位。蔡谟的议论，为日食救护与朝会庆典之关系定下了基调：即便不能肯定日食必然发生，也要以日食救护为重。这种主张，得到了当时人们的肯定。

但是，要彻底解决日食救护与朝会庆典相冲突这一矛盾，最根本的出路在于提高日食预报的准确性。有鉴于此，历代当权者都要求天文官准确预报日食，失误要受到惩治，甚至在对日月运动规律还知之不多的情况下也同样

---

① 《晋书·礼志》。
② 同上。
③ 同上。

如此。前引《尚书·胤征》篇的记载虽为后人所追记，但它表达的无疑是这种思想。这里再举一个例子：

> 魏高贵乡公正元二年三月朔，太史奏日蚀而不蚀。晋文王时为大将军，大推史官不验之负。史官答曰："合朔之时，或有日掩月，或有月掩日，月掩日则蔽障日体，使光景有亏，故谓之日蚀。日掩月则日于月上过，谓之阴不侵阳，虽交无变。日月相掩，必食之理，无术以知。……负坐之条，由本无术可课，非司事之罪。"乃止。①

太史官的争辩表明，当时的人们对日月运动规律还不甚了了，对日食的预报还处于探索阶段。即使如此，司马昭仍因为太史预报不准，要大加处罚。此事虽因太史的辩解而作罢，但在中国历史上，由于预报交食失误而遭受处罚的天文官却大有人在，这充分表明了当权者对日食预报的重视。

为了免遭惩治，天文官们不遗余力地去探求日食发生规律。在传统历法中，日月交食占了相当大的篇幅，这充分表明了古人对这一问题的重视。正是由于历代天文家们孜孜不倦的努力，我国古人对交食规律的认识不断加深，预报也越来越准确。这反过来又促进了日食救护礼仪的精细化。到了中国封建社会的中后期，当权者所关注的已经不再是日食能否发生，而是具体食分有多少，并由此来决定是否举行救护仪式了。例如，据《明史·历志》记载：

> ［崇祯四年］冬十月辛丑朔日食，新法预推顺天见食二分一十二秒，应天以南不食，大漠以北食既。例以京师见食不及三分，不救护。

这里我们看到，在当时，日食救护的阈值是3分，低于这个阈值，就不再举行禳救仪式。之所以会有这种规定，当然是预报准确度提高了的缘故。而

---

① 《宋书·礼志一》。

这种规定本身对日食预报又提出了更高的要求。不难想象，如果预报见食3分以下，而实际被食超过3分，天文官所应承担的责任该有多大。这促使天文官进一步去探究日食规律，使预报做到更加准确。中国古代的日食救护与日食预报，就是这样相互作用、相互影响，交织着向前发展的。

三、日食救护礼仪中政治因素的作用

日食救护是建立在一种错误思想意识基础之上的礼仪制度，这种意识认为日食是一种灾异，所以需要救护。而准确的日食预报则意味着对交食规律的掌握，这就产生了一个问题：掌握了规律，就不会再相信所谓的日食灾异说，也就不需要再做什么"救护"了，但中国古代的日食救护仪式却一直延续到封建社会末期，这是为什么？

原因不在于科学，而在于封建社会的政治。

日食救护最初只是民间一种流俗，它之所以会从流俗演化成礼制，是因为其着眼点从天上移到了人间。人们所要"救助"的，并非是天上的太阳，而是人世的事物。例如，"一块公元前十三世纪的甲骨卜辞的意思说：癸酉日占，黄昏有日食，是不吉利的吗？"[①]所谓"不吉利"，当然是指人世而言。所以，日食救护的最终目的，是为了消除日食有可能给人世带来的灾祸。

在古人看来，日食不但象征不吉利，而且是大不吉利。《诗·小雅·十月之交》写道："十月之交，朔日辛卯，日有食之，亦孔之丑。"孔者，甚也；丑者，恶也、凶也。《诗·小雅·鹿鸣》言："我有嘉宾，德音孔昭。"郑氏笺注曰："孔，甚；昭，明也。"由此可见，早在《诗经》年代，日食就已经被人们视为极不吉利的象征了。

日食之所以被视为大不吉利，是因为古人有一种根深蒂固的观念：太阳象征君主。这样日食就意味着君主受到伤害，这当然大不吉利。所以，一旦发生日食，就要组织救护。在这里，救日的目的在于救君，或者帮君主免脱

---

① 杜石然等，《中国科学技术史稿（上册）》，北京：科学出版社，1982年版，第69页。

灾难，或者助君主改过自新。这是中国古代日食救护之所以能够绵延不绝的主要原因。

通过历史上古人的有关议论，我们可以更清楚地看到这一点。例如，根据《左传》的记载，鲁昭公十七年（公元前525年）六月发生了一次日食，负责祭祀的祝史向执政者要求领取日食救护所需之钱币，他的要求得到朝臣昭子的支持，昭子认为救日是礼制之规定，所需钱币应予支付。但当时执政大臣季平子不同意，其理由是："惟正月朔，慝未作，日有食之，于是乎有伐鼓用币，礼也。其余则否。"[1]平子认为日食救护的确是一种礼仪制度，但只有在正月朔那天，阴气没有萌动却出现了日食，是反常现象，象征灾害，这才需要救护。而当时是六月，按礼不必去救。对此，祝史解释说：

> 在此月也。日过分而未至，三辰有灾，于是乎百官降物，君不举，辟移时，乐奏鼓，祝用币，史用辞。故《夏书》曰："辰不集于房，瞽奏鼓，啬夫驰，庶人走。"此月朔之谓也，当夏四月，谓之孟夏。[2]

祝史认为平子没有理解"正月"的含义，于是解释说，你所谓的正月，就是这个月。太阳过了春分点，尚未到夏至，这时发生日食，就是灾异，需要救护。他特别指出：著名的"书经日食"，就发生在这个月。周历六月，相当于夏历四月，即所谓的正阳之月。事情已经讲明平子仍不答应，于是理论家昭子从中看出了问题：

> 昭子退曰：夫子将有异志，不君君矣。

唐代孔颖达作《左传正义》，解释说："日食，阴侵阳、臣侵君之象，救

---

① 《左传·昭公十七年》。
② 同上。

日食所以助君抑臣也。平子不肯救日食，乃是不君事其事也。"所谓不君事其事，就是不以其君为君。也就是说，如果拒绝救护日食，将被舆论视为不轨，有窥探神器的嫌疑。在历史上，不管是否是野心家，没有人愿意背上"不君"这一罪名。另一方面，帝王本身也希望通过救日这种仪式进一步突出自己的特殊身份。这两种因素的结合，使得中国历史上日食救护作为一种礼制一直延续到了封建社会末期，可谓源远流长。

救日是为了助君，这种意识不但抵消了科学发展给这种礼制带来的正面影响，而且促使了日食救护的变本加厉。例如，在春秋时期，人们并不认为日食全部象征灾难，有《左传·昭公二十一年》的记载为证：

> ［昭公二十一年］秋七月壬午朔，日有食之。公问于梓慎曰："是何物也？祸福何为？"对曰："二至二分，日有食之，不为灾。日月之行也，分，同道也；至，相过也。其他月则为灾。"

梓慎是当时有名的星占家，其认识有一定的代表性。在他的话中，包含了这样一种思想：日食若是按日月运动规律自然发生的，它是一种自然现象，对人世不构成灾害。既然对人世无害，当然也无须再组织什么救护了。

到了唐代，人们对日食规律的认识远较春秋时清楚，但在对其社会学意义的解说上，却比梓慎还不如。大学问家孔颖达就曾针对《左传》的记载，强调"日食皆为异"，其理由是：

> 日之有食，象臣之侵君，若云日有可食之时，则君有可杀之节，理岂然乎？以此知虽在分至，非无灾咎。[1]

任何时候发生日食，都是灾异。既然是灾异，当然要组织救护。宋儒陆

---

[1] （唐）孔颖达，《毛诗正义》卷十二之二。

九渊讲得更清楚：

> 日之食，与食之深浅，皆历家所能知，是盖有数，疑若不为变也。然天人之际，实相感通，虽有其数，亦有其道。日者阳也，阳为君、为父，苟有食之，斯为变矣。[①]

日食有其自身规律，人能够把握这一规律，把日食准确预报出来，但这并不意味它与人事无关，因为日象征人间君主，一旦发生日食，就意味着君主受到了侵害，就要组织救护。透过这些议论，我们深切感到，在日食救护这一问题上，科学的影响力是有限的。只有当人们彻底抛弃了封建社会政治道德观念以及产生日食灾异说的思想基础——天人感应理论，科学才有能力最终使封建的日食救护仪式寿终正寝。

在历史上，涉及救日礼仪的因素很多，这里不妨举北宋的一个例子。宋仁宗康定元年（1040年）发生了一次日食，《宋史·富弼传》记叙了与这次日食有关的一件事：

> 康定元年，日食正旦。弼请罢宴撤乐，就馆赐北使酒食。执政不可。弼曰："万一契丹行之，为朝廷羞。"后闻契丹果罢宴，帝深悔之。

按照礼制，日食应该预止朝会庆典，罢宴撤乐，可是宋仁宗不接受富弼的意见，不愿这样做。事后得知，远在北方的辽国倒是一丝不苟按礼制规定去做了。消息传来，宋仁宗非常懊悔，感觉他的做法有失体面："蛮夷之邦"尚然如此"重天敬礼"，而他身居华夏正统，却对像日食这样如此严重的"天谴"无动于衷，岂不被人嗤笑？正因为有这种意识，所以事隔十九年，嘉祐四年（1059年）元旦，当又出现类似情况时，他提前就预布了一道诏书：

---

① （西晋）杜预，《春秋三传》，上海：上海古籍出版社，1987年版，第265页。

明年正旦日食，其自丁亥避正殿，减常膳，宴契丹使毋作乐。①

这次日食，宋仁宗贬膳撤乐，退避正殿，一直坚持了五天。这是正统思想对于日食救护仪式发挥作用的典型表现。

四、日食救护礼仪与君主权势约束

在传统的救日仪式中，还有一种因素在起作用，那就是朝臣们力图通过这种仪式来劝诫君主、限制君主权力。这种因素的产生与中国古代的天人感应学说有关。天人感应论认为："天与人的关系并不单纯是天作用于人，人的行为，特别是帝王的行为和政治措施也会反映于天。皇帝受命于天来教养和统治人民，他若违背了天的意志，天就要通过变异现象来发出警告，如若执迷不悟，天就要降更大的灾祸，甚至另行安排代理人。"②在上天所显示的各种变异中，以日食最为严重，即所谓"夫至尊莫过乎天，天之变莫大乎日蚀"③。所以，一旦出现日食，就意味帝王举措失当。对此，古人有大量论述。例如，春秋时晋人伯瑕认为，日食是"不善政之谓也。国无政，不用善，则自取谪于日月之灾"④。所谓不善政，当然是针对执政者而言。国君是最大的执政者，所以，发生日食，当然可以认为是国君的过错所致。

正因为日食是上天对人君的谴告，所以历代的日食救护仪式都对天子在这一礼仪中的举动做出规定，要求他们素服斋戒，贬膳废乐，退避正殿，认真地反躬自省，直到日食结束。知识分子们希望通过这样的形式，给帝王以警诫，使他们对天产生畏惧感，不至于过分为所欲为。

在古代中国，帝王的权势至高无上，利用日食救护这种形式对之加以警

① 《宋史·仁宗本纪四》。
② 席泽宗，《论中国古代天文学的社会功能》，方励之主编，《科学史论集》，合肥：中国科学技术大学出版社，1987年版，第193页。
③ 《后汉书·五行志》注引。
④ 《左传·昭公七年》。

诚，是古人为限制帝王权势所能采取的少数几种选择之一。正因为如此，知识分子们对这套仪式非常器重，即使在认识到日食是自然现象，与帝王施政优劣无关的情况下，他们仍坚持日食灾异说。唐代孔颖达对此有过清楚的表白：

> 然日月之食，于算可推而知，则是虽数自当然，而云为异者，人君位贵居尊，恐其志移心易，圣人假之灵神作为鉴戒耳。夫以昭昭大明，照临下主，忽尔歼亡，俾昼作夜，其为怪异，莫斯之甚，故有伐鼓用币之仪、贬膳去乐之数，皆所以重天变、警人君者也。①

北宋神宗时，有人公开对皇帝宣讲灾异与人事无关，宰相富弼闻知此事，很不以为然：

> 时有为帝言灾异皆天数，非关人事得失所致者，弼闻而叹曰："人君所畏惟天，若不畏天，何事不可为者！此必奸人欲进邪说以摇上心，使辅拂谏争之，臣无所施其力。是治乱之机，不可以不速救。"即上书数千言力论之。②

富弼所要维护的，正是孔颖达所极力倡导的那套理论。他的着眼点并非在于灾异与人事是否真正有关，他所器重的在于这种学说是限制帝王权力的武器，这是问题的关键。

知识分子们借助日食等"灾异"现象来约束君主权势，不能说毫无效果。在中国历史上，绝大多数帝王都能够根据其礼制的规定，在日食期间素服避殿，反躬自责，有时还要颁布罪己诏，宣布大赦，让臣下上书直言，举荐人

---

① （唐）孔颖达，《毛诗正义》卷十二之二。
② 《宋史·富弼传》。

才等。正如江晓原所言："即使有昏君自居'有德'，他通常也不敢忽视这些举动和仪式——'正下无之'，连禳救也不修，那就坐等亡国，自己死于非命。"[①]在这方面，最让儒生们称颂的是汉文帝，公元前178年发生了一次日食，文帝为此下诏说：

> 朕闻之：天生民，为之置君以养、治之。人主不德，布政不均，则天示之灾以戒不治。乃十一月晦，日有食之，谪见于天，灾孰大焉！朕获保宗庙，以微眇之身托于士民君王之上，天下治乱，在予一人，唯二三执政，犹吾股肱也。朕下不能治育群生，上以累三光之明，其不德大矣。令至，其悉思朕之过失及知见之所不及，丐以启告朕，及举贤良方正能直言极谏者，以匡朕之不逮。[②]

汉文帝把日食发生原因归咎于自己，表现了少有的自责精神，他的做法，开后世帝王发生重大灾异时下"罪己诏"之先河。另外，随着文帝诏书的颁行，举贤良方正这种选拔人才的制度，也从此登上了汉代的历史舞台。

另一方面，对帝王们来说，在日食时发布罪己求言诏，也可以显示自己的雍容大度、敬天重礼、直言纳谏，因此，在明知日食发生与否与自己施政无关的情况下，他们也仍然不愿放弃这套做法。例如，北魏孝文帝的言论就很典型：

> 日月薄蚀，阴阳之恒度耳，圣人惧人君之放怠，因之以设诫，故称日食修德，月蚀修刑，迹癸巳夜月蚀尽，公卿以下，宜慎刑罚，以答天意。[③]

孝文帝明知交食救护是"圣人惧人君之放怠，因之以设诫"，但他并不

① 江晓原，《天学真原》，沈阳：辽宁教育出版社，1991年版，第156页。

② 《汉书·文帝纪》。

③ 《魏书·高祖纪下》。

废除这套仪式，相反，还根据礼制的规定，要求臣下做出相应的举措。这表明帝王们对依靠交食救护这套礼仪来约束其权势的做法并不反感，因为这种约束毕竟是虚无缥缈、不着实际的。

知识分子希望借助日食救护来警诫君主，君主们也借这一机会来申斥臣下，这也是由来已久的传统：

> 《春秋传》曰：日有食之，天子伐鼓于社，责上公也，诸侯伐鼓于朝，退自责也。①

"责上公"，这是救日礼仪中"天子伐鼓于社"的寓意。对于这种寓意，帝王们是比较认真的，即便如汉文帝这位在历史上名声相当不错的皇帝，在发布日食自责诏时，也不忘说上一句"唯二三执政，犹吾股肱也"，让那些执政大臣，也分担一些责任。

在汉代，这种"责上公"的表现，常常使大臣尤其是宰相因日食而被免除职务。此类事时有发生，以至于形成了一种仪式：

> 如淳曰：《汉仪注》有天地大变，天下大过，皇帝使侍中持节，乘四白马，赐上尊酒十斛、牛一头，策告殃咎。使者去半道，宰相即上病，使者还，未白事，尚书以宰相不起，病闻。②

所谓"天地大变"，当然首推日食，因为"天之变莫大乎日蚀"③。这种仪式，虽然也会流于形式，但当皇帝与宰相之间有隔阂的时候，那就很实际了。例如，汉成帝时，发生了一系列天变，宰相翟方进拿不准自己该如何做，这时他收到了皇帝赐给的十石酒、一头牛，于是当日就自杀了，成了"代君受

---

① （清）阮元，《十三经注疏（下册）》，北京：中华书局，1980年影印版，第1394页。

② 《汉书·翟方进传》注引。

③ 《后汉书·五行志》注引。

过"的牺牲品。

中国古代日食观念与传统礼仪之间有着千丝万缕的联系，日食救护作为一种礼制能够在历代王朝绵延不绝，有多种因素的影响，其中主要是封建政治在起作用：既有忠君思想的羁绊，又有限制君主权势或斥革手下群臣的需要。弄清楚这些问题，对于正确理解中国古代科学与社会之关系，将会有所裨益。

第三节　登封观星台的历史文化价值

登封观星台位于河南省郑州市西南81公里处的登封市告成镇，地处东经113°81′，北纬34°23′。它是中国古代天文学史上的伟大杰作，具有不可替代的历史文化价值。1961年，观星台被中华人民共和国国务院公布为第一批全国重点文物保护单位。2010年，包含观星台在内的登封"天地之中"历史建筑群被列为世界文化遗产。

长期以来，登封观星台备受人们关注，早在20世纪30年代，董作宾即曾涉足登封，考察观星台，并编印了《周公测景台调查报告》，对观星台的历史和现状做了详尽的介绍。中华人民共和国成立后，张家泰、伊世同、郭盛炽、陈美东等先后对登封观星台的科学价值做过深入研究，这些研究揭示了登封观星台的科学内涵，也为后人的进一步研究从科学原理的角度准备了条件。本节在前贤工作的基础上，结合对登封观星台历史演变的解说，对其历史文化价值做拾遗补阙的探讨。

一、中国传统"地中"观念的历史见证

登封观星台包括周公测景台、观星台、周公庙三部分。其中周公测景台是唐开元十一年（723年）天文官南宫说奉诏建立的，观星台是元代著名天文学家郭守敬于元至元十三年（1276年）建立的，周公庙则是明代为纪念周公测影定地中的行为而建立的。登封观星台的历史文化价值，主要体现在周公

测景台和观星台上面。

　　登封观星台的选址，与中国古代所谓的"地中"观念是分不开的。地中观念首先是一种地理概念。中国古人长期认为地是平的，大小是有限的，这样，大地表面必然有个中心，这个中心就叫"地中"。"地中"观念在中国存在时间很长，一直到明末清初，传教士传入了西方的地球学说，"地中"观念才逐渐销声匿迹。[①]受"地中"观念影响，中国人逐渐形成了自己位于"天下之中央"的传统认识，"中国"这一国家名称的形成与此不无关系。所以，"地中"观念在传统思想观念的发展演变过程中，具有极其重要的历史作用。

　　关于"地中"的具体位置，古人认为是在阳城。阳城的由来，最早见于记载的，是《孟子》一书：

　　　　昔者，舜荐禹于天。十有七年，舜崩。三年之丧毕，禹避舜之子于阳城，天下之民从之，若尧崩之后不从尧之子而从舜也。[②]

禹所居之阳城的地望，今人有不同的说法，但后来阳城被指认为"地中"后，其地望则别无异议，就是今天河南登封的告成，即登封观星台的所在地。

　　孟子的记述，使得阳城这一地理概念具备了某种政治含义，与国都的所在及民心的所向有了某种关联。所谓"夏都阳城"，即是这种说法的另一种表现。而按照古人的朴素认识，首都之所在，应该是地中。汉代人著有《白虎通》一书，书中提到了首都与地中的关系："王者京师必择土中何？所以均教道，平往来，使善易以闻，为恶易以闻，明当惧慎，损于善恶。"[③]《白虎通》的记载，是古人对地中概念所具有的政治含义的具体说明。

　　虽然中国最早的王朝夏王朝一开始把自己的都城选在了阳城，但阳城被

① 参见本书第一章第五节，原载《自然科学史研究》，2000年第3期，第251—263页。

② 《孟子·万章篇上》。

③ （清）陈立，《白虎通疏证（上册）》，北京：中华书局，1994年版，第157页。

认为是地中，却是始自周公的立表测影。周公在辅佐武王灭商后，考虑到周僻居西方，治理统一后的新国家多有不便，于是便有了选择在地中附近建都邑以治天下的举措。而对地中的选择，则以立表测影为依据。《周礼·大司徒》记载了以立表测影确定地中的具体方法：

> 以土圭之法测土深，正日景，以求地中。……日至之景，尺有五寸，谓之地中。天地之所合也，四时之所交也，风雨之所会也，阴阳之所和也。

即是说，在夏至的时候，立八尺之表，测其影长，如果影长为一尺五寸，则立表处即为地中。我们知道，大地是个圆球，因此在地球上立表测影，同一纬度圈上影长是一样的，即用《周礼》的方法是不能确定出一个点来的。但《周礼》的这一规定，明确地把满足表高八尺、影长一尺五寸之处规定为地中，从而使得这一概念有了很强的天文学含义，具备了影响中国天文学发展的基本条件。古人无地球观念，他们不可能知道地中概念的不合理之处。在实践中，他们按《周礼》的规定做了测试，并根据测试结果，选择阳城作为地中之所在。

对周公测影定地中之事，后人多有追述，明代学者陈耀文撰《天中记》，其卷一引《太康记》云：“河南阳城县，是为土中，夏至之景，尺有五寸，所以为候。”[1]“土中”即地中，是同一概念的不同表达方式。登封儒生陈宣则追述阳城为地中的经过：

> 周公之心何心也！恒言洛当天地之中，周公以土圭测之，非中之正也。去洛之东南百里而远，古阳城之地，周公考验之，正地之中处。[2]

---

① （明）陈耀文，《天中记卷一》，文渊阁《四库全书》版。
② 《登封县志》，明嘉靖八年本，登封县县志办公室1984年重印，第112页。

　　这是说，周公是按照《周礼》中所说的方法进行测定的，测定的结果，认定了地中是在阳城。陈宣是明代人，在他之前，已有不少学者持阳城地中说的观点。例如《登封县志》记载北宋政治家范仲淹《游嵩山十二首》，其中即曾提到："嵩高最高处，逸客偶登临。回看日月影，正得天地心。念此非常游，千载一披襟。"在中国天文学史上，《隋书·天文志》历来被视为经典之作，该书更是从天文角度追述道："昔者周公测影于阳城，以参考历纪。……先儒皆云：夏至立八尺表于阳城，其影与土圭等。"东汉郑玄、唐代贾公彦等注疏《周礼》，均以为阳城即为周公所定的地中。阳城为地中的观念，在古代史书尤其是在历代天文、律历等志上，得到了充分反映。

　　古人关于周公测影定地中的说法，虽系后人追述，历史真相如何，难以断言，但阳城地中说与立表测影密切相关，则是不争之事实。古代中国关于地中的说法很多，除阳城外，还有建木地中说、极下地中说、昆仑山地中说、洛邑地中说、岳台地中说、汝阳天中说，等等，但与《周礼》立表测影相联系的地中，则只有阳城。而且阳城早在春秋战国时期即已存在，其位置就在今河南登封的告成镇，考古发掘已经证实了这一点。[①]

　　鉴于阳城地中说在中国天文学史上具有独一无二的地位，古人把它视为进行天文测量的最佳处所，自西周以后，历代都有天文官或在这里进行天文观测，或运用这里的观测结果编制历法，著名的有汉代的落下闳、张衡、郑玄，南朝的祖冲之，隋代的刘焯，唐代的僧一行，元代的郭守敬等。阳城测影所得之数据是古人编制历法的重要依据，甚至在中国处于分裂状态，南方政权在其天文官无法亲临阳城测影的情况下，也要遥取阳城数据为准。唐代李淳风曾追述说：

　　　　晋姜发影一尺五寸。宋都建康在江表，验影之数遥取阳城，冬至一丈三尺。宋大明祖冲之历，夏至影一尺五寸。宋都秣陵，遥取影同前，冬至一丈三尺。[①]

这里的一尺五寸、一丈三尺等，毫无疑问是阳城测影数据。

古人把阳城作为定点测影之处，必然要在那里建立相应的测影设施。时光流逝，这些设施对后人而言，就成了古迹。后魏郦道元在《水经注》中注"颍水出颍川阳城县西北少室山，东南过其县南"，时云：该地"亦周公以土圭测日影处"。[②]郦道元之所以作此言，当是该地彼时尚存有古人立表测影之遗迹。实际上，这种遗迹不但在北魏时有，而且一直到唐代仍然存在着，唐永徽年间（650—655年），贾公彦作《周礼义疏》，在其《大司徒》条下有"颍川郡阳城县，是周公度景之处，古迹犹存"之语，即为明证。

在贾公彦提到"古迹犹存"之后20多年，仪凤四年（679年），天文官姚玄又在那里的测影台上做了史册有载的测影活动。据杜佑《通典》记载：

　　仪凤四年五月，太常博士、检校太史姚玄辩奏，于阳城测影台，依古法立八尺表，夏至日中测影，尺有五寸，正与古法同。调露元年十一月，于阳城立表，冬至日中测影，得丈二尺七寸。[③]

调露元年与仪凤四年是同一年，可见在这一年里，姚玄在阳城的测影台上分别测量了当年的冬、夏至影长。这证明阳城的测影台，在当时仍在使用。44年后，开元十一年（723年），南宫说奉旨在那里树石表纪念。[④]这些情况表明，天文学上的阳城为地中的概念从其出现之后，一直延续到唐代。阳城

① 《周髀算经》卷上，李淳风注。
② （北魏）郦道元，《颍水》，《水经注》卷二十二，文渊阁《四库全书》版。
③ （唐）杜佑，《职官八》，《通典》卷第二十六。
④ 见（北宋）欧阳修，《新唐书·地理二》："阳城……有测景台，开元十一年，诏太史监南宫说刻石表焉。"

作为古人进行天文测量的重要基地，其测影设施直到唐代仍在使用。唐代对阳城地中说格外重视，这才有了皇帝特别下诏在该地树表纪念的行为。南宫说树立的石表的规制与《周礼》对地中的规定完全相符，表上大书"周公测景台"，显然表现了对古代地中概念的认可，表现了对周公在地中测影行为的纪念。过去人们多认为周公测影台是古人用于实际测影之设施，其实不然，它是唐代建立的纪念古人地中测影行为的标志物，表现的是某种象征性而不是实用性。该石表至今犹存。嗣后，元代的郭守敬也在这里建台测影，表现了对地中概念的继承。登封观星台巍然耸立在阳城，成为古代地中概念遗留至今的唯一的实物见证。就某种意义上说，也是中国概念的实物见证。

实际上，观星台是古代地中概念的实物见证，这是古人的共识。早在唐代，范荣在为描写当时的观星台所写的《测景台赋》中就曾提到："大圣崇业，万象潜通，据河洛之要，创造化之功，建以黄壤，亘以紫宫，右辅伊阙，左连辕嵩，银台比而可拟，瀛壶方而讵同，掩扶桑于日域，包蓬莱于海濛，式均霜露之气，以分天地之中。"[①]唐代一位阙名作者写的另一首《测景台赋》，则直接"以设在天中，端景垂则为韵"[②]。元代学者杨奂（紫阳先生）在游览阳城时，对观星台深有感触，他的《测景台》诗"一片开元石，愈知天地中。今宵北窗梦，或可见周公"[③]，直接点出了登封观星台所具有的历史文化价值。迨至明朝，伦文叙在其《测景台》诗中，仍然强调说："天地之中，土圭可测；阳城之地，表景斯得。"[④]可见，自唐至明，古人一直认为观星台标志着地中之所在。只是到了近代，随着地球观念的传入，地中概念被人们放弃，观星台的这一历史文化价值，才逐渐被人们所遗忘。这也正是本书专门提出这一点的原因。

---

① 《古今图书集成·历象汇编·历法典第一百〇八卷》，北京：中华书局，成都：巴蜀书社，1986年重印，第4007页。

② 同上。

③ 《登封县志》，明嘉靖八年本，登封县县志办公室1984年重印，第50页。

④ 《古今图书集成·历象汇编·历法典第一百〇八卷》，北京：中华书局，成都：巴蜀书社，1986年重印，第4008页。

二、中国天文学史上重大事件的历史见证

按照古人的想象，地中位于大地的中心，所以，它是进行天文观测的理想的坐标原点。古人认为，"日月星辰，不问春秋冬夏，昼夜晨昏，上下去地中皆同，无远近"[①]。因此，在"地中"进行的天文观测所得之数据，比之他处所得具有无可比拟的权威性，有更重要的参考价值。而天文学的发展，离不开观测，所以，中国天文学史上一些重大事件，往往在地中概念的影响下，围绕着阳城这一具体位置展开。观星台也就因此成了这些历史事件的实物见证。

在登封观星台所见证的中国天文学史的重大事件中，比较典型的除了周公立表测影定地中外，还有以下诸项：

《太初历》的制定。公元前104年，西汉王朝开始了制定《太初历》的工作，在制定《太初历》的过程中，以司马迁为代表的盖天学派同新出现的浑天学派产生了激烈的争论，最后，是浑天学派的重要人物落下闳"为汉孝武帝于地中转浑天，定时节，作《泰初历》"[②]。"转浑天"，可以理解成用浑仪测天，也可以理解成用浑象演示天象。我们倾向于理解成用浑仪测天，因为在当时的浑盖之争中，测量是大问题，司马迁在争论之初的"定东西，立晷仪，下漏刻，以追二十八宿相距于四方"[③]的做法，就是测量。盖天说的"立表正南北之中央，以绳系颠……车辐引绳就中央之正以为毂"[④]的测量方法，对测量者所处位置有内在要求，不在地中进行的测量从理论上是不成立的。[⑤]古人对此有深刻认识，唐代李淳风在引述西汉刘向《洪范传》所记"夏至影一尺五寸八分"时，曾专门指出："是时汉都长安，而向不言测影处所。若在长安，则非晷影之正也。"[⑥]浑天家落下闳跋山涉水，跑到远离西汉都城长安的

----

① （唐）李淳风，《隋书·天文志上·天体》。

② （唐）李淳风，《隋书·天文志上·浑天仪》。

③ （东汉）班固，《汉书·律历志第一上》。

④ 《周髀算经》卷上。

⑤ 参见本书第四章第一节，原载《自然辩证法通讯》，1989年第5期，第77—79页。

⑥ 《周髀算经》卷上，李淳风注。

地中阳城进行测量，既体现了其所得数据的权威性，又可以昭示盖天说测量方式在理论上的缺陷。也许正是落下闳在离长安千里之外的地中进行的测量，导致了浑天家提出的《太初历》方案在浑盖之争中占据了上风。退一步说，即使落下闳的"转浑天"是转动浑象来演示天象，那他也是千里迢迢特地前往地中做这件事的。在这里，地中概念在《太初历》的制定及由此开始的长达几百年的浑盖之争中发挥了重要作用，而登封观星台作为地中概念的体现者与这一历史事件是联系在一起的。

唐开元年间的天文大地测量。开元九年（公元721年），僧一行奉诏制定《大衍历》。为制定《大衍历》，首先要进行天文大地测量。据《新唐书·天文志》记载："及一行作《大衍历》，诏太史测天下之晷，求其土中，以为定数。"土中即地中，可见这次测量一开始就与地中概念联系到了一起。开元年间的这次测量是由南宫说具体负责的，从公元721年开始，至725年结束。为进行这次测量，考察队人员从极平纬17.4°的林邑（在今越南中部的顺化附近）到40°的蔚州（在今山西北部灵丘附近），共设观测站9处，其中就包括阳城。各站沿着这条长达7973里（超过3500公里）的子午线，用传统的八尺之表同时进行了冬夏二至的影长和北极出地高度等因素的测量。在具体测量开始之前，为了凸显阳城的地位，纪念传统的地中学说，南宫说奉诏在阳城建立了周公测景台。具体过程上节已有论述。南宫说组织的这次测量，是世界上首次对子午线1°长度的实测，测量结果对一行制定《大衍历》发挥了重要作用。李约瑟博士评价说："世界各地在中古代初期所进行的有组织的野外测量，以这一次最值得注意。"[①]在这次测量中，阳城是一个重要观测点，而建于阳城的周公测景台则是古代地中概念的实物见证，也是一行和南宫说等人组织的唐代天文大地测量这一历史事件的标志性纪念物。一行在测量结束后编制《大衍历》时，多次以阳城测影所得之数据与其他测点之数据进行比较，这些比较凸显了阳城测影的重要性。

---

① ［英］李约瑟，《中国科学技术史（第四卷）·天学》，北京：科学出版社，1975年版，第277页。

　　唐代以后，中国古人还进行了多次系统的恒星观测。仅北宋的一百多年间，就进行了五次系统的恒星观测，这些观测，无一不以周公测景台为重要观测点。特别是在元代初年的历法改革中，为了为制定历法提供准确的天文数据，郭守敬领导了一次大规模的"四海测验"，观测范围从北纬15°的南海起，每隔10°设一个点，直到北纬65°的地方为止，建立了27个天文台和观测台，其涉及范围之广、规模之大，世所罕见。观星台就是为进行这次观测而建造的，它是这次活动的中心观测台站。从当时留下来的记录看，在这27处观测台站中，采用高表测影的只有大都（今北京）和阳城（今登封告成，即登封观星台所在地）两处，而这两处中只有阳城为测影建起了高台，保留至今的测影建筑也只有登封观星台一处。在郭守敬组织这次测量时，河南登封既不是当时的政治中心，也不是经济中心，甚至连文化中心也算不上，在这种情况下，郭守敬之所以选择在登封建台测影，自然是由于登封是传统所认为的地中之所在地，在这里获得的结果，具有更大的权威性与可比较性。郭守敬建立的登封观星台遗留至今，它当之无愧成了郭守敬组织的元初天文大地测量的实物见证。

三、元代天文学高度发达的历史见证

　　登封观星台不仅是郭守敬组织的"四海测验"的历史见证，而且还因其独特的设计而成为元代天文学高度发达的历史见证。

　　登封观星台的石圭圭面至台面上侧的横梁的距离是40尺，这一高度是传统立表测影所用8尺之表的5倍，是郭守敬高表测影思想的具体体现。郭守敬之所以要用高表测影，是为了提高测量的读数精度，按他自己的说法，叫作"今以铜为表，高三十六尺，端挟以二龙，举一横梁，下至圭面，共四十尺，是为八尺之表五。圭表刻为尺寸，旧寸一，今申而为五，厘毫差易分别"[①]。从科学角度来看，高表导致影长增加，使得对影长的测量值也相应增加，在

————————
① （明）宋濂等，《元史·历志一·授时历议上·验气》。

同样的读数误差的情况下，测量值的增加，必然导致相对误差下降，这就导致了测量准确度的增加。这是郭守敬对立表测影做的第一个改进。

郭守敬所做的第二个改进是把传统的单表表顶改为用双龙高擎着的开有水槽取平的铜梁，使得测影时可以直接测出日心影长，这比过去的一般圭表只能测出日边之影，又是一个很大的突破。

郭守敬所做的第三个改进是发明了景符。景符是利用小孔成像原理制成的天文仪器，它的下部是个方框，一端设有可旋机轴，轴上嵌有一个宽二寸、长四寸、中穿孔窍的铜叶，其势南低北高，依太阳高下，可调整角度。在测日午影长时，首先调整铜叶的角度，使其与太阳光垂直，这时景符北面就会呈现出一颗晶莹的太阳倒像，大如米粒。然后沿石圭圭面南北移动景符，寻找从表端投下的梁影，不久景符下的太阳倒像中又出现一根清晰实在、细若发丝的黑线，该黑线即横梁的倒像。再移动景符，使黑线平分日像，由这时黑线在石圭圭面上的位置即可求出当天的中晷长度。

郭守敬运用这些改进，经过辛勤的观测，得到了大量极其精确的天文数据。中国当代的天文学史专家曾根据《元史》的记载，仿制横梁、景符，在观星台进行测量，实践证明，郭守敬创新的这种高表测量法，不仅简便易行，而且"可准确到±2毫米以内，相当于太阳天顶距误差1/3角分，比其后三百年西方最精密的天文观测还要精确"[①]。根据这些观测结果，王恂、郭守敬、许衡等人终于在至元十八年（公元1281年）编制出了当时世界上最先进的历法《授时历》，此历所用的回归年长度为365.2425日，合365天5时49分12秒，与当今世界上许多国家使用的阳历（格里高利历）一秒不差。但罗马教皇格里高利改革的历法比《授时历》晚300年。《授时历》与现代科学推算的回归年周期365天5时48分46秒相比，仅差26秒。

明朝颁行的《大统历》基本上仍是《授时历》的内容。如果把这两种历

---

①　张家泰，《登封观星台和元初天文观测的成就》，《中国天文学史文集》，北京：科学出版社，1978年版，第229—242页。

法看成是一种，那么《授时历》就是我国迄今施行时间最久的历法，历时达364年。后来，《授时历》又传到了朝鲜、日本等国，大大促进了中外古代文化的交流。因此，《授时历》集中体现了元初天文观测成果的结晶，是当时中国元代天文历法高度发达的产物，是当时东亚诸国文化交流的历史见证。

元初天文学诸多成就的取得，与郭守敬创立的高表测影密切相关。从元代留下的观测记录来看，郭守敬只是在元大都和阳城两处实施了高表测影，而元大都的高表测影设施已经荡然无存，阳城的观星台则留存至今，其设施基本完好，因此，登封观星台不仅是郭守敬等编制《授时历》的重要实物见证，也是元初天文学高度发达的重要实物见证。明代士子李世德有《测影台》诗，诗云：

春日初登万丈台，好山四面画屏开。

天中一测无余算，万古还输元圣才。[1]

此诗形象地说明了登封观星台对郭守敬的天文学贡献所具有的象征性意义。

除了测量日影的功能外，观星台还有观测星象的作用。元初进行"四海测验"时，在此地观测北极星的记录，已载入《元史·天文志》中："河南府阳城，北极出地三十四度太弱[2]。"明嘉靖八年（1529年）成书的《登封县志》收有明人写的《周公测影台诗》，其中提到"坤舆八极此居中，制度犹存古圣踪。测景台端擎石表，观星坛上滴铜龙"[3]。所谓"滴铜龙"，指的是用铜壶滴漏计时。又有《测景台》诗，诗中有"玑衡度数昭天象"之语[4]，所谓"玑衡"，指的是测天仪器浑仪。由此可知，观星台当是一座具有测影、观星和

---

① 《登封县志》，明嘉靖八年本，登封县县志办公室1984年重印，第71页。

② "太弱"为古代一度的十二分之八。

③ 《登封县志》，明嘉靖八年本，登封县县志办公室1984年重印，第58页。

④ 同上书，第65页。

计时功能的天文台，它功能齐全，历史悠久，为中国古代天文学的发达做出了不可磨灭的贡献。

四、中外天文学交流的历史见证

在13世纪，登封观星台无疑是一件规模很大的天文仪器。郭守敬之所以要建造如此巨型的天文仪器，自然离不开当时的社会背景。根据英国李约瑟博士的分析，郭守敬之所以要制作巨表，是因为他的这项工作"是在具有阿拉伯传统的天文学家参加之下，并且是在传入波斯马拉加天文台（Maraghah Observatory）的模型或仪象之后完成的，他的表自然是中国天文学的一种发展，但看来确实受到了阿拉伯仪器巨型化倾向的激励"[1]。郭守敬的高表建于元初，在此之前很久，阿拉伯天文学家们就已经很清楚地知道仪器越大，观测就越精确的道理。早在11世纪，阿拉伯天文学家伊本·奎拉伽（Ibn Qaraqa）就曾长途跋涉，去向其资助人请求更多的资助，以建造巨型天文装置。而在郭守敬之后，1424年在撒马尔罕（Samarkand）开始建造的兀鲁伯（Ulugh Beg）天文台，则成为古代天文台之巨无霸。[2]郭守敬建造登封观星台的工作，可以视为世界范围内建造大型天文台潮流的一部分。

另一方面，登封观星台也给明末清初来华的耶稣会传教士留下了深刻的印象，使他们在向西方介绍中国传统天文学时，对登封观星台给予了特别的关注。传教士卫匡国（Martin Martini）的《中国新地图》（*Novrs Atlas Sinensis*，1655年）中就有这样一段话："其中登封一地不应草率记述，因华人又以该地为地中。今在台上仍可见一直立于铜制平板上之巨表，此表分为数部分，平板表面按巨表所分之部分各配以长线。周公（据中国传说，是一占星家兼历算家，是当时皇室的最高官吏）曾用此仪器观测影长，并研究此台所能测得之北极高度等。此人生于公元前1120年，常到此地观星台上，观测星辰之永

---

① 　张家泰，《登封观星台和元初天文观测的成就》，《中国天文学史文集》，北京：科学出版社，1978年版，第284页。

② 　Hugh Thurston, *Early Astronomy*, New York: Springer-Verlag, 1994, p. 32.

恒运行及运行周期。所谓观星台，乃一观测星辰之高台。"①卫匡国的这段话并不完全准确，他把郭守敬制作的观星台与传说中的周公测影定地中混淆了起来，但他对观星台的描述是准确的，这段描述汇集了17世纪西方学者对登封观星台的浓厚兴趣。因此，在登封观星台的身上，还体现了中国和阿拉伯乃至西方世界之间在天文学上的交流。

登封观星台的这些历史价值，是任何别的历史建筑所不可替代的。

第四节　传统神话中的天文学知识探索

中国古代有许多神话，神话属于文学作品，而文学是社会的反映，所以神话当然在一定程度上反映了其产生时人们所具有的知识背景，包括人们所掌握的科学知识。透过神话，既可以了解当时人们的科学知识，更可以通过对其所反映的科学知识的解读，增进对神话本身的理解。遗憾的是，无论是在科学史界，还是文学领域、神话研究范围，对神话中所含科学知识进行解读的力作，除了郑文光先生的文章《从我国古代神话探索天文学的起源》②外，其余的还较为鲜见。本节就中国神话中的天文学知识进行评析，希望能对此话题的深入有所裨益。

一、盘古开天地与宇宙演化

天文学是最能引发人们想象的科学，由于它的这一特点，在古代神话中，天文学知识极为丰富，甚至有专门以天文学问题为述说对象的神话。我们所熟知的"盘古开天地"的神话即是如此。该神话在三国时吴国徐整的《三五历纪》中有具体记载：

① ［英］李约瑟，《中国科学技术史（第四卷）·天学》，北京：科学出版社，1975年版，第277页。
② 郑文光，《从我国古代神话探索天文学的起源》，载《历史研究》，1976年第4期，第61—68页。

　　　　天地混沌如鸡子，盘古生其中。一万八千岁，天地开辟，阳清为天，
　　阴浊为地，盘古在其中，一日九变，神于天，圣于地。天日高一丈，地
　　日厚一丈，盘古日长一丈，如此万八千岁，天数极高，地数极深，盘古
　　极长。后乃有三皇。数起于一，立于三，成于五，盛于七，处于九，故
　　天去地九万里。①

　　这是很典型的关于宇宙起源的神话。它主张宇宙是有起始、有创生的。
宇宙创生的表现是天地开辟。天地开辟之前的宇宙，处于浑沌状态之中，神
灵盘古就孕育于其中。天地的开辟，是阴和阳两种因素相互作用的结果。宇
宙从创生到现在，经历了一万八千年。在这过程中，天不断升高，地不断加
厚，最终形成了天在上，地在下，天离地九万里的格局。

　　需要指出的是，神话史界有学者认为，"盘古生于'混沌如鸡子'的天
地中的哲理思想"，"和汉代末年逐渐发展起来的'浑天说'（以张衡为代表）
的天文学思想有关"。②此说有其不准确之处。诚然，东汉张衡《浑天仪注》
中确曾有"天如鸡子，地如鸡中黄，孤居于天内，天大而地小"③之语，与
《三五历纪》之言似曾相识，但浑天说核心思想说的是天地关系，强调的是天
在外，地在内，天包着地，天大地小，而盘古开天地最后的格局则是天在上，
地在下，天地等大，这是盖天说的模式，与浑天说无涉。张衡借用"鸡子"
做比方，讲的是天地位置关系；徐整同样拿鸡蛋做比喻，说的则是宇宙初期
的混沌状态。在思想上，二者未必有什么关系。

　　《三五历纪》所反映的观点，是中国古人对宇宙起源演化问题的传统认
识。在古代中国，对宇宙的生成，存在两种相反的认识，一种认为宇宙是亘
古长存的，不存在创生问题。《庄子·知北游》记述了孔子师徒的一段对话，
就反映了这种认识："冉求问于仲尼曰：'未有天地可知耶？'仲尼曰：'可，古

① 《艺文类聚》卷一。
② 袁珂，《中国神话史》，上海：上海文艺出版社，1988年版，第115页。
③ 《晋书·天文志上》。

犹今也。……无古无今，无始无终。未有子孙而有子孙，可乎？……有'先天地生者'物邪？物物者非物？物出，不得先物也，犹其有物也。犹其有物也无已。"孔子是用万物的衍生链条作为自己推论依据的：任何一个物体的产生，都有它自己的母体，母体又有自己的母体，如此推衍下去，永无止境，所以，宇宙必然是"无古无今，无始无终"的。

在宇宙起源问题上，孔子的观点并不具备代表性，与之相反的观点，即认为宇宙是生成的，自古至今有一个逐渐演变过程的认识，早在先秦时期，即已占据主导地位。老子《道德经》明言："天下有始，以为天下母。"诗人屈原作《天问》，脍炙人口，其开篇伊始就提出与天地起源有关的问题："遂古之初，谁传道之？上下未形，何由考之？冥昭瞢暗，谁能极之？冯翼惟象，何以识之？……"阴阳家邹衍被时人号为"谈天衍"，司马迁《史记·孟子荀卿列传》勾画了邹衍的学术特点："其语闳大不经，必先验小物，推而大之，至于无垠。先序今以上至黄帝……推而远之，至天地未生，窈冥不可考而原也。"由司马迁的记述可知，邹衍是主张宇宙创生说的，而他的理论在当时诸侯国中深受欢迎，司马迁绘声绘色描述了邹衍在当时受欢迎的程度："是以邹子重于齐。适梁，梁惠王郊迎，执宾主之礼；适赵，平原君侧行撇席；如燕，昭王拥彗先驱，请列弟子之座而受业，筑碣石宫，身亲往师之，作《主运》。其游诸侯见尊礼如此。"迫至汉代，主张宇宙有创生，是逐渐演变而来的观点，更是比比皆是。综合这些情况，可以得出结论：在中国古代，认为宇宙有创生的观点是主流认识。由此，"盘古开天地"传说反映的确实是古代中国在宇宙起源问题上的普遍认识。

中国的宇宙生成学说在汉代形成了系统的理论，这些理论的特点就是用阴阳二气性质上的差异来解释天地的生成。《淮南子·天文训》是古代宇宙生成观念形成系统学说的标志性著作，该书在记述天地生成原因时指出："道始生虚廓，虚廓生宇宙，宇宙生气。气有涯垠，清阳者薄靡而为天，重浊者凝滞而为地。"《淮南子》赋予阴阳二气不同的性质，阳气轻、清，阴气重、浊，它们因其性质不同而分别形成天地。《淮南子》的说法在古代宇宙生成学说中具有代表性，它显然也影响到了"盘古开天地"传说，该传说中的"阳清为天，阴浊为地"，就是这一影响的具体体现。

古人在讨论宇宙演化问题时，对其演化速率是有考虑的。张衡《灵宪》把宇宙从创生以来的演化过程分成溟涬、庞鸿、太元等阶段，每个阶段都是"如是者永久焉"，持续了很长时间。张衡抽象的"如是者永久焉"，在"盘古开天地"传说中被具体化了，变成了定量的"一万八千岁"。

由上述分析可以看出，"盘古开天地"传说毫无疑问是其作者按照当时流行的宇宙演化学说创作出来的。正因为如此，它与基督教文化宣扬的上帝造宇宙的说法就有了很大的不同。在西方的说法中，宇宙完全是神凭空创造出来的，《圣经·旧约·创世记》记载了基督教宣扬的神创造宇宙的过程：

> 起初，神创造天地。地是空虚混沌，渊面黑暗；神的灵运行在水面上。
>
> 神说："要有光。"就有了光。神看光是好的，就把光暗分开了。神称光为"昼"，称暗为"夜"。有晚上，有早晨，这是头一日。
>
> 神说："诸水之间要有空气，将水分为上下。"神就造出空气，将空气以下的水、空气以上的水分开了。事就这样成了。神称空气为"天"。有晚上，有早晨，是第二日。
>
> 神说："天下的水要聚在一处，使旱地露出来。"事就这样成了。……

在这里，神俯视万物，驾驭一切，宇宙万物是神的意志的产物。而在"盘古开天地"传说中，宇宙的产生主要是大自然内部因素作用的结果，神性的盘古没有起到什么作用。而且，与基督教文化中的上帝不同，盘古并非纯粹的超自然存在，他既然有一个诞生的过程，有一个"一日九变"的过程，有一个"日长一丈"的过程，自然，也会有其衰老死亡的过程。在"盘古开天地"神话传说的其他版本中，正是盘古的死亡造就了天上的日月，地上的丘陵山原、江河湖海。所以，盘古在天地开辟过程中也许发挥了作用，但这种作用是次要的，真正对天地形成起作用的是宇宙中的阴阳二气，是大自然内部的矛盾因素。中国传统文化中宗教因素不占主导地位，透过"盘古开天地"这一神话传说，不难体会到这一点。导致这一现象产生的原因，也许就是在颇能引导人们走向宗教之途的宇宙起源演化问题上，中国人很早就形成了系统而又颇具理性的宇宙生成演化理论，这一理论的高度发达，使得后起的神创论难以让神在此问题上发挥多大作用，从而大大降低了人们由此途径走向宗教神学的可能性。

但无论如何，在盘古开天地的神话中，毕竟出现了神性的盘古，这与中国传统的宇宙演化理论是不一致的。之所以出现这种情况，应该与早期宇宙演化学说的不完备有一定关系。中国早期的宇宙演化学说，是以观念形式存在的，那时人们普遍认为，宇宙是生成的，逐渐演化到现在的形状。[1]既然承认宇宙是生成的，就必须回答一个问题，它生于何物？对这个问题，逻辑上所要求的最彻底的回答只能是"生于无"，故老子有言："天下万物生于有，有生于无。"[2]但有生于无的解答又带来了另一个问题，此即西晋裴頠之所言："夫至无者，无以能生！"即绝对的无产生不出有来。从绝对的无中如何生出有来，就古人的知识背景而言，这是他们无法回答的问题。古人描绘不出来无中生有的物理过程。要解决这一新的难题，逻辑上最彻底的答案是引进超自然因素。这一超自然因素，在基督教文化中是上帝，而在中国文化中，则是神性的盘古。

二、女娲补天与宇宙结构

在古代社会，神话传说最容易与天文学发生联系，"盘古开天地"是这种联系的一个例子，"女娲补天"是这种联系的另一个例子。女娲的传说由来已久，其最为人们耳熟能详的功绩是抟土造人，而《淮南子·览冥训》则记载了女娲的另一功绩——炼石补天：

---

① 关增建，《中国古代宇宙生成学说的演变》，载《大自然探索》，1994年第1期，第114—118页。
② 《老子道德经》四十章，《诸子集成》，上海：上海书店出版社，1986年7月影印版，第25页。

往古之时，四极废，九州裂，天不兼覆，地不周载，火爁焱而不灭，水浩洋而不息，猛兽食颛民，鸷鸟攫老弱，于是女娲炼五色石以补苍天，断鳌足以立四极，杀黑龙以济冀州，积芦灰以止淫水。

女娲炼石补天这则神话，反映了当时天文学界一个根深蒂固的观念——固体天壳观念。因为天出了问题，有了裂隙，不能完全笼罩大地，于是女娲用其炼制的五色石，把苍天的裂隙修补了起来。苍天既然能产生裂隙，该裂隙能用固体的五色石来修补，说明天本身一定是固体的。在中国古代的宇宙结构学说中，有像宣夜说那样，主张"天了无质，仰而瞻之，高远无极，眼眷精绝，故苍苍然也"[①]的观点，认为天没有质地，纯粹是气组成的。但在天文学家那里，这样的观点从来就没有被认可过。这一历史现象，无论中外皆然。原因在于，当人们仰视天象时，会看到恒星日复一日、年复一年围绕大地旋转，彼此之间的距离永远保持不变，古人无地球自转之说，除了认为天是固体的、恒星镶嵌于其上外，没有别的方法可以解释这种现象。此即《淮南子》所说的"夫天不定，日月无所载；地不定，草木无所植"[②]。所以，固体天壳观念，是古代天文学家所共有的。女娲补天，反映的就是这种观念。倘非如此，何必要"炼五色石"去补天之裂？如果天是气组成的，它就不会破裂，也就无须女娲劳神去修补了。这里我们又一次看到，古人在构思神话时，是如何受到他们所拥有的科学知识的影响的。

"断鳌足以立四极"的说法，反映的是顶天柱的观念，"就是用大海龟之四脚为四根顶天柱"[③]。这种观念的产生，与古代的一个宇宙结构学说盖天说不无关系。中国古代的宇宙结构学说，主要有三家，分别是宣夜说、盖天说和浑天说。盖天说主张天像一个盖子一样，在上；地与天同形，在下；天地分离。浑天说则认为天像一个圆球，在外，天包着地，天大而地小。古人在

---

① 《隋书·天文志》。

② 《淮南子·俶真训》。

③ 陶阳、钟秀，《中国创世神话》，上海：上海人民出版社，1989年版，第171页。

构思神话时，更多的是借重于盖天说，因为盖天说的天上地下模式为人神分离提供了理想的依据。若采用浑天说，则很难想象神如何能够居住于人之脚下。但盖天说也有问题，其理论缺陷的关键在于固体的天硕大厚重，如何能够在地的上方悬空而不坠落？这就导致了杞人忧天典故的产生。"杞人"思想问题的解决，依赖的是宣夜说的宇宙模型，而宣夜说并不被天文学家所认可。所以，盖天说不得不面对天体厚重在上却何以不坠落这一问题。实际上，盖天说在构建自己的理论时，对这一问题预先是有所考虑的。盖天家们主张阳气轻、清，上浮为天。既然是轻的，就不存在坍塌的危险。但这一理论预设与人们的直观感觉相去甚远，而且天体的构成也并不全是阳性的，例如《淮南子·天文训》在讲述天地和日月星辰的形成时即曾提到："天地之袭精为阴阳，阴阳之专精为四时，四时之散精为万物。积阳之热气生火，火气之精者为日；积阴之寒气生水，水气之精者为月。日月之淫为精者为星辰。天受日月星辰，地受水潦尘埃。"可见月和星辰都是有阴气成分在内的，亦即它们是有重量的，存在着坍塌下坠的危险。由此，盖天说的宇宙结构模型确实是有缺陷的，盖天学派对自己的宇宙结构模型所面临的窘境无法提出合理的解释，把它留给了后人，而时人在构思神话时，充分利用了盖天说的这一缺陷，发挥自己的想象力，于是就有了"往古之时，四极废，九州裂，天不兼覆，地不周载"的传说，有了"断鳌足以立四极"的解决方案。换言之，《淮南子》的作者在其文中杂用了神话来解释天文学理论所面临的问题。

"断鳌足以立四极"是要为苍天树立支柱。其实，苍天本来是有支柱的，那就是不周山，但不周山被一位巨人撞坏了，这位巨人是共工。《淮南子·天文训》记载共工撞不周山的传说云：

> 昔者共工与颛顼争为帝，怒而触不周之山。天柱折，地维绝。天倾西北，故日月星辰移焉；地不满东南，故水潦尘埃归焉。

关于不周山的具体方位，《山海经·大荒西经》有具体描述："西北海之外，大荒之隅，有山而不合，名曰不周。"故不周山在西北，是承天之柱。共工把它撞断了一截，厚重的天失去了支撑，就向西北倾斜，形成东南高、西北低的格局，导致了日月星辰的向西滑移；共工向西北撞山，必然脚蹬东南，这就造成了东南大地的塌陷，所以江河之水自然要滚滚东流。共工的冲天一怒，虽然破坏了天的平衡格局，但也解决了日月星辰的运行机制问题，使得天体西行的问题有了合理的解决。

共工撞不周山这段话之前是《天文训》那段著名的宇宙起源演化学说，而其紧接着的下文则是"天道曰圆，地道曰方。方者主幽，圆者主明。明者，吐气者也，是故火曰外景；幽者，含气者也，是故水曰内景。吐气者施，含气者化，是故阳施阴化"。讲的是天体何以运行、日月何以发光。上讲起源，下讲日月，中间则靠神话讲宇宙现状之形成原因。在当时，天体何以西行是天文学上尚未解决的一个问题，这一问题要一直等到东汉后期，张衡提出了"天体于阳，故圆以动；地体于阴，故平以静"[1]，把天体恒动不止的原因归结于阳气独特的性质，才算有了一个逻辑上自洽的说明。在此之前，人们只好以神话来弥补宇宙理论之不足，这充分表现了传统宇宙理论所面对的窘境。正是由于传统宇宙理论无法靠理性的思维解答天何以不坍塌下坠、何以西行不止这样的问题，《淮南子》的作者才不得不在一段完全是讲述宇宙理论的文字中插入这样一个神话传说，以之使自己的理论保持形式上的完整性。

三、嫦娥奔月与月食

在中国古代神话中，嫦娥奔月最为脍炙人口。嫦娥奔月也有浓厚的天文学象征性，这是人们始料未及的。对嫦娥奔月过程记载较为详细的早期文献当属张衡《灵宪》：

羿请无死之药于西王母，姮娥窃之以奔月。将往，枚筮之于有黄，

---

[1]　（东汉）张衡，《灵宪》，《后汉书·天文志》，刘昭注引。

有黄占之曰："吉。翩翩归妹，独将西行，逢天晦芒，毋惊毋恐，后其大昌。"姮娥遂托身于月，是为蟾蜍。[1]

"姮娥"即嫦娥。嫦娥窃取了其丈夫后羿的长生不老药，将要奔月之前，感到犹豫不定，于是找有黄卜问吉凶。有黄占得的结果是"大吉大利"，并告诉她即使在西行过程中遇到天昏星暗，也无须惊恐，因为过后仍然会一片光明。嫦娥听了有黄之言，放心前往，结果到了月亮上就变成了蟾蜍。

这段记载有令人困惑之处。以"归妹"喻嫦娥，令人不解。孔颖达疏《周易正义》"归妹"卦云："妇人谓嫁曰归，归妹犹言嫁妹也。"[2]嫦娥本为后羿之妻，自行奔月，非为适人，不能曰归。"西行"亦有令人疑虑处，月在天上，方位无常，既可在西，亦可在东，嫦娥奔月，应飘飘上行，不能唯向西行。更重要的是，按照古书记载占测的惯例，既然有黄预见到"后其大昌"，嫦娥的前景就应该是光明的，不能甫及月球即成蟾蜍。

那么，有黄的这段占辞究竟当做何解呢？

实际上，如果把有黄占辞中的"归妹"理解成月亮，那么种种困惑即可迎刃而解。"归"是可以用来描述月亮的。例如，南朝刘宋鲍照《鲍明远集》卷七《岐阳守风》诗"广岸屯宿阴，悬崖栖归月"，唐朝李白《游谢氏山亭》"醉罢弄归月，遥欣稚子迎"，《过汪氏别业其一》"扫石待归月，开池涨寒流"，均为此类用法。类似例子可以举出许多。月为阴，女性亦属阴，以"归妹"喻月，亦属顺理成章。"西行"自然指月亮的东升西落，向西运行。而"逢天晦芒，毋惊毋恐，后其大昌"是对月亮运行中月食现象的描述。古人认为，天空中在与日隔地相对的地方，有一昏暗无光的区域，这个区域叫闇虚，月亮在运行时，一旦进入闇虚，就会发生月食。月食并不可怕，因为它持续一阵之后就会结束，这时月亮就会重现光明。有黄的占辞，描述的就

---

① （东汉）张衡，《灵宪》，《后汉书·天文志》，刘昭注引。

② （唐）孔颖达，《周易正义疏》，（清）阮元，《十三经注疏（上册）》，北京：中华书局，1979年影印版，第64页。

是这种现象。至于嫦娥求占，有黄张冠李戴，以月做答，也许是他出于对嫦娥窃药行为的不齿，有意而为之亦未可知。

上述嫦娥奔月的引文出自张衡《灵宪》，那么，我们对有黄占辞的这种理解是否符合张衡的原意呢？答案是肯定的。《灵宪》是一篇纯粹的天文学著述，该文从宇宙创生开始谈起，论及宇宙结构、星空分布、日月特性、五星运行等，非常全面，而嫦娥奔月就置于描述日月特性的那一部分文字之中，与上下文融合得非常自然，绝非后世窜入。从《灵宪》的性质而言，张衡赋予嫦娥奔月神话以天文学性质，是理所当然的。非但如此，张衡还明确指出了他引述嫦娥奔月神话是要对月亮进行解说。在《灵宪》嫦娥奔月之前的文字是："日者，阳精之宗，积而成鸟，象乌而有三趾，阳之类，其数奇。月者，阴精之宗，积而成兽，象兔，阴之类，其数耦，其后有冯焉。""冯"在此为"凭借"之义，其所凭即为嫦娥奔月之传说。而紧接着嫦娥奔月这段文字的，则是张衡那段著名的关于月食成因的叙写："夫日譬犹火，月譬犹水，火则外光，水则含景。故月光生于日之所照，魄生于日之所蔽，当日则光盈，就日则光尽也。众星被耀，因水转光。当日之冲，光常不合者，蔽于地也，是谓闇虚。在星星微，月过则食。"即从这些内容的顺序安排来看，张衡赋予有黄占辞以天文学意义，以之引发对月食的讨论，完全是其刻意所为。另外，在比《灵宪》早的有关嫦娥奔月的记载中，并无有黄做占和嫦娥变蟾蜍这一段。嫦娥奔月的神话，起源甚早，先秦时代的文献已有零星记录，《山海经》《楚辞》均有片言只语涉及，《淮南子·览冥训》将其故事梗概首次呈现在世人面前："羿请不死之药于西王母，姮娥窃以奔月，怅然有丧，无以续之。何则？不知不死之药所由生也。"而有黄做占和嫦娥变蟾蜍的情节是《灵宪》首次记载的。有黄占辞是张衡的神来之笔，其真实目的是对月食现象进行讲述。

月中有蟾蜍的观念，在张衡之前早已存在。长沙马王堆一号汉墓出土的帛画中，绘有一新月形象，月中即有蟾蜍，月下的天空中有一女子，坐在龙的翅膀上飞行。对这幅帛画，人们一般认为它表述的就是"嫦娥奔月"的故事。而河南南阳的汉画像石中，亦有图案被人们指认为"嫦娥奔月"，其图案布局亦为月中有蟾蜍，月下有人物升天。这些图案产生时间，均早于张衡。从20世纪70年代开始，已有学者陆续指出人们对上述图案理解的不确，认为它们表现的均非"嫦娥奔月"[1]，其中一个重要理由是：嫦娥尚未抵月，月中何来蟾蜍？这些质疑，是有道理的，正如胡万川所言："'月中有蟾蜍'的观念，不是嫦娥奔月神话的副产品。不是因为悖情的嫦娥遭受天谴，变成了蟾蜍，然后中国人才有'月中有蟾蜍'的观念。事实的真相是中国古代的人和一些其他世界各地的人一样，早就有了月中有蟾蜍的观念，而嫦娥奔月神话在发展过程中，就吸收了当时已经存在的这个观念。"[2]而这一吸收过程，是张衡在阐释月食成因时完成的。

正因为张衡将嫦娥奔月与月食联系了起来，导致该神话在流传过程中，有了与民间"天狗食月"传说相结合的基础，进一步强化了该神话的天文学意义。在后世汉族的传说中，王母娘娘因后羿射落九日，奖赏给他成仙的灵药，而后羿的妻子嫦娥在家中偷吃了这份灵药，独自飞向了月宫。嫦娥偷吃仙药，被后羿的猎狗发现了，猎狗舔食了嫦娥吃剩的仙药，也成了仙，于是就飞向天空，去追赶嫦娥，将嫦娥连同月亮吞到了肚里，这就导致了月食。显然，该传说主张"因为天狗吃月而引起了月食，着眼点乃是要解释月食这一自然现象"[3]。这是对张衡《灵宪》中的嫦娥奔月神话向通俗化方向的改造。显然，张衡是将嫦娥奔月与月食相联系的第一人。

四、《雷曹》与星辰尺度

有了宇宙起源演化，有了宇宙结构现状，自然还需要对日月星辰之大小形体有所猜测。神话传说中也不乏这样的内容。蒲松龄的小说《聊斋志异》

[1] 王伯敏，《马王堆一号汉墓帛画并无"嫦娥奔月"》，载《考古》，1979年第2期，第273—274页；王付彤、同人，《"嫦娥奔月"质疑与再考——与有关南阳汉画的三本书著者商榷》，载《南都学坛（社科版）》，1988年第3期，第78—81页；史国强，《南阳汉画中"嫦娥奔月"图像商榷》，载《考古与文物》，1983年第3期，第78—79页。
[2] 胡万川，《嫦娥奔月神话新探》，载《民间文学论坛》，1997年第3期，第18—26页。
[3] 王德保，《神话的由来》，北京：中国人民大学出版社，2004年版，第155—156页。

卷三《雷曹》篇记载了商人乐云鹤的一段奇遇，就反映了这方面的内容。在这段故事中，乐云鹤是位慷慨好施之士，在一次偶然的情况下，招待了正在落魄中的上天主管行雷施雨的雷曹，使正遭遇饥馑之苦的雷曹得以饱餐一顿，后雷曹感其一饭之恩，不但在乐云鹤渡江遇到风浪时救了他的性命，使其避免了生命和财产的损失，还带乐到天穹巡游了一番，使乐近距离审视了天上的星辰。蒲松龄绘声绘色描述了乐云鹤的这段奇遇：

> 少时乐倦甚，伏榻假寐。既醒，觉身摇摇然不似榻上，开目则在云气中，周身如絮。惊而起，晕如舟上，踏之软无地。仰视星斗，在眉目间，遂疑是梦。细视星嵌天上如莲实之在蓬也，大者如瓮，次如瓿，小如盎盂。以手撼之，大者坚不可动，小星摇动似可摘而下者，遂摘其一藏袖中。拨云下视，则银河苍茫，见城郭如豆。……归探袖中，摘星仍在。出置案上，黯黝如石，入夜则光明焕发，映照四壁。益宝之，什袭而藏。每有佳客，出以照饮。

这段话涉及天文甚多，有固体天壳概念，有星辰形体大小描写，有星辰发光解释等等。就星辰形体大小而言，《雷曹》反映的是中国古代天文学传统观念。中国古代对星的大小的认识与西方截然不同。在欧洲，早在古希腊时期，人们就认识到地球在宇宙中其大小微不足道，大名鼎鼎的托勒密即曾写道："与恒星的大小和距离相比，地球本身可以看成一个点。"[1]太阳也比地球大得多。而在中国古人的心目中，日月是天上最大的天体，其直径大约一千里左右。这跟大地的尺度是无法相比的。星星比起日月当然就更小了，古人曾认为亮星的直径大约百里左右，对此王充有明确的说明，他说："数等星之质百里，体大光盛，故能垂耀。人望见之，若凤卵之状，远失其实也。"[2]

---

[1]　［古希腊］托勒密，《天文学大成第一卷》，宣焕灿选编，《天文学名著选译》，北京：知识出版社，1989年版，第36页。

[2]　（东汉）王充，《论衡·说日篇》。

王充是以视物近大远小立论的，尽管他所说的星的尺度，与西方的说法相比，仍然小得可怜，但他的这一说法并不被后人所接受，晋朝的鲁胜曾专门就此写过文章，据《晋书》记载：

> 鲁胜，字叔时，代郡人也。少有才操，为佐著作郎。元康初，迁建康令。到官，著《正天论》云：“以冬至之后立晷测影，准度日月星。臣案日月裁径百里，无千里；星十里，不百里。”遂表上求下群公卿士考论：“若臣言合理，当得改先代之失，而正天地之纪。如无据验，甘即刑戮，以彰虚妄之罪。”事遂不报。[1]

鲁胜把自己的身家性命押上，竭力证明前人对日月星尺度的估计太大了。他的请求，虽然最终不了了之，但后世也未见有人对其说法的批驳。正因为中国人传统上认为星星的直径不大，这才有了蒲松龄的“大者如瓮，次如瓿，小如盎盂”的描写。如果中国人普遍认为天上的恒星比地球大得多，蒲松龄的《雷曹》篇恐怕就难以诞生了。

文学作品的产生，离不开创造者所处的时代，也离不开创造者所拥有的知识背景。就中国古代神话而言，早期神话的创作者是以神话的方式来解释他们所不能解释的自然现象，于是就有了盘古开天地的传说，有了“断鳌足以立四极”的幻想和共工撞不周山的奇思。后期的神话则借助已有的科学知识构建故事，这是因为这时的科学已经成长壮大，不再需要借助神话的形式来解决自己面临的难题，而科学本身的进展则为神话创作提供了传统难以想象的素材，像《雷曹》篇的诞生就是科学知识为神话创作提供素材的一个典型例子。所以，我们审视神话传说中的科学知识，既可以借此了解古代的科学，也可以透过解读这些传说中所蕴含的科学知识，了解在古代中国为什么会产生这样的神话传说，从而更深刻地理解这些神话传说自身。

---

[1] 《晋书·列传第六十四·鲁胜传》。

第三章

中国古人对物理现象的探索

对中国古代物理学说的性质，学界历来众说纷纭。一种引起较大争议的观点认为，中国古代不存在物理学。这是一种极端的辉格史学观点，不值得多说。实际上，面对自然界广泛存在的物理现象，古人有他们自己的理解和猜测，并运用他们自己的理论，发展出了系统的学说，尤其在光学、磁学和音律方面，取得了引人注目的成就。本章主要介绍古人在物理现象解释和应用方面的一些工作，并未全面涵盖古人的物理学知识。

第一节　中国古代对光现象的观察和认识

在中国古代，光学研究受到了持久的重视。在这些研究中，有对自然界光现象进行观察解释的，有对光的本性进行分析解说的，有探究各种光学成像的，也有动手制作各种光学设备开展光学实验的。研究的特点是理论探索与实验解析并举。在中国古代物理学诸多分支中，光学是最有特色的一门。

一、对自然界光现象的观察与解说

古人光学知识的产生，首先建立在对自然界光现象的观察和解说上。这里我们主要讨论古人对色散现象和海市蜃楼的认识。

所谓色散，是指复色光分解为单色而形成光谱的现象。导致色散的原因，可以是复色光在通过介质时，由于介质对不同频率的光具有不同的折射率，使得各种色光的传播方向有不同程度的偏折，从而在穿过介质后，形成光谱排列；也可以是复色光在通过光学系统时，由于衍射和干涉作用，使得复色光分解。色散现象甚为常见，古人对之多有记述和探讨。一般说来，他们记述下来的，多属于大气光象和晶体色散的范围。

在古人观察到的色散现象中，虹是最常见的。他们很早就记录了虹的存在，不但用虹来预测天气变化，并赋予虹很强的社会意义。例如，他们把社会风气的好坏与虹出现与否相联系，同时，也用虹作为占卜素材来预言战争的胜负，等等。这些，虽然属于迷信的范围，但它促使古人重视对虹的观察研究，从而在客观上促进了有关虹的知识的不断增加。

古人在观察和研究虹的过程中，依据虹的颜色和形状对虹做了分类。蔡邕《月令章句》说："虹，蝃蝀也。阴阳交接之气，着于形色者也。雄曰虹，雌曰蜺。"唐代孔颖达在疏解《礼记·月令》篇时，对这种分类有具体说明："雄谓明盛者，雌谓暗微者。"可见，古人把虹分作两类，一类色彩鲜艳明亮，叫虹；另一类色彩较为暗淡，叫蜺。这种分类，在某种程度上与现代所说的主虹副虹相当。所谓主虹，是指阳光射入水滴后，经过一次反射和两次折射所形成的光谱排列，它的色彩鲜艳，色带排列外红内紫，这叫作虹。所谓副虹，也叫作霓，是由阳光射入水滴经两次折射和两次反射所致，其色带排列方式与主虹相反。因为多了一次反射，所以光带色彩不如主虹鲜明。主虹副虹可以分别出现，也可以同时出现。《月令章句》说"蝃蝀在于东，蜺常在于旁"，就是指的二者并出的情况。由此可见，古人的这种分类方式，是有其实实在在的观测内容的。

另外，有一种在雾上出现的虹，因为雾滴很小，所以虹色很淡，一般呈淡白色。古人把这也归类于蜺的范围。《说文解字》说："霓，屈虹，青赤或白色，阴气也。"这里的定义，就包括了雾虹。

古人在观察中发现，虹的出现，需要一定的条件，而且必然是在与太阳相对的方位上。《礼记·月令》篇提到："季春之月，虹始见；孟冬之月，虹藏不见。"这大致指明了虹出现的季节。《月令章句》的描写则更进了一步：虹蜺"常依阴云而昼见于日冲，无云不见，大阴亦不见"。这一描写是正确的。

在对虹生成原因的认识上，古人有多种说法。这些说法一开始都充满了臆测和想象，距虹的真实生成原因相去甚远。但经过长期探讨，到了唐代，人们对虹生成原因的认识有了巨大飞跃。唐初孔颖达为《礼记·月令》作疏时指出："云薄漏日，日照雨滴则虹生。"这一条描写十分正确：日光从云缝里透出，照射在雨滴上，就生成彩虹。这里特别提出雨滴来，而不是一般的雨或水汽，也表现了其认识的深化。到了8世纪中叶，张志和在其《玄真子·涛之灵》中，除了指出"雨色映日而为虹"外，还特别用模拟实验的方法来验证：

> 背日喷乎水，成虹霓之状，而不可直者，齐乎影也。

这里用实验方法，人为模拟了虹霓现象，直接揭示了虹霓的生成原因。在古人没有光的反射、折射及色散理论知识的情况下，这是揭示虹生成原因的最佳方法。

《玄真子》提出的"而不可直者，齐乎影也"，具有深刻的科学内容。这是对虹呈现圆弧形原因的解说。"齐乎影也"，是指虹的色带每一点距观察者影子的方向都相等，要满足这一点，它只能呈圆弧形。这一说法是有道理的。在太阳光照射到雨滴上生成彩虹时，虹所在的平面与入射光垂直。换言之，太阳光的方向与虹圆弧的轴线平行。而人影子的方向也就是太阳光的投射方向，由此，《玄真子》的说法是成立的。

在西方近代科学传入中国之前，人们对虹的认识，以张志和最具代表性。之后，人们无非是进一步去重复这个实验，观察得更为细致而已。

造成色散的原因很多，例如日光照射晶体也能导致色散。这一现象，远在晋朝时就已经为人们所发现。例如葛洪《抱朴子·内篇》卷十一就记载了五种云母，说它们在太阳光线照射下可以看到各种颜色。到了宋代，有关发现和记载就更多，例如北宋杨亿的《杨文公说苑》里，记载峨眉山的菩萨石，说："色莹白如玉，如上饶水晶之类，日射之，有五色。"这里所说的，实际就是天然晶体色散。但杨亿认为这种现象是峨眉山有佛所致，则是错误的。南宋程大昌《演繁露》纠正了这一错误。程大昌认真观察了单个水滴的色散现象，体会到菩萨石的五色光形成原因与之是类似的，他说：

> 凡雨初霁，或露之未晞，其余点缀于草木枝叶之末，欲坠不坠，则皆聚为圆点，光莹可喜。日光入之，五色俱足，闪烁不定，是乃日之光

> 品着色于水，而非雨露有此五色也。……此之五色，无日不能自见，则
> 非因峨嵋有佛所致也。

"日之光品着色于水"，是说五色光彩源于日光，这是在向揭示色散本质靠近。由此将其与晶体色散相联系，认为二者本质上一致，这也有其合理成分。

对于晶体色散现象，古人记述很多，但限于古代科学发展水平的限制，在对其本质的解说上，长期以来并未逾越《演繁露》的水平。

明代晚期，我国对于色散的研究，开始受到西学影响。传教士利玛窦来华，他所携带的物件中就有三棱镜，并用其做过色散表演。这比起我国古人用"背日喷水"模拟虹霓的实验，当然要先进些。因为它可以稳定实验条件，控制实验过程，这有利于人们去探讨色散本质。即使如此，人们依然未能正确说明色散现象。例如传教士对色散现象的解释，就是从光所通过介质的厚薄立论的，这当然是错误的。

在前人探索的基础上，明末科学家方以智对古代色散知识做了总结性记载，他说：

> 凡宝石面凸，则光成一条，有数棱则必有一面五色。如峨嵋放光石，
> 六面也；水晶压纸，三面也；烧料三面水晶，亦五色。峡日射飞泉成五
> 色，人于回墙间向日喷水，亦成五色。故知虹霓之彩、星月之晕、五色
> 之云，皆同此理。[1]

他全面罗列了各种色散现象，包括天然晶体、人造透明体及虹霓、日月晕等，认为它们本质上相同。这种说法是有道理的，因为上述现象，今天看来都是白光的色散。

---

[1] （明）方以智，《物理小识》卷八。

进入清代以后，人们对色散现象依然进行着探讨，有关色散的知识继续在积累，但对色散的解说仍然不大明白。一直到了19世纪中叶，张福僖翻译《光论》，以光的折射、反射原理去说明色散，我国人民才正确掌握了有关色散的一些基本知识。

相对于色散研究而言，古人对海市蜃楼现象的观测和解释，更是丰富多彩。

海市蜃楼，简称蜃景，是一种大气光学现象。当光线经过不同密度的空气层，发生显著折射或全反射时，把远处景物映现在空中、海面或地面，从而形成各种光怪陆离的奇异景象。对于海市蜃楼的成因，现代科学已有完备解释，但是在古代，人们对之有什么样的认识呢？

海市蜃楼以其奇异的景观引人注目，因而很早就被人们所发现，并记录了下来。《史记·天官书》说："海旁蜃气象楼台，广野气成宫阙。"《汉书·天文志》也有类似说法。后世对海市蜃楼进行观察和记载的人员更多，有关古籍比比皆是。从而为我们得以窥视大自然昔日的风貌，留下了可信的记录。

古人不但记载了他们看到的海市蜃楼，还试图对海市蜃楼的形成原因加以解释。综观古人有关论述，他们的认识主要可分为五类。[①]

一类是蛟蜃吐气说。蛟指传说中的蛟龙，蜃指海中一种蚌蛤。这种说法在汉晋书中常可见到，是古代的传统观念，信奉者很多。例如《博物志》即曾提到："海中有蜃，能吐气成楼台。"后世文人引述这一说法者甚多。古人缺乏相应的科学知识，提出这种解释是可以理解的，而且此说隐喻海市蜃楼与水有关，并非没有一点合理成分。但无论如何，它毕竟是一种虚构的学说，经不起时间的检验。人们经过长期观察与研究，逐渐对这种说法产生了怀疑。宋朝苏轼有《登州海市》诗，内容为：

东方云海空复空，群山出没空明中。

---

① 参见王赛时，《中国古代对海市蜃楼的记载与探索》，载《中国科技史杂志》，1988年第4期。

　　荡摇浮世生万象，岂有贝阙藏珠宫？

　　心知所见皆幻影，敢以耳目烦神工。

这里描述了海市蜃楼景观，指出它是幻景，"岂有贝阙藏珠宫"一句特别说到蜃气不能成宫殿。沈括《梦溪笔谈》也详细记述了登州海市蜃楼情景，最后指出："或曰蛟蜃之气所为，疑不然也。"正是在对海市蜃楼不断观察和研究的过程中，蛟蜃吐气说逐渐被人们放弃了。

　　另一类是沉物再现说。此说依据桑田变海理论，认为由于岁月变迁，某些城池、物体沉沦于地下或海中，没有散开，一旦遇到合适的条件，它们还会在原地显现出旧时风貌来。明代郎瑛《七修类稿》卷四十一云：

　　　　登州海市，世以为怪，不知有可格之理。第人碍于闻见之不广，故于理有难穷。观其所见之地有常，而所见之物亦有常，又独见于春夏之时，是可知也。古云桑田变海，安知海市之地，原非城郭山林之所？春夏之时，地气发生，则于水下积久之物而不散者，熏蒸以呈其象也。故秋冬寂然，无烟无雾之时，又不然矣。观今所图海市之形，不过城郭山林而已，岂有怪异也哉！

郎瑛是从桑田变海的学说和海市蜃楼多发生于春夏之时的观测经验出发提出这一主张的。他认为"春夏之时，地气发生"，把沉积于水下城池物体的像携带了出来。清代钱泳《履园丛话》卷三谈到高邮湖市，也有类似看法："按高邮湖本宋承州城陷而为湖者，即如泗州旧城亦为洪泽湖矣，近湖人亦见有城郭楼台人马往来之状。因悟蓬莱之海市，又安知非上古之楼台城郭乎？则所现者，盖其精气云。"这些解释，从今天科学的观点来看，当然是不能成立的，但它毕竟是古人为探究海市蜃楼成因所做的一种猜测，有它自己的推理依据，不可简单视其为荒唐。

　　再一类是风气凝结说。此说认为海市蜃楼是自然的风和海上的气凝结而成。明代徐应秋《玉芝堂谈荟》卷二十三说："海市，海气所结，非蜃气。"
叶盛《水东日记》卷三十一说："海市惟春三月微微吹东南风时为盛。……其
色类水，惟青绿色，大率风水气旋而成。"陈霆《两山墨谈》卷十八说："城
廓人马之状，疑塘水浩漫时，为阳焰与地气蒸郁，偶尔变幻。"阳焰，指在日
光中浮动的水气和尘埃。这些说法把海市蜃楼的形成与气的作用联系，摆脱
了传统神化的圈囿，向科学的边缘迈进了一步。古人没有空气密度的概念，
也不知道光线通过不同密度的空气会发生折射，因而不可能提出科学的海市
蜃楼成因理论。他们能提出风气凝结说，已经不容易了。

　　还有一类是光气映射说。此说主张海市蜃楼是大气与日光映射所致。明
代王士性在《广志绎》中描述了他对海市蜃楼的了解："近看则无，止是霞
光；远看乃有，真成市肆。"他已经将海市蜃楼的形成与光的作用相联系了
起来。而陆容在《菽园杂记》卷九中则进一步明确提出了这一学说："登莱海
市，谓之神物幻化，岂亦山川灵淑之气致然邪？观此，则所谓楼台、所谓海
市，大抵皆山川之气，掩映日光而成，固非蜃气，亦非神物。"这种解释，把
气与光联系了起来，比起风气凝结说来，又前进了一步。

　　最后一类是水气映照说。明末方以智在其《物理小识》卷二《海市山市》
条讨论过蜃景，说："泰山之市，因雾而成，或月一见。……海市或以为蜃气，
非也。"张瑶星曰："登州镇城署后太平楼，其下即海也。楼前对数岛，海市
之起，必由于此。每春秋之际，天色微阴则见，顷刻变幻。鹿征亲见之。岛
下先涌白气，状如奔潮，河亭水榭，应目而具。"揭暄在方以智、张瑶星这些
描述基础上，提出了水气映照说。他注解《物理小识》此条说：

　　　气映而物见。雾气白涌，即水气上升也。水能照物，故其清明上升
　　者亦能照物。气变幻，则所照之形亦变幻。

　　揭暄提出这一见解，与他的形象信息弥散分布说（参见本书相关篇目）
分不开。他认为，"地上人物，空中无时不有"，其形象信息遍布于空中，

"空中一大镜，水沤窗隙，则转映之小镜也"。即水面窗孔等，可以将散布于空气中的地面物体的形象映照出来，水气与水性能一样，因此也能照出物来。被水气照出的物，就是海市蜃楼。揭暄、游艺在《天经或问后集》中，对水气映照说做了更清楚的说明：

> 水在涯埃，倒照人物如镜；水气上升，悬照人物亦如镜。或以为山市海市蜃气，而不知为湿气遥映也。

揭暄等提出的水气映照说，距近代科学所认识到的海市蜃楼成因理论，相去还远。但与古代其他学说相比，则最为科学。揭暄等解释的是上现蜃景。我们知道，在海洋上，由于海水蒸发以及冷水流经过等因素影响，会使得海面上大气形成上暖下冷的逆温现象，这加剧了空气层的下密上稀，这时上面密度小的空气层的确就像一面镜子一样，将远处的景物反射出来，形成海市蜃楼。所以，揭暄等人的理论在某种程度上来说是比较接近于近代科学的认识的。

中国古代对海市蜃楼成因的解说，除此五类之外，尚有其他一些说法，但都没有达到近代科学的认识水平。19世纪中晚期，系统的西方光学知识逐渐传入我国，其中对海市蜃楼的解说建立在光的折射知识基础之上，与近代科学的认识相一致，为我国科学界所接受。至此，我国传统的海市蜃楼成因学说，也就最终只剩下其永久的历史价值了。

二、日体远近大小之辩

古人对自然界光现象的观察与解说，最吸引人的一幕是关于日体远近大小的辩论。这一辩论的起源是众所周知的"小儿辩日"故事，据《列子·汤问》记载，故事梗概是这样的：

> 孔子东游，见两小儿辩斗。问其故，一儿曰："我以日始出时去人

近，而日中时远也。"一儿以日初出远，而日中时近也。一儿曰："日初出大如车盖，及日中，则如盘盂，此不为远者小近者大乎？"一儿曰："日初出沧沧凉凉，及其日中，如探汤，此不为近者热而远者凉乎？"孔子不能决也。两小儿笑曰："孰为汝多知乎！"

一般认为，《列子》成书于晋朝，但其所取之材多系周秦旧事，就本条而言，桓谭《新论》亦述及此事，因而我们可以相信，先秦时期人们已经提出了这一问题。

孔子是人文学者，对这一问题不发表意见，是可以理解的。但他的缄默并没有影响到天文学家的热情，从西汉开始，就有人发表意见了。《隋书·天文志》系统记载了隋之前人们对此问题的讨论，这一讨论首先由汉代的关子阳开始：

> 桓谭《新论》云：汉长水校尉平陵关子阳，以为日之去人，上方远而四傍近。何以知之？星宿昏时出东方，其间甚疏，相离丈余。及夜半在上方，视之甚数，相离一二尺。以准度望之，逾益明白，故知天上之远于傍也。日为天阳，火为地阳，地阳上升，天阳下降。今置火于地，从旁与上诊其热，远近殊不同焉。日中正在上，覆盖人，人当天阳之冲，故热于始出时。又新从太阴中来，故复凉于其西在桑榆间也。

两小儿辩日，各依据不同物理原理，一方持视物近则大、远则小之说，另一方则执距火近者热而远者凉之论。关子阳赞成前者，而对后者做了修改。他说太阳在中午确实比早上离人远，但"日为天阳"，不比地上凡火，凡火上升，"天阳下降"，"日中正在上，覆盖人，人当天阳之冲，故热于始出时"。文中提到的"以准度望之"，或者是关子阳的想象，或者是他测量不确，因为以仪器实测的结果，与关子阳之论是相矛盾的。

东汉王充则支持第二个小儿的观点，主张"日中近而日出入远"。在天文学上，王充赞成平天说，认为天与地是两个平行平面，太阳依附在天平面上运动。中午时，日正在人之上，就像直角三角形的直角边；而早晨傍晚之际，日斜在两侧，相当于三角形的斜边，故此"日中近而日出入远"。至于视像大小的变化，是由于"日中光明，故小；其出入时光暗，故大。犹昼日察火光小，夜察之火光大也"。[①]

关子阳、王充都认为太阳早晨、中午与人的距离有变化，这与浑天说者不同。浑天说主张"日月星辰，不问春秋冬夏，昼夜晨昏，上下去地中皆同，无远近"[②]。这样，浑天家们对这个问题的解说，就只能立足于太阳与人距离不变这一前提之上。这与现代科学的认识，倒是有一致之处。

浑天家张衡对此提出了自己的见解，《隋书·天文志》引其《灵宪》云：

> 日之薄地，暗其明也。由暗视明，明无所屈，是以望之若大。方其中，天地同明，明还自夺，故望之若小。火当夜而扬光，在昼则不明也。月之于夜，与日同而差微。

张衡与王充的立论依据一样，都是着眼于亮度及反差的变化。他们注意到的这个因素，的确是造成日月视像变化的一个重要原因。从物理学上我们知道，同样大小的物体，亮度大的看上去体积也要大一些，这种光学上的错觉，叫作光渗作用。张衡与王充所注意到的，就是光渗作用对这一问题的影响。他们二人结论的不同，则是他们所信奉的宇宙结构学说不同所致。

晋朝束皙进一步探究了这一问题，他认为太阳在旁边与在人头顶上方大小没有变化，之所以看上去大小不同，是由各种原因造成的。他说：

> ……旁方与上方等。旁视则天体存于侧，故日出时视日大也。日无

① （东汉）王充，《论衡·说日篇》。
② 《晋书·天文志》。

小大，而所存者有伸厌，厌而形小，伸而体大，盖其理也。又日始出时色白者，虽大不甚；始出时色赤者，其大则甚；此终以人目之惑，无远近也。且夫置器广庭，则函牛之鼎如釜；堂崇十仞，则八尺之人犹短；物有陵之，非形异也。夫物有惑心，形有乱目，诚非断疑定理之主。①

　　束皙的论述，涉及三种因素的作用。"旁视则天体存于侧，故日出时视日大"说的是旁视与仰视的差别，是生理原因；"日始出时色白者，虽大不甚；始出时色赤者，其大则甚"，这是亮度与反差的不同，是光渗作用；"物有陵之，非形异也"，指的是视觉背景上景物的陪衬作用，属于比衬原因。现代有关方面的研究表明，造成晨午视像大小变化的原因，基本上也就是这三条。由此可见，束皙的论述是相当完备的，他的结论"物有惑心，形有乱目，诚非断疑定理之主"，是完全正确的。

　　束皙之后，梁代祖暅对这一问题也做了探讨，他说：

　　　视日在旁而大，居上而小者，仰瞩为难，平观为易也。由视有夷险，非远近之效也。今悬珠于百仞之上，或置之于百仞之前，从而观之，则大小殊矣。②

　　祖暅的阐发，并未逾越束皙的论述，但他把旁视与仰视的差别讲清楚了。至于早晨与中午太阳凉热的不同，祖暅的解释与关子阳相类似。这种解释实际上是对太阳入射角变化的涉及，因而也潜含了合理成分。祖暅在解释中还提到了热量的累积效应，这也是正确的。

　　后秦姜岌的论述，把古人对这一问题的研究，提到了一个新的高度。他说：

---

① 《隋书·天文志》。
② 同上。

余以为子阳言天阳下降，日下热，束皙言天体存于目则日大，颇近之矣。浑天之体，圆周之径，详之于天度，验之于晷影，而纷然之说，由人目也。参伐初出，在旁则其间疏，在上则间数。以浑检之，度则均也。旁之与上，理无有殊也。夫日者纯阳之精也，光明外曜，以眩人目，故人视日如小。及其初出，地有游气，以厌日光，不眩人目，即日赤而大也。无游气则色白，大不甚矣。地气不及天，故一日之中，晨夕日色赤，而中时日色白。地气上升，蒙蒙四合，与天连者，虽中时亦赤矣。[①]

姜岌的贡献主要体现在两个方面。其一，他把理论探讨与仪器观测结合了起来，"以浑检之，度则均也"，通过仪器观测证实了天体早晨与中午其角距离没有变化这一事实，纠正了关子阳在这个问题上的误导。其二，他用"地有游气以厌日光"的原理，解释了"晨夕日色赤，中时日色白"的原因。这里所涉及的是大气吸收与消光现象。从物理学上我们知道，大气中所含有的气体分子、灰尘、小水滴等对太阳光有一定的散射作用。清晨和傍晚，太阳光是斜射在地面上的，它所通过的大气层比起中午时候要厚得多，这时散射作用也就强得多，能够到达地面的主要是那些穿透能力强的长波长光，即红光和橙光。这就是姜岌所说的"晨夕日色赤，中时日色白"。姜岌用"地有游气，以厌日光"之说解释这种现象，虽然未能具体揭示其形成机理，但他的做法，无疑为走向正确认识这一现象的道路架起了一座桥梁。

姜岌之后，清初学者方中通对日体晨午远近大小之辩的解释值得一提，对姜岌所说的地气，他有了新的解释：

日初出大而不热者，地气横映，故大；气厚隔远，故不热也。日午热而不大者，地上气浅，故不大；气浅易透，故热也。又日初出，光切地圆之界，力轻，故不热；日午，光直射地平，力重，故热。日初出，

---

① 《隋书·天文志》。

人目力横视远，故大；日午，人目力上视短，故小。[①]

　　方中通的解释，是西方地球观念传入中国后中国人对这一传统问题所做的新的解答。该解答是建立在地球观念基础上的，所以有"日初出……气厚隔远……光切地圆之界"等的说法。方中通把地球观念引入对日体远近大小这个传统问题的讨论中，以之来说明不同方向空气层的厚薄也不同及其对日光穿透所起的作用，从而把中国人对该问题的讨论推进到了一个新的高度。

三、对光本性与光传播问题的认识

　　中国古人对光的本性的认识，经历了一个演变过程。一开始，古人是用传统的元气学说来解释光是什么这一问题的。

　　根据元气学说，气是宇宙万物本原，光当然亦不例外。所以，在本质上，光应该是一种气。古人也确实是这么认识的，例如，春秋时医和提到："天有六气……六气曰阴阳风雨晦明也。"[②]晦、明同为光的表现形式，差别在于光强的不同，医和将晦、明并列，显示出他没有觉察到二者的统一性。但无论如何，"明"可以视为光的表现形式，所以他无疑是主张光是气的。

　　《淮南子·原道训》从万物化生角度提出了同样的认识：

　　　　夫无形者，物之大祖也；无音者，声之大宗也。其子为光，其孙为水，皆出于无形乎？

无形，指的就是元气。这一段告诉我们：光是元气的直接产物，它本身也应该是气。后人有许多说法，直接把光说成气。例如，《朱子语类辑略》卷一记述蔡元定的话说：

---

① （明）方以智，《天类·气暎差》，《物理小识》卷一，方中通注文。
② 《左传·昭公元年》。

> 日在地中，月行天上，所以光者，以日气从地四旁周围空处迸出，
> 故月受其光。

此处蔡元定就直接把日光说成了日气。明代医学家张介宾说得更为清楚：

> 盖明者，光也，火之气也；位者，形也，火之质也。如一寸之灯，
> 光被满室，此气之为然也；盈炉之炭，有热无焰，此质之为然也。①

他不仅明确表达了光为气的思想，而且还论述了光源与光的差别。

在光是一种气的思想基础上，古人进一步讨论了与光的传播相关的一些问题。

光既然为气，那么光源向外发光的过程就是光之气离开光源向外传播的过程，古人把这叫作外景。景就是光的意思。与外景相应有内景，表示物体被照而反光。外景、内景的说法在先秦文献中已可见到，《曾子·天圆》有"火日外景而金水内景"，《荀子·解蔽》有"浊明外景，清明内景"，都属于此类用法。到了汉代，《淮南子·天文训》用气的学说对"外景""内景"做了解释：

> 天道曰圆，地道曰方。方者主幽，圆者主明。明者吐气者也，是故
> 火日外景；幽者含气者也，是故水日内景。

"明者"指光源，例如火，它向外发光，叫吐气，是为外景；"幽者"指反射物，例如水，它能接受外来光线，反射成像，看上去如同物在其内，故此叫含气，是为内景。亦即外景、内景的区别在于吐气、含气的不同。

"外景""内景"也有不同的叫法。张衡《灵宪》说："夫日譬犹火，月

---

① （明）张介宾，《类经·素问·天元纪》。

譬犹水，火则外光，水则含景。"这里就用"外光"代替了"外景"，用"含景"代替了"内景"。葛洪说："羲和外景而热，望舒内鉴而寒。"[①]羲和指日，望舒指月，内鉴指内景。所有这些叫法，本质上是一致的，都不出《淮南子》论述的范围。而这些论述的最终依据，都是"光是一种气"的共同认识。

与光是气的观点相应的是光行极限说，认为光的传播有一定范围。这类说法在古代甚为常见，例如《周髀算经》卷上说："日照四旁各十六万七千里，人望所见远近宜如日光所照。"《淮南子·地形训》："宵明烛光在河洲，所照方千里。"《开元占经》引石申说："日光旁照十六万二千里，径三十二万四千里。"《尚书纬·考灵曜》说："日光照三十万六千里。"这些数据各不相同，但有一个共同特点，都主张光行有限。

光行有限观念的提出，是古人光为气认识的自然推论。光既然为气，那么由光源发出的光就只能在有限的范围内传播，不能设想有限量的气会传播到无穷远的空间中去。另外，光传播过程中近则亮、远则暗的现象，也易于使人想到它只能在有限的范围内传播。据此，古人提出光行有限说，也有其一定的内在依据，并非全出于臆想。即使以今天的知识来看，光行有限的思想，也不是全无道理。设想一个点光源，它以球面波形式向外辐射光能，在距光源一定距离之处单位面积接受的光能与距离的平方成反比，这样，当距离增加到一定程度，单位面积上接受的光能就会低于接收器的感知阈值，这个距离就可以视为光线传播的极限距离。从这个意义上来说，光的传播范围是有限的。

另一个相关的问题是光速：光的传播是即时的，还是需要一定时间？中国古人没有超距作用观念，他们先验地认为光的传播需要一定时间，即光速是有限的。古人没有就这一问题展开过专门意义的讨论，但我们可以从一些相关的材料中，间接窥知他们的态度。

《墨经·经下》记述小孔成像，《经说》在解释该实验时提到："光之人，

---

① （东晋）葛洪，《抱朴子·内篇·释滞》。

煦若射。"一个"射"字，就隐含了光有速度的观念。晋蔡谟《与弟书》，也明确涉及光速，原文为：

> 军中耳目，当用鼓烽。烽可遥见，鼓可遥闻，形声相传，须臾百里，非人所及，想得先知耳。

形声相传，是说光与声一样，都有一个传播过程，即是有速度的。须臾百里，则言速度甚快。

唐甘子布作《光赋》，畅论光的性质，其中提到：

> 从盈空而不积，虽骏奔其如静。

意为：光的传播纵然充盈太空，但并无质的堆积滞塞，光速极快但人们却不能直接感受。这两句话很形象地说明了光的特点，表述了古人认为光有速度的见解。

光速观念的产生，从逻辑上讲，与古人对光本性的认识有关：光既然为气，受光处被光照亮的过程，就是光之气由光源到达受光处的过程，它当然需要一个传播过程。这样，光有速度观念的产生，是十分自然的。

本篇所要讨论的最后一个问题，是古人对光传播方式的认识：光是走直线还是走曲线？光行直线有直接观察依据，生活中也易于积累起这样的经验，古人不难掌握这方面的知识。晋朝葛洪说："日月不能摛光于曲穴。"[1]又说："震雷不能细其音以协金石之和，日月不能私其耀以就曲照之惠。"[2]北宋张载说："火日外光，能直而施。"[3]这些，都是谈的光走直线。

另一方面，古人也有光行曲线的思想，这主要表现在与天文学有关的论

[1]（东晋）葛洪，《抱朴子·外篇·备阙》。
[2]（东晋）葛洪，《抱朴子·外篇·广譬》。
[3]（北宋）张载，《正蒙·参两篇》。

述上。例如，晋朝杜预解释日环食，提出：

> 日月同会，月奄日，故日蚀。……日光轮存而中食者，相奄密，故日光溢出。①

依据古人的认识，日月等大，若光依直线传播，则不可能发生日环食。杜预解释说：之所以会发生日环食，是由于月掩日时，有时因相距近，日光由四周溢入月之背影中一些。他的话，显然表现了一种光可弯曲行进的认识。

后秦姜岌解释月食，也运用了光行曲线思想：

> 日之曜也，不以幽而不至，不以行而不及，赫烈照于四极之中，而光曜焕乎宇宙之内。循天而曜星月，犹火之循炎而升，及其光曜，惟冲不照，名曰暗虚。举日及天体，犹满面之贲鼓矣。②

这是说，日光在行进过程中，受到天球的局限，于是就沿着天球曲面向日的对冲传播，唯有正对冲之处不能照及，形成暗虚，月亮从那里经过，就产生月食。光沿着天球曲面传播，当然是走的曲线。

南宋朱熹对月亮中阴影成因的解释，也潜含了光行曲线思想。他认为月中黑影是地在月亮上的投影，指出：

> 日以其光加月之魄，中间地是一块实底物事，故光照不透，而有些黑晕也。③

根据古人的认识，日月的尺度要远小于地，这样，大地在日光照耀下所

---

① 《后汉书》卷二十八，刘昭注引。
② （后秦）姜岌，《浑天论答难》，（清）孙星衍辑，《续古文苑》卷九。
③ 《朱子语类辑略》卷一。

成之阴影，不可能沿直线按几何关系投至月面上。要保持朱熹说法的成立，就必须认为日光是绕地沿曲线进行的。

综上所述，中国古人确实存在着光在远程传播，受物阻挡时，可沿曲线行进的认识。这与古人对光本性的猜测一致：光既然为气，当然不能排除它遇物阻挡时可以绕物曲行。但需要指出的是，中国古代的光行曲线之说，与现代波动光学认为光循波动规律传播的说法有本质不同，切不可将二者混为一谈。

四、方以智的气光波动说

在古人对光的本质的猜测方面，曾经出现过一朵奇葩，那就是明末学者方以智在其《物理小识》中提出的光的波动学说。

方以智在对光本性的认识上，修改了前人的学说。上一节提到，中国古代讨论光的本性，通常认为光本身是一种特殊的气，发光过程就是光之气由光源到达接受者的过程。方以智则认为，光是气的表现，是气的一种特殊运动形式，他说："光理贯明暗，犹阳之统阴阳也，火无体，而因物见光以为体。"[①]他的学生揭暄注解说："气本有光，借日火而发，以气为体，非以日火为体也。故日火所不及处，虚窗空中皆有之，则余映也。"[②]即是说，光源的作用在于激发气中本来已经蕴含的光，光以气为体，它不是直接由光源发出的，这与前人主张光为气的学说显然不一样。

那么，气究竟如何表现为光呢？在其《物理小识》卷一《光论》中，方以智描述道：

> 气凝为形，发为光声，犹有未凝形之空气与之摩荡嘘吸，故形之用，止于其分，而光声之用，常溢于其余。气无空隙，互相转应也。

---

① （明）方以智，《光论》，《物理小识》卷一。
② （明）方以智，《光论》，《物理小识》卷一，揭暄注语。

　　形，指有一定形体质地的物质；分，指"形"所占据的空间。方氏意为光声的发出是空气被激发的结果。有形之物，固定占有相当于其体积的空间，无形的光声，则由其激发之处向四外传播。按方氏看法，"空皆气所实也"[①]，即气体弥漫整个空间，毫无间隙，这样，倘一处受激，必致处处牵动，"摩荡嘘吸""互相转应"，空气一层一层地将扰动由内向外传播开去。这有如水上投石，石激水荡，纹漪既生，连环不断。方以智的描述，显然是一幅清晰的波动图像，我们姑且名之为气光波动说。

　　方以智的气光波动说十分原始，因为它不讲周期，也缺乏明确的对振动的描述，但它确确实实是波动说。有一种较普遍但不正确的观念，认为非周期性振动的传播便不是波。其实，依据物理学的定义，波是在介质中传播的一种扰动，进一步，状态变化的传播即为波。周期性并非形成波的必要条件，脉冲波也是波。现代数理方程教科书中在波动方程部分给出的普遍解是 $f_1(x+vt) + f_2(x-vt)$，它并不规定周期性。不谈周期性才是抓住了波的共性，说"没有周期性便不是波"，倒是错误的。大学物理中讲的简谐振动传播，只是波的理想形式，并非其一般形式。西方光波动说的早期提倡者如笛卡尔（Descartes，1596—1650年）、惠更斯等，亦未曾提到光的周期性问题，不能唯独要求方以智做到这一点。

　　中国古人对声的波动性认识较为深入，如王充、宋应星皆然。今人对此没有什么异议。在《物理小识》中，方以智多处将光、声并论，认为二者以同样方式发生、传播，这是其光波动思想的自然表露。既然认为古人对声的认识是一种朴素的波动理论，那么对于具有同样形态的方以智的光学理论，为什么就不愿意承认它是一种波动学说呢？当然，方以智的光波动说与今所言之波动光学不可同日而语，在方氏理论中，光是气之间相互作用的传播，是纵波；而近代光学则认为光是电磁作用在空间的传播，是横波。方以智对光的描述，更类似于近人对声波动性的认识，这从一个侧面证实了它确为波

———————

[①]　（明）方以智，《气论》，《物理小识》卷一。

动学说。

从光的波动性出发，方以智等人还对光的传播方式做了独具特色的探讨。根据气光波动说，光依靠"摩荡嘘吸""互相转应"的方式向外传播，这样，一旦遇到障碍，光自然会向阴影区弥漫。据此，方以智提出了一个极其重要的概念——光肥影瘦，其意为光总向几何光学的阴影范围内侵入，使有光区扩大、阴影区缩小。即光线可以循曲线传播。这是方氏气光波动说的自然推论。

方以智是在评论西学测算日径的方法时提出这一概念的。不知何故，他误解了利玛窦讲的太阳直径数，说人家讲的是太阳到地球距离约为太阳直径的3倍多，这样违反常识的说法当然是方以智所不能接受的。他经过分析，认为是传教士未曾考虑光肥影瘦因素，因而测算结果大于太阳实际直径。他说：

> 皆因西学不一家，各以术取捷算，于理尚膜，讵可据乎？细考则以圭角长直线夹地于中，而取日影之尽处，故日大如此耳。不知日光常肥，地影自瘦，不可以圭角直线取也。何也？物为形碍，其影易尽，声与光常溢于物之数，声不可见矣，光可见、测，而测不准也。[①]

方以智提出的"日光常肥，地影自瘦"，是说太阳光在受到地球遮蔽时，要向其几何投影处弯进去一些，从而使得地的投影变小了，如图3.1.1所示。他特别提到，光的这一性质与声音相同，声音遇到障碍物阻挡时，会绕到障碍物后面，光亦如此。声音不能看到，光却是可以看见，并能加以测量的，但这种基于光线直进性质对发光体方向进行的测量是"测不准"的。

为验证"光肥影瘦"理论，方以智进一步做了小孔成像实验。紧接着上述引文，他说：

---

① （明）方以智，《光肥影瘦之论可以破日大于地百十六余倍之疑》，《物理小识》卷一。

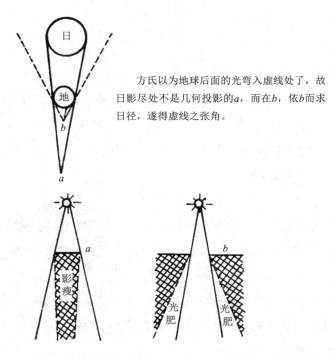

方氏以为地球后面的光弯入虚线处了，故日影尽处不是几何投影的*a*，而在*b*，依*b*而求日径，遂得虚线之张角。

*a*为屏，屏影暗区小于几何投影；*b*为孔，亮区则大。

图 3.1.1 "光肥影瘦"图解

尝以纸征之，刺一小孔，使日穿照一石，适如其分也。手渐移而高，光渐大于石矣；刺四、五穴，就地照之，四五各为光影也；手渐移而高，光合为一，而四五穴之影，不可复得矣。光常肥而影瘦也。

方以智认为，在实验中，他在纸上刺四五个小孔，让太阳光穿过小孔，就地照之，这时地上有四五个亮斑；手持纸张"渐移而高"，四五个亮斑就会融合到一起，这就证明了"光肥影瘦"之说是正确的。实际上，造成"四五穴之影，不可复得"的原因很多，很难说该现象是否为"光肥影瘦"所致。但无论如何，方以智毕竟是在提出了这一假说之后，要用实验来检验自己的理论，这种做法堪称是中国物理学史上的一个亮点。

揭暄为《物理小识》光肥影瘦说所做的注解有助于我们正确理解这一学

说本义。他说：

> 日之为光者，火也。火气恒散，天圆体，散之不得，则必循天而转，
> 以合于对极。中亦抱地而转，以合于前冲，若水流包砥而后合也。余尝
> 于日没时，观其影射气中，自西徂东，抱地若环桥，始知其影非直行，
> 能随物曲附，不可以直线取也。……光肥影瘦亦然，光小于物，光亦肥，
> 仍不可以直线取也。[①]

这段话的中心意思，是说光在传播过程中，若无物阻碍，则沿直线进行；若遇物阻挡，则"随物曲附，不可以直线取也"。光沿曲线传播，这是造成光肥影瘦的主要原因。

方以智等人还运用光的波动学说对一些常见光学现象如海市蜃楼等做了解释。今天看来，这些解释大都牵强，但它反映了方氏学派为坚持其理论体系一贯性所做的努力，也是值得一提的。

方以智提出的气光波动学说，除了其光肥影瘦之论对后世历法推算有所影响外，就整体而言是被湮没了的。这既与外部因素有关，也与其本身先天不足分不开。这一理论基本上未脱离思辨形态，加之数学手段缺乏，对常见光学现象的解释也很难令人信服。与西方传进来的几何光学相比较，它的不足显而易见，被人们所遗忘是理所当然的。

第二节　中国古代的成像光学

成像问题是光学研究的重要对象，中国古人也不例外。古人对成像问题的研究，大致可分为三类：反射镜成像、透镜成像和小孔成像。本节分门别

---

① （明）方以智，《光肥影瘦之论可以破日大于地百十六余倍之疑》，《物理小识》卷一，揭暄注语。

类讨论这些现象及古人在此基础上总结的成像理论。这里先说反射镜成像。

一、反射镜成像

反射镜成像包括平面镜成像、凸面镜成像和凹面镜成像三种。

平面镜成像的起源最早。最初应该是"以水鉴面",受这种现象的启发,人们意识到具有光滑表面的物体都能映出像来,进而导致铜镜的产生。早在商代,就出现了一定水平的铜镜。

对于反射成像机理,《淮南子·原道训》说:"夫镜水之与形接也,不设智故,而方圆曲直弗能逃也。""与形接",说明镜子成像是对外部的反映;"不设智故",说明这种反映完全是客观的,因而是可信的。古人对反射成像规律及应用的研究,内容是比较丰富的。对于平面镜成像特征,《墨经》中曾有所涉及。墨家称平面镜为"正鉴",认为正鉴所成之像是单一的,不像曲面镜那样,存在放大、缩小、正立、倒立等多种情况。平面镜成像,物与像于镜面是对称的。物体移动,像也移动,二者始终对称。物在镜前,像在镜后,像与物是全同的。《墨经》对于平面镜成像特征的记述,文字比较简朴,与平面镜成像的实际情形也一致。

利用平面镜对光的反射作用,可以生成复像。这对古人来说,是不难办到的,只要有两块平面镜在手,便能轻易实现。由此,我们需要了解的是,古人究竟如何记载并解释此事。唐代陆德明《经典释文》在注解《庄子·天下》篇有关内容时有这样一段话:"鉴以鉴影,而鉴亦有影,两鉴相鉴,其影无穷。"这对成复像问题做了相当直观的解释。南唐道士谭峭则更进了一步:"以一镜照形,以余镜照影,镜镜相照,影影相传,不变冠剑之状,不夺黼黻之色。是形也,与影无殊;是影也,与形无异:乃知形以非实,影以非虚,无实无虚,可与道俱。""黼黻",指古代礼服上绣的花纹。这段话指出,成于一个镜中的像可以在另一镜子中再成像,像所成的像与原来的物是一样的。即是说,多个平面镜能够成复像的原因,一方面是平面镜生成的像与原物全同;另一方面,像又能生像,所以,可以做到"镜镜相照,影影相传",

乃至无穷。

　　与平面镜成像相比，凸面镜成像另有景致。

　　凸面镜在我国出现时间非常早。在现存的早期铜镜中，属于商周时期的凸面镜已经发现了不止一枚。凸面镜是发散镜，它所成的像是正立缩小的像。古人对此有清楚的认识，《墨经》说"鉴团，景一"，就很准确地揭示了这一特征。由于凸面镜（"鉴团"）成缩小正像，它所能照到的景物范围也就比平面镜大，古人利用这一特点，巧妙地选择镜面曲率，使一枚小凸面镜也能照出人的全貌来。北宋沈括对此有清晰的说明："古人铸鉴，鉴大则平，鉴小则凸。凡鉴洼则照人面大，凸则照人面小。小鉴不能全观人面，故令微凸，收人面令小，则鉴虽小而能全纳人面。仍复量鉴之小大，增损高下，常令人面与鉴大小相若。此工之巧智，后人不能造，比得古鉴，皆刮磨令平，此师旷所以伤知音也。"[①]沈括正确说明了镜面凸起程度与其成像大小之关系，虽然他慨叹当时一些制镜工人不懂其中道理，但他的说明则无疑有助于让公众了解凸镜成像这一规律。

　　在应用上，古人除了用凸面镜（或平面镜）作为鉴形之器，还以之作为光路转换装置。《淮南万毕术》说："高悬大镜，坐见四邻。"这里所说的大镜，指的是凸面镜，因为只有凸面镜，才能具有"坐见四邻"的效果。平面镜只能窥见邻家某一特定角度的情景。但东汉高诱对这一条的注解则无疑涉及平面镜的反射作用："取大镜高悬，置水盆于其下，则见四邻矣。"这里水盆的作用就相当于一个平面镜，它把高悬着的凸面镜上的四邻景象，反射给视者。本来，要"坐见四邻"，只需抬头仰视凸面镜即可，但仰视不便，故通过水盆中水的反射而转为俯视。这里水盆的作用就是一个光路转换器，通过它的转换，视者能够从比较舒适的角度出发进行观察。

　　与平面镜和凸面镜相比，凹面镜成像情况最为复杂：当物位于球心之外时，生成倒立缩小的实像，像的位置在球心与焦点之间；当物位于球心与焦

---

① （北宋）沈括，《梦溪笔谈》卷十九。

点之间时，生成倒立放大的实像，像在球心之外；当物位于焦点之内时，生成正立放大的虚像，像位于镜后。古人不知道像有实像、虚像之别，也没有对成像位置做过探究，但他们注意到了物的位置对成像结果的影响。他们观察凹镜成像，非常注意物的位置的变化对成像的倒正和大小的影响。墨家学派即是如此，《墨经》记载了墨家对凹面镜成像所做的实验及其理论解释：

> 《经》：鉴洼，景一小而易，一大而正。说在中之外内。
>
> 《说》：鉴：中之内，鉴者近中，则所鉴大，景亦大；远中，则所鉴小，景亦小，而必正：起于中缘正而长其直也。中之外，鉴者近中，则所鉴大，景亦大；远中，则所鉴小，景亦小，而必易：合于中而长其直也。

　　《经》文的记载未能将成像三种情况完全记录下来，但《经说》的描述则涵盖了这三种情况。这表明墨家的观察还是很细致的。墨家已经认识到，当物体位于凹面镜前面不同位置时，对应所生成的像也有不同。当物体位于凹面镜的焦点即所谓的"中"之外时，会生成一个倒立的、小于原物的像；当物体由远处向镜面移动时，生成的像会慢慢变大；当物体的位置在到焦点与镜面之间时，生成放大的正像。这时当物体向焦点处（即离开镜面方向）移动时，像也会越来越大。即是说，不管物体是在焦点外还是在焦点内，只要靠近焦点，像就会变大，反之则变小。墨家将这种现象解释为"说在中之外内"。"起于中缘正"和"合于中"的说法，则表现了墨家对生成正像和倒像机理的认识。墨家所言之"中"只能是我们今天所说的焦点，因为它决定了像的倒正。墨家解说的内涵与后世沈括所说的格术，本质上是一致的。对此，我们在后文再做讨论。

二、透镜成像及其应用

　　透镜成像是基于光的折射性质，而折射是几何光学的重要研究内容，这样，透镜成像在几何光学中也就占有极其重要的地位，而古人对透镜成像所做的探讨，也就成了光学史不可或缺的内容。

中国古代对透镜成像的研究起步较晚，这大概与古人未曾发展出成熟的玻璃制作技术有关。时至今日，玻璃透镜在中国出现的最早时间尚不能确定。已经出土的汉代一些玻璃器物，有些具有透镜的放大功能，但在当时，它们是否就是作为透镜来用，学术界还有争论。争论还涉及它们究竟是国人发明的，还是国外传入的。这些问题固然重要，但对光学史来说，更重要的则在于，这些器件对于古代光学的发展，究竟起了多大作用。

很遗憾，现在明确见到古人在成像意义上谈论透镜的文献，都较为晚近。年代早些的文献，虽然也有可以从透镜成像角度做解的，但都在疑似之间，难以定论。南唐谭峭《化书·四镜》提到："小人常有四镜，一名圭、一名珠、一名砥、一名盂。圭视者大，珠视者小，砥视者正，盂视者倒。"谭峭的"四镜"，李约瑟曾将其解释为四种透镜，圭是双凹透镜，珠是双凸透镜，砥是平凹透镜，盂是平凸透镜。[①]但也有学者提出异议，认为它们都是曲面反射镜，因为曲面镜也能反射成像，而且"大、小、正、倒"更适用。[②]因此，还不能断定这里的"四镜"就是透镜。

但是，我们更不能由此肯定唐人不知透镜成像。另一方面，中国古人具有透镜知识的时间是比较早的，西汉时期的冰透镜取火就是一个有说服力的例子。晋隋以降，国外传入的透镜逐渐增多，史书常有记载，关于火珠的记述也更为普遍。所谓火珠，就是指凸透镜，它具有会聚功能，可以向日取火。凸透镜的放大性能是比较容易被发现的，仅仅是在向日取火的实践中，就可以发现。一旦人们利用其放大性能去观察物体，这就与成像联系起来了。在唐代，人们具有这种知识是完全可能的。也是在《化书》中，谭峭说："目所不见，设明镜而见之。"这里的"明镜"，就应该指的是透镜。这句话说的是

---

① ［英］李约瑟著，陆学善等译，《中国科学技术史（第四卷）》，北京：科学出版社，2003年版，第111—112页。

② 王锦光、余善玲，《〈谭子化书〉中的光学知识》，方励之主编，《科学史论集》，合肥：中国科学技术大学出版社，1987年版，第213—220页。

利用透镜的放大作用使眼睛看到原来看不到或看不清的东西。

以透镜辅助视物，看到的应该是大而正的像，这只能是虚像。那么，古人对于透镜成实像的情况是否有所知呢？宋代储泳《祛疑说》，揭露一些术士装神弄鬼的欺骗活动，其中有一条就与光学有关，叫作"移景法"。他说：

> 移景之法，类多仿佛，惟一法如烈日中影，人无不见。视诸家移景之法特异，及得其说，乃隐像于镜，设灯于旁，灯镜交辉，传影于纸。此术近多施之摄召，良可笑也。

这样的"移景法"，毫无疑问是一种光学成像活动，而且成的是实像。"传影于纸"一语，揭示了像屏的存在，这样的像，只能是实像。但是，这种实像既可以利用透镜的折射来实现，也可以利用凹面镜的反射来完成，考虑到中国古籍记载的凹面镜成像实验，未曾见有用像屏来显示像的，则本条之记载，更可能属于透镜成像的范围。

宋代何薳《春渚纪闻》记载的一件事情与透镜成像不无关系。何薳说，有一个叫陈皋的人，得到一只从古墓中出土的"玛瑙盂"，用它贮水研墨。一天偶然发现其中有一条长约一寸的鲫鱼，把水倒去，鱼就不见了。再倒进去水，鱼又出来了，用手去捉，什么也捉不到，不知是何宝物。这段记述看上去很神奇，但古代类似这样的记载还有一些，有的见到一朵花，有的见到别的东西。例如，清代朱琰《陶说》卷五《夷坚志》记载道："周益公以汤盏赠贫友。归以点茶，才注汤其中，辄有双鹤飞舞，啜尽乃灭。"这里看到的是双鹤。戏剧中甚至也涉及此类内容。传统戏剧中有一出流传很广的剧目《蝴蝶杯》，剧中男主角有一奇妙的"蝴蝶杯"，只要斟酒入杯，就见蝴蝶在杯中起舞，杯中无酒，蝴蝶也就消失。蝴蝶杯与陈皋得到的玛瑙盂，均属同类器物。它们既然与人们视觉有关，也就只能从光学角度去解释了。

蝴蝶杯已于20世纪70年代末在山西省侯马市被复制成功，其原理是这样的：杯子分为上下两部分，上半部分是杯体，杯体底部做成凸透镜形状，安在下半部分的杯脚上。杯脚里以细弹簧（游丝）装上一个彩蝶，只要杯稍受骚扰，彩蝶就能舞动。彩蝶位于透镜的焦点上或焦点外靠近焦点之处，这样当杯中无酒时，彩蝶生成一个与人眼同侧而像距很大的实像，当人注视杯中时，像落在视者的脑后，自然就看不见了。当斟酒入杯时，由于酒对杯壁的润湿作用，酒面呈下凹形，相当于一枚凹透镜，凹透镜与凸透镜组成一个复合透镜，复合透镜焦距大于凸透镜。同时，酒与玻璃之间折射率的差异也小于空气与玻璃之间折射率的差，这进一步增加了复合透镜的焦距，使得蝴蝶落在复合透镜焦距之内，生成放大的虚像。复合透镜起到了放大镜的作用，所以人眼能清清楚楚地看到放大了的蝴蝶（图3.2.1）。杯拿在手里，总要受到一点骚扰，蝴蝶就翩翩起舞了。①

　　古人在制作蝴蝶杯、玛瑙盃之类器物时，未必懂得我们上面所说的这些道理，他们是在实践中摸索出了这些器物的制造方法。另外，这些器物所遵从的原理也未必相同。但无论如何，利用透镜成像，是可以实现上述效果的。

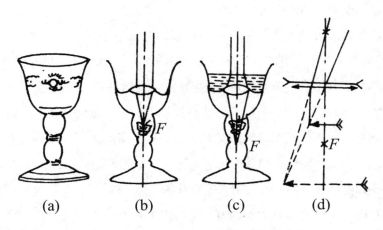

（a）外表　　（b）没酒（水）时蝴蝶在透镜焦点上

（c）盛酒（水）时蝴蝶在透镜焦点之内　（d）光路图

图 3.2.1　蝴蝶杯示意图

---

① 参见王锦光、洪震寰，《中国光学史》，长沙：湖南教育出版社，1986年版，第54—56页。

　　明朝末，传教士进入我国，带来了西方的科技知识，其中也涉及光学。在西方科学影响下，我国学者不但对透镜成像现象有所认识，还对其成像机理做了探讨。明末学者方以智引述其座师杨观光的话说："凹者光交在前，凸者光交在后。"①凹者，指凹透镜；凸者，指凸透镜。这里明明白白用光路概念去解说凹透镜的发散性和凸透镜的会聚性，标志着对透镜成像研究的深化。

　　方以智在其《物理小识》卷十二中还记述了利用透镜成像作画的方法：

　　　　置玻璃镜于暗室之窗版，则物形小缩，透入几上之纸，可细描也。写真甚肖，花木虫物皆可。

　　这里说的不是小孔成像。小孔成像不需要玻璃镜，此其一；再者，小孔成像有足够的景深，但清晰度不够，要想以之写真，"花木虫物皆不可"。只有透镜成像才能具备方以智所说的特征。在暗室的窗板上开一洞，镶入透镜，室外景物一般在该透镜二倍焦距之外，这样在室内就生成倒立的缩小实像，以纸为像屏，可以用笔将像描绘下来，所以方以智说"写真甚肖"。改变纸与透镜的距离，可以得到窗外不同位置景物的像，对之写真，"花木虫物皆可"。揭暄在此条注语中说："远西此法，谓之物像像物。"这也透露出是透镜成像，因为小孔成像算不上是"远西之法"的。

　　方以智此条富有创造性，如果再有显影定影技术，这就构成一个照相器了。清末邹伯奇就是通过类似的实验"引伸触类"而发明了照相术的。方以智把透镜成像引入绘画中来，是科学应用于艺术的一个范例。他的这一做法是受西学影响的结果。汤若望（Jean Adam Schall von Bell，1591—1666年）《远镜说》中即曾提到，望远镜"可……用以在暗室画图"。这必然会给方以智以启发。不过方以智用的是单块透镜，不是望远镜，这样做成的画视野更大。

　　从几何光学角度对透镜成像机理进行深入而又系统研究的，以郑复光成

①　（明）方以智，《物理小识》卷二。

就最为显著。他创造了一套术语和概念，系统考察了透镜乃至透镜组的特性和规律，向着定量揭示透镜成像规律迈出了一大步。但他的工作是在19世纪中叶完成的，在时间上已经相当晚近了。

三、小孔成像

小孔成像是一种重要成像现象，在中国古代光学发展过程中得到过透彻研究，是古人光学成就的一个重要方面。最早从实验角度观察和解释小孔成像的，当推《墨经》。《墨经》的《经下》篇记录了墨家对此问题的认识：

> 《经》：景到，在午有端，与景长，说在端。
> 《说》：景：光之人，煦若射。下者之人也高，高者之人也下。足蔽下光，故成景于上；首蔽上光，故成景于下。在远近有端与于光，故景库内也。

对本条文字的解说，大都用光行直线原理对小孔成像现象加以解释。一般认为，"景"即"像"，"到"同"倒"，"午"指光线的交叉，"端"指光线交叉后在暗室壁小孔处形成的光点。文中的"人"字为"入"之误，形近而误。墨家大意是说，在小孔成像情况下，由于小孔的存在，入射光线在小孔处形成交叉，从下边射入的光线进入暗室以后，来到了上边，从上边射入的光线则来到了下边，因此就在暗室中生成了倒像。

这里提到的"像"是广义的，它也可以是投影。例如人站在太阳和小孔之间，在合适的条件下，孔后的屏上在太阳均匀的光像之中就出现了一个人的倒影，这就是投影。《墨经》中提到首足蔽光之语，表明当时实验中所观察到的可能确为投影，而不是像。无论是投影还是像，它们具有的倒像特征是相同的，给人的启迪也一样，那就是光沿直线传播，由于暗室小孔的约束，进入室内后生成倒像。从《墨经》本条来看，墨家对此是有清晰认识的。

由于墨学的衰微，《墨经》在很长时间里不为人们所解，墨家在小孔成像实验中所获得的认识也就没有被很好地继承下来。秦汉以降，对小孔成像的研究还处于重新发现现象、从头探讨机理的状态。其中被提及较多的是所谓"倒塔影"，唐代段成式《酉阳杂俎》曾有"海翻则塔影倒"之语，表明他不解此理。宋代陆游《老学庵笔记》、元代杨瑀《山居新话》，均曾提及此现象。延至明清，记述者更为多见，甚至还有人专门搜集各地"倒塔影"的实例，这表明"倒塔影"这种物理现象是受到人们普遍注意了的。

在对小孔成像现象重新发现的过程中，梁朝沈约值得一提，他的《咏月诗》说：

> 月华临静夜，夜静灭氛埃。
> 方晖竟户入，圆影隙中来。[1]

他这里描述了两种现象，一种是"方晖竟户入"，即月光从屋门中射入，按门的形状，在室内地上投射出方形光斑；另一种是"圆影隙中来"，室外满月高悬，透过壁上小孔，投在室内地上仍然是圆月一轮。这两种情况，隙是小孔，月光通过小孔后在室内生成的是月亮的像，在满月的情况下，这一像当然也是圆的，与小孔形状无关；而对于屋门，它的尺度相应于室内成像的距离而言，已远远大于小孔成像之要求，这时月光可被视为平行光，它这时投影到地上的是门的形状，而不是月亮的像。沈约以这样两种现象做对比，说明他对这二者的差异是有所察觉的。而产生这种现象的原因是什么，则还要等到宋末元初的赵友钦乃至更晚至清末的郑复光，才得以揭示出来。

赵友钦，又名钦，字敬夫，或云字子恭，号缘督，人称缘督先生或缘督子（道人），江西鄱阳人。他是宋室汉王第十二世孙，宋末元初一位很重要的科学家。赵友钦大概活动于元初。

在中国古代，完全从实验角度出发，详细探讨小孔成像机理的，当首推

---

① 《艺文类聚》卷一。

赵友钦。他首先观察到了日、月通过壁间小孔成像的情况，发现壁间小孔的形状虽然千奇百怪，但透过小孔的日光所成的像都是圆的；而且孔的大小可以不一样，但生成的日的像的大小都一样，只不过孔大的生成的像亮些，孔小的生成的像淡。日食时，室内日的像上也出现相应状况，其食分与室外相等。他还发现，当孔径大到可以容纳日月的视直径时，室内出现的就不再是日的像，而是孔本身的投影了，即所谓"大隙之景必随其隙之方圆长短以为形"[1]。赵友钦的描述非常细致。非但如此，他还精心设计了一个大型的小孔成像实验，对成像过程各因素的作用做了认真探讨。

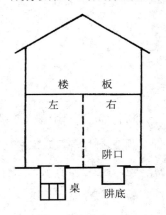

图 3.2.2 赵友钦小孔成像实验装置示意图

他以楼房为实验室，在左右两个房间各挖圆阱，阱直径四尺，左阱深八尺，右阱深四尺。再做两块直径均为四尺的木板，每块板上面都插上一千根蜡烛。实验时，左面阱中可放一张四尺高的桌子，然后将两块插有蜡烛的板分别放在左右阱中，用板盖住阱口，左边盖阱口的板中央挖去了一个边长为一寸的方孔，右边板中央则挖去边长为一寸半的方孔（如图3.2.2）。烛光就透过方孔将光线投射到楼板上，在需要改变像距时，则在楼板下面悬上大木板，以之作为像屏。

赵友钦这样的布置很有道理，这使得他可以任意固定或调节各种成像因素，从而弄清它们在成像过程中的作用，揭开小孔成像奥秘。用他自己的话来说："于是烛也、光也、窍也、景也，四者之间消长盈虚之故，从可考矣。"

在实验中，他首先保持光源、小孔、像屏三者距离不变，观察孔的大小和形状对像的影响，发现两个像大小相似，只是浓淡不同。他用像素叠加和光线直进观念进行解释，说："千烛自有千景，其景随小窍点点而方。"每一

---

[1] （元）赵友钦，《革象新书·小罅光景》。

支烛光都透过小孔在楼板上投下一个光斑，这些光斑每一个都像小孔一样，呈现方形，其位置透过小孔与烛相对。虽然每个光斑都是方的，但"偏中之景千数交错，周遍叠砌，则总成一景而圆"。对于大孔，每一支烛光透过去的光都要多些，叠加的结果，像的亮度自然要强些。

　　然后，他做"小景随日月亏食"的模拟实验，"向右阴东边减却五百烛，观其右间楼板之景缺其半于西，乃小景随日月亏食之理也"。接着，他进一步调节光源，灭去阴中大部分蜡烛，只剩下疏密相间的二三十支，这时楼板下的像，就由这互不相连的二三十个"方景"组成一个圆形，而且很淡，这直观地表明，像屏上圆形的像的确是由方形的光斑组成的。最后，他只点燃一支蜡烛，这时像屏上只剩下一个"方景"，赵友钦解释说：这是因为"窍小而光形尤小，窍内可以尽容其光"。这就是"大景随空罅之像"的道理。

　　赵友钦还分别改变了物距和像距，并做了大孔成像实验，最后得出结论说："是故小景随光之形，大景随空之像，断乎无可疑者。"王锦光等曾详细研究了赵友钦的小孔成像实验，并列表总结了赵友钦实验的内容[1]，对于我们了解这一实验，很有裨益。该表主要内容如下：

改变的项目	像的大小		像的浓淡（照度）
小方孔	1寸	几乎相同	淡
	1寸半		浓
光源	一千支蜡烛	几乎相同	浓
	二三十支蜡烛		淡
像距	大	大	淡
	小	小	浓
物距	大	小	几乎相同
	小	大	

---

[1]　王锦光、洪震寰，《中国光学史》，长沙：湖南教育出版社，1986年版，第86页。

　　由此表可见，凡是小孔成像所涉及的因素赵友钦几乎都做了探讨。非但如此，他还从理论上对实验现象做了解说，其解说的出发点是像素叠加和光行直线，这是正确的。

　　赵友钦之后，清代郑复光对小孔成像做了进一步研究，他的《镜镜詅痴》和《费隐与知录》对之都有专条描述。不过，这已经是19世纪中叶的事情了。

　　比赵友钦稍微晚一些的元代的郭守敬，则成功地应用小孔成像原理，发明了能够大幅度提高天文测影效果的观测仪器景符。这是物理学史必须要提及的内容。

　　中国古代在确定节气尤其是冬、夏至发生时刻时，一般是用立表测影的方法来进行。太阳在天空视位置不同，它投影在地面表影的长度也不同。由此，通过测定地面表影长度，就可以逆推太阳在空间的位置。这就是立表测影的原理。早在先秦时期，用测日中影长的办法来定冬至和夏至，就已经成为测时工作的重要手段。

　　表的高度一般是8尺。为了提高测影精度，郭守敬做了很大改进，他首创高表，把表身做成碑柱形，并使之增加到36尺高，在表顶上再用两条龙往上抬着一根直径3寸的横梁，从梁心到圭面一共40尺。这样一来，梁影到表底的距离就是8尺表表影的五倍。从误差理论来讲，同样的量度误差，高表的相对误差仅是8尺表的五分之一，换言之，测量的准确度提高了五倍。但用高表却加剧了表影模糊的问题。用圭表测影的关键是提高影长量度的精度，由于空气分子和尘埃杂质对日光的漫射，使影的端线变得模糊不清，这是提高测量精度的极大障碍。采用高表以后，影虚的情况更为严重。在冬至前后，影子分布范围大，影端模糊现象更为突出，这使得观测者难以判定表端横梁影子的确切位置。《元史·天文志》对此有所分析："按表短则分寸短促，尺寸之下所谓分秒太半少数，未易分别；表长则分寸稍长，所不便者景虚而淡，难得实影。"基本意思是说，高表可以提高测量准确度，这是对的。而"难得实影"一语，则是对使用高表缺陷的准确概括。

　　郭守敬的解决办法是在测量中使用景符。《元史·天文志》详细记载了景符的结构、使用方法，还记录了使用景符所得到的两个测量数据：

景符之制，以铜叶，博二寸，长加博之二，中穿一窍，若针芥然。以方圆为趺，一端设为机轴，令可开阖，揳其一端，使其势斜倚，北高南下，往来迁就于虚梁之中。窍达日光，仅如米许，隐然见横梁于其中。旧法一表端测晷，所得者日体上边之景。今以横梁取之，实得中景，不容有毫末之差。至元十六年己卯夏至晷景，四月十九日乙未景一丈二尺三寸六分九厘五毫；至元十六年己卯冬至晷景，十月二十四日戊戌景七丈六尺七寸四分。

根据这段记载，景符的主要部件是一片薄铜片，铜片中央有一个小孔。铜片安在一个架子上，下端是轴，另一头可以斜撑起来，撑的角度可以自由调节。把架子在圭面上前后移动，当太阳、横梁、小孔三者成一直线时，在圭面上可看到一个米粒大小的光斑，中间还有一条横线，如图3.2.3所示。在这里景符相当于一个小孔成像器，圭面上的光斑就是太阳光透过小孔所成的像。光斑中的横线则是太阳光对表端横梁的投影透过小孔所成的像。由该像落在圭面上的位置就可以准确测定相应表的影长。

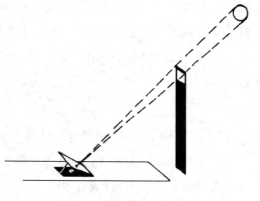

图 3.2.3　景符示意图

景符的使用使得传统的立表测影技术在两个方面有了突破：一是它基本解决了由于空气分子、尘埃等对日光漫射而导致的表高则"景虚而淡，难得实影"的困难，大大提高了观测精度。

另一突破即《元史·天文志》所说："旧法一表端测晷，所得者日体上边之景。今以横梁取之，实得中景，不容有毫末之差。"即是说，新的方法测量时不受日光半影影响。按照传统方法，用一根表测影，所得影长是太阳上边缘的影长，它较日面中心的影长要短一些。

根据《元史·天文志》本条的数据，冬至时，40尺表的影长为76尺7寸4分，太阳的视角按0.5度计算，根据一般三角函数知识不难算出，表端投影到圭面上的半影范围大约为1.6尺，日面中心影长与日面上边缘影长的差是这个数字的一半。考虑到郭守敬测量时读数精确到5毫，那么这一误差比测量读数精度大了三个数量级，当然非同小可。郭守敬根据小孔成像原理发明景符，成功地解决了传统立表测影技术面临的重大难题，这是我国古代观测技术的一项重要成就，应予充分肯定。

四、成像论的格术

格术是中国古代一种重要的几何光学成像方法。它以光的直线传播性质为基础，认为在小孔成像和凹面镜成像过程中，存在一个约束点，该点使得物和它的像形成"本末相格"的对应关系。这是古人运用相似几何学方法处理成像问题的一种尝试。它在一定程度上揭示了相应的成像机理。

格术一词的明确提出，最早见于北宋沈括的《梦溪笔谈》卷三《辨证一》：

> 阳燧照物皆倒，中间有碍故也。算家谓之"格术"。如人摇橹，臬为之碍故也。若鸢飞空中，其影随鸢而移，或中间为窗隙所束，则影与鸢遂相违，鸢东则影西，鸢西则影东。又如窗隙中楼塔之影，中间为窗所束，亦皆倒垂，与阳燧一也。阳燧面洼，以一指迫而照之则正；渐远则无所见；过此遂倒。其无所见处，正如窗隙、橹臬、腰鼓碍之，本末相格，遂成摇橹之势。故举手则影愈下，下手则影愈上，此其可见。[阳燧面洼，向日照之，光皆聚向内。离镜一、二寸，光聚为一点，大如麻菽，著物则火发，此则腰鼓最细处也。]岂特物为然，人亦如是，中间不为物碍者鲜矣。小则利害相易，是非相反；大则以己为物，以物为己。不求去碍，而欲见不颠倒，难矣哉！[《酉阳杂俎》谓"海翻则塔影倒"，此妄说也。影入窗隙则倒，乃其常理。]

　　引文中方括号内的文字是沈括自己加的注文。沈括在这里列举了凹面镜成像和小孔成像两种情况来说明什么是格术。文中阳燧即凹面镜，窗隙则相当于小孔成像中的孔。沈括统一用格术解释它们的成像机理，认为其成像过程就像船工摇橹一样，橹绕着其支点"臬"转动，从而使得支点两侧橹的运动形成一种"本末相格"的几何关系。同样，在凹面镜和小孔成像过程中，也有一个特殊点"碍"存在（碍，在凹面镜成像为焦点，在小孔成像为小孔），它相当于摇橹时的"臬"，光线受其约束，在"碍"处会聚，导致生成与物具有"本末相格"之势的像。沈括最后把这种现象引申到为人处事，告诫人们切勿为物所"碍"，免得造成"利害相易，是非相反"的结果。

　　格术是几何光学成像中的基本方法。它的适用范围并不局限于小孔和凹面镜，也包括凸面镜和透镜，甚至对一些波动光学元件也成立。相应的约束点"碍"也不仅限于小孔或焦点，也可以是曲率中心或光心。用它既可以说明倒像的形成机理，也能够解释正像的生成原因。现行的几何光学成像作图法，本质上都是格术。如图3.2.4，a所示凹面镜成像的作图法，就是分别以焦点F和曲率中心C为碍连用两次格术操作的结果。b所示凸透镜成像的作图法，则是以焦点F和光心O为碍连用两次格术操作的结果。一般说来，小孔成像只需用一次格术操作即可，球面镜和透镜成像而须连用两次格术操作，才能最终确定像的大小、倒正和位置。

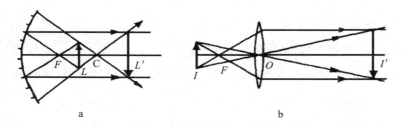

图 3.2.4　凹面镜、透镜格术成像示意图

a表示由物体L两端向镜面投射的光线在焦点F交叉后被镜面反射成平行光线，与被镜面反射后经球心C交叉的两条光线相遇，生成像L'。b表示由物体I两端投射至焦点F和透镜中心O的光线分别交叉后在透镜另一侧相遇，生成像I'。

　　成像问题可用格术操作解决，这有其内在道理。像的定义要求像与物之间成点点对应的空间变换关系，而格术是满足这一要求的最简单的空间变换——点投影变换。进一步的研究表明，成像过程的格术也符合波动光学基本规律。由此，格术概念是包含有极其深刻的物理内涵的。当然，这些只是我们今天的认识，古人并未达到这样的深度。

　　格术作为一种几何光学成像操作方法，在沈括之前已经存在。《墨经》对凹面镜成像的解释，在本质上就是格术。《经》记述凹面镜成像特征，说："鉴洼，景一小而易，一大而正，说在中之外内。"即是说，凹镜的像，一种是缩小的倒像，一种是放大的正像，原因是物位于"中"的内外不同。《经说》解释道："鉴：中之内，鉴者近中，则所鉴大，景亦大；远中，则所鉴小，景亦小：而必正。起于中缘正而长其直也。中之外，鉴者近中，则所鉴大，景亦大；远中，则所鉴小，景亦小：而必易。合于中而长其直也。"这里"中"在光学上是指凹面镜的焦点，在格术理论上就是沈括所言之"碍"。墨家意思是说：物体位于焦点里面时，靠近焦点，则照在镜面上的投影要大些，生成的像也大；远离焦点，照在镜面上的投影要小些，生成的像也小，但都是正像。这是因为物体在镜面上的投影是从焦点出发，依照正立的姿态而投射上去的。物体在焦点外的成像情况与之类似，只是所成的像都是倒像，这是由物体出发的光线先在焦点处聚合，然后才投射到镜面上去的缘故。《经说》对成像机理的解释，在本质上与格术概念完全一致。此外，墨家还提出像的大小决定于物离开焦点的远近，这也是正确的。但由于《墨经》语言的隐晦和后世墨学的衰微，墨家用以解释凹面镜成像的这套理论，长期不为人们所知。一直到了宋代，才由沈括将其发扬光大，从理论上做了概括，并且赋予它专门名称，叫作格术了。

　　无论墨家还是沈括，都没有充分认识到格术所具有的深刻物理学含义。他们在讨论凹面镜成像时，只运用了一次格术操作，这只能解决像的大小和倒正，不能同时确定成像位置。但无论如何，格术概念的提出，毕竟标志着古人不但开始从光线进行角度分析成像情况，而且抓到了成像本质，这为中国古代几何光学的进一步发展奠定了基础。清代郑复光曾利用格术概念探讨过具体光学问题，邹伯奇则以《格术补》作为他的几何光学著作的书名，在其他书籍中也可见到用格术思想解释小孔成倒像的例子，这表明格术概念对中国古代几何光学发展产生了一定影响。时至今日，我们依然可以从这一概念中获取许多有益的启示，这正是它的历史价值之所在。[①]

第三节　指南针的发明与理论解说

指南针是中国古代一项重要发明。它源于古人对方向问题的重视，它由于机缘巧合被发明出来以后，即被古代中国人用于军事、航海，也被用于占卜术，后来还辗转传入欧洲，在欧洲的航海大发现中，发挥了不可替代的重要作用。这是举世公认的历史事实。正是由于这个因素，指南针被誉为中国古代四大发明之一。作为指南针的一种形制，罗盘还是各种现代仪表的祖先，也是电磁研究中最古老的仪器，在航海技术发明中，指南针是最重要的单项发明。在发明指南针之后，中国人还对指南针理论做了自己的探究。明末清初西方科学也对中国指南针理论发展产生了影响。虽然世界公认指南针发明于古代中国，但对指南针被发明过程的细节、被发明出来的时间，学术界还有许多争议。本篇对指南针发明和演进过程稍做梳理，希望对帮助广大读者了解这一问题能够有所裨益。

一、磁石指极性的发现

在古代社会，指南针最初是用天然磁石制成的。由此，要发明指南针，首先需要认识磁石，认识与磁石相关的磁现象，特别要认识到磁石的指极性。中国古人很早就知道了磁石。在很长时间内，中国人是把磁石叫作"慈石"的，意为"慈爱之石"。后来"慈"才转成"磁"字，表示是一种特别的矿

---

① 参见李志超、徐启平，《中国古代光学的格术》，载《物理》，1985年第12期。

石。还有称磁石为"玄石"的，"玄"为"神奇"之义，但"玄石"之名并不常用。

对于磁石，人们最初是从其能够吸铁的角度认识它的。"慈石"的名称，就意味着它具有像慈母吸引孩子一样吸铁的本领。而早期关于磁石的传说，也基本都是关于磁石吸铁的。如据说在秦朝长安的皇宫中，有用磁石特制的门，能够使身带铁刃的刺客被磁石吸住。古人著作中多有记载其对磁石吸铁现象的观察和解释的，如战国时期成书的《吕氏春秋》就提到了磁的吸引作用。西汉时期成书的《淮南子》则对磁石吸铁现象做了扩展探讨："若以慈石之能连铁也，而求其引瓦，则难矣"[①]，以及"慈石能引铁，及其于铜，则不行也"[②]。该书的作者在另一处又提到，在小块磁石上方悬挂一块铁，磁石能被铁吸引上去。

古人不但观察到磁石吸铁现象，还对其原因进行探讨。东汉王充在《论衡》中，就提到"顿牟掇芥，慈石引针"[③]，将它们看作"同气相应"的现象。这说明磁石、玳瑁（即"顿牟"）和琥珀等物体能与某些物体"相互作用"。王充认为，这些现象的存在能证明"感应"（一种超距作用的想法）是合理的。

古人能够发现磁石的吸铁性，这是容易理解的。磁石有两个不同的极，也容易发现，只要拿两块磁石，把玩得时间长了，总能发现磁石具有两个不同的极这一现象。但古人是如何发现了磁石的指极性的，我们就不得而知了。要知道，在发明指南针的时代，中国人连地球观念都没有，他们如何能够发现磁石的两极和地理的南极北极有对应关系？但古人确实发现了磁石具有指向性这一特异性质。我们现在能做的，只能是通过对古籍的搜索，大致了解古人是在什么时代发现了磁石的这一特性，从而制成了最初的磁性指向器的。

磁性指向器的最早形制是司南。早在先秦，就有了关于"司南"的记载。

---

① 《淮南子·览冥训》。

② 《淮南子·说山训》。

③ （东汉）王充，《论衡·乱龙篇》。

最早的记载司南的文献是《鬼谷子》，其中写道：

> 郑人之取玉也，必载司南之车，为其不惑也。夫度才量能揣情者，亦事之司南也。[1]

关于《鬼谷子》的这段记载，机械专家和古代科技史家王振铎对之有过探究。他认为，此处的"车"字有独特的意义。他指出，该书在传抄或编辑时，传抄者不懂得堪舆术，但（只）听说过指南车，所以一说到司南，就认定"司南"指的是指南车。作者在引述时，他可能并没有"车"的形象，且对"载"字的使用较为随意，其实，"载……车"的句式是不通的。由此可见，《鬼谷子》中的这段文字，其含义是，"把司南放在车上"，而不是"利用司南来指向的车"，即不是指南车。像这样能被车子拉着，到处移动，判定方向的器物，在当时的技术条件下，只能是用磁石做成的指向装置。所以，如果《鬼谷子》此条记载可信，则中国人早在先秦时期，就已经发现了磁石的指极性。

关于《韩非子》中司南的片段，韩非写道："夫人臣侵其主也，如地形焉，即渐以往，使人主失端，东西易面而不自知。故先王立司南，以端朝夕。"[2]这句话中因为用了"立"字，而磁性指向器在使用过程中是不需要"立"的，故韩非此言也可能指的是用立竿测影的方式来测定方位。另一方面，在古代文献中，司南也可以是指南车，所以，司南不是磁性指向器的专有名称。这是需要特别加以说明的。

在提到司南的各种文献中，东汉王充的一段话值得特别注意：

> 司南之杓，投之于地，其柢指南。[3]

---

① 《鬼谷子·谋篇》。

② （战国）韩非，《韩非子·有度》。

③ （东汉）王充，《论衡·是应篇》。

图 3.3.1　王振铎复原的汉代司南模型

杓，是指勺子。司南这样的勺子，投到地上，它的柄就会指南。具备这种性能的司南，只能是磁性指向器。

但是，把磁石打磨成勺子的形状，放到地上，它真的会自动指南吗？答案是否定的，因为地面的摩擦力太大了。实际上，这里的"地"不是指大地，而是指古代栻盘的地盘。栻盘是秦汉时期人们发明的一种器物，可用于游戏、占卜等。栻盘是由上下两盘组成的，即方形的"地盘"（象征地）和圆形的"天盘"（象征天）。"天盘"可环绕中心枢轴旋转，在它的四周刻有24个方位，中心刻有象征北斗七星的标志。在"地盘"中的一个内环上也刻有24个方位。从王充的话可以看到，当时人们把天然磁石打磨成勺形的司南，使用时将其放在地盘上，待旋转的司南稳定后，它的长柄（"柢"）就会指南。

在汉墓中曾出土有（两个）栻盘的残片，它是用木板刻成的，并漆上了大漆。其中的一个天盘上标有日期，说明该盘随主人入土时间不早于公元69年。这正与王充提到的司南勺的时代相同。墓中还有勺子，这些勺子虽非用磁石制成的，但勺子平衡放置且勺底向下时，很容易让其旋转。王振铎曾依据这些记载，成功地复原了汉代的司南（图3.3.1）。

王振铎复原成功勺形司南后，很长一段时间，学术界对之有质疑的声音。近年来，网上反对勺形司南的声音更是甚嚣尘上，反对者基本上都认为依靠天然磁石琢磨出的勺形司南，不可能具备指南功能。从2014年起，中国科学院自然科学史研究所黄兴博士针对磁石勺能否指南问题再度展开实证研究。
经过努力，他找到了一种具有较强磁性的天然磁石，在此基础上再度成功地
复制了具备指南功能的勺形司南，证明了这种方法在科学是可行的。[1]

除了王充的记载，在唐代，韦肇也写有《瓢赋》。在这篇赋中，他写到，
一个人将这样的勺形物放在平台上旋转，它就会指示出正南的方向（"充玩好，
则校司南以为可"）。这说明，当时的人们已经使用那种用磁石制作的司南了。

王充记载的司南，迄今并无实物出土，但在汉代一些画像石上，有疑似
勺形司南的画面（图3.3.2），这也从一个侧面证实了王充记载的可信度。

由于此时尚无磁化技术，司南勺不可能是磁化了的铁勺，只能是用磁
石制成的司南勺。这样的勺子虽能克服阻力在地盘上旋转（图3.3.1所示的模
型），但也需要一定的条件，最好是在青铜地盘上旋转，在硬木地盘上则效
果很差。而且，即使是青铜地盘，司南的勺底与地盘的摩擦也会使其指向的

图 3.3.2 藏于苏黎世里特堡博物馆的汉代石浮雕

画面主体是魔术师和杂技演员在表演，上面一行人是贵族观众，右上角的小方台上放着一个疑似
司南的长柄匙（见画面外小插图），一个跪着的人在观察它。

---

[1] 黄兴，《天然磁石勺"司南"实证研究》，载《自然科学史研究》，2017年第3期，第361—386页。

精度受到较大程度的影响，因此，这种磁性指向器的使用受到了很大的限制。要得到适用的磁制司南，必须对之加以改进。

二、新型磁化材料的寻找及磁偏角的发现

要改善司南的指向效果，首先需要改进磁化材料。古人一开始是从寻找具有更强磁性的磁石着手的。为了确定磁石质量，5世纪，中国人在测量磁石磁性的强弱时，开始用定量方式描述磁石磁性的强弱。在《雷公炮炙论》（药剂专书）中，有这样的内容：

> 一斤磁石，四面只吸铁一斤者，此名延年沙；四面只吸铁八两者，号曰续采石；四面只吸铁五两以下者，号曰慈石。

显然，古人已经意识到，不同的磁石吸铁效果也不同。吸铁效果强的，做成司南，指南效果也会好一些。探索的结果，古人找到了这种用称量其吸铁重量的方式来估测磁石磁性的方法。这对司南的制作，无疑有一定的参考价值。

但是，即使用磁性很强的磁石打磨成勺形司南，其指向效果也是难以保证的。而且，这种形状的司南，很容易因震动等因素而失磁。一旦失磁，在古代的条件下，人们是没办法为其充磁的。为此，寻找新的磁化材料势在必行。

北宋时期，宰相曾公亮领衔编撰了一部兵书《武经总要》，其中提到了一种叫作"指南鱼"的装置，该装置明确提到一种对铁进行磁化的方法：

> 若遇天景曀霾，夜色瞑黑，又不能辨方向，则当纵老马前行，令识道路，或出指南车或指南鱼以辨所向。指南车法世不传，鱼法以薄铁叶剪裁，长二寸，阔五分，首尾锐如鱼形，置炭火中烧之，候通赤，以铁钤钤鱼首出火，以尾正对子位，蘸水盆中，没尾数分则止，以密器收之。

用时，置水碗于无风处，平放鱼在水面令浮，其首常南向午也。[①]

《武经总要》这段记载，含有丰富的科学内涵。从现代科学知识的角度来看，铁皮对外不显磁性，是因为其内部所包含的小磁畴的排列杂乱无章，所以整体对外无法显示出磁性。当铁皮放在火中加热，温度达到居里点（600℃—770℃）时，其所含的小磁畴瓦解，铁皮变成顺磁体。当铁皮在这种情况下急剧冷却时，小磁畴会重新生成，并在地磁场的作用下，沿地磁场方向排列并固定下来。这时，铁皮整体对外就有了磁性。所以，曾公亮的这段记载，实际上是利用地磁场对铁皮进行磁化，这是历史上人类寻找新的磁化材料的一个重大突破。考虑到这个时代的中国人连地球形状都还不甚了了，对地磁场更是一无所知，他们能做出这样的发明，确实是让人有匪夷所思的感觉。

虽然《武经总要》记载的指南鱼的制作富含科学原理，但用这种方法制作的指南鱼，其磁性是相当弱的，而且，圆形的鱼首，使其指向精度也受到很大限制。在这方面，它与勺形司南有同样的缺陷。

真正具有实用价值的磁化方法，是与曾公亮同时代的沈括在其《梦溪笔谈》中记载的。他写道：

方家以磁石磨针锋，则能指南，然常微偏东，不全南也。[②]

这种方法，使用简便，磁化效果好，而且用针指示向，指向精度可以得到保证。从这时起，司南真正变成了指南针。而用针来指向的做法，也被后人继承下来并发扬光大，直到今天，除了数字化的仪表盘外，各类仪表还是用指针来指示测量结果的。

---

① （北宋）曾公亮，《武经总要·前集》卷十五。
② （北宋）沈括，《杂志一》，《梦溪笔谈》卷二十四。

　　因为指针指向精度高，人们在指南针被发明出来以后，立刻就发现它指的方向有时并非正南，这就导致了磁偏角的发现。沈括在记载了"用磁石磨针锋"的磁化方法后，接着就描述到"然常微偏东，不全南也"，他所描述的，就是磁偏角。

　　实际上，比沈括稍早些的杨惟德在撰于庆历元年（1041年）的《茔原总录》中，已经记载了指南针以及磁偏角的存在。他写道：

　　　　匡四正以无差，当取丙午针。于其正处，中而格之，取方直之正也。[1]

　　这里说的"针"，指的就是磁针，而所谓"丙午针"，则是说磁针在静止时，指的方位是二十四支方位中丙位和午位的结合部，也就是相当于现在所说的南偏东7.5°。这与沈括所说的"微偏东"意思是一致的，而杨惟德的说法比沈括时间上更早，在对磁偏角的描述上也更精确。

　　前段时间，又有学者指出，对磁偏角的认识，至迟不晚于唐代黄巢起义时期。当时唐朝宫廷大乱，钦天监有一监官叫杨筠松，流落在民间，他首先提出磁针所指的子午线与臬影所测不一致。这一发现比《梦溪笔谈》要早二百年。[2]但由于杨筠松的身世夹杂着许多传说成分，这些传说又多出于堪舆家言，令人难以遽信，故此杨筠松发明磁针、发现磁偏角之说，姑且可作为一说备案。

　　磁偏角随时间的变化，在中国人对堪舆罗盘的设计中体现了出来。它们分布在同心圆上，并一直被保存至今。沈括的记载对磁石的指向性有常识性的描述，也涉及磁偏角现象。对于磁偏角的文献，19世纪下半叶，来华人士和汉学家伟烈亚力把首次观察到磁偏角的荣誉归于僧一行，他认为是一行于720年发现的。遗憾的是，他所引用的文献未被找到。此外，还有两篇文献提

---

① （北宋）杨惟德,《茔原总录》卷一。
② 王立兴,《方位制度考》,《中国天文学史文集（第五集）》,北京：科学出版社,1989年版。

到磁针指向偏东。一篇是成书于晚唐时期的《管氏地理指蒙》，在该篇文献中我们可以读到：

> 磁者母之道，针者铁之戕。母子之性，以是感，以是通；受戕之性，以是复，以是完。体轻而径，所指必端。应一气之所召，土曷中而方曷偏？较轩辕之纪，尚在星虚丁癸之躔……

透过这段话，可以看到，它记述的磁偏角约为南偏东15°左右。另一篇早期文献中提到地磁偏的是《九天玄女青囊海角经》，这部书的成书时间约在10世纪下半叶。

与沈括大致同时代的王伋，也提到过磁偏角。在王伋的一首诗中，他写道："虚危之间针路明，南三张度上三乘。"[1]这里的第一句所提到的显然是天文的南北向，但通过观察地磁罗盘会发现，南方星宿"张"的范围是如此之广，以至于两个磁偏角及天文的正南这三个"南方"方位均包含在其内。所以，他对磁偏角的涉及，具体数值还有待推敲。王伋是福建堪舆学派的创立者，他的主要著作问世于1030到1050年之间。

宋代曾三异在1189年写的《因话录》提到，在地球表面上一定有某个区域，在那里磁偏角为零。曾三异的观点很有见地，事实上也确实存在着零磁偏角线。即使如此，他的话也仅仅是一种天才的猜测，在对磁偏角的理论解说上对后人没有多大助益。

我们知道，磁偏角随时间而缓慢变化的规律直到18世纪才被人们明确掌握。现在已经清楚，在16世纪，明代人已经得出了在不同地点磁偏角的大小也不同的认识。然而，直到18世纪，才有关于磁偏角的大小也随时间的变化而变化的明确记载。

---

[1]　（明）吴望岗，《罗经解》引。

三、指南针架设方法与罗盘

古人在发明了"以磁石磨针锋"的人工磁化方法、制造出指南针以后，接下去首要的问题就是如何将其架设起来。沈括在记述了上述方法后，接着就尝试了几种不同的安装方法：

> 水浮多荡摇。指爪及碗唇上皆可为之，运转尤速，但坚滑易坠，不若缕悬为最善。其法取新纩中独茧缕，以芥子许蜡，缀于针腰，无风处悬之，则针常指南。

这就是有名的沈括四法，见图3.3.3。在这四种方法中，水浮法在曾公亮的指南鱼那里已经有过尝试。《武经总要》记载的指南鱼是"平放水面令浮"，这一定是制作者让鱼形的铁叶中间微凹，用这样的结构使铁鱼像小船一样漂浮在水面上。但即使如此，也难逃沈括所说的"水浮多荡摇"的缺陷。沈括最为满意的是第四种缕悬法，但即使这种方法，也不具备实用价值，它与"水浮法"一样，存在着很大程度的不稳定。人们需要探讨指南针新的架设方法。

到了南宋，指南针的架设问题有了新的进展。南宋陈元靓在《事林广记》（成书于1100—1250年间）中记述了两种指南针：

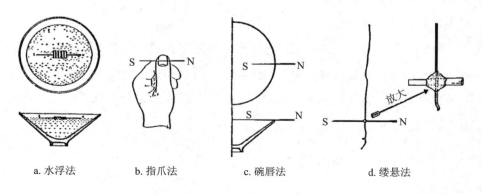

a. 水浮法　　　　b. 指爪法　　　　c. 碗唇法　　　　d. 缕悬法

图 3.3.3　沈括四法

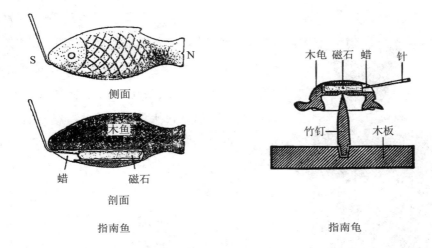

图 3.3.4 《事林广记》描述的指南鱼和指南龟

以木刻鱼子，如拇指大，开腹一窍，陷好磁石一块子，却以蜡填满，用针一半金从鱼子口中钩入，令没放水中，自然指南。以手拨转，又复如此。

以木刻龟子一个，一如前法制造，但于尾边敲针入去，用小板子，上安以竹钉子，如箸尾大，龟腹下微陷一穴，安钉子上，拨转常指北。须是钉尾后。[①]

引文记载的两种装置，是后世被称为"水针"（水罗盘）和"旱针"（旱罗盘）的先驱（图3.3.4是其复原图）。水罗盘（也叫浮针罗盘）是从《武经总要》的指南鱼发展过来的，这里的鱼因为是木刻的，自然不怕水面荡摇，所以它是一种比较成熟的结构。在此后的中国，水针一直比较流行。不过人们用在磁针上穿小木条的办法，取代了木头刻的鱼，使之更实用了。

《事林广记》记载的"指南龟"，则是后世旱罗盘的先驱。它因为采用了竹钉支承，摩擦力小，旋转灵活，因而也受到人们的欢迎。后来人们将其发

---

① （南宋）陈元靓，《神仙幻术》，《事林广记》卷十。

图 3.3.5　出土的手持旱罗盘
的南宋瓷俑

图3.3.6　明代铜水罗盘
盘的外环刻有24向，内环刻有八
卦符号。正南位于上方。

展成了枢轴支承式，这就成了使用简便的旱罗盘。1985年5月，在江西临川县温泉乡朱济南墓中出土了一件题名"张仙人"的俑，高22.2厘米，手捧罗盘，如图3.3.5所示。此罗盘模型磁针装置方法与宋代水浮针不同，其菱形针的中央有一明显的圆孔，形象地表现出采用轴支承的结构。墓的下葬时间为南宋庆元四年（1198年）。可见在旱罗盘问世不久，中国人已经将其发展成枢轴支承式的了。

旱罗盘后来经阿拉伯传入欧洲，在欧洲发展成熟起来。哥伦布等人远洋航行，使用的就是旱罗盘。而在它的原产地中国，许多世纪以来，船员们却一直使用浮针罗盘，这可能是用习惯了，况且水罗盘比起旱罗盘制作起来也要容易些，所以人们一直对水罗盘情有独钟。

航海罗盘是从堪舆罗盘发展而来的。古代的航海罗盘看上去像青铜盘子，中心凹陷，呈碗形，里面盛水，以使磁针得以漂浮。碗的外围刻着表示方位的汉字，舵手要确定自己的船是否沿着既定航向前进，就必须手拿罗盘，使船的行进方向严格参照罗盘盘面那条看不见的轴线，而那条轴线本身就是从船首到船尾的直线。

尽管中国早在12世纪就有了对枢轴支承式旱罗盘的描述，但是它并没有被应用到海船上，而是辗转传入了欧洲。欧洲人又进一步对其做了改进，例如他们在用枢轴支承的磁针上安上一个很轻的卡片，卡片上绘着罗盘需要指示的方位，再把它们整体封入一个圆盒中。磁针旋转时，卡片跟着一道旋转，这就意味着卡片上标的方位永远是以正南为中心的方位。这种卡片叫作罗经卡。在航海中，船员只要看磁针和船的中轴线的夹角，就可以直接从罗经卡上读出船的航向来，使用起来很是方便。

这种形式的旱罗盘，16世纪以后又被荷兰人和葡萄牙人带回了东方，辗转重新传入其发源地中国。罗经卡也随其一同传入。但是历史也常常捉弄人，1906年，英国皇家海军为了克服枢轴支承式罗盘在使用时使磁针摇摆，特别是火炮发射时产生的震动，又把那种老式的旋盘式罗盘拆卸下来，替换成各种各样的水罗盘。

四、古人对指南针理论的探讨

中国人不但发明了指南针，还对指南针之所以能指南做过独特的理论探讨。这些探讨经历了不同的历史阶段。

1. 阴阳五行学说基础上的感应说

中国学者对指南针理论的探讨，究竟始于何时，迄今尚是个谜。我们知道的是，在11世纪中叶，大科学家沈括还对指南针之所以能够指南感到匪夷所思。他《梦溪笔谈》中的这句话最具代表性：

磁石之指南，犹柏之指西，莫可原其理。[1]

这段话表明，对指南针为什么会指南，沈括一点儿概念都没有。

沈括之所以不明白指南针的指南原理，是由于他对之未做深究。在《补笔谈》中，他明确提到了这一点：

---

[1]（北宋）沈括，《杂志一》，《梦溪笔谈》卷二十四。

以磁石磨针锋，则锐处常指南；亦有指北者，恐石性亦不同。……南北相反，理应有异，未深考耳。[①]

沈括自己虽然没有对指南针理论进行深入探讨，但这并不等于说其前及当时的人们对指南针理论未做过研究。也许这样的探讨已经存在，只是他不知道而已。

现在可以见到的，也许是最早对指南针原理进行解说的古籍是《管氏地理指蒙》。在该书的《释中》条，有这样一段话：

磁者母之道，针者铁之戕：母子之性，以是感，以是通；受戕之性，以是复，以是完。体轻而径，所指必端。应一气之所召，土曷中而方曷偏？较轩辕之纪，尚在星虚丁癸之躔。

原书在这段话的下面，附有一段注语：

磁石受太阳之气而成。磁石孕二百年而成铁，铁虽成于磁，然非太阳之气不生，则火实为石之母。南离属太阳真火，针之指南北，顾母而恋其子也。……阳生子中，阴生午中，金水为天地之始气，金得火而阴阳始分，故阴从南而阳从北。天定不移，磁石为铁之母，亦有阴阳之向背，以阴而置南，则北阳从之；以阳而置北，则南阴从之：此颠倒阴阳之妙，感应必然之机。[②]

这段话的逻辑是：磁针是铁打磨成的，铁属金，按五行生克说，金生水，而北方属水，因此，北方之水是金之子。铁产生于磁石，磁石是受阳气的孕育

① （北宋）沈括，《药议》，《梦溪笔谈补笔谈》卷三。
② 《管氏地理指蒙·释中》，《古今图书集成·艺术典·堪舆部》卷六百五十五，台北：鼎文书局，1977年版。

而产生的，阳气属火，位于南方，因此南方相当于磁针之母。这样，磁针既要眷顾母亲，又要留恋子女，自然就要指向南北方向。在这种解释中，阳气起到了很重要的联结作用。磁石是太阳之气孕育而成的，磁石生铁也需要阳气，因此阳气是它们的共同之母。磁针既然与它们本性相通，受阳气的感召，自然就要指向阳所在的方位，阳位于正南，这样，磁针当然也就要指向正南了。至于为什么有的磁针会指北，则是因为磁石本身也有"阴阳之向背"，当把磁石的阴面置于南边的位置时，它的阳面就会在北，这就颠倒了阴阳，这时用它磨制的磁针就会指北。显然，这段话的立论基础是奠基于阴阳学说基础上的同气相应理论。而且，这里导致指南针指南的决定要素，是在天上，所谓"星虚丁癸""天定不移"，就昭示着这一点。这也正是指南针理论初期阶段的共同特点，中外皆然。

从物理学的观点来看，《管氏地理指蒙》对指南针原理的解释完全是异想天开：铁是用铁矿石冶炼出来的，铁矿石与磁石并不能画等号，磁石的产生也与所谓的阴阳之气毫无关系。所以，这段记载无科学价值可言。但从历史学的角度来看，从事物的属性出发解释其行为，是科学发展到一定阶段人们常用的做法。不论在中国还是在西方，这种做法都是司空见惯的。中国古代阴阳学说昌盛，人们把对指南针原理的阐释与阴阳学说相结合，是理所当然的事情，不足为怪。

《管氏地理指蒙》的成书年代，现在有不同认识。李约瑟认为它可能是晚唐之作。刘秉正等则针对李约瑟的说法指出："所有史书艺文志均未著录此书，仅《宋史·艺文志》提到有《管氏指蒙》，并说萧吉、袁天纲和王伋（10世纪末11世纪宋人）注。很可能《管氏指蒙》就是《管氏地理指蒙》。但书中还提到元朝的郭守敬，因此即使该书成书于晚唐或宋初，至少也被元明时代的堪舆家所篡改，不能据此判断其中的内容均出自宋代。"[1]

---

[1]　刘秉正、刘亦丰，《关于指南针发明年代的探讨》，《东北师大学报（自然科学版）》，1997年第4期，第24页。

　　刘秉正等的说法似有可取之处。如果《管氏地理指蒙》在晚唐即已流行，那么沈括就没有理由说"莫可原其理"那样的话，因为该书对沈括感到疑惑的两个问题（磁针为什么会指南？为什么有的磁针会指北？）都做出了回答。当然，也不排除该书在五代即已存在，只是沈括未能见到该书的可能性。无论如何，该书关于指南针原理的这段解释的产生时间，不会晚于宋代，因为北宋晚期的著作中对指南针原理已多有涉及，其中有的明显是继承了《管氏地理指蒙》的思想，而其内容上又多出了对磁偏角现象的解释，这表明它们比《管氏地理指蒙》中的指南针理论要晚出。所以，上述指南针理论可能就产生于北宋时期。

　　成书于北宋晚期的《本草衍义》提到：

　　　　磁石……磨针锋则能指南，然常偏东，不全南也。其法取新纩中独缕，以半芥子许蜡缀于针腰，无风处垂之，则针常指南。以针横贯灯心，浮水上，亦指南。然常偏丙位。盖丙为大火，庚辛金受其制，故如是。物理相感尔。

对这段话，李约瑟博士明确指出："初看起来，这一段好像只是重复了沈括三十年前所说的话，但实际上增加了两点。寇宗奭给出了人们久已期望的关于水罗盘的已知最早的描述，它具有欧洲所有最古老的（但较晚的）记载所述的特点。其次，他不仅给出磁偏角的相当精确的度量，而且还试图对它加以解释。"[①]

　　李约瑟博士的论述甚有道理，但他对寇宗奭理论的解说就不那么贴切了。他说："根据五行的相胜原理，火胜金，因金属可以被火熔化。寇宗奭的看法是，金属的针虽应自然地指向西方，但位于南方的'火'具有压倒的影响，

① ［英］李约瑟著，陆学善等译，《中国科学技术史（第四卷）》，北京：科学出版社，2003年版，第235页。

使它离开西方而指向南方。"实际上，寇宗奭这段话本义不是要说明指南针为什么指南，而是为了解释指南针何以会偏离正南，指向南偏东的丙位。按他的理解，指南针属金，正南方位属火，火胜金，金畏火，所以指南针为了避开正南方位的火，其指向会向东偏移一些。

与《管氏地理指蒙》相比，寇宗奭进一步把五行学说引进到了指南针的理论之中，使之与阴阳学说相结合，来解释指南针的指南和磁偏角现象。他的解释虽然听上去不无道理，但细致推敲，也有不能自圆其说之处。因为指南针如果确因受正南之"火"的克制而偏离午位，那么它更应指向南偏西的丁位，这是由于那里还有位于庚辛方位的"金"的感召，而那时人们所知的指南针的指向是"常微偏东"，没有指向丁位。正因为如此，寇宗奭的理论并未得到后人的普遍认可。

无论如何，中国指南针理论在其发展的起始阶段，走向了建立在阴阳五行学说基础上的感应说，是一件十分自然的事情。这与古人对磁石吸铁的传统认识有关。古人一开始在讨论磁石吸铁原因时，就是用同类相感也就是感应说立论的。例如，晋朝郭璞的《石赞》就提到："磁石吸铁，琥珀取芥，气有潜通，数亦冥会，物之相感，出乎意外。"[1]古人类似言论还有很多，然而单一的同类相感还不足以说明指南针的指南，因为在指南针的指南过程中，看不到磁石的影子。既然磁石和磁针之间是通过气的感应表现其相互作用的，那么指南针的指南，也同样应该是气感应的结果，而正南方位是阳气的聚集之地，因此，指南针的指南，一定是受阳气作用的结果，这就用阴阳学说改进了传统的感应说。而指南针的指南，又存在着"常微偏东"的现象，还需要用五行学说的相生相胜理论进行解释，这样一来，五行学说也加了进来。感应说与阴阳五行学说就这样有机地结合到了一起。

2. 方位坐标系统的影响

南宋人对指南针原理的解释，大都围绕着磁偏角现象展开，但这时人们

---

① （唐）欧阳询，《艺文类聚》，上海：上海古籍出版社，1985年版，第109页。

的立论依据更多地转向了地理方位的坐标系统。例如，南宋曾三异就曾经提到：

> 地螺或有子午正针，或用子午丙壬间缝针。天地南北之正，当用子午。或谓今江南地偏，难用子午之正，故以丙壬参之。古者测日影于洛阳，以其天地之中也，然有于其外县阳城之地。地少偏则难正用。亦自有理。[①]

曾三异认可的这种解释，与中国古代的大地形状观念是分不开的。中国古人认为，地是平的，其大小是有限的，这样，地表面必然有个中心，古人称其为地中。这样的地中，古人一开始认为它在洛阳，后来又认为在阳城。在这种地平观念中，南北方向是唯一的，就是过地中的那条子午线。这样，指南针的测量地点如果不在过地中的那条子午线上，它的指向就不会沿正南北方向，此即所谓的"地少偏则难正用"，因此要用"子午丙壬间缝针"做参考。

曾三异的理论，虽然听上去是合理的，但细致推敲起来，也不无破绽。因为按照感应思想，指南针指南是其天性，其指针一定要指向阳气的本位。如果测量地点在地中的东南，受正南方位阳气的引导，指南针的指向应偏向西南才对，为什么会出现沈括说的"常微偏东，不全南也"的现象？

正是因为以地中观念解释磁偏角有其不自洽之处，比曾三异晚了几十年的储泳，就记载了关于磁偏角现象的另外两种解释：

> 地理之学，莫先于辨方，二十四山于焉取正。以百二十位分金言之，用丙午中针则差西南者两位有半，用子午正针则差东南者两位有半，吉凶祸福，岂不大相远哉？此而不明，他亦奚取？曩者先君卜地，日者一以丙午中针为是，一以子午正针为是，各自执其师傅之学。世无先觉，

---

① （南宋）曾三异，《因话录·子午针》，《说郛》卷二十三上，文渊阁《四库全书》版。

何所取正？而两者之说亦各有理。主丙午中针者曰：狐首古书，专明此事，所谓自子至丙，东南司阳；自午至壬，西北司阴：壬子丙午，天地之中。继之曰：针虽指南，本实恋北。其说盖有所本矣。又曰：十二支辰以子午为正，厥后以六十四卦配为二十四位，丙实配午，是午一位而丙共之。丙午之中即十二支单午之中也。其说又有理矣。

　　主子午正针者曰：自伏羲以八卦定八方，离坎正南北之位，丙丁辅离，壬癸辅坎，以八方析为二十四位，南方得丙午丁，北方得壬子癸，午实居其中。其说有理，亦不容废。又曰：日之躔度，次丙位则为丙时，次午则为午时，今丙时前二定之位，良亦劳止。因著其说，与好事者共之。但用丙午中针，亦多有验，适占本位耳。

这两种解释，一方以二十四支方位系统为依据，参考阴阳八卦学说，认为"东南司阳"，"西北司阴"，壬子方位和丙午方位中缝分别是阴阳之所在，它们的连线，就是经过"天地之中"的正南北方向，所以要用"丙午中针"，即以指向东南为正。另一方则把方位系统与时间计量相结合，认为从方位划分来说，午位对应着正南，从计时角度来说，太阳到了午位，就是时间上的正中午，也是对应着正南，因此，子午正位就是正南北方向，指南针当然应该用子午正针。

　　储泳记载的这两种解释，本质上有其相通之处，即都认为指南针所指确为阳之所在，是正南，但对何谓正南，有不同的理解。显然，此类解释的共同出发点仍然是传统的感应学说，即认为指南针之所以指南，是受到阳气感召的缘故，指南针之所指，就是阳气之所在，只是对于不同的方位坐标系统而言，阳气究竟在哪个方位，各家有着不同的理解。

　　到了明代，指南针理论有了新的变化，明人假托南唐何溥之名撰述的《灵城精义》卷下云：

　　　　地以八方正位定坤道之舆图，故以正子午为地盘，居内以应地之实；

天以十二分野正躔度之次舍，故以壬子丙午为天盘，居外以应天之虚。[①]

《四库全书简明目录》卷十一《灵城精义》提要云："《灵城精义》二卷，旧本题南唐何溥撰，明刘基注。诸家书目皆不著录，莫考其所自来。大旨以元运为主，是明初宁波幕讲僧之学，五代安有是也？然词旨明畅，犹术士能文者所为。"[②]由此，上述引文中表述的见解，实际是明代学者的思想。与前代有别的是，这段话明确无误地把指南针的指南及磁偏角现象与天地不同的方位系统对应了起来。指南针的指正南与地平方位的二十四支方位划分方法相对应，而磁偏角现象则与天球系统的十二次划分相关。即是说，正子午方向即指南正针由大地方位系统决定，偏角则由天体方位划分系统所决定。因为磁偏角的存在是客观的，故这种说法的实质在于认为磁针指向取决于天。认定指南针之所以指南的决定性因素在天不在地，是此说的特点，它体现了传统指南针理论在阴阳感应学说和磁偏角的存在这一矛盾面前所表现出来的窘迫。

3. 受西学影响诞生的指南针学说

16世纪末，以利玛窦为代表的一批传教士来到中国，带来了与中国传统科学迥然不同的西方科学。西方科学的传入，也影响到中国指南针学说的演变。

在欧洲，英国物理学家吉尔伯特（William Gilbert，1544—1603年）于1600年出版了《关于磁铁》一书，对指南针为什么指南做出了科学的解释。"吉尔伯特进一步证明了指南针不仅大致指向南北，而且证明了如果将指南针悬挂起来，使其作垂直运动，其指针朝下指向地球（磁倾角）。指南针的倾角还表明它靠近一球形磁铁，而在该球的磁极处，磁针呈垂直指向。吉尔伯特的伟大贡献在于他提出地球本身就是一大块球形磁铁，指南针不指向天体（这一点佩雷格里努斯也认为如此），而指向地球上的磁极。"[③]吉尔伯特的理论，

---

① （南唐）何溥，《灵城精义》卷下，文渊阁《四库全书》版。
② 《朱修伯批本四库简明目录》卷十一，北京：北京图书馆出版社，2001年版。
③ ［美］阿西摩夫，《古今科技名人辞典》，北京：科学出版社，1988年版，第48页。

直到今天人们还是基本认可的。

吉尔伯特的理论并没有被及时传入中国。利玛窦是1582年来华的，他当然不可能知晓吉尔伯特的理论。有迹象表明，17世纪来华的传教士也没有把吉尔伯特的理论带到中国。即使如此，传教士来华这件事，仍然对中国指南针理论的演变产生了影响。这种影响，最初是通过制定历法一事表现出来的。

传教士来华以后，把让中国人接受天主教的突破口选在了科技上，而在科技方面，则以历法的制定让中国人最感兴趣。要制定历法，必须进行观测，而观测的前提是首先确定观测地点子午线的方位，这就与罗盘发生了关系。明末徐光启与传教士多有往来，参与了多次观测工作。他认为，天文观测首先要"较定本地子午真线，以为定时根本。据法当制造如式日晷，以定昼时，造星晷以定夜时，造正线罗经以定子午"①。罗经即罗盘，也就是指南针。但是在用指南针定子午线时，存在着一些麻烦，徐光启总结说：

> 　　指南针者，今术人恒用以定南北。凡辨方正位，皆取则焉。然所得子午非真子午，向来言阴阳者多云泊于丙午之间，今以法考之，实各处不同：在京师则偏东五度四十分，若凭以造晷，则冬至午正先天一刻四十四分有奇，夏至午正先天五十一分有奇。然此偏东之度，必造针用磁悉皆合法，其数如此。若今术人所用短针、双针、磁石同居之针，杂乱无法，所差度分，或多或少，无定数也。②

徐光启遇到的麻烦是当时已经发现磁偏角在不同的地点其大小亦不同，这用传统的指南针理论是无法解释的。对此，徐光启认为，磁偏角的大小是确定的，不可能因地而异，之所以出现磁偏角"各处不同"的现象，是术士们对指南针的制造及保管过程的不规范所致。换言之，是操作不当造成的人为误

---

① （明）徐光启，《新法算书》卷一，文渊阁《四库全书》版。
② 同上。

差。正因为如此，徐光启总结漏刻、指南针、表臬、浑仪、日晷这五种仪器
的特点说："壶漏用物，用其分数；南针用物，用其性情，然皆非天不因，非
人不成。惟表惟仪惟晷，悉本天行，私智谬巧，无容其间，故可为候时造历
之准式也。"①

　　透过上述引文可以看出，徐光启对指南针理论的理解，本质上仍属于中
国传统。"南针用物，用其性情"一语，就是传统指南针理论的具体表现。非
但如此，他所发明的磁偏角的因地而异是人为误差所致的说法，也完全是错
误的。他所说的"磁石同居之针"，是指与天然磁石放到一起进行保存的磁
针。这本来是人们在经验中总结出来的保持磁针磁性的科学方法，却被他说
成是误差之源。这些现象表明，徐光启在与传教士打交道的过程中，并未接
触到指南针的近代磁学理论。

　　在传教士带来的西方科学中，首先影响到中国指南针理论发展的，是地
球学说。中国人传统上认为地是平的，地球学说是随着传教士的到来才逐渐
被人们所认可的。我们知道，在不同的大地模型基础上，人们所建立的方位
观念也不同，而方位观念与指南针又息息相关，方位观念的变化，难免要影
响到指南针理论的变化。传统指南针理论是在地平观念基础上发展出来的，
一旦地平观念被人们所抛弃，建立在地平观念基础之上的对指南针之所以指
南、之所以有磁偏角的种种解释，就很难再继续下去。因此，地球学说的深
入人心，势必要导致中国学者发展出新的指南针理论。这在以方以智为首的
一批学者身上表现得很清楚。

　　方以智因受地球学说的影响而提出了新的指南针理论这件事情，是王振
铎先生最早指出来的。他说：

　　　　在明时，因西方地理知识之传入，在学术上发生一种新宇宙之观念，
　　时人之解释磁针之何以指南受西方学术之影响，亦有关地球之知识而理

————————
① （明）徐光启，《新法算书》卷一，文渊阁《四库全书》版。

解者，如《物理小识·指南说》云："磁针指南何也？镜源曰：'磁阳故指南。'愚者曰：'蒂极脐极定轴，子午不动，而卯酉旋转，故悬丝以蜡缀针，亦指南。'"同书卷一《节气异》中记蒂极脐极，知其指地球南北两极，卯酉旋转者指地球赤道，以两极之静，赤道之动，而解释悬系磁针指南之理。[①]

王振铎先生的洞察力令人钦敬，但他把方以智的"蒂极、脐极"说解释成地球的自转，却微有欠妥。《物理小识》卷一《节气异》原文如下：

> 日行赤道北，为此夏至，则为彼冬至；日行赤道南，为彼夏至，则为此冬至。此言瓜蒂、瓜脐之异也。[②]

王振铎先生认为文中的"瓜蒂、瓜脐"是指地球的两极和赤道。考虑到这里谈论的是日行，则把引文中的赤道理解成天赤道，似更为合理。如果这样，"瓜蒂、瓜脐"之喻就指的是天球，而不是地球了。后面这种理解，在《物理小识》中是有旁证的。就在该书卷一的《黄赤道》条中，方以智明白无误是用"瓜蒂、瓜脐"来比喻天球的。他说：

> 圆六合难状也。愚者以瓜蒂瓜脐喻之。浑天与地相应，所谓北极，如瓜之蒂；所谓南极，如瓜之脐。瓜自蒂至脐，以其中界之周围，为东西南北一轮，是赤道也，腰轮也，黄道则太阳日轮之缠路也。……六合八觚之分，自蒂至脐，凡一百八十度；自赤道至蒂，凡九十度，黄道之出入赤道者，远止二十三度半，此曰纬度。七曜所经之列宿，则曰经度。每三十度为一宫，十五度交一节，其概也。

---

① 王振铎，《司南指南针与罗经盘——中国古代有关静磁学知识之发现及发明（中）》，载《考古学报》，1949年第4期。

② （明）方以智，《节气异》，《物理小识》卷一，《万有文库》本。

在这里，"瓜蒂、瓜脐"究竟是指地球的南北两极和地赤道，还是指天球的对应部位，是一个值得探讨的问题。如果是指地球，那么方以智在解释指南针原理时所说的"蒂极脐极定轴，子午不动，而卯酉旋转"，就是说的地球的自转。这显然是哥白尼的日心地动说了。这也正是王振铎先生的理解。但我们知道，方以智虽然通过传教士穆尼阁（Jean Nicolas Smogolenski，1611—1656年）对哥白尼学说有所了解，但他并不赞同该学说。①方以智的学生揭暄在注解《物理小识》卷一《圆体》条时就曾指出："有谓静天方者，以圆则行，方则止也。不知地形圆，何以亦止也？"②这是明确认为地是静止的。因此，方以智等在这里是用天球而不是地球的旋转来解释指南针的指南原理的。

方以智的学生揭暄和儿子方中通对其理论做了详细解说：

暄曰："物皆向南也。凡竹木金石条而长者，悬空浮水能自转移者，皆得南向。东西动而南北静也。针淬而指南，应南极重而北极高也。有首向北尾则向南，重故也。鳝首仰则朝北，首举而尾重也。旱碓临南临北则转，临东临西则不转，东来气，北上仰也。赤道以南则反是。或疑石之能移，曰：气能飞山移石，竹木铁石，恒转移于空中水中，即能转移于气中也。石不必皆移，而此石精莹，其与此地之气相吸耳。"中通曰："东西转者，地上气也。物圆而长，虽重亦随气转，故不指东西而指南北也。针若扁或方轮者，则乱指。南之极、北之极、日月腰轮之国，针即不指南矣。"

揭暄等是用指南针重心分布的不均匀来解释磁倾角现象，用大气旋转来说明指南针的南北取向。这种做法，显然是从力学而不是指南针的阴阳属性角度出发的。这在中国指南针理论演变史上，是从未有过的。王振铎先生对方氏指南针

---

① 关增建，《〈物理小识〉的天文学史价值》，载《郑州大学学报（哲学社会科学版）》，1996年第3期，第63—68页。

② （明）方以智，《圆体》，《物理小识》卷一，揭暄注语，《万有文库》本。

力学模型有过阐释，他认为，"斯时中国人多接收西方地圆之说，及地球之东西自转知识，中通之论据，即用此以解释之，以为地球表面之气层，因东西自转而大气层随之旋转，体积长圆之物，因南北方向时受气之推动面大，如风帆受东西向风时，帆必南北张之，磁针指南北，因受大气东西自转之故也。暄之谓南北静东西动者，亦从出地球自转之说，其意谓地球在东西旋转时，南北两极旋转较赤道为缓慢，物体因静而后定，故磁针止于南北之静"[①]。

王先生的解说，摒除其中关于地球自转的部分，对揭、方思路的阐释，是合乎情理的。那么，方中通所说的"东西转者，地上气也"该当如何解释呢？这实际是方以智在解释七曜运动时提出的"带动说"，认为天球的旋转，表现为气的运动，这种运动带动了七曜的运行。气的这种运动延伸到地面附近，从而造就了指南针的指南。

至于揭暄所说的"凡竹木金石条而长者，悬空浮水能自转移者，皆得南向"，显然是臆测之语。方中通所说的"日月腰轮之国，针即不指南"，也纯属猜测，没有事实依据。总体来说，在西方地球学说的影响下，方以智等不再用传统的阴阳五行学说去解释指南针指南现象，他们开始从力学的角度思考这一问题，并对之做出了自己的解答。他们的解答虽然比传统的指南针理论有所进步，但仍然是不正确的。

传教士的影响使传统指南针理论中的阴阳五行学说风光不再，而在西学启发下诞生的新的指南针理论如方以智等人的学说又不能令人满意，于是有学者试图另辟蹊径，提出新的见解。清乾隆时的范宜宾就是其中的一位。他指出：

更为臆度，以针属金，畏南方之火，使之偏于母位三度有奇；又谓依伏羲摩荡之卦，故阳头偏左，阴头偏右；又谓南随阳升之牵左，北随阴降以就右；又谓先天兑金在巳，故偏左；又谓火中有土，天之正午在西，故针头偏向西，以从母位。诸论纷纷，尽属穿凿。要知现今经盘中虚危之针路，仍是唐虞之正，日躔之次，至周天正则日躔女二，降及元明之际，天度日躔箕之三度。世人不知天有差移，乃执危为一定之规。[①]

范宜宾嘲笑了建立在阴阳五行学说基础上的传统指南针理论，认为它们"尽属穿凿"，这一评价无疑是正确的，但他自己的新理论又何尝不是穿凿附会的产物！指南针理论发展的趋势是"从天到地"，由把指南针的指南与天体相联系逐渐过渡到只与地球本身相联系，最终得到类似吉尔伯特那样的理论，而范宜宾的理论却与这一趋势相反，他闭目不顾磁偏角大小因地而异这一当时人们已经熟知的事实，不但把磁偏角的产生与天体相联系，而且从崇古心理出发，利用天文学上的岁差现象，将其追溯到了所谓的唐虞时代。这样的理论，实在是鄙陋之见，注定要被人们抛弃。

4. 中国人对西方指南针理论的记述

在传教士带来的西方科学的影响下，中国学者提出了一些新的指南针学说。在这一过程中，中国学者究竟接触到了西方的指南针理论没有？如果接触到了，他们接触的是否就是吉尔伯特的学说呢？他们是否接受了所接触到的西方理论呢？

明末学者熊明遇所撰《格致草》中有这样一段话：

> 罗经针锋指南，思之不得其故。一日阅西域书，云北辰有下吸磁石之能，以故罗经针必用磁石磨之，常与磁石同包，而后南北之指定。窃谓磁石与针，金类也。北属水，岂母必顾子欤？然而罗经针锋所指之南，非正子午，常稍东，偏在丙午之介。问之浮海者，云其在西海，又常偏西，偏在午丁之介。若求真子午，必立表取影者为确。果尔，则堪

---

① ［英］李约瑟著，陆学善等译，《中国科学技术史（第四卷）》，北京：科学出版社，2003年版，第285—286页。

　　舆家用罗经定方位者，不觉恍然如失矣。[①]

　　熊明遇提到了"西域书"，书中所云，当然是西方的指南针理论了。但该书
介绍的是否即为吉尔伯特学说，答案却是否定的：就史料来源而论，无从考
订；就内容来说，只能得出否定的结论。该说强调"北辰有下吸磁石之能"，
而在中国，"北辰"这个概念，指的是北极星，即是天体而不是地球北极，也
正因为这样，熊明遇才用了"下吸"这个词。吉尔伯特理论的要点则在于决
定指南针指南的因素在地球自身而不在天，这与熊明遇所述是截然不同的。
所以，该"西域书"介绍的，不可能是吉尔伯特的理论。

　　虽然熊明遇引述的并非吉尔伯特的理论，但他对该学说的介绍是值得称
道的，因为该说有一种从磁学出发解释指南针之所以指南的倾向。这种倾向
是应予肯定的。对中国人来说，这种理论也是全新的。不过，熊明遇对这种
理论似乎并不赞成。他不赞成的理由，是磁偏角的因地而异，而按照"北辰
有下吸磁石"的说法推论，指南针指南的方向应该是唯一的，不应该有磁偏
角的存在，更不应该有磁偏角的因地而异。

　　熊明遇对《格致草》做最后修订的时间是清顺治五年（1648年）。[②]在此
之前，中国其他学者对西方指南针理论的引述，笔者未能寓目，而在此之后，
康熙皇帝在发表他对指南针理论的见解时，介绍过西方另一种指南针理论。
他说：

　　　　定南针所指，必微有偏向，不能确指正南。且其偏向，各处不同，
　　而其偏之多少，亦不一定。……推求真南之道，昔人未尝言之。朕曾测
　　量日影，见日至正南，影必下垂，以此定是正南真向也。今人营造居室，

---

① （明）熊明遇，《格致草·北辰吸磁石》，任继愈主编，《中国科学技术典籍通汇·天文卷》，郑
　　州：河南教育出版社，1995年版，第6—114页。

② 冯锦荣，《明末熊明遇〈格致草〉内容探析》，载《自然科学史研究》，1997年第4期，第304—
　　328页。

如因地势曲折者，面向所不必言；若适有平正之地，其所卜建屋基向东南者，针亦东南，向西南者，针亦西南。初非有意为之，乃自然而然，无所容其智巧者也。又，赤道之下，针定向上，此土针锋亦略斜向上。今罗镜中制之平耳。海西人云：磁石乃地中心之性，一尖指地，一尖指赤道。今将上指者，令重使平，以取南。与《物性志》谓磁石受太阳之精，其气直上下之说相合。[①]

康熙认为，磁偏角的存在，反映了所测地点的天然地势。换言之，磁针的指向与其他方式测得的地理面向是完全一致的，这是大自然的本性决定的，而对于"平正之地"，磁针指向则与人们所建屋基的朝向相一致。本来磁偏角问题并不复杂，经康熙这么一说，反倒让人不着边际了。指南针指的究竟是"正南真向"，还是所谓的地理面向？磁偏角难道真的取决于当地所建房屋的朝向吗？康熙把磁偏角与当地地势、房屋朝向相联系，突破了传统阴阳五行学说的桎梏，这是其可取之处，但他的理论本身毫无疑问是不能成立的。他还介绍西方理论，说磁石的两极，一极指向地心，一极指向赤道，正是磁石的这种性质，决定了他所说的上述诸多现象。

另一方面，康熙这段话中还涉及磁倾角问题。他所引用的"海西人"语，反映的是西方学者对磁倾角的解释。但这种解释，在理论上是错误的，也与实际情形不合。在地球的赤道处，磁倾角为零，这与该说所谓的"赤道之下，针定向上"完全不同。不过这种解释并非吉尔伯特的理论，则是不言而喻的。

当然，也不排除这种可能：熊明遇、康熙等确实接触到了吉尔伯特的理论，但将其转述错了。如果实际情况的确如此，那么，王振铎先生的话应该是一种合理的解释："自万历以来，泰西之学，渐输中土，如天文、算术、几何学等，研习译释为当时举国所重，格物之学，因之大兴。维新之士，厌五

[①]　李迪译注，《康熙几暇格物编译注》，上海：上海古籍出版社，1993年版，第102—103页。

行之旧说，每喜以西方新入之说，以解物理。按在当时介绍西方学术之书籍，病于传听重译，不得其全豹；又因东西文字隔阂，多不能明白表达。"[1]也许正是这些因素造成了我们今天判断上的困难。

5. 南怀仁的指南针理论

在传教士带来的西方科学影响下，中国学者提出的指南针理论不能成立，熊明遇、康熙皇帝对西方指南针理论的介绍又语焉不详，错误多端，那么，传教士自身对指南针理论持何系统见解呢？

在明清之际来华的传教士中，熊三拔（Sabbathinus de Ursis，1575—1620年）在《简平仪说》中提到过磁偏角及指南针理论的解说问题。他说：

> 正方面之法，今时多用罗经。罗经针锋所止，非子午正线。罗经自有正针处。身尝经历在大浪山，去中国西南五万里，过此以西，针锋渐向西，过此以东，针锋渐向东，各随道里，具有分数，至中国则泊于丙午之间矣。其所以然，自有别论。[2]

所谓的大浪山之说，并不符合磁偏角变化的实际，但这一说法在中国却流传甚久，直到晚清，郑复光还专门提到了这一说法（见下小节），可见其影响之大。至于熊三拔的别论，笔者尚未寓目，很难加以评论。不过，在传教士的著作中，倒是发现了南怀仁（Ferdinand Verbiest，1623—1688年）对指南针原理的详细阐释。

南怀仁，比利时耶稣会士，1656年启程来华，1658年抵澳门，次年赴西安传教，不久受顺治皇帝邀请，于1660年到北京，协助汤若望治天文历法，后又受命管理钦天监监务，并一度担任钦天监监副。南怀仁在从事天文历法

---

① 王振铎，《司南指南针与罗经盘——中国古代有关静磁学知识之发现及发明（中）》，载《考古学报》，1949年第4期，第172—173页。

② （明）熊三拔，《简平仪说》，文渊阁《四库全书》版。

的工作中，把西方的有关知识和他个人的体验写成了一部重要著作——《灵台仪象志》。这部书被收进《古今图书集成·历象汇编·历法典》中。南怀仁有关指南针原理的见解，就记载在《灵台仪象志》的《大地之方向并方向之所以然》条，本部分所引南怀仁语，均出自该处。所据版本为上海文艺出版社1993年影印出版之《历法大典》，引文出自该书第九十卷"仪象部·灵台仪象志二"。

南怀仁的指南针理论，基于其对地球特性的认识上。他说："凡定方向，必以地球之方向为准。地球之方向定，则凡方向遂无不可定矣。夫地虚悬于天之中，备静专之德，本体凝固而为万有方向之根底。"地球的方向主要表现在南北方向上，这是由地球的南北之极所确定的。按照南怀仁的理解，地球的南北之极与天球的两极是遥相对应、恒定不变的，"即使地有偶然之变，因动而离于极，则地亦必即自具转动之能，以复归于本极与元所向天上南北之两极焉。夫地球两极正对天上两极，振古如斯，未之或变也。故天下万国从古各有所测本地北极之高度，与今日所测者无异"。这一事实充分表明，地球的两极指向即其南北方向是恒定的。因此，它有资格成为"万有方向之根底"。

地球方向的恒定性及其自动调整回归原位的性能，是地球的天然本性。南怀仁论证说：

> 地所生之铁及土所成之旧砖等，其性禀受于地，故具能自转动向南北两极之力，如烧红之铁，以铜丝悬之空中，既复原冷，则两端自转而向南北两极。再如旧墙内生铁锈之砖等，照前法悬之空中，亦然。假使地之本性无南北之向，何能使所生之物而自具转动向南北之理乎？

南怀仁总结的这些现象，只能源自道听途说，并非实有其事。从物理学的角度来看，把铁加热烧红，可以使铁中原有的小磁畴瓦解，然后使铁在地磁场中冷却，冷却过程中重新生成的小磁畴在地磁场的作用下，会沿着地磁场方向排列，从而使铁得到磁化，具有指南功能。但这种磁化方法在操作时有一些技术要求，比如冷却速度要快、冷却时要使铁块的长轴沿地磁场方向放置，等等。前述曾公亮的《武经总要》中记载的指南鱼，就是用这种方法磁化的。曾公亮详细记载了制作指南鱼的技术要素，按其所述制作的指南鱼确能指南。相比之下，南怀仁的记述则语焉不详，按他的描述对铁以及墙内带有铁锈的砖块进行加热冷却，是不太可能获得磁化效果的。

南怀仁所述现象不能成立，但他通过对这些现象的陈述所要表达的思想却至关重要，那就是地球本性具有南北取向，而这种本性可以传递给其所生之物，使之亦具有天然的南北取向的能力。他的指南针理论就是建立在这一思想基础之上的。

为了说明指南针的指南原理，南怀仁把注意力放在了地球本身的物质分布上。他说：

> 地之全体相为葆合，有脉络以联贯于其间。尝考天下万国名山及地内五金矿大石深矿，其南北陡衺面上，明视每层之脉络，皆从下至上而向南北之两极焉。仁等从远西至中夏，历九万里而遥，纵心流览，凡于濒海陡衺之高山，察其南北面之脉络，大概皆向南北两极，其中则另有脉络，与本地所交地平线之斜角正合本地北极在地平上之斜角。五金石矿等地内深洞之脉络亦然。凡此脉络内多有吸铁石之气生。夫吸铁石之气者无它，即向南北两极之气也。夫吸铁石原为地内纯土之类，其本性之气与地之本性之气无异故耳。

这是说，在地球内部有贯穿南北的脉络，这些脉络蕴含着地球自身"向南北之气"，这种气是地内纯土的本性之气，与磁石之气一致。这种一致性，是磁针能够指南的前提。

这里所谓的"纯土"，源自古希腊亚里士多德的"四元素"说。南怀仁专门强调了这一点，指出它与地表附近的"浅土""杂土"不同，只有"纯土"，才是决定指南针指南的关键因素：

所谓纯土者，即四元行之一行，并无他行以杂之也。夫地上之浅土、杂土，为日月诸星所照临，以为五谷百果草木万汇化育之功。纯土则在地之至深，如山之中央、如石铁等矿是也。审此，则铁及吸铁石并纯土同类，而其气皆为向南北两极之气，自具各能转动本体之两极而正对天上南北之两极。此皆本乎天上南北之两极，犹之草木之脉络皆自达其气而上生焉。盖天下万物之体，莫不有其本性，则未有不顺本性之行以全乎其为本体者也。

那么，磁偏角现象又该如何解释呢？为什么磁偏角的存在如此广泛呢？南怀仁认为：

夫吸铁石一交切于铁针，则必将其本性之转动而向于南北之力以传之，如火所炼之铁等物，必传其本性之热焉。又凡铁针及吸铁石彼此必互相向，故即使有针向正南正北者，而或左右或上下有他铁以感之，则针必离南北而偏东西向焉。今夫吸铁之经络自向南北二极而行，但未免少偏，而恰合正南正北者少。故各地所对之铁针，未免随之而偏矣。试观水盘内照南北之各线按定大小各吸铁石，而于水面各以铁针对之，则明见多针或偏西之与偏东若干。若照盘底内其所对之吸铁石，偏东西又若干矣。……夫行海者所为定南北之针多偏东偏西者，因其海底吸铁之经脉偏东西若干也。陆地之针亦然。审乎此，则指南针多偏之故并其所以不可定南北之正向，明矣。

至此，南怀仁的指南针理论已经成型，其基本逻辑是：地球本身具有恒定的南北取向，该取向取决于地球的南北两极。地球内部有贯穿于南北两极的脉络，这些脉络在性质上属于构成万物的四种基本元素之一的"纯土"，它们蕴含着向南北两极之气。另一方面，铁和吸铁石都是这种"纯土"组成的，当然也蕴含着同样指向南北的气。在这种气的驱动下，由铁制成的磁针自然会经过转动使其取向与当地的地脉相一致。地脉与地平线的夹角，决定了当地的磁倾角。当地脉有东西向偏差或周围有铁干扰的情况下，指南针所指的方向也会有偏差，于是磁偏角也就相应而生了。

南怀仁的理论，有其可取之处：它看上去与吉尔伯特的学说似曾相识，都主张决定指南针之所以指南的要素在地不在天；南怀仁所说的"地脉之气"与吉尔伯特学说蕴含的磁感应思想在形式上是相似的；南怀仁还对磁变现象提出了解释，认为周围的铁会对磁针指向产生干扰，等等。但两者也有不同，比如吉尔伯特主张磁偏角的形成是地球表面形状的不规则对指南针的影响所致，"他猜测，虽然地球的磁极和地极相重合，但罗盘由于所在处的地球表面不规则而发生变化，它的针偏向陆块而偏离海盆，因为水是没有磁性的"[①]。这与上述南怀仁对磁偏角的解释是完全不同的。除此以外，南怀仁理论与吉尔伯特学说的最大不同在于，在南怀仁理论中，决定磁针指向的是地球的地理南北两极本身，而吉尔伯特则认为地球本身存在着一个磁体，虽然他认为该磁体的两极与地球的地理两极是吻合的，但他是从地球磁极与磁针相互作用的角度出发思考问题的，是从磁学角度出发进行讨论的。从磁与磁的作用出发进行讨论，才能建立指南针的磁学理论，而南怀仁的做法，则是中国传统感应学说的改头换面，在这样的学说中，发展不出指南针与地球磁极异性相吸的理论。

实际上，吉尔伯特磁学理论提出来以后，磁学的发展并非一帆风顺。在欧洲，"关于磁流本性的种种理论在十七世纪上半期都是含糊不清而又带有神秘主义的色彩，而且通常还认为智能是磁石的属性"[②]。在这种情况下，传教士来到中国，将欧洲其他磁学理论而不是吉尔伯特的磁学理论介绍给中国人，也就不足为奇了。

---

① ［英］亚·沃尔夫著，周昌忠等译，《十六、十七世纪科学、技术和哲学史（上）》，北京：商务印书馆，1997年版，第339页。

② 同上书，第344页。

6. 南怀仁学说的影响

南怀仁的理论虽然本质上不属于近代科学，但由于多种原因，却在中国流传了近200年，对中国学者产生了很大影响。

南怀仁是继汤若望之后来华的最重要的传教士。他来华后，先是辅佐汤若望治天文学，后又受命管理钦天监监务，一度被任命为钦天监监副，成为当时在中国天文学界最有发言权的人物。南怀仁多才多艺，他设计的三种火炮被选入清代国家典籍——《钦定大清会典》，他撰著的《神威图说》，是有关清代火炮的一部重要专著。他与康熙皇帝过从甚密，颇受康熙宠信，1688年他病逝于北京后，康熙皇帝亲自为他撰写祭文和碑文，赐谥号"勤敏"。这样一位人物，他的话，自然会受到人们的特别重视和信奉。

南怀仁在天文学方面的最重要著作是他的《灵台仪象志》，该书成书于康熙十三年（1674年），并于次年经康熙帝下诏予以刊行。该书因倾力阐释西方科学而深受中国新派学者之喜爱，是当时中国学者学习西方天文仪器制作及相关科学知识的圭臬之作。南怀仁的指南针理论就收在该书之中，自然也就作为该书的一部分随之流播后世。

正是由于这些原因，南怀仁的指南针理论在中国一直流传到了19世纪中叶。这里我们仅举郑复光为例，以见一斑。

郑复光，字元甫、浣香，生于1780年，卒于1853年以后。郑复光从青少年时就博览群书，善于观察和思考，后更致力于自然科学，著书多种，其中《费隐与知录》刊行于1842年。《费隐与知录》中，记载了郑氏关于指南针的解说。这些解说，是以问答形式表现出来的：

问：铁能指南，何以中国偏东？而西洋人又谓在大浪山东则指西，在大浪山西则指东，惟正到大浪山则指南，其说可信乎？

曰：西说既非身亲，姑可不论，而中国偏东，京都五度，金陵三度……既见诸书，确然无疑，而偏则各地不同，从《仪象志图》悟得是各顺其地脉也。地脉根两极南北，如植物出土皆指天顶，但不能不稍曲焉耳。惟植物尚小，又生长活动，故曲较大，不似地为一成之质，其脉长大，故曲处甚微焉。又地脉之根，止有地心一线，其处最直，而渐及地面不无稍曲。针为地脉牵掣，故偏亦甚微。[①]

所谓《仪象志图》，就是南怀仁的《灵台仪象志》。郑复光的这段话既回应了熊三拔的大浪山传说，又说明了磁偏角的形成原因。将他的叙说与南怀仁的论述相比较，可以看出，他的阐释实际上是对南怀仁理论的注解，二者一脉相承。紧接着这段话，郑复光又自设了另一组问答：

　　曰：针为铁造，铁顺地脉，向南向北，自因生块本所致然，理也。迨制成针，铁向南处，未必恰值针杪，且针本不指南，磨磁乃然。（曾闻针本指南，余试以寸针，知不确矣。墨林兄以为确，试之而验，但不甚灵耳。是用绣花针，盖小而轻，较灵也。）而《仪象志》又谓烧红之铁铜丝悬之，既复原冷，两端自转而向南北。又旧墙砖如铁锈者亦然。夫针或因磨处在尖，故尖独灵，若烧红则全铁入火，何以独尖指南？

　　曰：铁若圆形，无由知其指南。针是长形，虽各处皆欲指南，必辗转相就，然后分向南北，不得不在其尖矣。……磁石本体生于地脉，有向南处，有向北处，针杪磨向南处则指南，磨向北处则指北。……沈存中《梦溪笔谈》云：针磨磁石指南，有磨而指北者。余试以罗经，持石其旁，针或相指，或亦不动，即转石则针必转。迨至针端恰指石时，即作识石上，石转一周，必有红黑两识。乃别取针，不拘用杪用本，磨红识处则指南，磨黑识处则指北，百试无爽。乃知沈盖尝试而为是言，第不详耳。（或谓有磨而指东西北者，故必试准乃用。臆说也。）《高厚蒙求》云：针必淬火，不然虽养磁石经年，终不能得指南之性。余磨之即

---

① （清）郑复光，《罗针偏东由于地脉》条，《费隐与知录》，上海：上海科学技术出版社，1985年影印出版。

时指南，说乃未确。然宜从之。观《仪象志》有烧红之语，可知盖物久露则本性不纯。（蓄磁必藏铁屑中或水内，亦此理。）烧红则变化使复其旧矣。淬水则铁弥坚，殆助其力之意。凡针材亦本有火也。[①]

从这组问答中可以看出郑复光的实验精神：他质疑铁针不经磁化就能指南的说法，用的是实验的方法；他检验沈括的说法，用的是实验的方法；他否定《高厚蒙求》的判断，用的还是实验的方法，唯独对于《灵台仪象志》说的旧墙内生铁锈之砖烧红冷却即能指南的说法深信不疑，不肯一试。《费隐与知录》一书共包括225条，其中谈到指南针的只有两条，而这两条的基本内容都是对南怀仁理论的发挥。郑复光是关注自然并善于观察和思考的学者，在事隔近200年以后，他对指南针现象的解说，仍然沿袭南怀仁的说法，可见南怀仁理论在中国的影响之大。

五、指南针的应用与传播

曾有一种说法，说中国人发明了指南针，但仅仅是用它来看风水，而西方人却把指南针拿去用来航海，导致了地理大发现，推动了人类文明的发展。这种说法是不准确的。中国人既用指南针看风水，也将其用于航海。说到底，指南针是用来判定方向的，究竟用于哪种用途，取决于社会需要，是社会发展大势决定了指南针的使用范围。

古代中国属于农业文明地区，在宋代以前，航海并不发达，航运主要在江河与运河中进行。少量的海运，也是在沿海进行。加之指南针最初精度并不高，也难以满足航海定向的需求，这样，指南针问世以后，也就很难被用于航运之中。

指南针一开始是以司南形式出现的。最初的司南，是用于判别道路方向

---

① （清）郑复光，《罗针偏东由于地脉》条，《费隐与知录》，上海：上海科学技术出版社，1985年影印出版。

的，前引《鬼谷子》的话："郑人之取玉也，必载司南之车，为其不惑也。"
就是指的其在判定道路方向方面的用途。《艺文类聚》卷七十七载定国寺碑
序，其中有"幽隐长夜，未睹山北之烛；沉迷远路，讵见司南之机"之语，
也是对司南辨方定向功能的强调。

指南针的另一重要用途是军事活动的定向。在古代的军事活动中，对方
向的辨别无疑是至为重要的一件事。司南的产生，传说中就是与黄帝和蚩尤
两大部族的战争有关。虽然该传说所提到的司南是指南车，但该传说所透露
出的古代战争对辨别方向问题的迫切需求，则无疑为指南针在古代军事活动
中的应用打开了大门。古代兵书中多有记载指南针的，《武经总要》就是一个
例子。这表明军事活动是指南针应用的一个重要领域。对此，这里不再赘述。

指南针还有一个重要用途：用于礼仪活动。指南针在没有别的物体接触的
情况下，会自动转向南方，这样的特点会让人感到神奇。而司南的勺形，也会
让人们将其与神秘的北斗七星相联系。这种神秘感发展的结果，是使得司南成
为某种礼仪活动用器，在前引汉代画像石图形中，司南的作用，显然是作为某
种象征来使用的。由这一用途延伸开来，司南开始与占测术相结合。当堪舆术
登上历史舞台的时候，司南自然就被引入堪舆术中，成为风水"宝器"。

在古代，指南针的传播非常缓慢，这并不难理解，因为指南针一开始制
造技术繁难，定向性也不太好，应用价值有限。当磁性指向器由司南过渡为
指南针以后，它的发展速度一下子快起来了，应用范围也增加了。指南针的
基本成熟是在宋代，而宋代指南针的应用，已经很广泛了。除了用于军事、
堪舆，指南针也被大量用于航海。在能够准确确定年代的文献中，中国船员
最早在航海中使用了指南针，欧洲人知道这一技术的时间要晚几十年。从航
海的角度看，公元前2世纪的文献曾提到通过观测星辰来驾驶船只，后来晋朝
的僧人法显的航海记述里也有类似的内容。而到了宋代，文献中就开始出现
在航海中运用指南针的记载了。

《萍洲可谈》成书于宋徽宗时期（1101—1125年），但它提及的事件是从
1086年开始的。所以，它与沈括在《梦溪笔谈》中所记载的内容属于同一个

时代。而且，无可置疑的是，作者朱彧对其所讲内容十分清楚，因为他的父亲曾经是广东港口的一个高级官员。朱彧的有关记载如下："舟师识地理，夜则观星，昼则观日，阴晦则观指南针。"[①]这段话讲到航海罗盘的用途，比欧洲最早提到航海罗盘的时间要早100年。

宋宣和五年（1123年），中国派往朝鲜的使团的一个成员徐兢记载下来有关内容，他写道："是夜洋中不可住，维视星斗前迈。若晦冥则用指南浮针以揆南北。入夜举火，八舟皆应。"[②]这些记载表明，古代海员把指南针带到了自己的船上，而且提到了在恶劣天气和夜晚使用指南针的情形。这些记载表明，在12世纪，中国的船员对利用指南针来导航，已经习以为常。

对于晚些的文献，最著名的是宋代地理学家赵汝适于南宋宝庆元年（1225年）写的《诸蕃志》。在该书中，他写道："海南……东则千里长沙，万里石床，渺茫无际，天水一色。舟舶来往，唯以指南针为则，昼夜守视惟谨。毫厘之差，生死系焉。"[③]

这里讨论的是海南岛附近的航行情况。半个世纪后，在吴自牧描写杭州的一篇文献中，他写道："海洋近山礁则水浅，撞礁必坏船。全凭南针。或有少差，即葬鱼腹。"[④]

元代的文献除了记载指南针，也开始记录罗盘方位。这意味着元代已经出现了航海中用来标志航向的针路图："自温州开洋，行丁未针，历闽广海外诸州港口……到占城。又自占城顺风可半月到真蒲，乃其境也。又自真蒲行坤申针，过昆仑洋入港。"[⑤]

到明初（14世纪中叶），已有大量利用罗盘导航的文献。在郑和的航海活动期间（1400—1431年），有关文献就更多了。《顺风相送》所反映的时

---

① （北宋）朱彧，《萍洲可谈》卷二。

② （北宋）徐兢，《宣和奉使高丽图经》卷二。

③ （南宋）赵汝适，《诸蕃志》卷二。

④ （南宋）吴自牧，《梦粱录》卷十二。

⑤ （元）周达观，《真腊风土记》。

间大致始于1430年，当时郑和的航海活动刚刚结束。在大量的航海信息（海潮、海风、星辰和罗盘方位等）中，作者也描述了对罗盘的使用。他写道："北风东涌开洋，用甲卯取彭家山，用甲寅及单卯取钓鱼屿。正南风，梅花开洋，用乙辰，取小琉球；用单乙，取钓鱼屿南边；用卯针，取赤坎屿。"[①] 这里的钓鱼屿，就是现在我们所说的钓鱼岛。该书是人们发现钓鱼列岛的最早的历史文献。有意思的是，在《顺风相送》中还记载了出航前举行的祈祷仪式。在仪式上，罗盘被放在突出的位置，被祈祷者包括了大量神仙和圣人。

　　有关指南针的知识传到现在欧洲和伊斯兰国家大约是12世纪，最早的阿拉伯文献把磁浮针叫作"鱼"。最后，从司南勺中产生的首尾观念甚至晚到18世纪还被用来说明有关磁极的新知识。

　　一开始指南针知识是从东方传到西方的。从司南到罗盘在中国经历了一个漫长的发展时期，但传播到西方后，得到了迅速发展。在13世纪前的几个世纪里，找不到指南针经阿拉伯、波斯和印度这些过渡区域传入欧洲的任何线索，到13世纪，西方人开始记述指南针在航海中的应用。指南针知识从中国到欧洲的传播可能不是沿着与航海有关的途径进行的，是借助天文学家和那些测定各地子午线的测量员之手从陆地传入的。所以，指南针对于绘制地图是重要的，对于调整日晷也同样是重要的。日晷是当时欧洲人所用的最好的计时器，欧洲人就描述过两种装有指南针的日晷。直到17世纪，在测量员和天文学家手里的罗盘中的磁针，才普遍被设置为指南（与海员所用的指北针相反）。这与中国几乎一千年前对磁针的应用情况一样。

　　指南针沿陆地西传后，西方水手应用的指南针与中国船员在更早些时候将指南针应用于航海的指南浮针无关，二者是彼此独立发展起来的。在10世纪，中亚地区的人们更容易把传入的指南针当成一种魔术，而不是科学。不过这种魔术对于他们来说没有任何技术难度。

---

① 　向达校注，《两种海道针经》，北京：中华书局，1961年版，第96页。

第四节　曾侯乙编钟与中国古代音律

在古代中国，古人对音乐的重视超出今人的想象。古人重视音乐，是因为他们认为音乐具有教化人民、引导社会的功能，对构建王道治世有不可替代的作用，即所谓"礼节民心，乐和民声，政以行之，刑以防之。礼乐政行，四达而不悖，则王道备矣"[1]。正因为有这样的认识，历代王朝都设置有地位很高的太常机构，管理音乐事宜，引导音乐的发展。

任何音乐，都会包含艺术和物理两部分内容，本节所谈，以古代音乐所涉的物理知识为主，主要以乐器制作中的物理内涵和音律知识为探讨对象。

一、古代钟磬制作

古代乐器有八音之说，《汉书·律历志》提到：

> 声者，宫、商、角、徵、羽也。所以作乐者，谐八音，荡涤人之邪意，全其正性，移风易俗也。八音：土曰埙，匏曰笙，皮曰鼓，竹曰管，丝曰弦，石曰磬，金曰钟，木曰祝。五声和，八音谐，而乐成。

这里涉及的，就是传统所谓的五声八音。五声，指五个音阶，它们需要通过八音组合出和谐的音律。这样可以"荡涤人之邪意，全其正性，移风易俗"。显然，所谓"八音"，是指以8种不同的材料制成的乐器，分别为"土曰埙，匏曰笙，皮曰鼓，竹曰管，丝曰弦，石曰磬，金曰钟，木曰祝"。这些乐器，本来在古代音乐中的地位和作用就不一样，导致流传下来的多少有别，更因材料性质的不同，在出土的古代乐器中，各种乐器的量更是迥然有别。就现存音乐文物来看，钟磬占了绝大多数。本篇的讨论，即针对钟磬展开。

钟磬是古代两种重要的打击乐器，它们各有不同的形制和质地。钟一般是青铜铸造的，而磬则是玉或石头制成的。我们这里先讨论磬的形制和其发声的物理机制。

---

[1] 《礼记·乐记》。

　　绝大多数磬都是用石头磨制的。磬的起源时间可以上溯到石器时代。人们在磨制石具的实践中，注意到不同石块受打击时会发出不同声音，因而受到启发，开始磨石为磬。最初是用普通石头磨制的，形制也不太规范。这样的磬，音高很难确定，音色也无从保证。要大致确定磬的音高，就需要探究它的形制，使其相对规范化；要得到良好的音色，则需要选择一定质地的石头或玉石。经过长期探索，人们逐渐找到了采用某些特殊石头（或玉石）制成发各种固定单音的磬的方法，磬的形状也相应固定了下来。因为单个的磬无法用来演奏音乐，再后来人们又找到具有几个至一系列固定音的磬组成编磬的方法。编磬的出现时代不晚于商。1935年在安阳侯家庄西北岗殷代大墓，曾出土过玉制编磬一组，计13枚，就证明了这一点。到了战国时期，编磬的规模更大了。1978年，在湖北随县（今名随州市）曾侯乙墓出土了一套由32件石磬组成的编磬，各磬形状相同而大小各异，其上多有编号和乐律铭文，等分两层悬挂于铜架上。编磬通高109厘米，宽215厘米。经复原研究，知其音域跨3个8度，12个半音齐备，声音清脆明亮而独具特色。图3.4.1所示即该套编磬，它充分反映了楚国在音律上的发展水平。[①]

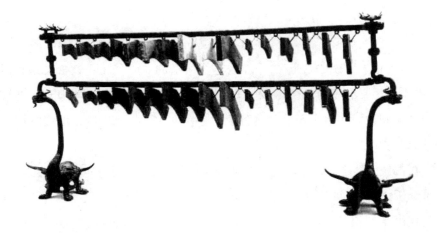

图 3.4.1　湖北随县曾侯乙墓出土的战国编磬

---

①　史树青，《中国文物精华大全·金银玉石卷》，香港：商务印书馆（香港）有限公司，上海：上海辞书出版社，1994年版，第277页。

磬的形状的规整和固定化，意味着古人已经明了磬的形制与发声关系和调音办法。古籍对此有所记载。在现存的记述古人制磬技术的早期文献中，《考工记·磬氏》是最著名的一篇。该篇除规定了磬的形制以外，还专门提出了调整磬的音高的方法，即"已上则磨其旁，已下则磨其端"。这里的"上""下"指的是音的高低，其实质是磬发音频率的高下。按照这种办法，当感觉磬的发音过高时，就打磨磬体的两面，使其变薄，这就能将音调降低；当感觉磬发声过低时，则磨其两端，使磬体相对变厚，就能将音调升高。春秋战国时期，我国早期律学已经形成，磬作为一种乐器，其音高一定要符合律制，才能满足音乐演奏的实践需要。《考工记》的记载，就是一种通过调整磬的外形，使其发音符合律制的有效方法。

《考工记》的记载符合声学原理。我们知道，磬的发音属于板振动，而板振动的频率是正比于厚度的，由此，若磬发音"已上"，即频率过高，这表明磬体过厚，就需要"磨其旁"。"已下"，说明频率低了，需要增加相对厚度，因此要"磨其端"。唐代贾公彦在疏解《考工记》这段话时提出：

　　凡乐器，厚则声清，薄则声浊。

《考工记》所说的"上""下"与这里所谓的"清""浊"，含义是相通的（后者也许还带有音色的衡量成分）。古人没有频率之类物理学概念，能够总结出"厚则声清，薄则声浊"这种规律，在古代科学范围内，已经掌握了板振动的本质特征。

在古代乐器中，与磬相比，钟的地位更为重要。八音齐鸣，赖金以动声，钟是众乐之首。"钟鸣鼎食"成为权势、地位的标志。钟的尺度和音律又与历算、权衡密切相关。钟又是古代朝聘、祭祀等礼仪活动的必备乐器，深受古人重视。

钟是由铙发展演化而来的。铙为青铜制，一般是用手拿着敲击或用支架支撑，铙口向上，如图3.4.2所示。后来因为铙愈做愈大，手执及支架支撑均

图 3.4.2　商代伏虎兽面纹铙

图 3.4.3　兽面牛首纹钟

有不便，于是挂起来敲，口部遂向下，这就成为钟。这一转化大概始于商代。在出土的商代文物中，我们已经能够窥见商代乐舞用钟的身影。图3.4.3所示即是1989年在江西新干大洋洲商墓出土的兽面牛首纹钟。该钟中央有长方孔与腔相通，上有钮环，可以悬挂，现藏于江西省博物馆。

　　对音乐学而言，由铙转化为钟是个巨大的进步。对于悬挂在架子上的钟而言，演奏者可以自如挥槌敲击，演奏技巧得以发展，而且还推动了钟制的发展，使得用钟可以演奏出旋律更为丰富多彩的音乐。

　　钟具有独特的声号结构，一般都能奏出频率确定的音。那么，古人是如何保证音乐用钟的音响效果呢？

　　这里面涉及因素很多。从形制上说，中国古代音乐用钟带有明显的民族特色。欧洲和印度的钟，其横截面都是正圆形的，唯独中国的钟铙是合瓦式的。所谓合瓦式，是指钟体由两个小半圆合成，而不是椭圆形。北宋沈括《梦溪笔谈》"补笔谈"卷一曾分析过扁钟和圆钟发音的差别，说：

　　　　古乐钟皆扁如合瓦。盖钟圆则声长，扁则声短。

他所指出的这一特点是正确的。圆钟具有较强的余音效果，用于定音，效果是不错的，但用于演奏，拖长的余音相互干扰，使人难以听出节奏，所以沈括说："急叩之多晃晃尔，清浊不复可辨。"但对于扁钟，因其铣边有棱，对声振动起着制约作用，衰减较快，余音适中，因而能够成组编列，作为旋律乐器使用。

钟体上铸有一枚枚乳状突出，叫钟枚，它对于改善钟的音响效果也有作用。据王黼《博古图》卷二十三记载："宋李照号为知乐，其论枚乳则以谓用节余声。盖声无以节，则锽锽成韵而隆杀杂乱，其理然也。"李照的分析是对的，作为钟体上的部件，枚乳是加速钟音衰减的一种振动负载，具有消耗振动能量的作用，因而可以节制余音，改善钟声。

特别应该指出的是，有些钟还具有双音结构，可以发出两个不同音高的声响。这种钟在鼓体的中部标有一个敲击点，相应的发音称为正鼓音；在鼓体的旁侧部有时标有另一个敲击点，称为侧鼓音。质量好的钟，不但这两个音位标志明确，而且两个音的频率比也趋于一致，大约为1∶1.2，相当于音程间隔上的三度关系。由此可见，古代钟的音响设计是非常出色的。

从材料上说，钟以青铜铸成，奏低音时，音色深沉浑厚；奏高音时，音色清脆激扬，演奏效果出色。这也是音乐用钟能取得良好音响效果的原因之一。

青铜是铜锡合金，钟既然是青铜铸成，就必然有一个铜锡比例问题。《考工记》对各种青铜合金成分做了严格规定，其著名的《金有六齐》条说：

　　　　金有六齐：六分其金而锡居一，谓之钟鼎之齐……

这里"金"，指铜。铜与锡熔合，构成青铜合金。至于铜与锡的比例，历来存在不同理解，一种认为"六分其金而锡居一"，为六份铜、一份锡，由此含锡量为14.3％；另一种意见则认为是锡占整个青铜重量的六分之一，即含锡量为16.7％。从对先秦乐钟的化学分析来看，以前说为是。含锡量的高低对编钟音响效果有直接影响，今人对之做过多方面实验分析。例如，用砂型浇铸不同锡含量的试样，测试其弹性模量，得知锡在12％—16％变动时，基频较低，弹性模量与频率变化趋势较为一致；声频谱分析又表明，当锡高于13％时，出现基音和第三、五分音的共振峰，其余分音减弱，音色较好。又从锡青铜成分与机械性能的关系曲线看，含锡量在12％—16％时，强度较好。若含锡量过高，将急剧变脆，不耐敲击。从这些分析来看，选取锡含量略高于14％是合适的。《考工记》的记载和实物分析都说明先秦铸师对编钟合金成分与铸造性能、声学特性、钟体强度的关系已有较深入的认识[1]，这是保证音乐用钟能够获得良好声学效果的一个重要条件。

古人在铸造和使用音乐钟的实践中，对其几何形状非常重视。《考工记》"凫氏"一节，详细规定了甬钟各部分名称及相应尺度比值，这表明古人在设计和制造音乐钟时，已经形成了比较稳定的技术规范。出土文物表明，这一规范基本上是得到遵守了的。

钟铸好以后，还需要经过细致的调音，才能得到预期的音高和音响效果。对此，古人是通过在钟腔特定部位用粗细砺石逐次锉磨而实现的。古人在实践中逐渐积累了有关钟体结构与发声效果之间关系的一些认识。例如，《考工记》"凫氏"一节说："薄厚之所震动，清浊之所由处。"这是说的钟体厚薄与音调高低之关系。又说："钟已厚则石，已薄则播。"这两句谈论钟的音色受厚薄因素的影响，钟太厚则声音闷，缺乏明快感；太薄则声音单调，不够浑实。该节还提到："钟大而短，则其声疾而短闻；钟小而长，则其声舒而远闻。"这是对钟体与响度和传播距离相互关系的经验性认识。正是由于有这些经验理论的指导，加上工匠们在实践中的积累提高，使得古人能够逐渐摸索出钟体上影响音频变化的一些敏感区域，从而实现对钟的精细调试，取得理想的音响效果。

---

[1]　参见华觉明、贾云福，《先秦编钟设计制作的探讨》，载《自然科学史研究》，1983年第1期。

二、曾侯乙编钟

和磬一样，单个的磬无法演奏音乐，需要组成编磬；单个的钟也不能演奏音乐，也需要有大小相次成组的编钟，才能满足演奏音乐的要求。

编钟出现的时间很早。一开始，编钟的形式比较简单，过去，人们认为西周中期开始有了编钟，现在，考古实践告诉我们，西周早期即已经有了编钟。其缘起即是考古人员对湖北随州叶家山西周墓群的发掘。该墓群面积约4万平方米，墓地时间为3000多年前的西周早期，2010年底被当地农民发现。2011年1月，考古人员开始发掘该墓。2013年7月4日，考古人员在编号为M111墓的墓壁二层台发现了一个镈钟和4个编钟。该墓室长13米，宽10米，是目前发现的西周早期最大的古墓。北京大学古代文明研究中心主任李伯谦教授认为，这是中国目前所知最早的编钟，本次发现对于研究钟的起源以及单个钟如何演变成编钟有重要的学术价值，对于音乐史的研究提供了非常好的材料，可能改变对钟起源的认识。他介绍，此次发现的编钟属于西周早期，预计有5至6个编钟，其数量和规模超过同时期已发现的编钟，在当时属于较高等级，这是西周考古的重大发现。①

这些编钟的问世，为人们展示了中国已知最早编钟的形貌。早期的编钟一组仅3到4枚，西周后期则增加到9枚，说明它逐渐从节奏乐器发展成为旋律

图 3.4.4　河南信阳出土的春秋后期编钟

---

① 《叶家山墓编钟有望改写音乐史》，载《东方早报》，2013年7月6日，第13版。

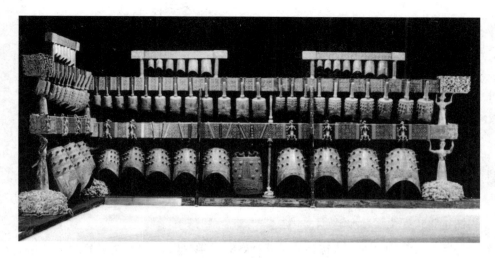

图 3.4.5　曾侯乙编钟

乐器。到了春秋时期，编钟的枚数有了进一步的增加。1957年，在河南信阳长台关出土了13枚一套编钟，通过对其音频实测证明，春秋时期楚国的青铜钟的铸造已经相当进步。图3.4.4即是该套编钟的展出图。

到了战国时期，编钟技术有了进一步的提高。就现今出土情况来看，不仅数量多，分布范围也广，其中最著名的是1978年在湖北随县战国早期的曾侯乙墓里出土的罕见大型编钟，现在称之为曾侯乙编钟。该套编钟的出土，是中国考古学的幸事，是中国音乐史和科技史的大事。

曾侯乙墓位于现在湖北随州市南郊的擂鼓墩，墓主是战国早期曾国的国君。1977年9月，解放军随县擂鼓墩驻军在扩建营房的过程中，偶然发现了该墓。当时，部队施工所打炮眼距古墓顶层仅剩80厘米，只要再放一炮，古墓将毁于一旦，墓中的千古奇珍将不复存在。由此，该墓的发现及完整发掘，确为考古学幸事。

在湖北省政府和国家文物局的领导下，湖北省组成了"随县擂鼓墩古墓发掘领导小组"和考古队，于1978年5月11日正式开始发掘。发掘结果，曾侯乙墓出土了近百件乐器，其中最著名的就是曾侯乙编钟。这套编钟共8组，65枚，分三层悬挂在钟架上，气势宏伟（图3.4.5）。架全长10米左右，成曲尺形排列，通高2.73米，分为上下3层。最上层的悬钟是钮钟，分为3组，共19枚。钮钟最小的重2.4千克，最大的重11.4千克。中间和下层共45枚，是甬钟，其中最小的重8.3千克，最大的高153.4厘米，重203.6千克，形体和重量在编钟中都是空前的。整套钟重量达2567千克，钮钟和甬钟上都有铭文，铭文中有"曾侯乙作持"字样，这是考古界将其定名为"曾侯乙编钟"的直接依据。铭文的其他内容都是关于音乐方面的，例如上面标出了不同音高如宫、羽等22个名称，还铸有律名、调式和高音名称以及曾国与楚、周、齐、晋的律名和音阶名称的对应关系。同时出土的镈钟铸于楚惠王五十九年（公元前433年），为铸钟年代提供了确切证据。

曾侯乙编钟最为令人惊诧的是其良好的声学效果。编钟为双音结构，每钟可发两音即正鼓音和侧鼓音，恰好成三度音程。这套上层的钮钟起定音作用，每个钮钟上都有两个乐音。中层甬钟有3个半八度音阶，每组甬钟都可以单独奏曲。下层的甬钟形大体重，声音深沉洪亮，在演奏时起烘托气氛与和声的作用。整套编钟音域宽达5个半八度，中心音域12个半音齐全，是世界上已知最早具有12个半音的乐器。编钟可以旋宫转调，演奏各类乐曲，音律和谐，音色优美，声音清脆嘹亮，音响效果令人惊叹。远在两千四百多年前的战国初期，就已经出现了如此铸造精妙绝伦、音响效果良好的大型编钟群，确实是中国古文化史上的一个奇迹。它是中国音乐史、冶铸史、考古学史和世界音律学的不朽典范。正因为如此，曾侯乙编钟的出土，在国内外都引起了巨大轰动。

编钟钟体具有独特的结构。其侧鼓部的钟腔下端设置有对称分布、上窄下宽的音脊四处，其作用类似现代钢鼓的音槽，这是《考工记》所没有记载的。这一特殊处理，将钟体分成四个音区，有六个敲击点（通常只用其中两个），可以产生明确分开的两个成三度音程的乐音。即在敲击鼓部正中时，节线位于音脊或近脊处，得到第一基频；而在敲击侧鼓部时，节线位于鼓部正中，得到第二基频。这一编钟双音的发声原理已为激光全息干涉摄影术所证实。[①]

———————————

① 参见华觉明、贾云福，《先秦编钟设计制作的探讨》，载《自然科学史研究》，1983年第1期，第72—82页。

要使编钟达到上述音响效果，绝非易事。既需要高超的铸造技艺，也需要对音律知识的精准把握。

就铸造而言，曾侯乙编钟的铸造具有规模大、难度高的特点。编钟总重量2567千克，加上支架横梁立柱和铸造中的损耗，用铜量将超过5吨，对世界音乐史而言，这是绝无仅有的。此外，编钟中最大的甬钟达到203.6千克，这种很大的单体钟，有特殊的技术要求，铸造起来也殊非易事。曾侯乙编钟的铸制堪称完美，这已为学界所公认，那么，古人是如何做到这一点的呢？中国古代素有用失蜡法铸造精美器物的传统，编钟是否也是失蜡法的杰作？对此，华觉明等通过研究证明："先秦乐钟都用复合陶范铸造，迄今尚未发现失蜡铸钟的实例。在不使用失蜡法的情况下，用浑铸法铸成形状高度复杂、纹饰极为精细，尺寸又相当准确的乐钟，关键在于分范合铸的娴熟使用。这种技艺最早出现于商代中期，用于爵、斝柱纽的浑铸，殷墟妇好墓铜簋（M5：848）的兽头以及西周一些铜器的器耳也用分范嵌铸，从而得到复杂的器形又保持了它的整体性。特别是后面这个特点，适合于乐钟的声学性能要求，因而被引用于铸钟工艺，得到很大的发展，可说是最大限度地发挥了这一铸造方法的潜在能力，达到惊人的技艺水平。"[①]曾侯乙编钟正是古人娴熟运用分范合铸方法所得到的杰出成果。

从形制上说，编钟钟体呈现出由两个大半圆扣合在一起的合瓦形（不是椭圆形），扣合处也就是所谓的铣边有突出的棱。这种形制可以确保钟体在受到敲击后，所发出的声振动能够得到有效制约，较快衰减，从而使得不同的钟不会受到彼此余音的干扰，可以成组编列，组成旋律乐器。对这种合瓦形钟的声学特性的分析，前节已经有过说明，这里不再赘述。

从成分上说，曾侯乙编钟是青铜合金，主要成分是铜，又加进一定比例的锡。《考工记》对此类青铜合金铜锡比例有明确记载，对此，可参见上节的

---

① 参见华觉明、贾云福，《先秦编钟设计制作的探讨》，载《自然科学史研究》，1983年第1期，第72—82页。

讨论，此处不赘。需要指出的是，金属成分检测表明，曾侯乙编钟成分除了铜和锡外，还有少量的铅。本来对青铜合金来说，锡的存在，能够提高青铜硬度，但锡含量过高的话，又会使青铜变脆，不耐敲击。而铅的加入，不仅降低了青铜熔点，便于铸造，还可以减弱因加锡而导致的脆性，并改善音响效果。"铅是以独立相存在于金属组织的，金相检验、背散射电子相和 X 射线面扫描表明铅多布于晶内，割裂了 α 基体，从而对声波传递起着阻尼作用，加快钟声的衰退，有利于演奏。"[①]但加铅过多，钟的音色又会干涩无韵。早期的青铜器中也有铅的存在，但那是由于当时的人们对铅锡认识不足，不懂得其提炼技术，铸造时混了进去。曾侯乙编钟里铜、锡、铅的含量达到了合理的比例，显见其中的铅是有意添加的，这表明当时的人们对合金成分与乐器性能的关系已经有了精确的认识，这是曾侯乙编钟具有良好声学效果的根本保证。

任何一个乐器在铸造成功以后，都不太可能恰好达到其设计音高，这就需要对其调音。《考工记》中记载过对磬的调音原则，原文为："磬氏为磬，已上则磨其旁，已下则磨其端。"即通过调整磬板的相对厚度来调整其音高。编钟音高的调整也遵循同样的原则，是通过在钟腔特定部位用粗细砺石逐次锉磨而实现的。对先秦编钟的考查表明，古人对钟的调音规律的认识有一个渐进的过程，钟内的磨痕逐渐减少，部位的选择越来越精确。他们已经越来越能够找到钟的调音的敏感区以至敏感点，从而实现对钟的音调的精细调试。曾侯乙编钟准确的音调关系，证明古人在钟的调音方面已经达到了堪称精准的程度。

华觉明、贾云福等从曾侯乙编钟和其他先秦编钟的研究出发，考查了编钟制作的由来和发展，并按商周陶范工艺和现代精密铸造对曾侯乙钮钟进行仿制，还提出了编钟音频计算的近似公式。他们的研究表明："编钟铸作确有

---

① 参见华觉明、贾云福，《先秦编钟设计制作的探讨》，载《自然科学史研究》，1983年第1期，第72—82页。

奥秘，但是并不神秘。正像具有高超技艺，善于用简单的工艺手段，解决复杂化的技术问题的古埃及人建造金字塔那样，古代中国匠师基于我们称之为执简驭繁、寓巧于拙的同一工艺原则，用青铜熔铸了自己的金字塔——大型编钟群。它是先秦铸师和乐师富有独创性的一大发明，值得我们珍视、继承和发扬。物换星移，时光流逝，先辈们的业绩范示后学，永存世间。"[①]

三、古代音律学说

古人在音乐实践方面的辉煌成就，与他们对音律学说的掌握密不可分。中国古代具有悠久的重视音乐的传统。在这一传统的影响下，音律学说得到了充分发展，构成了古代声学的重要组成部分。

古人谈论音乐，常提到五声、八音、十二律，《汉书·律历志》解释说：

> 声者，宫、商、角、徵、羽也。……八音：土曰埙，匏曰笙，皮曰鼓，竹曰管，丝曰弦，石曰磬，金曰钟，木曰柷。五声和，八音谐，而乐成。

显然，所谓八音，是指上古的八类乐器，称为土匏革竹丝石金木，分别指埙、笙、鼓、管箫、琴瑟、磬、钟镈、柷敔。它们和五声配合，才能形成音乐。五声名为宫商角徵羽，有时又称为五音，大致相当于现代音乐简谱上的1（do）、2（re）、3（mi）、5（sol）、6（la）。把它们从宫到羽，按照音的高低排列起来，就形成一个五声音阶，宫商角徵羽就是五声音阶上的五个音级：

宫	商	角	徵	羽
1	2	3	5	6

① 华觉明、贾云福，《先秦编钟设计制作的探讨》，载《自然科学史研究》，1983年第1期，第72—82页。

　　宫是这一音阶的起点。《淮南子·原道训》说"故音者，宫立而五音形矣"，就是说的这件事情。后来又加上变宫、变徵，称为七声。变宫、变徵一般认为和现代简谱上的7（si）和$^{#}$4（fis）大致相当，这样就形成一个七声音阶：

宫	商	角	变徵	徵	羽	变宫
1	2	3	$^{#}4$	5	6	7

　　从古代律学发展来看，五声早于七声。古七声音阶的完整形式最早出现在西汉《淮南子·天文训》中（《天文训》把变宫叫作和，变徵叫作缪。后世变宫又有叫作闰的），所以古人认为，"自殷以前，但有五音"[1]。与七声相比，古文献中反映出的五声出现的年代要早得多。《礼记》中说："昔者，舜作五弦之琴以歌南风。夔始制乐以赏诸侯。"[2]五弦，是指宫、商、角、徵、羽，由此，五声出现的时间，可以上溯到舜的时代。实际上，古音阶在中国出现的时间，比传说中的尧舜时代还要早。20世纪80年代中期，文物考古工作者在河南舞阳贾湖的早期新石器时代遗址中，发现了一些距今8000年的骨笛，这些骨笛多有7个按孔，通过对其中一只笛各孔的音高及其音阶结构的考察，有学者认为，该笛的音阶结构是以C为宫，带有"二变"——变徵、变宫，并以五声音阶的羽、宫、商、角四正声为核心的传统六声音阶，也有学者认为不能排除是七声齐备的古老的下徵调音阶。无论如何，贾湖骨笛的出土，表明古音阶的初步形成时间，比人们传统上所想象的要早得多，而且，这还不是简单的五声音阶。

　　贾湖骨笛上按孔的位置表明，孔间的距离是经过周密计算的，有的骨笛尚存有开孔前计算开孔位置的刻纹标志。但当时的人是如何进行计算的，对此不可能有任何文献记载，我们只有通过测定其音阶结构加以逆推。这种方

① （唐）杜佑，《五声十二律旋相为宫》条，《通典》卷一百四十三。
② 《礼记》卷十一。

法虽然唯一可行，但不同的人对其音阶结构的不同理解，也导致了不同意见的产生。倒是先秦典籍《管子·地员》篇，详细记载了五声音阶的计算方法：

> 凡将起五音，凡首，先主一而三之，四开以合九九，以是生黄钟小素之首以成宫。三分而益之以一，为百有八，为徵。不无有三分而去其乘，适足，以是生商。有三分而复于其所，以是成羽。有三分去其乘，适足，以是成角。

这就是音律史上著名的三分损益法。它以一条被定为基音的弦的长度为准，将其三等分，然后依次加上一分（益一，即乘以 $\frac{4}{3}$ ）或减去一分（损一，即乘以 $\frac{2}{3}$ ），以定出其他各音阶相应弦长。根据《管子》的描述，这里的五声音阶是这样推算的：

令黄钟宫音弦长为（一而三之，四开以合九九）：$1 \times 3 \times 3 \times 3 \times 3 = 81$

则徵音弦长：$81 \times (\frac{4}{3}) = 108$

商音弦长：　$108 \times (\frac{2}{3}) = 72$

羽音弦长：　$72 \times (\frac{4}{3}) = 96$

角音弦长：　$96 \times (\frac{2}{3}) = 64$

将这五个音依弦长大小排列，则为：

徵	羽	宫	商	角
108	96	81	72	64

即依此计算出来的是五声徵调的音阶。其与现代简谱粗略对应关系为：

徵	羽	宫	商	角
5	6	1	2	3

这种音阶以徵作为居于乐曲旋律中位于核心地位的主音，是五声音阶诸多调式中的一种。

三分损益法法则简单，便于掌握和应用，运用它产生的音阶进行演奏，能给人以和谐悦耳的音感，因而这一方法在中国古代音乐实践中得到广泛应用，是音律学史上的一个重要发明。

五声音阶反映的是声调高度的改变值。也就是说，它表现的是相对音高，相邻两音之间的距离固定不变，但绝对音高则随着调子的转移而转移。这样，在演奏时，就必须定出一个音高，以之作为音阶的起点。为此，古人发明了十二律，以之作为十二个高度不同的标准音，用于确定乐音的高低。

十二律发明的具体年代，现在已很难考。《国语·周语》记载了周景王时伶州鸠的一段话，其中提到了十二律的全部名称。显然，十二律产生的时间，肯定要早于这个时期。十二律有其特定的名称和固定的音高，一般认为它和现代音乐的对应关系大致为：

1. 黄钟	2. 大吕	3. 太簇	4. 夹钟	5. 姑洗	6. 中吕
C	$^{\#}$C	D	$^{\#}$D	E	F
7. 蕤宾	8. 林钟	9. 夷则	10. 南吕	11. 无射	12. 应钟
$^{\#}$F	G	$^{\#}$G	A	$^{\#}$A	B

十二律又分为两类，奇数六律为阳，称为六律；偶数六律为阴，称为六吕，合称为律吕。古书上说的六律，通常是包举阴阳各六的十二律说的。

十二律的实现，通常是用律管，最早是用竹管。《吕氏春秋·季夏纪·古乐》篇云："昔黄帝令伶伦作为律，伶伦自大夏之西，乃之阮隃之阴，取竹子嶰溪之谷，以生空窍厚钧者，断两节间，其长三寸九分而吹之，以为黄钟之宫。"这里描述的细节是否真实，可以存疑，但这一记载反映的人们最早是用竹管来定律的这一事实，却是可信的。以管定律，叫管律。后来也有用钟或弦定律的，就叫作钟律、弦律。应用最广泛的，还是管律。因为钟律制作调试繁难，弦律则易于受到空气温度、湿度变化的影响而偏离原来基准，管律则不存在这些问题。

在具体确定十二律时，古人一般先选定黄钟律，以其管（或弦）长为基准，运用三分损益法计算出其余各律。《吕氏春秋·季夏纪·音律》篇对十二律计算法有具体记载：

> 黄钟生林钟，林钟生太簇，太簇生南吕，南吕生姑洗，姑洗生应钟，应钟生蕤宾，蕤宾生大吕，大吕生夷则，夷则生夹钟，夹钟生无射，无射生仲吕。三分所生，益之一分，以上生；三分所生，去其一分，以下生。黄钟、大吕、太簇、夹钟、姑洗、仲吕、蕤宾为上，林钟、夷则、南吕、无射、应钟为下。

所谓"三分所生"，就是从一个被认为基音的弦（或管）的长度出发，将其三等分，"上生"，就是加长三分之一，"下生"，就是减去三分之一。这与计算五声的三分损益法完全相同。具体来说，就是以黄钟为准，将黄钟管长三分减一，即为林钟；林钟管长三分增一，则得太簇；太簇三分减一，得南吕；下面依次是姑洗、应钟、蕤宾、大吕、夷则、夹钟、无射、仲吕。其中除由应钟到蕤宾，由蕤宾到大吕都是三分增一外，其余皆为先三分减一，后三分增一。这样的最后结果，就可以在管（或弦）上，得出比基音约略低或高一倍的音，这也就完成了一个音阶中十二律的计算。

古人重视音律，并非全从音乐本身着眼，他们赋予音律特别的社会意义。例如，他们认为五声和四季、五方、五行相配：

五声	角	徵	宫	商	羽
四季	春	夏	季夏	秋	冬
五方	东	南	中	西	北
五行	木	火	土	金	水

亦即五声反映了不同时间、不同地点所具有的不同性质。按古人的理解，这些差异甚至还与社会人事相关，当然不可轻视。至于十二律，古人认为它表现了天地之气的推移变化，与一年十二个月相互对应，依照《礼记·月令》，这种对应关系为：

孟春	仲春	季春	孟夏	仲夏	季夏
太簇	夹钟	姑洗	仲吕	蕤宾	林钟
孟秋	仲秋	季秋	孟冬	仲冬	季冬
夷则	南吕	无射	应钟	黄钟	大吕

因为十二律决定于天地阴阳之气的推移变化，而古人认为一年二十四节气的形成也决定于此，这样十二律与古代历法也发生了密切关系，成了古人在制历过程中经常谈论的一个因素。当然，古人把十二律应用于制定历法的实践并不成功，因为二者实际上是没有多少关系的。音律学说产生于古人的音乐实践，也只有在他们的音乐实践中才能得到发展，这是不言而喻的。

四、十二等程律

中国古代的音律学说，很长时间以三分损益法作为其数学运算工具，这固然有许多优点，在音律史上有不可磨灭的历史地位，但也有不足。其不足主要表现在两个方面：其一，依三分损益律得出的十二个音，音程大小不一，相邻两律间的音分差各不相等，它们与现行十二等程律的相应音分差的偏差平均约为13音分，是一种不平均律；其二，当某律比基音高（或低）八度时，与之相应的弦长并不恰好等于基音弦长的一半（或二倍）。我们知道，所谓音高升高八度，是指该音与基音的频率比为2∶1，而根据物理学知识，频率与弦长成反比，这样，与高八度音相应的弦长也就应该等于基音弦长的一半。但依据三分损益律得出的结果不是这样。例如设基音弦长为9尺，依三分损益法，较之高八度的音的弦长为4.44尺，而不是4.50尺。也就是说，三分损益法定出的高八度的音，实际上并不是准确的高八度。这些缺陷，使得它不适于进行旋宫转调。

　　所谓旋宫转调，是就五声（或七声）与十二律的搭配而言的。在五声音阶宫、商、角、徵、羽中，古人通常以宫作为音阶的第一级音，但实际上，商、角、徵、羽也可以作为第一级音，充任在乐曲旋律中最重要的、居于核心地位的主音角色（七声音阶情况类似）。音阶第一级音的不同，意味着调式的不同。这样，五声音阶就有五种主音不同的调式。我们知道，五声只反映了相对音高，在实际音乐中，它们的音高要用律来确定。十二律为它们提供了十二个绝对音高，这十二个音高任何一个都可以作为五声音阶的第一级音。第一级音一经确定，其余各音用哪几个律，也都随之确定。例如，以黄钟作为宫音的黄钟宫，其各音与律的对应关系为：

十二律名	黄钟	大吕	太簇	夹钟	姑洗	仲吕	蕤宾	林钟	夷则	南吕	无射	应钟	清黄钟
五声音阶	宫		商		角			徵		羽			清宫
七声音阶	宫		商		角		变徵	徵		羽		变宫	清宫

　　表中清黄钟，表示比黄钟高八度的音。依次类推，还可以有清大吕、清太簇……这是黄钟宫。还可以以大吕作为宫音，叫作大吕宫。理论上十二律都可以用来确定宫的音高，即它们可以轮流做宫，这就叫旋宫。旋宫的结果，就有十二种不同音高的宫调式。商、角、徵、羽各调式情况与此类似。这样，十二律与五声组合，可以得到六十种调式（与七声组合，有八十四种调式）。古人把实际音乐中这些不同调式之间的转换就叫作旋宫转调。通俗地讲，旋宫就是调高的改变。

　　显然依三分损益法得到的十二律，不适宜于旋宫转调。

　　针对三分损益律的缺陷，历代音律学者做了大量的探索。例如，依据三分损益法，当生到第十二律后，不能回到出发的律上，使十二律不能周而复始。对此，西汉京房采用增加律数的方法加以解决。他依照三分损益法，从黄钟起相生十一次后到中吕，从中吕起继续往下生，一直生到六十律。实际上，这样推到第五十三律时，已经与出发律极相似，再推下去则出现差误了。因为第五十四音的音高，就高于原音四个古代音差，约为一律了。京房为使律数与历数相结合，一直凑到六十律，他把六十律中的每一律，代表一天至八天，六十律正合一年三百六十六天。这样的牵强附会，使得这种方法必然要走上脱离音乐实际的道路。后来，南朝宋的钱乐之、梁的沈重继之又推到三百六十律，想以律数去附会一年三百六十天，这样的烦琐，使得这种定律在演奏实践和乐器制造方面都遇到了困难，因而没有实用价值。

南北朝时期的何承天则另辟蹊径，他反对京房、钱乐之等人一味增加律数的做法，而是在十二律的内部进行调整。他改革的思路是，首先设定音程每相差八度时，相应的弦长必须呈整数倍关系，如基音的弦长为9.00尺，较之高八度的音的弦长为4.50尺，再高八度的音的弦长为2.25尺，等等。在这一设定基础上，对依三分损益法所得到的各律弦长做适当调整。调整的办法是，把达不到弦长（或管长）的差数分为十二份，分别加在相应各律弦长，这就保证了十二律中最后一律能回到出发律上。他这样做的结果，虽然与由频率比所得的准确平均律不同，但差别不大，从听音效果来说，人耳已很难分辨出二者间的差别。后来，五代时期的王朴在何承天思路的基础上又做了进一步的改进，他打破了何承天平均分配弦长差数的办法，从而使得结果更趋准确。

但是，无论是何承天还是王朴，都没有最终解决问题。他们只是在按照律管长度来分配差数上下功夫，而不是按照频率来分配差数，这使得各律间音程紊乱，转调更加困难，不便于实用。但是他们的努力打破了三分损益相生的陈规，为后人彻底解决这一问题做了准备。

最终出路只有一条，选择十二等程律。

所谓十二等程律，是严格地将八度音程分成十二个音程相等的半音的音律系统。显然，为了彻底解决旋宫转调问题，要求音律系统至少满足两点，其一，就八度音程而言，必须十分严格、准确；其二，各个半音音程必须相等。否则，对一定的旋律来说，就只能从八度中的某一固定的音开始，这就限制了曲调的范围和发展。三分损益律不能满足这两个要求。何承天、王朴的工作解决了第一个问题，但对后者的尝试则不能认为成功。只有十二等程律才能满足这些要求。所以，在现代音乐实践中，十二等程律得到了广泛应用。

实现十二等程律的关键在于按照等比数列方式分配各律相应的弦长。因为十二等程律要求各个半音音程相等，而音程相等意味着相邻各音频率比值相等，由此就自然构成了呈现等比数列分布的相应各律弦长。显然，问题的症结在于找出这个数列的公比。设主音的频率为m，它的八度音的频率为2m，在这两个音之间分成十二个等程的半音，令相邻两半音比值为t，则：

$$2m = mt^{12}$$
$$故 t = \sqrt[12]{2}$$

t的倒数就是计算弦长分布时所用等比数列的公比。即如果基音弦长为1，则以下各律的相应弦长依次为$2^{-\frac{1}{12}}$，$2^{-\frac{2}{12}}$，……$2^{-\frac{11}{12}}$，由此确定的各律就是十二等程律，它完全能够满足音乐实践中的旋宫转调、演奏和声等要求。

在音律学史上，是明代科学家朱载堉最先发明了十二等程律。在其成书于1584年的《律学新说》中，朱载堉首次阐述了十二等程律的理论，并随后在其《律吕精义》（成书于1596年）中做了进一步的讨论，还在其数学著作《嘉量算经》中，记述了关于十二等程律的详细的数学演算，为后人留下了珍贵的文化遗产。

朱载堉没有频率、音程这些现代概念，他怎么能够发明十二等程律呢？实际上，这些概念并非发明十二等程律的必要条件，在朱载堉之前，追求乐曲演奏中的旋宫转调，是相当一部分音律学家梦寐以求之事，他们的追求为朱载堉的工作奠定了基础。例如，朱载堉的父亲朱厚烷就有可能窥到了十二平均律的某些奥秘，他曾对朱载堉说："仲吕顺生黄钟，返本还元；黄钟逆生仲吕，循环无端。实无往而不返之理。笙琴互证，则知三分损益之法非精义也。"①这些话表明，他可能已经初步找到了可以达到旋宫的调律法，所需要的就是准确的数学表示方法。这对朱载堉的工作当然是有很大帮助的。就朱载堉而言，他知道两个相隔八度的弦长比为2，同时这中间的十二个律数又不能变，这样要实现转宫的可能，关键是要用某种数学方法为十二律定位。朱载堉拥有很高的数学才能，又具有浓厚的音乐实践基础，他通过大量的数学计算和声学实验，终于发现十二等程律是以 $\sqrt[12]{2}$ 为公比的等比数列，并且找到了等比数列已知首项和末项，如何求解中项的方法，并将其应用于十二等程律，从而为世人提供了完整的十二等程律的计算方法。

　　朱载堉发明出十二等程律后，并没有得到多少人的响应。清朝康熙、乾隆皇帝都曾经反对过这一学说。但这一学说传到国外以后，却引起了很大震动，得到热情赞扬。西方学者找到十二等程律，有可能受到朱载堉音律理论影响所致。这一律制在理论和实践两方面被人们普遍接受，是发生在西方，并由之传遍世界。在这整个过程当中，朱载堉走在了最前列。

第五节　中国古代的电磁知识与热学探讨

　　毋庸置疑，中国古代没有走上近代电磁理论的发现之路，也没有建立近代的热学理论，但古人依然对有关电磁现象做了观察，并由观察出发做出了自己的解释。他们对热现象也有自己的观测，并从实践的角度做过探讨。传教士进入中国后，在国内也进行了制作温度计和湿度计的尝试，使中国的热学开始转向定量化之路。

一、电磁现象观察与解说

　　对电磁本质的认识，是近代科学产生以后的事情，古人的相关成就则体现在对有关电现象和磁现象的记述与解说上，本节我们也循此进行描述。

---

① 《律吕精义·序》。

　　古人对电现象的观察和讨论主要集中于静电和雷电。静电引力现象在我国被发现甚早，成书于西汉时期的《春秋纬·考异邮》就曾说过："慈石引铁，玳瑁吸裯。"玳瑁是一种海生爬行动物的甲壳，是一种绝缘体。裯指细小物体。玳瑁吸裯，只能指的是经过摩擦的玳瑁能够吸引微小物体，因而这是一种静电现象。

　　古人虽然发现了"玳瑁吸裯"，但他们对这一现象的解释却一点儿也不含电的概念。他们根本想不到这种现象与雷电在本质上相同。王充《论衡·乱龙篇》的阐述颇有代表性，他说：

　　　顿牟掇芥，磁石引针，皆以其真是，不假他类。他类肖似，不能掇取者，何也？气性异殊，不能相感动也。

　　顿牟即玳瑁。王充认为玳瑁能吸引微小物品的原因在于它与被吸引物体具有相同的"气性"，所以才能互相"感动"。东晋郭璞在其《山海经图赞》中也有类似看法："慈石吸铁，瑇瑁（玳瑁）取芥，气有潜感，数有冥会。"这类解说，实际上是一种想当然理论，因为只要彼此吸引，就可以说它们气性相同。这对人们理解这类现象的实质，没有多大帮助。不过，此类理论可以使人避免误入神学之途，也有其一定的历史价值。

　　据《三国志》卷五十七，吴国虞翻年幼时曾经听说："虎魄不取腐芥，磁石不受曲针。"虎魄，即琥珀，是一种树脂化石，绝缘性能良好，经过摩擦，可以吸引轻小物品。但是摩擦后的琥珀不能吸引腐烂的芥子，这是事实，原因就在于"腐芥"因为含水而具有导电性。不过，由于"磁石不受曲针"一语明显错误，我们还不能肯定"虎魄不取腐芥"一语究竟是古人在观察基础上得出的结论，还是他们想当然的结果。

　　古人不但发现了"琥珀拾芥"这一现象，而且还将这一现象用于实践，作为鉴别真假琥珀的标准。南北朝时的陶弘景在其所著《名医别录》中说："琥珀，惟以手心摩热拾芥为真。"越具有明显静电性质的琥珀质量越高，陶弘景的这种鉴别方法是正确的。

　　静电现象多以摩擦为条件，摩擦起电有时还伴随着火星和轻微的声响，古人对之也有所发现与记载。西晋张华《博物志》云："今人梳头、脱着衣时，有随梳、解结有光者，也有咤声。"张华所说的，就是人们在梳头、脱衣时因摩擦起电造成的电致发光、发声现象。唐段成式《酉阳杂俎》记叙过另一种电致发光现象：猫"黑者，暗中逆循其毛，即着火星"[1]。这里选择黑猫，在暗处逆向摩擦猫身上的毛，是为了使火星更容易被观察到。使用白猫，虽然也能产生同样的起电效果，但火星不易察觉。类似的摩擦起电现象，后世还有很多记载，表明这是古人经常观察到的一种电现象。

　　古籍中还记载过另一种静电现象——尖端放电。《汉书·西域传》中有"元始中……矛端生火"的记载。矛端生火，实质即为金属制的矛的尖端在一定条件下的放电现象。因为矛竖立在露天，倘若立矛之处地势突出，而又正巧碰到上空有带电云层，就有可能因放电而产生微弱亮光，从而被人们发现并记录下来。当然，古人只是观察到了这一现象，但并不明白其中的道理，他们的解释是："矛端生火，此兵气也，利以用兵。"[2]这成了用兵动武的依据。古籍中类似记载还有一些，我们仅举此一例以见大概。

　　古人发现得最早的电现象当属雷电。雷电发生时，耀目的亮光及震耳的响声，使得即使处于蒙昧状态的原始人，对之也不会无动于衷。据此，要考察古人何时发现了雷电，是毫无意义之举。我们所关心的，是古人对雷电的成因及其本质的探讨。在中国古代，人们从未建立起现代科学中的电概念，也就不可能用正负电荷行为去解释雷电现象。古人是用阴阳理论去解说的。《淮南子·地形训》多处提到："阴阳相薄为雷，激扬为电。"意思是说，阴阳二气彼此相迫产生雷，相互急剧作用产生电。东汉王充《论衡·雷虚篇》也用类似的观点来解说："盛夏之时，太阳用事，阴气乘之。阴阳分争则相校轸，校轸则激射。"历史上此类论述很多，是中国古代传统的雷电成因理论。

----

[1]　（唐）段成式，《酉阳杂俎续集卷第八》。

[2]　《汉书·西域传》。

这一理论从哲学角度来看是很精彩的，因为雷电确实可以认为是在性质上相反相成的矛盾两方面相互作用的结果。但是这一理论要发展成为近代物理学的雷电成因说，还有相当长的路要走。至于民间所谓打雷是雷神发怒之类迷信说法，当然就更不值一提了。

古人在观察雷电对物质作用的过程中，发现过一种奇异现象，古书对之记述甚多，而以沈括《梦溪笔谈》卷二十《神奇》篇的记述最具代表性，该篇记道：

> 内侍李舜举家曾为暴雷所震。其堂之西室，雷火自窗间出，赫然出檐。人以为堂屋已焚，皆出避之。及雷止，其舍宛然，墙壁窗纸皆黔。有一木格，其中杂贮诸器，其漆器银扣者，银悉流在地，漆器曾不焦灼。有一宝刀，极坚钢，就刀室中熔为汁，而室亦俨然。人必谓火当先焚草木，然后流金石。今乃金石皆铄，而草木无一毁者，非人情所测也。

沈括记叙的是当时一次雷击后的奇异现象：金属物体被熔化了，木器却安然无恙；屋内木架子上放着各种器皿，其中有镶银的漆器，银全部熔化流到地上，漆器竟然未被烧焦；有一把坚硬的宝刀，就刀鞘中熔化为钢水，而刀鞘则保持原样。沈括记叙的这些现象，可以用今天所知的电学原理加以解释：由于雷击属于高压放电，而高压放电可产生高频交变磁场，处于磁场内的导体因受磁场作用而在体内产生涡旋电流，涡流大到一定程度就会将导体熔化，而非导体却"曾不焦灼"。沈括说这种现象是"非人情所测也"，这自然是受当时科学发展水平所限制的缘故。虽然如此，他把这一事实详细记录了下来，为我们理解涡电流现象提供了一个切实的历史实例，其史料价值是十分珍贵的。

对磁现象的认识，在我国也起源很早。在公元前4世纪的战国时期，《管子》一书中已经有了磁石的概念。在公元前3世纪，《吕氏春秋·精通》已明确提及磁石能吸铁，说："慈石召铁，或引之也。"而实际上，古人发现磁石吸铁的时间，肯定早于《吕氏春秋》的时代，因为《吕氏春秋》对磁石这一性质只是偶然涉及，并非专门论述。

到了汉代，人们对磁石吸铁的性质有了进一步认识，《淮南子·览冥训》说："若以慈石之能连铁也，而求其引瓦，则难矣。"《说山训》说："慈石能引铁，及其于铜，则不行也。"这表明，人们已经知道磁石虽能吸铁，但不能吸引其他一些物质。尤其是铜，虽然也是金属，但它不能受磁石吸引。同时代的《淮南万毕术》提到"磁石拒棋"实验，则是对磁排斥现象的涉及。

至于磁石为什么会吸铁，古人也是从元气学说角度做解的，认为它们具有相同的气性。这种解说比较粗糙，因为铁与铁、铜与铜，不能说它们气性不同，但这同类物之间并不互相吸引。

磁屏蔽现象的发现，是中国古代磁学知识的又一成就。清初刘献廷在其《广阳杂记》中写道："或问余曰：'磁石吸铁，何物可以隔之？'犹子阿孺曰：'惟铁可以隔之耳。'其人去复来曰：'试之果然。'余曰：'此何必试，自然之理也。'"刘献廷不主张通过实验加以验证，是不对的，但他把这件事始末记载下来，为后人提供了有关磁屏蔽的知识，则是值得肯定的。

古人对电磁现象的发现，有一项迄今还有实用价值，那就是对极光的观测与记录。我们知道，太阳不断向外发出高速带电粒子，这些粒子接近地球时，受地磁场作用而折向南北两极，与高层空气分子或原子相碰撞，使之处于激发态而发光，这就是极光。古人不知道这套理论，但他们观察到了极光并将其记录了下来。古书《竹书纪年》就记录了大约公元前950年的一次极光："周昭王末年，夜清，五色光贯紫微。"这一记载涉及该次极光的时刻、方位和光色，是比较翔实的。据统计，在10世纪前，我国有年、月、日的极光记录有百余次之多。考虑到极光一般出现于高纬度地区，在中低纬度地区只是偶尔才能见到，这样的数字是不简单的，它表明了古人观察和记载的认真程度。同时期欧洲各国记录总共只有三十余次。我国古代的这些宝贵记录，为研究太阳活动和地磁变化等，提供了十分有价值的历史资料。

二、人工取火方法

火对于人类的生存和延续极为重要。最初人们是从自然界的火中（如雷电引起的森林大火）获取火种，通过维持火种不灭的方法达到利用火的目的。在北京人居住过的洞穴中，有厚达数米的灰烬层，就表明了这一点。

随着人类的进化，人们从利用自然火并保持火种不灭，逐渐发展到了人工取火。人工取火的发明时间及过程，现在已经说不清了。《韩非子·五蠹》篇说："上古之世……有圣人作，钻燧取火，以化腥臊，而民悦之，使王天下，号之曰燧人氏。"这说明，古人最早的取火方法，大概是通过摩擦生热而实现的，这就是所谓的"钻木取火"。

钻木取火需要一定的技巧。尽管《庄子·外物》已经提到"木与木相摩则然（燃）"，但直接拿两段木头摩擦，却很难使其燃烧，所以清儒俞樾在注解这句话时说："《淮南原道训》亦云两木相摩而然，但两木相摩，未见其然。"不过，如果掌握了技巧，实现钻木取火并非难事。新中国成立初期，我国一些民族还保留人工取火的方法，如苦聪人的锯竹法，海南岛黎族人的钻木法等，这证明古人关于钻木取火的说法是可信的。

古籍中关于钻木取火的传说并不罕见，但描述其具体取火方法的文献资料却很稀少，明末方以智《物理小识》卷二的《石竹火》条，为我们提供了一条有关此内容的可贵记载：

> 破石以钢镰刮之，则火星出，纸媒承之即燃。取火于竹，以干竹破之，布纸灰而竹瓦覆上，竹穿一孔，更以竹刀往来切其孔上，三四回，烟起矣。十余回，火落孔中，纸灰已红。

方以智这里记述了两种取火方法，一种是火石取火，一种是钻木取火。他记载的钻木取火方法，有其独到之处：他使用的木材是易燃的干竹，把干竹剖开形成两个竹瓦，在其中一个放上纸灰，再把另一个盖上，竹瓦上凿孔，用竹刀在孔上反复切磨，切磨下来的竹屑温度很高，从孔中落下，堆在纸灰上，纸灰传热性差，燃点低，堆积在一起的竹屑热量不易散发，堆积到一定程度，达到纸灰燃点，纸灰开始燃烧，实现取火目的。这里所用的纸灰应是纸张初步燃后剩余的灰片，这些灰片还包含一些碳的成分，可以维持短期重新燃烧。不能把纸灰理解成纸张完全燃烧后的灰烬，因为灰烬不具备重新燃烧的能力。

方以智的记载具有很高的价值，当时他作为明朝遗臣，为躲避清廷，曾流落于岭南一带，这一条也许就得益于他在岭南时的见闻，反映了少数民族的取火经验。

至于方以智提到的火石取火法，是我国古代另一种流行的取火方法。这种方法产生于铁器出现后，大约在春秋战国时期。它是用铁制火镰敲击坚硬的燧石，因摩擦、敲击而剥落的铁屑具有很高的温度，这些铁屑表面因氧化燃烧而生成火星，用易燃的纤维如艾绒承接这些火星，即可取火。这种利用火镰石取火的方法因其简便易行，而成为古代最常用的取火方法。

中国古代还曾有过"以珠取火"之说，有关文献记载最早见于《管子·侈靡》篇："珠者，阴之阳也，故胜火。"（原注：珠生于水，而有光鉴，故为阴之阳。以向日则火烽，故胜火。）引文中的注语，据说出自房玄龄，也有人认为是尹知章所为，总之是唐代人的见解。《管子》原文只是提到了"珠胜火"，而注语则明确了这是用珠取火。在古代中国，珠通常指珍珠，但珍珠不透明，不能对日取火。不过，这里的珠如果理解为石英或其他透明物体，由于各种因素作用使之呈现圆形，透明而有光泽，这就构成了一个凸透镜，可以对日聚焦取火。

西晋时期，著名博物家张华在《博物志》中说："取火法，如用珠取火，多有说者，此未试。"这表明用珠取火之说传闻很广，但使用却不广泛，这大概是由于当时缺少玻璃透镜，因而很难觅得适于取火之珠。东晋王嘉《拾遗记》卷八记载一富豪失火事件，说该富豪"以方诸盆瓶设大珠如卵，散满于庭，谓之宝庭……旬日火从库内起，烧其珠玉十分之一，皆是阳燧干燥自能烧物"。这里的"阳燧"，指的是透明的珠。王嘉认为是这些珠向日取火而导致了这场火灾。《拾遗记》在内容上可归于志怪类小说，但王嘉在这一条的推测则是合乎科学道理的。到了唐代，透镜的使用渐多，不断有凸透镜从国外传来，《旧唐书》卷一九七记载说："林邑国，汉日南象林之地……贞观初遣使贡驯犀。四年，其王范头黎遣使献火珠，大如鸡卵，圆白皎洁，光照数尺，状如水晶。正午向日，以艾承之，即火燃。"这里所说的火珠，显然是凸透镜。凸透镜具有聚焦作用，可以对日取火，这是它当时被作为贡品奉献的重要原因。火珠之事，在《南史》《梁书》《魏书》中也都有记载，这表明随着中外文化交流的进展，以珠取火方法也逐渐普及了起来。

　　在以珠取火方法普及之前，大概由于玻璃透镜的难得，启示古人想到，如果以具有透明性能的冰做成透镜形状，岂不也能向日取火。《淮南万毕术》说：

　　　　削冰令圆，举以向日，以艾承其影，则火生。[①]

　　这条记载，语言清晰而准确，"削冰令圆"，讲的是冰透镜的制法；"以艾承其影"，艾是易燃物，"影"毫无疑问是指焦点处聚集的光线。晋代张华的《博物志》对此有同样的记载，表明古人对冰透镜取火一说，是不陌生的。《淮南万毕术》的这条记载，不管是古人实践的记录，还是他们的设想，它反映了汉代人们已经具有明确的透镜取火知识，则是可以肯定的。

　　那么，用冰制成的透镜究竟能否用于取火呢？答案同样是肯定的。清末郑复光曾经就此做过模拟实验，他用一个壶底稍微凹陷的锡壶，壶中装满热水，在开凿出的冰块上旋熨，得到晶莹透亮的冰透镜，然后用其向日取火，获得成功。他总结用冰透镜取火的要领说："但须日光盛，冰明莹形大而凸稍浅（径约三寸、外限须约二尺），又须靠稳不摇方得，且稍缓耳。"[②]郑复光的

---

① （清）王仁俊辑，《玉函山房辑佚书续编三种》，上海：上海古籍出版社，1989年版，第246页。

② （清）郑复光，《费隐与知录·削冰取火凸镜同理》。

经验是有道理的。我们知道，透镜的集光本领是其口径与焦距之比（相对孔径）的平方，这样，口径大的透镜，有利于集光本领的提高。另一方面，凸起程度浅则焦距大，焦距大不利于集光，对此，郑复光接着解释说："盖火生于日之热，虽不系镜质，然冰有寒气，能减日热，故须凸浅径大，使寒气远而力足焉。"原来，这是考虑到冰有寒气，寒气下行，所以要焦距稍大些，以减轻冰透镜寒气的作用，使得取火容易成功。

　　古代另一种光学取火方法是利用凹面镜反射聚焦取火。古人把凹面镜叫作阳燧。《考工记》"金有六齐"中提到"鉴燧之齐"，郑玄注曰："鉴燧，取水火于日月之器也。"《周礼·秋官》："司烜氏掌以夫燧，取明火于日。"这里的燧即指阳燧。因为阳燧具有对日取火的功用，古人对之非常重视。《礼记·内则》中有"左佩金燧""右佩木燧"之记载，就是一则证明。金燧即阳燧，木燧应为钻木取火之具，供阴雨天使用。汉代文献中对阳燧取火具体做法有详细记载，《淮南子·天文训》说："阳燧见日则燃而为火。"东汉高诱注曰："阳燧，金也。取金杯无缘者，熟摩令热，日中时以当日下，以艾承之，则燃得火也。"《说林训》说："若以燧取火，疏之则弗得，数之则弗中，正在疏数之间。"《说林训》强调在取火时，火媒离镜面不宜太远或太近，而应当放得远近适当，即放焦点上。这里隐含了焦距的概念。王充《论衡·率性篇》云："以刀剑之钩月，摩拭朗白，仰以向日，亦得火焉。夫钩月非阳燧也，所以耐取火者，摩拭之所致也。"这段话表明，即使像"刀剑之钩月"这类呈凹面形的金属反射面，只要"摩拭朗白"，使之具有良好的反射性能，同样可以对日取火，不一定非要专门的"阳燧"不可。这说明人们对于凹面镜取火的物理过程有了进一步的认识。

　　透镜聚焦取火出现以后，也有人把透镜叫作阳燧。但一般说来，古人所说的阳燧取火，通常都指的是利用凹面镜的反射聚焦取火。

　　在实现人工取火过程中，古人对引火材料也很重视，除了前面提到的艾绒、纸媒等，还有一种非常值得一提的引火材料——发烛。元代陶宗仪对此有较为细致的记载：

　　杭人削松木为小片，其薄如纸，镕硫磺涂木片顶分许，名曰发烛。又曰粹儿。盖以发火及代灯烛用也。史载周建德六年，齐后妃贫者以发烛为业，岂即杭人指所制舆。宋翰林学士陶公毂《清异录》云，夜有急，苦于作灯之缓，有知者批杉条染硫磺，置之待用。一与火遇，得焰穗然。既神之，呼引光奴。今遂有货者，易名火寸。按此，则焠、寸声相近，字之讹也。然引光奴之名为新。①

　　陶宗仪不但详细记载了发烛的做法，还推测了其发明时间，考辨了其名称流变。根据他的记载，所谓"发烛"，就是在松木制成的小木片上沾上一段熔融状的硫黄。硫黄燃点低，可燃性强，一遇红火即可燃成明火，松木本身有油性，不易熄灭。如果陶宗仪所述不虚，则在南北朝时"发烛"已被制作成商品供应。"发烛"是一项很重要的发明，为人们的生活带来很大方便，因而沿用时间很长。直到19世纪，欧洲发明了依靠摩擦直接发火的火柴，后传入我国，因其集发火与取火功能于一身，使用起来极为方便，这才逐步取代了传统的引火柴。

三、传统测温方法

　　定量测试温度是温标系统建立和温度计发明之后的事情。在此之前，人们没有温度概念，也就不可能存在现代意义上的温度测量。但是，冷热现象是客观存在，古人在生产和生活中不可避免要大量接触，这就带来一个问题：如何判定物体的冷热？在这方面进行的长期摸索，使得中国古人逐渐积累起一套传统的定性判定温度高低的方法。

　　人们在判定温度高低时，首先是依靠自己的感觉。我国古文献中描述物体冷热程度的词汇很丰富，从低温到高温依次用冰、寒、凉、温、热、灼等

---

① （元）陶宗仪，《南村辍耕录》，《元明史料笔记丛刊》，北京：中华书局，1997年版，第61—62页。

表示。这套术语，就是跟人们的主观感觉密切相关的。实际上，不管世界上哪个民族，在日常生活中需要判定物体的冷热时，没有不以自己的直接感觉作为主要测试手段的。

这种以人体的直接感觉作为判定物体冷热程度的方法，在中国古代也曾有过自己十分值得称道的实践，那就是北魏贾思勰在《齐民要术》中的记叙。贾思勰在该书《养羊》篇的"作酪法"中提到，要使酪的温度"小暖于人体，为合宜适"。在"作豉法"中更提到"大率常欲令温如腋下为佳""以手刺之堆中候：看如腋下暖"。这些，都是以人体体温为比对标准，判定待测对象冷热程度是否符合要求。人体体温一般变化幅度不大，而腋下体温又是人体各部分中较为稳定的，以腋下体温为标准，判断结果自然就比较准确。所以，贾思勰提出的以腋下体温为标准的判定方法，是有其科学道理的。

古人在判定物体冷热程度时，还采用过另一种方法：观察热效应引起的物态变化。《吕氏春秋·慎大览·察今》篇的一段描写，就属于这类方法：

> 审堂下之阴，而知日月之行，阴阳之变；见瓶中之冰，而知天下之寒，鱼鳖之藏也。

"审堂下之阴"，是通过观察日影变化判断季节；而"见瓶中之冰"，则涉及通过观察水的物态变化来粗略判定温度范围。《吕氏春秋》这段话有一定的科学道理。我们知道，在大气压保持不变的情况下，水的相变温度是恒定的。一般情况下，大气压变化幅度不大，水的相变温度基本上也保持不变，这样，通过观察瓶水结冰与否来粗略判定温度范围，原则上是可行的。

《吕氏春秋》记述的这种方法，在后世文献中常被提及。《淮南子》中就有类似的说法。《淮南子·说山训》说："睹瓶中之冰，而知天下之寒。"《兵略训》说："见瓶中之水，而知天下之寒暑。"见到瓶中之冰，可以知道气温之低，而冰化为水，则又昭示着气温的回升。由此可见，古人还是比较看重这种方法的。这种方法比起凭主观感觉判定物体冷热是种进步，因为它是建立在客观因素的基础之上的。而凭主观感觉判断，则易受人所处状态影响，从而导致做出错误判断。例如，刘向《新序·刺奢》讲述了一个故事，就涉及于此。故事说，春秋时期，卫灵公在天寒地冻之时，要大兴土木，修造池苑。臣下劝谏说：天气寒冷，这时兴工，会冻伤民夫。卫灵公表示怀疑，反问道：天气冷吗？臣下说：您身着狐裘，座上熊褥，室内还有炉子，自然不冷。可是民众衣不蔽体，鞋不履脚，他们当然是很冷的。这里卫灵公对外界气候判断的失误，就是他自身所处状态的温暖所致。但《吕氏春秋》所记叙的这种方法，却可以不受观察者本身所处状态冷暖的影响。如果卫灵公能够运用这种方法，去看一看室外瓶中的水是否结冰，也许他就不会再产生修凿池苑的念头了。

在古代的测温术中，还有一种方法值得一提，那就是"火候"，用于对高温状态的判断。"火候"的实质是通过观察炉火颜色来大致判断炉温。这一方法与古人的熔炼技术同步发展，是古人冶炼经验的结晶。古代的铸工在熔铸青铜的实践中，摸索出了一套掌握熔炼火候的简便方法，《考工记》中最早记载了这套方法的具体内容：

> 凡铸金之状，金与锡，黑浊之气竭，黄白次之；黄白之气竭，青白次之；青白之气竭，青气次之，然后可铸也。[1]

"金"，指铜。铜与锡，冶炼出来的是青铜合金。这里讲的是冶炼过程中焰色的改变。《考工记》的描述是合乎科学道理的。在熔炼金属时，炉温不同，焰色也不同，这决定于熔炼过程中产生的气态金属原子的发射光谱，也与辐射背景有关。金属里含有碳、钠之类杂质，它们的汽化点不同，在加热过程中，随着汽化物产生的先后不同，炉中也就呈现出不同的焰色。开始加热时，矿料附着的碳氢化合物和一些杂质等燃烧而产生黑烛气体。炉温继续

---

① 《周礼·考工记·栗氏》。

升高，焰色转为黄白，这是金属中含有的钠原子汽化发光所致。再继续加热，焰色转为青白，这时汽化的金属原子以锌为主，锌在高温下燃烧生成白色氧化锌。在1200℃左右，锌将彻底挥发，这时，"炉火纯青"，炉温足够高，可以用来浇铸了。由此可见，这种通过观察炉火焰色来大致判定炉温的方法是可行的。时至今日，在某些冶炼过程中，仍然通过观察焰色判定炉内化学反应进程，配合仪器仪表的监测进行操作。

我国传统的测温方法，只能粗略判定温度的变化。17世纪，欧洲发明了一些重要科学仪器，其中包括温度计。这一发明经传教士之手传入我国，引起我国学者兴趣，官方和民间都有人去实践制造"测温器"。之后又经过漫长的发展演变，我国才逐渐普及了采用有固定温标划分、不受气压变化影响的新型温度计，从而使得对温度的测量最终走上了更为科学的道路。

四、温度计

温度计是很重要的科学仪器，在科学研究和日常生活中发挥着巨大的作用。

我国在秦汉时期曾经有过通过观察物态变化来粗略感知气温的方法，此即前引《吕氏春秋》所载之"见瓶水之冰，而知天下之寒"。但"瓶水之冰"充其量只能是一种原始的验温器，因为它只能在有限的范围内粗略显示外界温度的变化，没有任何标度，当然不能算作温度计。

定量温度计的早期形式在我国出现的时间是在17世纪六七十年代，是由耶稣会传教士、比利时人南怀仁在其著作《灵台仪器图》《验气图说》中首先介绍的。前者完成于1664年，后者则发表于1671年。两书后来被纳入由南怀仁纂著的《新制灵台仪象志》①中，前者成为它的附图，后者则成为其中的一部分，即其第四卷的"验气说"。

南怀仁在《新制灵台仪象志》的"验气说"中描述了温度计的制作方法：

---

① 本节所提南怀仁之语，皆引自该书。

　　所谓作法者，用琉璃器，如甲乙丙丁；置木板架，如一百八图（按：原书编号）。上球甲与下管乙丙丁相通，大小长短，有一定之则。木架随管长短，分三层，以象天地间元气之三域。下管之小半，以地水平为准。其上大半，两边各分十度。其所划之度分，俱不均分，必须与天气寒热加减之势相应。故其度分离地平线上下远近若干，则其大小应加减亦若干。……盖冷热之验，有所必然者，故候气之具，自与之相应，而以冷热之度，大小不平分相对之。

　　根据这段描写及后文有关内容可知，南怀仁制作的温度计是以玻璃制成U形管，管的一端与铜球相连，另一端开口，管及球内一部分注有水。以一水平线为基准，将管分为上下两部分，上部分长，下部分短。管两侧附有不等分分度，用以作为测量温度的标尺（如图3.5.1所示，图中所标数字是原书编号）。

　　之所以要将标度做不等分划分，这与当时传教士对于空间气温分布变化的认识有关。南怀仁说：

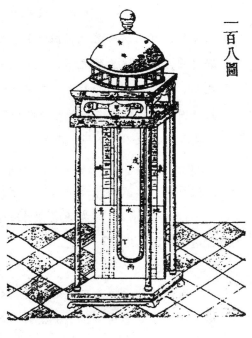

图 3.5.1　南怀仁《灵台仪象志》记载的温度计

　　盖天之于地，有上中下三域。上域近火，近火常热；下域近水土，水土常为太阳所射，故气暖也；中域上远于天，下远于地，故寒也。

　　这就是当时西方流行的所谓"三际说"。南怀仁认为，空气中温度的变化就是这"三际"之间相互作用引起的，而温度计作为测温仪器，其标度应该与空中"三际"分布相对应，将其反映出来。他说："盖冷热之验，有所必然者，故候气之具，自与之相应，而以冷热之度，大小不平分相对之。"即是说，将当时人们所想象的"三际"分布对应缩小至温度计上，就构成了这样的不等分分度。这种不等分分度当然不合实际，但无论如何，它毕竟提供了一种分度方法。

关于这种温度计的工作原理，南怀仁解释说：

> 夫水之升降，为热冷之效固矣，然其故何也？盖如上球甲，一触外来热气，则内所含之气稀微舒放，奋力充塞，则球隘既无所容，又无隙漏可出，势必逼左管之水，从地平而下至丁，右管之水，从地平而上至戊矣。此热之理所必然也。若冷之理则反是。盖冷气于凡所透之物，收敛凝固，如本球甲，一触外来之冷气，则内所含之气必收敛，左管之水，欲实其虚，故不得不强之而上升矣。

这段话以空气的热胀冷缩效应为依据，基本上说出了这种温度计的工作原理。但仅此还不够，因为该温度计一端是开口的，与大气相通。南怀仁专门解释过这样做的理由，他说：

> 假使塞管之口而不使通外气，则甲丁内气为外冷所逼，势必收敛凝固，虽甲丁之器为铜铁所成，必自破裂而受外气以补盈其空阙矣。又自外来之气甚热而内气必欲舒放，无隙可出，则甲丁既无所容，亦必自破裂而奋出矣。

可见，南怀仁考虑过是否将管口加以封闭，但由于受古希腊所谓"自然界厌恶真空"说法的影响，他担心封闭后会因温度变化而导致铜球破裂，因而采取了让管子开口与外界相通的做法。他没有科学的大气压概念，这是在情理之中的。但是，这种形式的温度计难免会受到外界大气压变化的影响。即是说，管内水柱的升降，不能唯一地反映出温度的高低。再者，南怀仁温度计的温标是任意的，也没有起始点，因此它不能给出准确的温度值，只能观察到温度的变化，属于早期比较原始的空气温度计。

在南怀仁之后，我国民间自制温度计的也不乏其人。清初的黄履庄就曾发明过一种"验冷热器"，可以测量气温和体温。清代中叶杭州人黄超、黄履父女也曾自制过"寒暑表"。但由于原始记载过于简略，对于民间的这些发明，我们还无从加以评说。

五、湿度计

古人对空气湿度的变化比较注意，早在《淮南子·说山训》中，已经提出："悬羽与炭，而知燥湿之气。"同书的《泰族训》说："夫湿之至也，莫见其形而炭已重矣。"《天文训》说："燥故炭轻，湿故炭重。"可见，当时已经知道某些物质的重量能随大气干湿的变化而变化。古人利用这一效应，在天平两端悬挂重量相等而吸湿性能不同的物体（例如羽毛与炭），这就构成了一架简单的天平式验湿器。在使用时，预先使天平平衡，一旦大气湿度变化，两个物体吸入（或蒸发）的水分多少互不相同，因而重量不等，导致天平失衡而发生偏转，从而将空气湿度变化显示出来。

这种天平式验湿器并非仅是古人的设想，它确实被应用过。据《后汉书·律历志》记载，每当冬、夏至前后，皇帝都要"御前殿，合八能之士，陈八音、听乐均、度晷景、候钟律、权土灰"，以之测定冬、夏至是否到来。这里"权土灰"就是用天平式验湿器进行的测试。中国古代这种天平式验湿器上没有标度，测量结果也从未想到过要定量化，因此还不能叫作湿度计。

在中国，湿度计也是由南怀仁介绍进来的。同样是在《新制灵台仪象志》的"验气说"一节中，南怀仁介绍了湿度计的制作及使用方法：

　　　　欲察天气燥湿之变，而万物中惟鸟兽之筋皮显而易见，故借其筋弦

以为测器，见一百九图（按：原书编号）。法曰：用新造鹿筋弦，长约
二尺，厚一分，以相称之斤两坠之，以通气之明架空中横收之。上截架
内紧夹之，下截以长表穿之，表之下安地平盘。令表中心即筋弦垂线正
对地平中心。本表以龙鱼之形为饰。验法曰：天气燥，则龙表左转；气
湿，则龙表右转。气之燥湿加减若干，则表左右转亦加减若干，其加减
之度数，则于地平盘上之左右边明划之，而其器备矣。其地平盘上面界
分左右，各划十度而阔狭不等，为燥湿之数。左为燥气之界，右为湿气
之界。其度各有阔狭者，盖天气收敛其筋弦有松紧之分，故其度有大小
以应之。

湿度计的形制有各种各样，中国古代采用的是天平式吸湿性验湿计，南
怀仁的湿度计就原理而言也是吸湿性的，但形制上则属于悬弦式。他用鹿筋
作为弦线，将其上端固定，下端悬挂适当的重物，弦线上固定一指针，指针雕刻成鱼形。这种弦线吸湿以后会发生扭转，吸湿程度不同，扭转角度也不同，转过角度的大小通过指针在刻度盘上显示出来，从而起到测量湿度的作用（如图3.5.2所示，图中数字是原书编号）。

悬弦式湿度计结构简单，使用方便，因此比较流行。但它也有其待改进之处。例如南怀仁对湿度计底盘刻度的不等分划分，就不能准确反映空气湿度的变化情况。但无论如何，这毕竟是中

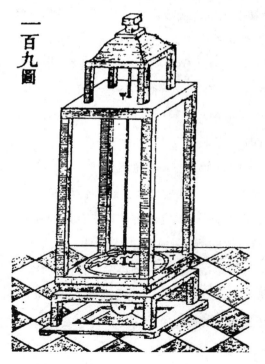

图 3.5.2　南怀仁《灵台仪象志》介绍的湿度计

国最早出现的有定量刻度的湿度计。另外，这类湿度计西方书籍中也有记述，但这些书籍在时间上比起南怀仁的介绍还要晚一些，可见此类湿度计传入我国的时间是相当早的。

在南怀仁之后，我国学者也尝试着制作测量大气湿度的仪器。据张潮辑《虞初新志》卷六所收黄履庄传记称，黄履庄在1683年就曾自制成功一种所谓"验燥湿器"："内有一针，能左右旋，燥则左旋，湿则右旋，毫发不爽，并可预证阴晴。"但其结构与原理没有被记录下来，以至于我们对这种"验燥湿器"的具体形制，至今仍知之甚少。

第四章

中国科学史若干问题辨析

在中国的科学史研究中，中国科学史历来占据主流地位，而中国科学史研究又主要集中在对史料的发掘、考释和解读方面。20世纪50年代以来，这方面研究取得了巨大成就：经过科学史家们孜孜不倦的努力，中国古代科学的基本形貌已经能够比较完整地呈现在人们的面前，科学史研究的成就有目共睹。但是，此类研究也存在问题，其中比较典型的是对历史的误读。这种误读主要表现在对史料的错误认识和评价上，它导致了人们对中国古代一些重要科学问题的错误理解。对此，有必要对已有的一些认识再做辨析，追根溯源，去伪存真。

第一节　传统365¼分度不是角度

史学界一般认为，中国古代独特的365¼分度体系，反映的是圆心角概念。本节对之提出不同意见，并就古人相应的天文测度思想进行分析。

一、365¼分度方法的产生

365¼分度方法的产生，源于人们标示天体空间方位的需要。古人在观测中发现，太阳在一个回归年中逆天运行一周，而回归年的长度约为365¼日，据此，他们分日所行道为365¼段，称每一段为一度，以日行一度为率，推算太阳一年四季的星空方位。此即晋刘智所云："昔者圣王治历明时……分三百六十五度四分度之一，以定日数。"[①]

按日行距离定位，这接近于弧坐标之义，而非圆心角概念。这里，不能把度理解成角度，只能按其本义，把它看成长度。《汉书·律历志》云："度者，分、寸、尺、丈、引也，所以度长短也。"即这五种长度单位都叫作度，是用以测量长短的。《尹文子·大道上》称："人以度审长短，以量受多少，以衡平轻重。"可见，作为名词，度表示的是基本长度单位（作为动词，则

---

① （西晋）刘智，《论天》，（清）孙星衍辑，《续古文苑》卷九。

为测量之义）。所谓同律度量衡，就是把度作为长度单位对待的。古人借助度的基本含义，将其推广应用于天体，从而形成了中国古代独特的365¼分度体系。

《周髀算经》卷下所载之"立二十八宿以周天历度"，给出了通过测量以这种体系为天体定标的具体例子。其方法是：在平地上作一"径一百二十一尺七寸五分"之圆，依"径一周三"，则圆周为365¼尺，以一尺为一度，分圆周为365¼度，在此基础上进行测量。测量的具体步骤为：

> 立表正南北之中央，以绳系巅，希望牵牛中央星之中，则复望须女星先至者，如复以表绳希望须女先至定中，即以一游仪，希望牵牛中央星，出中正表西几何度，各如游仪所至之尺为度数，游仪于八尺之上，故知牵牛八度。其次星放此，以尽二十八宿，度则之矣。①

用这种方法测量的实际是二十八宿依次转至正南时之地平方位角，而非其赤经差。但正如钱宝琮先生所说："中国古代不知利用角度，然有《周髀算经》测望术，日月星辰在天空中地位，亦大概可知矣。"②

但是，古人为什么要采用这种测度方法，这里度的实质是什么？

这涉及古人的测度思想。分周天为365¼度，度是在天上的，为要进行测量，就必须将其对应缩小至地面。正如《周髀算经》所云，在地上作圆并如此分度，是要"以应周天三百六十五度四分度之一"，即是为了与天空大圆的365¼分段相对应。这里度表示一种弧长比例单位，一度表示分圆周为365¼份时每份的长度，就本质而言，它是线度而不是角度。当然，对于圆来说，圆周上弧段与一定角度相对应，但对于非正圆，二者有本质上的差异。

汉末扬雄对盖天说的责难，从一个侧面证明了这一点。他说：

---

① 《周髀算经》卷下。
② 钱宝琮，《〈周髀算经〉考》，《钱宝琮科学史论文选集》，北京：科学出版社，1983年版，第126页。

日之行也，循黄道，昼夜中规。牵牛距北极北百十一度，东井距北极南七十度。周三径一，二十八宿周天当五百四十度，今三百六十度，何也？ ①

在这里，扬雄直接用"周三径一"公式处理度与度之关系，显示在当时的科学界，圆心角概念并没有随这种分度体系的产生而产生。这里度显然是长度。

传统分度方法的思想基础是比例测算，这在《周髀算经》中得到充分反映。《周髀算经》有深刻的比例测算思想，例如它对日高天远、日径大小等的测算即然。它在平地上分圆周为365¼度以象天度，也是这种思想所致。根据《周髀算经》的宇宙结构模式，日丽天平转，将此缩映至地，当然要在平地上画圆，这也可以解释他们为什么不用浑仪（或类似仪器）测天（当时也许还没有浑仪）。但是《周髀算经》也有不严格之处，若完全按比例对应，则此类测量应在北极之下（即盖天所谓之"天地之中"）进行，否则天上一度与地上一度弧长比值就不是常数，因为"以绳系巅""车辐引绳就中央之正以为毂"，这种测量方法测量出来的只能是角度，而对同一角度，距测点不同，它所对应的弧长当然也不同，这就无法按比例推算。

《周髀算经》的这种不严格，也许更有利于向角度概念的进化，但由于浑天说的兴起，这种进化没有发生。

二、浑天家对365¼分度方法的理解

浑天说取代盖天说之后，在分度思想上承继了盖天说固有的一套。他们把天球圆周分为365¼段，认为每一段就是一度。度的内涵依然是长度。这在浑天家对天体形状的讨论中有所反映。前述扬雄对盖天说的责难，即为一例。又如，三国时陆绩提出"天形如鸟卵"主张，遭到王蕃反对，他说：

————————

① 《天文志上》，《隋书》卷十九。

黄赤二道，相与交错，其间相去二十四度。以两仪推之，二道俱相去三百六十五度有奇，是以知天体员如弹丸也。而陆绩造浑象，其形如鸟卵，然则黄道应长于赤道矣。①

这是说，如果天是椭球形的，那么黄道应该长于赤道，它的度数也就应该多于赤道的度数，可是用仪器观测的结果，黄赤二道的度数一样，这说明它们周长一样，所以天形应该是正圆。显然，这里讲的度是弧长而不是角度，因为在椭球情况下，圆心角相等并不能保证它所对应的弧长也相等。

再如，唐代孔颖达为《礼记》作疏，对浑天说天体观曾有所描述，其中提到：

浑天之体虽绕于地，地则中央正平，天则北高南下。北极高于地三十六度，南极下于地三十六度……南极去北极一百二十一度余，若逐曲计之，则一百八十一度余。②

"一百二十一度余"，表示的是南极到北极的直线距离，即天球直径。"逐曲计之"，表示沿着圆周计算，实为求二者之间弧长之义。这里若认为度是角度，那么这段话就不可解了。

浑天家们观测天体所用仪器是浑仪，观测工具与其宇宙结构模式相一致。为了在浑仪上分度，浑天家们承袭了《周髀算经》上的比例缩放思想。宋人沈括对浑仪分度理论的说明，有助于我们理解这一问题。他说：

五星之行有疾舒，日月之交有见匿，求其次舍经勵之会，其法一寓于日。……周天之体，日别之谓之度。……度不可见，其可见者星也。日、月、五星之所由，有星焉。当度之画者凡二十有八，而谓之舍。舍所以絜

① 《天文志上》，《晋书》卷十一。
② 《月令第六》，《礼记正义》卷十四。

度，度所以生数也。度在天者也，为之玑衡，则度在器。度在器，则日月五星可抟乎器中，而天无所豫也。天无所豫，则在天者不为难知也。[①]

这段话，表现了清楚的比例缩放思想：按日附天之行分天为一定之度，将其缩小至观测仪器上，则度在器，通过观测器上之度即可知日在天之度。"日别之谓之度"，说明这里的度依然是长度，是太阳每日逆天运行所走距离。沈括曾潜心浑仪研究，"历考古今仪象之法"，他对古人浑仪分度思想的理解，应该是可信的。

既然浑仪测天实质是同心圆上对应弧长的比例放大，这就要求浑仪位置一定要置于天球中心，即所谓之"地中"，否则这种比例关系就不成立，测量结果就会有偏差，就会导致历法编算的失误。由此，古人极端重视对"地中"的追求。《隋书·天文志》论道："《周礼》大司徒职'以土圭之法，测土深，正日景，以求地中'。此则浑天之正说，立仪象之大本。"落下闳之所以要"为汉孝武帝于地中转浑天，定时节"，原因也在于此。天文学家祖暅则"错综经注，以推地中"，甚至到了唐代，僧一行进行在今天看来是对地球子午线的实际测量，其目的依然是要"测天下之晷，求其土中，以为定数"[②]。从汉至唐，古人一直在孜孜不倦地追求这个子虚乌有的地中，也许就是由这种比例测量思想决定的。

三、365¼分度方法的影响

中国古代365¼分度方法对于确定天体空间方位是有效的。唯其有效，才阻滞了其他分度方法的产生，导致了角度概念的不发达。这种不发达的表现是多方面的，缺乏古希腊那样的几何体系，自不待言；即使在对天体方位的表示上，也习见用长度表示角度的例子。例如，《宋史·天文志》对1054年

---

① （北宋）沈括，《浑仪议》，《宋史》卷四十八《天文一》。
② 《天文志一》，《旧唐书》卷三十。

爆发的超新星是这样记载的："客星……至和元年五月乙丑，出天关东南可数寸，岁余稍没。"①这里数寸就是长度单位。这种表示方法，可视为传统分度思想的流风余韵。

传统分度思想的影响，在宋代著名科学家沈括的身上，表现得尤为明显，积极的、消极的都有。沈括有一段很有名的议论：

> 浑仪考天地之体，有实数，有准数。所谓实者，此数即彼数也，此移赤彼亦移赤之谓也。所谓准者，以此准彼，此之一分，则准彼之几千里之谓也。……若衡之低昂，则所谓准数者也。衡移一分，则彼不知其几千里，则衡之低昂当审。

"赤"，据李志超的判断，当为"十分"之误。②这段话明确提出测量绝对误差和相对误差概念，在物理学史上应予充分注意。沈括这一概念的建立，似仍受浑仪比例测度思想影响所致。既然是比例放大，"此之一分"，"准彼之几千里"，误差当然也要放大，相对误差概念即由此而生。基于这种思想，沈括非常重视对测量精度的提高，强调"衡之低昂当审"，这是富有积极意义的。但由于缺乏角度概念，在观测实践中未分清子午环上同一弧段所对应的圆心角与圆周角的区别，误把观测到的极星距北极一度半的结果解释为三度③，真是令人遗憾。

南宋苏州石刻《天文图》，原是用以教南宋幼主宁宗学天文用的，图下面附有说明，其中提到：

> 天体圆，地体方。……天体周围皆三百六十五度四分度之一，径一百二十一度四分度之三……地体径二十四度，其厚半之，势倾东南，其

---

① 《天文九》，《宋史》卷五十六。
② 李志超，《沈括的天文研究——观测和制历》，载《物理学史》，1989年第1期。
③ 李志超，《沈括的天文研究——日食和星度》，载《中国科学技术大学学报》，1980年第1期。

西北之高不过一度。

　　这里天体的圆周和直径大小都用度数表示，而且满足周三径一关系；地平面直径、地的厚度、倾斜的高度，也用度数表示。显然，此处度的本质只能是长度，而不是角度。可见传统分度思想的影响何其深远。

　　尽管365¼分度方法的产生是基于比例测度思想，但分度一旦确定，圆弧上每一段都与一定的圆心角相对应，据此用浑仪进行观测，实际是角度测量。由此，在讨论古人观测结果时，可以直接把他们的记录视为角度。另外，这种对应性还为古人逐渐建立角度概念提供了基础，从而使得他们得以避免类似沈括的错误。例如，同是测量极星位置，比沈括稍晚的苏颂就得到了正确的结果，他说，"旧说皆以为纽星即天极，在正北，为天心不动。今验天极亦昼夜运转，其不移处，乃在天极之内一度有半"①。但是无论如何，365¼分度体系表征的是长度而不是角度，明确了这一点，我们在阅读古籍时产生的许多困惑，就可以迎刃而解了。

　　365¼分度尽管与圆心角一一对应，但因其分度不齐，数字繁复，故只能用于实际观测，而不便于理论推演。这种分度方法对于中国几何学体系的建立无疑不能起推进作用。实际上，它也从未在天文观测以外的范围被应用过。这从一个侧面证明它反映的不是角度概念。真正既便于实用又利于理论推演的360°角度分度方法，最终还是依靠西学的传入才得以在中国扎根，而这已经是16世纪晚期的事情了。

第二节　略谈中国历史上的弓体弹力测试

　　弓（包括弩）是古代一种重要武器，在狩猎及战争活动中具有不可替代的作用。对弓弩的重视，使得古人孜孜不倦地探求其制作之道，并由此形成

———————

① （北宋）苏颂，《新仪象法要》卷中。

了定量测试弓体弹力的方法。古人还把这种测试方法应用到弓的制作和性能的改善方面，并对弹力和射程之间的关系做了探讨。

一、古代的弓力测试

古人测试弓体弹力，目的有二：一是得到弓体的额定弹力（即弦拉到规定长度时弓体所产生的弹力），以作为表征弓的性能的定量标准。古人经常以钧、石这些重量单位表示弓的弹力，宋人沈括说，"挽撅弓弩，古人以钧石率之"①，指的就是此事。在古籍中，多见对弓力的定量记述，出土文物也表明，古代弓弩上常标明其具体弹力。例如，"汉代的弩不仅在制造时常有标明是几石的，而且在边远地区屯戍时还常常就地复核它的实际刚度"②。这些，都表明弹力大小是古人定量表征弓弩性能的一个重要指标。而要实现这一点，当然离不开弓体弹力测试。

古人定量测试弓体弹力的另一目的，是以之作为一种技术手段，来保证弓弩的制作能够符合要求。这一点，在《考工记》中表现得最明显。在中国古籍中，《考工记》最早全面记述了弓的制作规范和技术，其《弓人为弓》条说：

> 　　材美、工巧、为之时，谓之参均；角不胜干，干不胜筋，谓之参均；量其力，有三均。均者三，谓之九和。

文中给出了三个"三均"，合在一起，称为"九和"，认为它们是弓弩制作应达到的理想状况。其中的"角不胜干，干不胜筋"，是对弓的制作中材料强度的要求。所谓角、干、筋，都是制作弓体的材料。古人做弓，以坚韧之木或竹为干，内衬以角，外附以筋，张以丝弦而成。角、干、筋对弓的弹性都有影响，古人希望这三者的作用均等，并把三者均等的情况称为"三

---

① （北宋）沈括，《梦溪笔谈》卷三。
② 老亮编著，《中国古代材料力学史》，长沙：国防科技大学出版社，1991年版，第25页。

均"。"量其力"一语，表明当时人们在弓体制作过程中，注意到了对其弹力的测试，并使之成为保证弓的质量符合要求的技术措施。

那么，古人是如何测定弓的弹力的呢？在现存的古籍中，现在所知唯有宋应星的《天工开物·佳兵·弧矢》条有明确介绍：

> 凡试弓力，以足踏弦就地，秤钩搭挂弓腰，弦满之时，推移秤锤所压，则知多少。

这是利用杠杆原理，以称重方式来测试弓的额定弹力，简便易行。

在宋应星之前的测量弓力的方法，虽然文献没有明确记载，但肯定是存在的，否则《考工记》中不会有"量其力"之语。至于具体操作方式，也不会很复杂。《汉书·律历志》记载一种"五权制"，曰："权者，株、两、斤、钧、石也，所以称物平施，知轻重也。"这种"五权"，相当于大天平制度上的砝码，我们可以设想，在测试弓力时，只要把弓腰固定起来，然后在弓弦上悬挂这种砝码，就可以直接读出弓的弹力来。这在《考工记》的时代，是不难做到的。

既然如此，当时人们是如何通过测试弓力来实现上述两个目的的呢？东汉郑玄对《考工记》该段文字的注解，为我们提供了解答这一问题的线索：

> 参均者，谓若干胜一石，加角而胜二石，被筋而胜三石，引之中三尺。假令弓力胜三石，引之中三尺，弛其弦，以绳缓掇之，每加物一石，则张一尺，故书胜。

唐代贾公彦对郑玄这段话又做了疏解：

> 此言弓未成时，干未有角，称之胜一石，后又按角，胜二石；后更被筋，称之即胜三石。引之中三尺者，此据干角筋三者具总，称物三石，

得三尺。若据初空干时，称物一石，亦三尺；更加南，称物二石，亦三尺，又被筋，称物三石，亦三尺。郑又云假令弓力胜三石，引之中三尺者，此即三石力弓也。必知弓力三石者，当弛其弦，以绳缓摄之者，谓不张之，别以一条绳系两箫，乃加物，一石张一尺，二石张二尺，三石张三尺。

郑玄、贾公彦这些注疏，包含十分丰富的内容，从中可以了解到古人测定弓体弹力的方法及其不同的应用。根据这些注疏，古人在测定弓体弹力时，首先松开张紧在弓上的弦，让弓处于松弛状态，再用绳系在弓的两箫（即弓两端架弦之处，也叫峻），保持弓不受力，然后在绳上悬吊重物，调节物体重量，使得弓被拉开的长度为三尺，这时物体的重量就反映了弓的额定弹力。若物体重三石，则该弓额定弹力为三石，此即郑、贾所谓"三石力弓"。

上述步骤中，在测试之前，先让弓处于松弛状态，这一做法很有道理。因为弓是一个弹性体，在弹性限度内，它的弹力与外力造成的形变成正比，当弓处于松弛状态时，它的弹力为零，这时开始测试，得到的将是弓的净弹力。另外，在测弓力时，要求"引之中三尺"，这也是有原因的。贾公彦在这一篇的疏解中说："引之皆三尺，以其矢长三尺，须满故也。"可见，在弓被拉开三尺的情况下，所测出的就是弓的额定弹力。

古人除了用这种方法测出弓的额定弹力，还将其用于对弓体刚性的调整上。弓体主要是由干、角、筋构成，古人希望这三者对弓的刚性系数有同样贡献，他们就是通过测定其相应弹力来实现这一点的。根据贾公彦的疏解，开始要先选择合适的弓干，使其在悬一石重的物体时，恰被引至三尺。然后在弓干上衬角，衬后悬二石重物体，使其亦被引至三尺，之后，在弓干上附筋，然后悬三石重物体，如果这时也恰被引至三尺，则说明角、筋、干三者对弓刚性系数的作用相等，这就达到了古人所说的"三均"。

这种做法是有道理的。我们知道，物体在发生弹性形变时，它所受的外力在量值上等于其刚性系数与形变的乘积，而在上述测量中，弓的形变量是保持不变的，这样通过衬角、附筋以后，弓的刚性系数的改变就唯一地与所悬外物的重量成比例了，因此可以通过所悬外物重量直接判定角、筋、干三者的组合是否符合要求，从而确保制成的弓满足规定性能。按照这种程序制作的弓额定弹力是一定的，这就使得它符合标准化的要求，具有通用性。对于古代战争而言，这是非常重要的。

二、胡克定律说辨析

从物理学史角度来看，古人对弓体弹力的测定很有意义。在一般情况下，用衡器测物重，实际上测出的是质量，而这里测出来的却是实实在在的力。衡器测重依据的是杠杆原理，弹力测定则遵从的是弹性定律（也叫胡克定律），这是不一样的。

另外，古人在测量时限定把弓引长至三尺的做法也十分巧妙，这一方面可以直接得到弓的额定弹力，另一方面，也省去了制作弓弩时每次测量中烦琐的形变量的计算，还不必考虑形变是否在弹性限度之内，而且能够保证制作出来的弓弩符合要求，这是很科学的。

尤为有意义的是，郑玄注提出："每加物一石，则张一尺。"贾公彦的疏解又进一步对之加以说明："加物一石，张一尺；二石张二尺，三石张三尺。"这些注疏意味着他们已经把弓所悬物重与其被拉开的程度联系起来，走上了一条通向发现弹性定律的道路。对于郑玄注，老亮认为，这是对弹性定律的发现。[①]嗣后，李平、戴念祖也提出了类似的观点。[②]这就是说，郑玄早于胡克1500年就已经发现了弹性定律。在中国科技史上，这是一项很鼓舞人心的见解，它引起世人极大兴趣，报刊、广播、电视等广为报道，并被载入《中国大百科全书·力学卷》。

---

① 老亮，《我国古代早就有了关于力和变形成正比关系的记载》，载《力学与实践》，1987年第1期。
② 李平、戴念祖，《中国古代的弓箭及其弹性规律的发现》，陈美东等主编，《中国科学技术史国际学术讨论会论文集（1990）》，北京：中国科学技术出版社，1992年第1版。

　　但是，细读《考工记》有关文字及郑、贾注疏，我们感觉这中间还有疑点。在历史上，胡克明确地将其实验结果概括成了定律，引起了科学界的注意和承认，而郑玄只是就"弓"这一类特定物体做了记述，这两者是不一样的。但我们的疑点并不着眼于此，问题另有所在。

　　弹性定律的主要内容是说在弹性限度内，物体的形变与引起形变的外力成正比。在这里，与外力具有线性关系的是物体的形变量，不包括它原来的尺度在内，对此，胡克是有清醒的认识的。那么，郑玄是否也认识到了这一点呢？

　　问题的关键在于对郑玄注"每加物一石，则张一尺"中"张"字的理解。这里的"张"表示将弓拉开，它与"引"具有同样的意思。《论衡·儒增篇》说"车张十石之弩"，就是表示用机械拉开十石之弩。《诗·小雅·吉日》："既张我弓，既挟我矢。"表示的也是开弓之义。一般地，在"张"之后加上数字和长度单位，表示把弓拉开后弦与弓腰（弓的中点）之间的距离。例如张弓三尺，就表示弦与弓腰之间的距离为三尺，前文贾公彦疏中所谓"引之皆三尺，以其矢长三尺，须满故也"，也明白无误地昭示着这一点。这就是

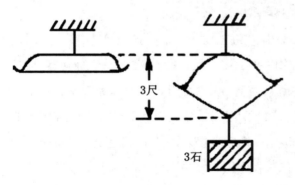

说，郑、贾注疏中所谓"加物一石张一尺，二石张二尺，三石张三尺"，指的是加上重物以后弓弦与弓腰的距离（如图4.2.1）。换言之，这些数据包括了弓原来的轴向尺度，这与弹性定律所要求的净形变量显然不同。

图 4.2.1 "加物三石，弓张三尺"示意图

　　但是，在郑、贾注疏所列举的数据之间，的确有一种线性关系，这当如何解释呢？这里有两种可能性，一是郑玄的确做过实验，在实验中就弓这一特例发现了弹性定律，但由于缺乏科学的记述方式，未能将弓的形变量与形变后弓总的轴向尺度区分开来，从而造成了混乱。不过要肯定这种可能性，

还需要有更多史料的支持。

另一种可能性是，这只不过是郑玄的随文衍义，并非他实验所得。这种可能性是比较大的。诚如老亮所言："张弓射箭、测量弓力，这是一个大变形的问题。……当六七尺的弓张开至三尺时，力和变形的关系早已不再是线性的了。"[1]这就是说，如果郑玄真的去做实验，他也许能得到"加物一石、弓张一尺"的数据，那么"二石张二尺"就比较勉强，"三石张三尺"则不可能。反之，如果加物三石，弓张三尺，则前面一石张一尺、二石张二尺的数据将不复存在。凭借这样的数据，郑玄不可能发现弹性定律。因为他每次砝码的改变量是一石，这样所能得到的数据只有三组，而这三组数据之间又不具备线性关系。所以，他所说的"每加物一石，则张一尺"，不可能是对实验结果的总结。由此看来，对郑玄究竟是否发现了弹性定律，现在还难以得出肯定的结论。

三、测弓量力定射程

中国古代关于弓体弹力测量及应用的史料较为缺乏，目前的研究一般只征引了《考工记》和《天工开物》的有关记载。1991年，石云里发现了一条关于弓体刚性测量的宋代史料[2]，从而为这方面的研究打开了一片新天地。该史料原出现于《魏王别录》一书，后由南宋江少虞收录在《事实类苑》卷十四"德量智识"中，具体内容为：

> 魏丕作场使，旧制床子弩止七百步，上令丕增造至千步，求规于信。信令悬弩于架，以重坠其两端，弩势圆，取所坠之物较之，但于二分中增一分，以坠新弩，则自可千步矣。如其制造，果至千步，虽百试不差。

---

[1] 老亮编著，《中国古代材料力学史》，长沙：国防科技大学出版社，1991年版，第26页。

[2] 石云里，《关于弓体刚性测量的一条宋代史料》，载《物理学史》，1991年第1、2期合刊。

　　这里所记载的，是古人通过测定弓体弹力来定量改进弓弩射程的一次尝试。这种尝试是合乎逻辑的，因为弩的射程远近当然与其弹力的大小有关，要提高射程，只有从增加弹力着手。

　　不过，弹力与射程之间不成简单的正比关系，由此，由这次尝试所得到的结论并不完全可靠。下面我们做点具体分析。

　　在这条史料中，原床子弩的射程为七百步，皇帝命令要将其增加至一千步，即射程要达到原来的1.43倍，近似于1.5倍。对此，设计者采取的解决办法是，使弩的弹力"于二分中增一分"，也达到原来的1.5倍。这就是说，在设计者的心目中，弩的射程与其弹力是有线性关系的。

　　实际情况怎么样呢？我们知道，弩的射程主要取决于弩箭的初始速度v，v的获得是弩的弹性势能在发射过程中转化成了箭的动能所致。若弩的刚性系数为k，额定形变量为x，箭的质量为m，则其额定弹性势能为$W=\frac{1}{2}kx^2$（假设弩的形变完全是弹性的），可以认为这一势能在发射时完全转化为箭的动能$E=\frac{1}{2}mv^2$。显然，在弩的形变量x固定不变的情况下（因为弩箭长度是不变的），箭的动能与弩的刚性系数k成正比，即箭的初始速度v与弩的刚性系数k的平方根1/k成正比。由此，知道了弩的射程与箭初始速度的关系，也就可以得出弹力与射程的关系了。下面我们分不同情况进行探讨。

　　设弩在H高度向前平射，根据普通物理学我们可知，这时弩的射程S为：

$$S=v\sqrt{2H/g}$$

　　g为重力加速度。即在平射情况下，射程S正比于箭的初始速度v。而v又与$\sqrt{k}$成正比，这样，S也就正比于$\sqrt{k}$。这就是说，倘若要将射程由七百步增加到一千步，提高到原来的1.43倍，则弩的刚性系数k的一次方根$\sqrt{k}$也应提高到原来的1.43倍，即k本身应提高到原来的$1.43^2 \approx 2.0$倍，相应地，弩的弹力也应达到原来的2倍。在这种情况下，原文中"取所坠之物较之，但于二分中增一分，以坠新弩"的做法，肯定行不通。正确的做法应该是："取所坠之物，倍之，以坠新弩"，方可"果至千步，虽百试不差"。

如果弩在H高度以a的水平倾角向下斜射（例如守城战），情况又会是怎么样呢？根据物理学知识，这时弩的射程S为：

$$S = \frac{v^2}{2g}\left(\sqrt{\sin^2 2\alpha + \frac{8gH\cos^2\alpha}{v^2}} - \sin 2\alpha\right)$$

显然，S与箭的初始速度v不具备线性关系，与v也不成正比。这样，建立在弩的射程与其弹力成正比基础上的原设计，自然也不能成立。

既然如此，对于原史料中的"如其制造，果至千步，虽百试不差"，又当如何理解呢？它是否是空穴来风，毫无所据呢？当然，对于古人这类文字，我们不必将其视为现代意义上的科学实验记录，但就本条来说，它也并非捕风捉影。它所对应的，是弩在地平面上，以仰角 α 向前发射的情况。从物理学上我们知道，这时弩箭的射程为：

$$S = \frac{v^2}{g}\sin 2\alpha$$

即在发射角固定的情况下，射程S唯一地与箭初始速度v的二次方成正比，亦即S与箭的初始动能成正比。而根据前面的分析，在弩的形变量固定的情况下，箭的动能E与弩的刚性系数k具有线性关系，由此，射程S与刚性系数k也具有线性关系。显然，如果使弩的弹力在形变量不变的情况下提高到原来的1.5倍，这意味着k提高到了原来的1.5倍，于是射程S也就自然达到了同样的1.5倍。在这种情况下，本条史料所述之设计就成为切实可行的了。

在上述讨论中，我们没有考虑空气阻力及弩的非弹性形变因素。在这类粗略估算中，这样做是可以的。通过对上述三种情况的分析，我们得知，尽管古人对于弩的射程与其弹力之间关系的认识不够全面，但他们毕竟从定量角度对之做了探讨，找到了弩做斜上抛发射时弹力与射程之间的正确联系，并在实践中得到了验证，这是应予肯定的。

第三节　白璧中的微瑕
—— 对《中国通史》科技史知识的吹毛求疵

白寿彝先生主编的《中国通史》[①]，集国内多位学者之力，集中反映了中国历史学研究的新进展，是中国历史研究方面的皇皇巨著。特别应予指出的是，该书以较大篇幅反映了中国科技史研究的成果，这是它有别于传统中国历史学著作的一个显著特点。白寿彝先生在该书第三卷的"题记"中，也专门指出作者是把科学技术史作为撰写的一个重点来对待的。这种做法，应该给予充分的肯定。

但是，像这样的一部学术巨著，不出错是不可能的。就在该书所比较重视的科技史知识部分，就存在着一些疏误。相对于全书（包括其中的科技史知识部分）来讲，这些疏误虽然仅仅是白璧微瑕，但鉴于该书巨大的社会影响，我们还是应该用吹毛求疵的态度，将它们指出来，以使该书更加完善。

一、叙述上的欠准确

这些疏误表现形式之一是叙述欠准确。例如，该书第14册第669页在谈到郭守敬创建的登封观星台时，介绍说："登封观星台不只是一个观测站，同时也是一个固定的高表。表顶端就是高台上的横梁，距地面垂直距离四十尺。"实际上，准确的说法应该是横梁距其下的圭面的垂直距离为四十尺。因为这里的圭是用石条砌成的，它本身距地面还有一段不小的距离。把圭面说成地面，是不合适的。

如果说上述问题是作者的疏忽造成的话，那么第4册第1406页在介绍勾股定理时说的一段话，也存在着同样的疏忽。书中写道：

勾股定理是我国早期数学史上最重大的发现之一。《周髀算经》记

---

① 白寿彝主编，《中国通史》，上海：上海人民出版社。该书系多卷本，各卷成书时间不一，本节参考的是该书1999年10月的印本。

载，西周初期周公与商高讨论天文学问题时提到"故折矩，以为勾广三，股修四，径隅五"，即勾股形三边之比为3:4:5，这是特殊形式的勾股定理。

这一说法是有问题的。知道勾股形三边之比为3:4:5，只是认识了一种特殊形式的直角三角形，不等于就认识到了其中所蕴含的勾股定理。因为勾股定理是说直角三角形两条直角边的平方和等于斜边的平方，而认识到了边长为3:4:5的直角三角形，不等于也认识到了其边长的平方之间所应该具有的那种等量关系。周公与商高的对话，只提到了勾三、股四、径五，我们可以说它勾画了一个特定形式的直角三角形，却不能由此判断，说这就是特殊形式的勾股定理，甚至也不能说它涉及了勾股定理。当然，古人也许已经认识到了这种特殊形式的勾股定理，但他们这么说，却不足以表达他们的这种认识。对于这一问题，钱宝琮先生已有明确论述，钱先生说："周公同时有无商高其人、《周髀算经》之术，姑不具论。藉曰有之，亦不过当时知有勾三、股四、弦五之率耳。不足以言勾股通例也。"[①]

实际上，《周髀算经》对勾股定理确曾提及，其卷上介绍测算日高天远之术，指出："若求邪至日者，以日下为句，日高为股，勾股各自乘，并而开方除之，得邪至日。"这是陈子荣方的对话，年代看上去虽然比周公要晚得多，但却是目前所能见到的中国古籍中最早的对勾股定理的描述。对于这段话，有学者认为，它所表现的仍然是与边长为3、4、5有关的那种特殊形式的勾股定理。[②]这种说法，可能是另一种过度解读，因为由《周髀算经》这段描述，

———

① 钱宝琮，《〈周髀算经〉考》，《钱宝琮科学史论文选集》，北京：科学出版社，1983年版，第126页。

② 例如，江晓原即曾认为，《周髀算经》用这种方法得到的结果为勾6万里，股8万里，弦10万里，其边长之比6:8:10是3:4:5的整数倍，即其仍为"勾3股4弦5"这种特殊形式的三角形，因此它所反映的仍然是特殊形式的勾股定理。（参见江晓原、谢筠，《周髀算经译注》，沈阳：辽宁教育出版社，1996年版，第38页。）

很容易推广到一般情况，何况《周髀算经》前面提到的只是"勾三、股四、弦五之率"，并未涉及其平方关系。不管我们对这句话做何理解，把它理解成一般形式的勾股定理也好，理解成特殊形式的勾股定理也好，它都在某种形式上涉及了勾股定理，这是毫无疑义的。但从《中国通史》中，我们却体会不到这一点。

《中国通史》之所以不引陈子荣方对话，可能是因为它在时代上比周公要晚得多。该书是倾向于勾股定理产生于周公时期这一说法的，尽管它知道学术界对该说法存在怀疑。书中专门对此问题做了辨析，指出："《周髀算经》约成书于公元前一世纪，时代较晚。因此，有人怀疑该书所记周公与商高问答的可靠性。"对这种怀疑，作者的态度是："当然，有关勾股定理的发现时代问题，还需要更多的佐证。但联系到中国远古时代水利与建筑工程的复杂程度与所需的测量知识，那么，我国很早就发现了一般形式的勾股定理，这是毋庸置疑的。"作者的说法有些牵强。一般形式勾股定理的发现，无论如何也不可能早于特殊形式的勾股定理的发现，这是不言而喻的。既然人们对《周髀算经》所提到的那种特殊形式勾股定理的发现时代是否是在西周，尚且心怀疑虑，又怎么可能得出"我国很早就发现了一般形式的勾股定理"这样的结论呢？仅仅由"中国远古时代水利与建筑工程的复杂程度与所需的测量知识"出发，就得出"我国很早就发现了一般形式的勾股定理"这一结论，在论证环节上似乎也是可以被"质疑"的。

再往下，书中在叙述中有这样一段话：

　　　据记载，齐国的标准量器"鬴"，应合64升，而每升容积为 $15\frac{5}{8}$ 立方寸。

这里的 $15\frac{5}{8}$ 这个数字的来历有些问题。鬴的实物，迄今无存，只是在《考工记·栗氏》条里，有关于它的形制的记载："量之以为鬴，深尺，内方尺而圆其外，其实一鬴。"这里记载的鬴是一个圆桶形量器，其深1尺，其口径大小由一个边长为1尺的圆内接正方形来规定。由这些数据，可推出鬴的容积为1570立方寸（取 π 值为3.14），则每升容积为$24\frac{17}{32}$立方寸。即使如古人的做法，取 π 值为3，也得不出$15\frac{5}{8}$这个数字。只有把鬴当成边长为1尺的立方体容器，认为它的容积是1000立方寸，才能推出1升等于$15\frac{5}{8}$立方寸这一结果。而把鬴当成正方形容器，恐怕是误解了《考工记》中"内方尺而圆其外"这一记述的缘故。

第6册第670页提到："外力的作用因物体重量的不同而不同：'湍濑之流，沙石转而大石不移。何者？大石重而沙石轻也。'"这段话的首句让人不解。引文中的古文来自东汉王充的《论衡》，究其原意，是说相同大小的外力，作用在不同重量的物体上，其表现效果不一样，而不是说物体重量不同，外力的作用就不同。

类似的疏误还有。接下去的671页提到："截面积对压力有直接影响，截面积越大，压力越小：'针锥所穿，无不畅达；使针锥末方，穿物无一分之深矣。'"这里有两处不妥，一是所谓的截面积这一提法，准确的说法应为受力面积；二是文中的压力当为压强。压力与压强，在法定计量单位的文件中，两个名称虽然是并列的，但在实际应用中，它们还是有区别的。把压强说成压力，是工程技术上常见的做法，而在物理学上，人们采用的则是压强这一术语。就本条所论情况而言，用压力做解说，是不合适的。

第12册第2206页提到北宋曾公亮在其《武经总要》中记载的指南鱼的制作方法。曾公亮的原文为："以薄铁叶剪裁，长二寸，阔五分，首尾锐如鱼形，置炭火中烧之，候通赤，以铁铃铃鱼首出火，以尾正对子位，蘸水盆中，没尾数分则止，以密器收之。用时置水碗于无风处，平放鱼在水面令浮，其首常南向午也。"对这段记载，《中国通史》的作者解释说："这里加热是使铁磁物质中的磁畴增加动能，在地磁场作用下由混乱变为规则排列，然后经过急剧冷却而固定下来。"曾公亮的这一方法有深刻的科学道理，但本书的解释却有不妥之处。从物理学上我们知道，正确的解释应该是这样的：铁磁物质在受热情况下，其内部磁畴的磁性会减弱，一旦温度超过居里点（铁为769℃——据《辞海》），磁畴将会瓦解，而当温度低于居里点时，磁畴又会重新生成。在其由弱到强的生成过程中，这些磁畴受到地磁场的作用，会沿着地磁场的方向比较规则地排列起来。在急剧冷却的情况下，这种排列就会固定下来，从而使其整体显出磁性。解释这一问题应从磁性的强弱变化着眼，不能像《中国通史》那样，说因为磁畴动能增加，就导致其取向在地磁场作用下变得规则起来。动能增加，无法导致磁畴取向变得规则，更何况物体受热后增加的是内能，不是动能。而且，磁畴动能增加，意味着其活跃程度增加，这会使其更不可能沿地磁场方向排列。

二、概念上的不严谨

《中国通史》中的科技史知识部分在对某些科学概念、科学原理把握上，存在着有争议之处。第4册第1438页提到中国古代有关原子论的学说，认为公元前4世纪的名家惠施就有原子观念，理由是惠施曾经说过"至小无内，谓之小一"的话。书中认为："这个'小一'无内部可言，也和端一样，可以看成一种原子。"这种说法是不正确的。文中所谓的原子，显然不是指现代物质结构理论所说的原子，而是古希腊原子论意义上的原子。根据古希腊原子论的说法，原子是构成物质的最小粒子，它有一定的大小，但不可分。原子的特征是不可分，不是"无内"。它的大小是恒定的，所以它是"有内"的。"小一"的特征是"至小无内"，能够满足这一特征的，只能是变量，但原子有一定的大小，是恒量，因此，把"小一"说成原子，显然是没有把握好原子这一概念的表现。此外，同册第1409页对"小一"又有不同的评价，该处认为，惠施"至大无外，谓之大一；至小无内，谓之小一"的说法，"涉及到无穷的概念，说明名家对于无穷大和无穷小已有较深刻的认识"。这一评价与"小一"是原子的说法是矛盾的。"小一"究竟是原子，还是无穷小，在同一部书中应该有统一的看法，因为原子与无穷小是两个完全不同的概念。

关于古代的原子学说,《中国通史》指出,战国时期墨家所说的"端",也应被视为原子。同样在该书的第4册第1438页,有这样的论证:

> 墨家学派认为物质内部是由无数个"端"所组成的。端极细小,内部无间隙("端,是无间也"),因此它不可能剖开("非半,弗斲")。要是把一根木条(假如不考虑它的厚度)一半一半地砍断,可有两种砍法:如果是从前头砍起,先砍掉一半,后再砍掉一半的一半……这样砍下去,砍到某一步必定会出现砍不下去的情况("进前取也,前则中无为半"),那是因为在中间的位置上恰好有端的存在("犹端也");如果是从前后同时砍,同样砍到某一步也会遇到砍不下去的端("前后取,则端中也")。

作者认为,砍不下去,说明"端"具有不可分的性质,所以它和"小一"一样,"可以看成一种原子"。实际上,这种说法是不成立的。所谓"砍不下去",只是作者的臆想,因为这里的"砍",是一种思想实验,意指将物一分为二。从逻辑上说,不存在"砍不下去"的可能性。特别是,如果不考虑木条的厚度,则无论如何砍,都不可能是原子,因为原子是有一定大小的,由原子组成的木条,不可能没有厚度。《中国通史》对墨家此条所做的解释,有望文生义之嫌。"端"不是原子,科学史界论及于此的文章并不罕见,这里不再赘述。

当然,关于"大一""小一""端"等,在科学史界有多种说法,是有争议的话题。但像《中国通史》这种性质的著作,在向读者介绍科技史知识时,应该选择那些有定论的内容加以叙述。如果一定要涉及有争议的论题,那也要做客观介绍。否则,引发新的争议也在情理之中。

三、科学理解上的不严密

《中国通史》的第10册第2040页提到有关敧器的问题,书中的引文及解释为:

唐代，马待封制造了盛酒的欹器。李皋也制造过，"皋尝自创意为欹器，以梨木上出五觚，为盂形，所容二斗。少则水弱，多则强，中则水器力均，虽动摇，乃不覆云"。这里以盛水多少表现出的水的力量的强弱，来描述其底锐圆的欹器盛水后的状态。"少则水弱"，即水少其重力不足以倾覆器物；"多则强"，即水多其重力强大以至倾覆器物；"中则水器力均"，即欹器内盛水适中时，水的重力与器物本身保持平衡。试图探究欹器盛水之后状态的原因，说明唐代人们对力和力的作用的认识又进了一步。

文中对欹器原理的解释有不确之处。李皋用水的力量的强弱来解释欹器原理，那是由于受其所处时代的限制。今天我们知道，欹器之所以在水满时倾覆，不是由于"水多其重力强大"，而是在其特定的结构设计之下，水多导致重心升高并向一侧偏移，使其处于不稳定状态所致。当水少的时候，整体重心较低，欹器处于稳定平衡状态（尽管由于设计的原因，此时欹器本身可能是倾斜的）；当水达到一定的量的时候，重心升高，欹器接近临界平衡状态，这时的欹器"虽动摇，乃不覆"；水量进一步增加，欹器处于非稳平衡状态，于是就"满则覆"了。对欹器工作原理的解释，只能从重心的变化出发，与重力的大小无关。李皋不知道这一点，那是时代的缘故，我们今天解释李皋这段话时，如果不指出这一点，就有可能对读者造成误导。

同册书第2042页对虹吸现象的介绍，亦有不够严密之处。该书首先引述了唐代杜佑对利用虹吸现象"隔山取水"所做的叙述："渴乌隔山取水，以大竹筒雄雌相接，勿令漏泄，以麻漆封裹，推过山外，就水置筒，入水五尺，即于筒尾取松桦干草，当筒放火，火气潜通水所，即应而上。"然后解释说："大气压强的存在，使得人们能够利用虹吸现象来灌溉农田。尽管当时对虹吸的物理原理并无深刻认识，但是，密封竹筒、在筒尾烧干草、把水从低处引上来并且使水翻越过山，显然是总结了长期的实践经验的结果。"这一解释给人的印象是：只要密封竹筒、在筒尾烧干草，就能把水从低处引上来，并且使其翻越过山。实际上，那是不可能的。因为在筒尾烧火，无论怎么样让"火气潜通水所"，只要筒的一端与大气相通，筒内气压与外界的大气压就是平衡的，水就不可能被引上来。正确的说法应该是：在筒尾烧干草，当筒内温度达到一定程度时，把筒首尾两端放入水中，这样当筒内气温降低时，其内部气压低于外部大气压，在密封情况下，水在外部大气压的作用下，就会翻过高处，被引过来。对这一问题，中国科学技术大学李志超教授曾指导研究生做过模拟实验，实验结果与上述的分析是一致的。就《中国通史》所引的这段文献而言，杜佑的叙述漏掉了其中的重要步骤，而且认识上也有误。我们今天在重温古人的这一重要发明时，应该把被杜佑忽略的步骤补上去，把他的疏误纠正过来。

说到虹吸，该书第14册第675页有一段话，原文为：

> 陶宗仪在《辍耕录》记载了元大都的宫廷园林中，利用虹吸管及其他提水装置将水升高，造成人工喷泉的情形："……其山皆叠玲珑石为之，峰峦隐映，松桧隆郁，秀若天成。引金水河至其后，转机运甏斗，汲水至山顶，出石龙口，注方池，伏流至仁智殿后，有石刻蟠龙，昂首喷水仰出，然后由东西流入太液池。"

这段话中对陶宗仪原文的解释有两处不妥，一是虹吸管并非提水装置，它只可能将水从高水位翻越一定的高度后引向低水位。虹吸管的出水口一定要比其引水水面低，才能正常工作。另一问题是陶宗仪的原话通篇并未涉及虹吸管，倒是其中的"伏流"二字可以解释为连通器，但连通器与虹吸管并非一回事，二者工作状态及所涉原理完全不同。

《中国通史》对有关空气浮力的解释，也有不妥之处。第8册第958页引述葛洪《抱朴子》中的一段话说："或用枣心木为飞车，以牛革结环，剑以引其机。或存念作五蛇六龙三牛，交罡而乘之，上升四十里，名为太清。太清之中，其气甚罡，能胜人也。师言鸢飞转高，则但直舒两翅，了不复扇摇之而自进者，渐乘罡气故也。"对于这段话，《中国通史》的作者解释说：

> 飞车是类似竹蜻蜓之类的玩具，状如现在的电风扇，其叶片从轴心按一定方向顺次斜插，可借助空气的浮力升空。

又说：

> 《抱朴子》的作者指出，太清之中，罡气能托起人（胜人），并说鸢飞高空，虽不复扇翅，仍可渐乘此罡气而自进，这说明当时人们对空气浮力有较深的理解。

这里的解释有似是而非之处。空气的升力，有这样几种情况。一是空气本身对其中的物体所具有的浮力，这种力的大小等于该物体所排开空气的重量。氢气球在空气中的上升就属于此类情况。另一种是空气中的物体对空气施加一个向下的作用力，因受到空气的反作用力而得以上升，如直升机的腾空、鸟类的飞翔等。或者与空气有快速相对运动的物体，由于其构造的特殊，使其上部与下部空气流动情况不同，产生一个压力差而得以升空，如飞机、风筝即是如此。再一种情况是空气本身处于剧烈的上升运动状态之中，将物体吹入空中，如龙卷风之类。本段文字对飞车的介绍，属于第二类情况，是成立的，但说"鸢飞高空，虽不复扇翅，仍可渐乘此罡气而自进"，表明了"当时人们对空气浮力有较深的理解"，这就不妥了。首先，浮力与升力在概念上是有区别的。再者，所谓的"罡气"，是道家学派对高空气流运动的一种猜测，意指在天球内部有一层环绕大地做高速运动的特殊气流，由于它的存在，日月星辰才不会掉到大地上来。罡气概念的出现，完全是古人想象的产物，没有任何观察依据，它与上面所讲的空气升力的几种情况毫不相关。葛洪所言鸢飞高空，虽不复扇翅，仍可乘罡气而自进，这纯属臆测，不能以之作为"当时人们对空气浮力有较深的理解"的依据。至于引文中所谓"存念作五蛇六龙三牛，交罢而乘之"，即可上升四十里，抵达太清，则纯系幻想成仙者的呓语，与空气浮力毫不相关，这是不言而喻的。

四、文字校对上的疏忽

另外，《中国通史》的科技史知识部分在文字校对上也存在问题。例如，第3册第593页最后一行的"日短里昴，以正仲冬"，"里"为"星"之误；第6册第639页第8行括号中的文字"今河南省登封县吉城镇"，登封已于1994年被国务院批准撤县立市，而"吉城"则为"告成"之误；第673页第9—10行，"记载了一种属于液体表面强力的现象"，"表面强力"显然是"表面张力"之误。就图书而言，这种疏误似乎在所难免，而且责任也多与作者无关，但无论如何，我们总是希望能把它减少到最小程度。

需要指出的是，这里所说的《中国通史》中的科技史知识疏误，并不包括科技史界一些至今仍存在较大争议的理论问题，例如对中国古代科学技术特点的看法、对一些古代科技成就的评价等等。那些问题的解决，需要更多的人付出更多的心血。

还应指出的是，《中国通史》存在的上述不足，无损于它所享有的崇高的学术地位。它不失为迄今为止最成功的优秀的中国历史著作之一，这是毋庸置疑的。它所包含的科技史知识为它的成功做出了巨大贡献，也同样是毋庸置疑的。

第四节　中国科学史研究中的历史误读举隅

在已有的中国科学史研究中，比较典型的历史误读往往不是出现在古文献中那些文字隐晦难懂的地方。也就是说，它的产生，不是由于古今文字的隔阂，而是另有缘故，其中多与对所涉概念的理解有关。这里不妨看一些例子。

一、对时空性质的解读

我们知道，时空问题是科学的基础，在对中国古代时空观的认识上，科学史界就存在过某种误读。中国古人涉及时空的论述甚多，他们把时间叫作"宙"，空间叫作"宇"或"合"，说是"往古来今谓之宙，四方上下谓之宇"[①]（或"四方上下曰合"）。关于时空性质，《管子》中有《宙合》篇，对之有所描述，该篇提到：

> 天地，万物之橐也，宙合有橐天地……宙合之意，上通于天之上，下泉于地之下，外出于四海之外，合络天地，以为一裹。散之至于无间，不可名而止。是大之无外，小之无内，故曰有橐天地。

对《管子》的陈述，明末方以智解释说："《管子》曰宙合，谓宙合宇也。灼然宙轮转于宇，则宇中有宙，宙中有宇。春夏秋冬之旋转，即列于五方。"[②]即《管子》所说的时空，时间和空间是融合在一块儿的，时间在空间中流逝，空间存在于时间之中，例如春夏秋冬就分属于东西南北和中央这五个方位。中国古代其他有关时空定义和性质的论述还有许多，这里不再赘述。

对于古人的这些论述，科学史界一种有代表性的看法认为，"中国古代人的时空观远离牛顿的观点而靠近相对论的观点"[③]。其理由是，牛顿的时空观是一种绝对时空观，这种时空观主张时间和空间绝对分离、互不相关，而爱因斯坦的相对论则主张时间和空间并非彼此独立存在，它们是相互关联的。这与中国人所说的"宇中有宙，宙中有宇"，含义是相通的。也就是说，爱因斯坦用数学形式明确表示出了时空相关的命题，而中国人则从哲学层面对之做了论述。

这种评说令人鼓舞，但却是对中国古代时空观的误读。从本质上说，中

① 《文子·自然篇》引老子言。
② （明）方以智，《藏智于物》，《物理小识》卷二。
③ 戴念祖，《中国力学史》，石家庄：河北教育出版社，1988年版，第88页。

国古代时空观的科学基础并未越出经典物理学范围。牛顿的绝对时空观本意是说时空在性质上互不干涉，并非说它们不能并存。我们知道，在以牛顿时空观为代表的经典物理学中，表示一个事件需要四个数，即三个空间坐标和一个时间坐标，由它们构成一个四维连续体，通过该事件在这个四维连续体中的位置和变化表示出它的物理性质来。也就是说，对于物理事件的表示而言，时间和空间是并存的，只不过在这种并存中，时间的流逝与空间场所的变化无关罢了。速度概念就是这种并存的有力证明。而爱因斯坦狭义相对论所说的时空相关，则是在光速不变和自然界定律对洛仑兹变换保持不变这两条相对论基本原理之上推证出来的，它主张时间的流逝与参照系的选择有关，"每一个参考物体（坐标系）都有它本身的特殊的时间，除非我们讲出关于时间的陈述是相对于哪一个参考物体，否则关于一个事件的时间的陈述就没有意义"①。相比之下，中国古人所说的"宇中有宙，宙中有宇"，强调的是时空并存，时间在空间中流逝，空间存在于时间之中。这种说法与经典物理学并不矛盾，与爱因斯坦相对论倒没有多大关系。至于方以智所说的"春夏秋冬之旋转，即列于五方"，更是中国古代传统五行说的表现。五行说主张万事万物都与金、木、水、火、土这五行相关，通过五行建立起彼此的关联关系。例如春属木，而从空间方位来说，东方也属木，这样春就与东方建立起了关联关系。依此类推，可以得出夏属南，秋属西，冬属北的结论。方以智所云，就是这样一种认识，它与相对论时空观显然是风马牛不相及的。相对论时空观在依据的原理和具体内涵上与中国古代时空观截然不同，这是没有疑义的。当然，我们的祖先也不是没有想到时间的流逝有可能随空间场合的不同而不同，只不过他们把这种可能性一概归之于梦境和仙境中去了，如黄粱梦的幻想，如烂柯山的传说，如《西游记》"天上一日，地上一年"的妙思，等等。在人世间的范围，他们没有看到任何这种可能性的存在。

---

① ［美］爱因斯坦著，杨润殷译，《狭义与广义相对论浅说》，上海：上海科学技术出版社，1979年版，第117页。

二、对大地形状的认识

对大地形状的认识，是科学史上引人关注的另一个话题。在这个话题上，也同样存在着历史误读现象。这一误读主要集中在浑天说代表人物张衡的一段话上：

> 浑天如鸡子，天体圆如弹丸，地如鸡中黄，孤居于内，天大而地小。天表里有水。天之包地，犹壳之裹黄。天地各乘气而立，载水而浮。[①]

鸡子即鸡蛋。天像鸡蛋，地像鸡蛋黄，存在于天的内部，天大而地小。这不明显是说地的形状是一个圆球吗？也正因为如此，科学史界对张衡这段话的权威解释是："这里张衡明确地指出大地是个圆球，形象地说明了天与地的关系，但'天表里有水'等说法，却是一个重大的缺欠。"[②]也就是说，尽管张衡的陈述有种种不足，但他已经有了明确的地球观念，这是可以肯定的。

但是，如果深入剖析一下相关知识背景，就会得出不同的结论。我们知道，地球观念的关键之处在于要认识到水是地的一部分，水面是地表面的一部分，是弯曲的。但张衡并未认识到这一点，在他的心目中，水面是平的，地是漂浮在水上的。实际上，在古代中国，非但张衡没有认识到大范围的水面本质上是弯曲的，一直到西方地球学说的传入为止，我们的祖先也从未有人认识到过这一点，所以他们也无从产生出科学的地球观念来。张衡当然也不例外。

此外，要承认地是圆的，还有一些相关问题有待解决，例如，生活在地球两侧顶足而立的人们，势必面临一个倾斜摔倒的问题，正如清代学者陈本礼在反对当时新传入的地球说时所言：

> 泰西谓地上下四旁，皆生齿所居。此言尤为不经。盖地之四面，皆

---

① （东汉）张衡，《浑仪注》，《唐开元占经》卷一，北京：中国书店出版社，1989年版，第3页。

② 杜石然等，《中国科学技术史稿（上册）》，北京：科学出版社，1984年版，第179页。

有边际，处于边际者，则东极之人与西极相望，如另一天地，然皆立在地上。若使旁行侧立，已难驻足，何况倒转脚底，顶对地心，焉能立而不堕乎？[①]

在西方，在牛顿万有引力定律问世之前，人们是用相对的上下观念来解决这一问题的，他们认为，地是个圆球，居于宇宙中心，在这样的模型中，凡是指向地心的，都是向下；凡是背离地心的，都是向上。人不管站在地球上的何处，都是头上脚下，这样，因地圆而造成的倾斜摔倒之事，自然也无从发生。相比之下，中国古人的上下观念是一种绝对的上下观，认为所有向上（或向下）的方向都是一致的。[②]这种绝对的上下观与地球学说是不相容的。中国古代没有像古希腊那样对几何学中的圆的欣赏，也就不可能将这种欣赏推广到宇宙结构理论中去，从而产生出相对的上下观念，为地球学说的诞生从思想上铺平道路。中国古代没有产生地球学说的思想土壤。

　　认识到了这一点，再来回顾张衡的这段话，就会发现张衡的本意是要借用鸡蛋和鸡蛋黄的比喻，来说明天在外、地在内，天包着地这种相对位置关系。我们不能望文生义，一看到他说"地如鸡中黄"就认为他有地球观念，把他对天地位置关系的比喻理解成他对大地形状的描述，从而说他已经认识到了地是圆的。张衡地圆说是当代人们对历史的误读。实际上，早在20世纪60年代，唐如川就已经指出了张衡所持不是地球说，而是地平观念[③]，但他的见解并未引起人们的重视，以至于到了80年代中叶，又有一批学者重新就此发表意见，反对张衡地球说。[④]即使如此，直到今天，张衡地球说的影响仍然

①　转引自游国恩主编，《天问纂义》，北京：中华书局，1982年版，第117—118页。
②　关增建，《中国古代物理思想探索》，长沙：湖南教育出版社，1991年版，第44页。
③　唐如川，《张衡等浑天家的天圆地平说》，载《科学史集刊》，1962年第4期。
④　参见金祖孟，《试评张衡地圆说》，载《自然辩证法通讯》，1985年第5期；李志超、华同旭，《论中国古代的大地形状概念》，载《自然辩证法通讯》，1986年第2期；宋正海，《中国古代传统地球观是地平大地观》，载《自然科学史研究》，1986年第1期；王立兴，《浑天说的地形观》，《中国天文学史文集（第四集）》，北京：科学出版社，1986年版。

不绝如缕，这一现象，耐人寻味。

三、对月食成因的阐释

与地球概念相关的一件事情是对月食成因的阐释，这件事同样发生在张衡身上。张衡在其《灵宪》中对月食形成原因做了这样的解说：

夫日譬犹火，月譬犹水。火则外光，水则含景。故月光生于日之所照，魄生于日之所蔽，当日则光盈，就日则光尽也。众星被耀，因水转光。当日之冲，光常不合者，蔽于地也，是谓闇虚。在星星微，月过则食。①

科学告诉我们，地球绕太阳运行，月亮则绕地球运行，由于日大地小，太阳对地球的照射形成了一个锥体形阴影，当月亮运行到日地连线与日隔地相对的位置时，就有可能进入这个阴影，从而导致月食。这种解释与张衡所说的"当日之冲，光常不合者，蔽于地也，是谓闇虚。在星星微，月过则食"在字面上看起来是一致的，也正因为如此，在科学史界影响很大的《中国天文学史》才指出：对于导致月食的缘故，"张衡说得很科学……所谓闇虚，就是地球背太阳方向投射出的影子。月亮经过地球影子的时候就有月食发生"②。也就是说，张衡对月食形成原因的解说与现代科学的认识是一致的。

对张衡闇虚概念的这种理解，表面上看起来是合理的，也是人们所乐意接受的。但是，如果我们联系张衡的宇宙结构模型来看待这种解释，就会发现它有着诸多令人不能满意之处。就在《灵宪》这篇文章中，张衡给出了他自己的宇宙结构模型：

---

① （东汉）张衡，《灵宪》，据《后汉书》刘昭注引。

② 中国天文学史整理研究小组，《中国天文学史》，北京：科学出版社，1981年版，第121页。

> 天成于外，地定于内。天体于阳，故圆以动；地体于阴，故平以静。……八极之维，径二亿三万二千三百里，南北则短减千里，东西则广增千里。自地至天，半于八极，则地之深亦如之。通而度之，则是浑已。

即是说，天是一个圆球，它包裹着平板状的大地，运转不息；地静止不动，地平面位于天球中央。天球的直径是232300里（古代10万为亿），地充塞在天球的下半部分。由张衡的这段话可知，《灵宪》中是没有地球观念的。既然没有地球观念，又何来地球影子呢？

另一方面，《灵宪》给出的日月大小也不支持今人对闇虚概念的上述理解。用张衡自己的话来讲，就是"悬象著明，莫大乎日月。其径当天周七百三十六分之一，地广二百四十二分之一"。就是说，相对于地来讲，日月的尺度非常小，它们的直径只相当于大地平面直径的二百四十二分之一。这样，大地背向太阳方向投射的影子，将呈发散状笼罩在太空之中。由此，整个大地上方，直到天球的范围，都将是昏暗无光的，不可能仅在"当日之冲"的位置才发生月食。实际上，早在晋朝，天文学家刘智就已经认识到了这一点，虽然刘智本人并未对月食成因做出正确解释，但他反对那种以闇虚为地影的见解，强调指出：

> 言闇虚者，以为当日之冲，地体之阴，日光不至，谓之闇虚。凡光之所照，光体小于所蔽，则［阴］大于本质，今日以千里之径，而地体蔽之，则闇虚之阴，将过半天，星亡月毁，岂但交会之间而已哉！[①]

从刘智的话中可以看出，当时已有人主张月食的成因是地对日光的遮蔽，但由于与宇宙结构观念相矛盾，未能得到认可。刘智对此已经讲得很清楚，今

---

① （西晋）刘智，《论天》，（清）孙星衍辑，《续古文苑》卷九。

天，如果我们依然把阇虚理解成地球的影子，说张衡已经正确地认识到了月食的形成原因，这只能说是继续着古人对历史的误读。

四、对陨石成因的解说

再一个典型例子是对陨石成因的解说上。我国最早的陨石记载见于《春秋·僖公十六年》，原文是："十有六年，春，王正月戊申朔，陨石于宋五。"《左传》针对这条记载，对陨石的形成原因发表了见解：

　　　　十六年春，陨石于宋五，陨星也。

即是说，陨石是天上的星星掉下来所形成的。《左传》的这种解释在中国古代很有代表性，后世的天文学家中，绝大多数都赞成这种解释，都主张陨石是天上的星星陨落到地面形成的。

对于以《左传》为代表的这种解释，科学史界给予了高度评价，这里不妨以《中国大百科全书》这部权威的工具书中的话为证："这里首次提出了陨石是星陨至地之说，比欧洲人认识到这一点要早二千多年。"[①]对《中国大百科全书》的这种观点，《中国天文学史》阐释得更详细："流星坠落到地面，便成为陨石。这一事实在欧洲直到1803年以后才为人们所了解。1768年，欧洲发现三块陨石，对此巴黎科学院推举拉瓦锡进行研究，他所得的结论乃是：'石在地面，没入土中，电击雷鸣，破土而出，非自天降。'与此相反，我国早在战国时代，就知道陨石是天上的流星陨落到地面上的。成书于战国时期的《左传》明确指出：这是'陨星'也。……我国古代对于陨石的观测与认识都已经达到了相当的水平，是远远走在欧洲人前面的。"[②]

对中国古代陨石学说的这种评价，读之令人振奋，但若细致推敲，则会发现其立论并不严谨。所谓陨石，是太阳系行星际空间飘浮着的那些小天体，

---

① 《中国大百科全书·天文学卷·陨石》，北京：中国大百科全书出版社，1998年版。
② 中国天文学史整理研究小组，《中国天文学史》，北京：科学出版社，1981年版，第147页。

在接近地球轨道时，受地球引力作用，陨落到地球上来，其中一些质量大的在穿越地球大气圈时未被完全烧毁，而保留下来的碎片或整块。这是现代科学对陨石形成原因的解说。根据这一解说，对比中国古人的认识，我们难免要产生一种疑惑——中国古人有行星际空间的概念吗？他们能理解具有沉重质量的天体自由飘浮在虚空中这一事实吗？要解答这些疑惑，首先就要弄清楚古人所谓星陨至地的星究竟是什么。

　　在班固的《汉书》中，我们找到了汉代大儒董仲舒和刘向对《春秋》中一次流星雨现象的解释。《春秋·庄公七年》记载了一次流星雨事件："夏，四月辛卯夜，恒星不见，夜中星陨如雨。"对此，董仲舒、刘向从占星学角度，做了这样的解说：

　　　常星二十八宿者，人君之象也；众星，万民之类也。列宿不见，象诸侯微也；众星陨坠，民失其所也。[①]

所谓常星、众星、列宿，都是平常看上去依附在天上不动的星，即现代所说的恒星。古人从天人感应角度出发，认为它们与地上万事万物是相互对应的，民众安居乐业，众星就附天不动；民众流离失所，天上就"众星陨坠"。

　　董仲舒、刘向的观点，在中国古代有着很强的代表性，例如《隋书·天文志》就有类似的论述："星辰附离天，犹庶人附离王者也。王者失道，纲纪废，下将畔去，故星畔天而陨以见其象。"古人在解释陨石成因时，很少有不从天人感应角度立论的。即是说，古人所谓"星陨至地"的星指的是恒星。

　　既然古人所说的"星陨至地"的星指的是恒星，那么，他们就没有正确认识到形成陨石的真正原因，因为恒星是不会陨落到地球上来的。既然这样，说中国人在陨石成因的认识上比欧洲人领先了两千多年，就不再有任何意义，因为中国人和欧洲人一样，在对这个问题的认识上都远离了事实真相。

---

① 《汉书》卷二十七下之下。

另外，要评价历史上的科学理论，不能脱离其所处的时代背景。西方学者认为陨石非星，即与其所处时代背景有关。西方留存下来的一些古代记录，也曾认为陨石来自太空，认为陨石是神对人的警示。这与中国古代的见解本质上并无大的差别。陨石同神的这种联系，使文艺复兴后的科学家对之深表怀疑，他们认为，天上降落石头之说，纯属虚妄。[①]这样，陨石非星之说尽管不够科学，但它却是当时科学进步导致的思想解放的产物。通过这样的分析我们可以看出，抽掉历史背景，仅仅把中西双方的片言只语放在一起进行比较，是没有多大意义的。

五、结　语

以上简要列举了中国科学史研究中的一些历史误读现象。如同任何科学研究都会有失误一样，这种误读的存在，也是可以理解的，它是科学史工作者在特定的历史背景下，受习惯思维方式影响，无意中出现的一种失误。本节的目的不是去指责这种失误（在我们的研究中同样会存在这种失误），而是要分析导致这种误读的原因，以改进我们的研究方法，尽可能减少今后工作中类似的失误。

从以上所举例子来看，科学史研究中的这些误读大都表现出了同样的倾向：这就是它们都力图把古人对相关自然现象的解释与现代科学的认识联系起来，从而犯了附会拔高的错误。这使我们很自然地联想起了历史学研究中的辉格式解释现象。所谓辉格史学的概念，是英国历史学家巴特菲尔德提出的，1931年，巴特菲尔德出版了一本名为《历史的辉格解释》的书，"在这本书中，巴特菲尔德'所讨论的是在许多历史学家中的一种倾向：他们站在新教徒和辉格党人一边进行写作，赞扬使他们成功的革命，强调在过去的某些进步原则，并写出即使不是颂扬今日也是对今日之认可的历史'。由此，巴特菲尔德通过对英国政治史的研究，提炼出了'辉格式的历史'或'历史的

---

① 《简明不列颠百科全书》卷九，北京：中国大百科全书出版社，1986年版，第318页。

辉格解释'的概念"①。时至今日，辉格史已成为一个特定的名词，指那些用今天的价值观衡量历史、重构历史的编年方式。从这种观点来看，上述科学史研究中的误读，确实与科学史研究中的辉格式倾向有一定的关系。因为它们都是以是否符合现代科学的认识作为价值评判准则的。

但是，史学理论的进一步发展表明，在历史学研究中要绝对避免辉格式倾向是不可能的。我们不能指望通过在科学史研究中引入绝对的反辉格史学来解决上述问题，因为绝对的反辉格史学同样是不可能的。而且，辉格式研究倾向的存在，只是有可能引发科学史研究中的附会拔高现象，并非一定要导致这些现象的出现。要避免科学史研究中的历史误读，还要具体问题具体分析。

就本节所列举的这些中国科学史研究中的历史误读而言，其形成原因大致可分为两类，一类是望文生义，另一类是忽略了相关背景。

这里所谓的望文生义，不仅仅指对古文的望文生义，更重要的是指对现代科学一些结论的望文生义，比如一看到爱因斯坦相对论所说的时空相关，就把它想象成了方以智所说的"宇中有宙，宙中有宇"，而忽略了相对论时空观的特定含义；一说到地球，就想象地是圆的，而忽略了水面的弯曲问题；一提到陨石，就想到是星星掉到地上形成的，而忽略了对这里所说的星星的本来意义的探究。这种望文生义之所以是导致出现历史误读的重要原因，是因为科学史研究本质上离不开比较，鉴于研究者所受现代教育的背景，他们在研究过程中毫无疑问会首先拿自己接触到的古代史料同现代科学的认识进行比较，如果他们对现代科学的认识模糊不清，通过这种比较得出的结论当然也就不再可信。

而忽略了对研究对象所处的相关背景的关注，同样会导致历史误读的出现。因为古人的知识结构与今人相比，有很大的不同，而我们要研究古代科学史，现代眼光又不可避免，在这种情况下，如果不尽可能地考虑到所论对

---

① 刘兵，《〈天学真原〉序》，江晓原，《天学真原》，沈阳：辽宁教育出版社，1991年版。

象的相关背景、不多问几个为什么，就会很容易犯把现代概念强加在古人身上的错误，从而导致历史误读的出现。前述对张衡闇虚概念的误读，就是因为忽略了张衡所具有的与这一概念相关的其他知识背景，例如张衡的宇宙结构理论，例如张衡对日月地三者尺度的认识等等；同样，对古人陨石学说的解说，则忽略了天人感应学说在其中所起的作用；对所谓张衡地球说的阐释，也忽略了有关的古代知识背景。

综上所述，在对中国古代科学史的研究中，我们不但需要自身对现代科学知识有比较深入的理解，更需要综合考虑研究对象所处的历史背景，考虑古人提出相关命题的前因后果，而不仅仅是把该命题本身挑出来与现代科学的认识进行比较。这也许是避免再出现类似历史误读的方法之一。

第五章

中国古代计量概说

　　计量是确保单位统一和测量结果准确可靠的行为及相应的一切。不管是当今社会还是古代岁月，计量都在社会发展进程中扮演着重要角色。计量对维护一个国家机器运转、社会生产和贸易活动的正常进行、社会诚信的建设、科学技术的进步、军事力量的发展等等，发挥着重要的技术保障作用。计量的重要性决定了计量史的重要性，本章即围绕着中国计量史若干重要问题展开。

第一节　中国计量发展历史分期探索

　　在史学领域里，历史分期问题是人们关注的焦点之一。曾有一段时间，历史分期问题被人们视为史学领域的"五朵金花"之一，这充分表明了该问题的重要性。计量史是历史学的一个重要分支，近年来，计量史的研究在中国逐渐发展了起来，但"至今还没有见到有人专门为计量学的发展断代"[①]，有鉴于此，笔者不揣浅陋，对中国计量发展的历史分期问题做一初步探讨，不当之处，敬祈识者指正。

一、传统计量的形成时期

　　中国计量大致分为传统计量和近现代计量两大类。传统计量的主体是度量衡，还有时间计量和。古代社会经济活动简单，以度量衡为主的计量活动足以敷用，同时古人对历法等时间计量又颇为重视，这些因素综合作用的结果，是度量衡和时间计量构成了古代计量的主体。到了近现代，计量的内容才丰富起来，逐渐发展成了包含十大计量在内的现代计量体系。

　　传统计量是在中国最早的王朝夏朝开始了自己的发展步伐的。根据古籍记载，禹在带领民众治理水患、划分九州的过程中，曾以自己身体的尺寸和重量为依据，建立了初步的度量衡制度。这种制度的建立，意味着中国计量有了自己的萌芽。进入夏朝以后，中华大地出现了国家这一社会组织形式，

---

① 参见陆志方，《我国现代计量的发展》，载《中国计量》，2003年第3期。

而国家机器的运转，需要征收赋税、发放俸禄、组织生产、发展贸易等等，这些，都离不开度量衡提供的技术支持。因此，夏朝的建立，意味着禹创立的度量衡制度获得了新的发展动力，进入了稳步发展阶段。到了商朝，度量衡的应用更加普及，对时间计量的要求也提高了。周朝则在广泛应用度量衡的同时，强化了其政治含义，使其成了统治象征。据《礼记·明堂位》记载，周公曾"朝诸侯于明堂，制礼作乐，颁度量，而天下大服"。这一记载，就反映了度量衡的颁布权在进行统治方面所具有的象征作用。古代类似记载比比皆是，这反映了在古代社会，计量被赋予的高度权威性。在法制计量的概念出现之前，计量的这种权威性是有利于它的发展的，对国家机器的正常运转也是有利的。中国古代计量的高度发展，与古人对计量的社会功能的这种认识具有密不可分的关系。

春秋战国时期，各诸侯国间竞争激烈。一个诸侯国，如果它的国家机器运转良好，那么它的国力就容易得到充分发挥，在当时纵横捭阖的生存斗争中，它就会处于相对有利的地位。而度量衡在维持国家机器的正常运转方面具有不可替代的重要作用，为此，各诸侯国纷纷在自己的领地建立起度量衡制度，并努力使其在自己的管辖区域内统一、可行。秦国的商鞅在变法过程中，把统一度量衡作为变法的重要内容，就体现了这一点。但由于诸侯国之间的对立，它们各自建立的度量衡制度，彼此很难一致，同时也由于不同的诸侯国内部社会演化的不一、各种因素作用的不同，同一诸侯国内部度量衡单位量值也很难长期保持稳定，这就导致了这个时期度量衡整体上的混乱。

与此同时，随着经济的发展，超越国界的贸易不断扩大。不同国家之间贸易发展的压力，使得各国的度量衡制度彼此分离的趋势得到了有效的遏制。而同一个诸侯国在其走向强大的过程中，由于国家机器的加强，度量衡也趋于稳定。这些因素作用的结果，是中国度量衡的发展，伴随着国家的趋向统一，出现了由混乱趋向统一的势头。这一势头随着秦始皇统一六国，而达到了它的顶峰。秦始皇统一六国后，进行了大规模的改革，统一度量衡是其改革的重要内容之一。经过改革，秦朝建立了统一的度量衡制度，并把这种制度有效地推广到了全国各地。

　　除了度量衡外，时间计量在这个时期也取得了长足的进步。据文献记载，商朝已经有了"百刻制"的时间计量体系。[①]"百刻制"的出现，昭示着时间计量在精细化方向的进步。同时，对年、月、日等大时段时间要素的计量也在稳步发展。特别是随着社会的演变，人们逐渐产生了把历法神圣化的思想倾向，认为历法反映的是天时，表现的是天意，因此颁行历法是王权的象征，从而把历法制定这一行为政治化了。政治化的促进以及授时的需要，导致了人们对历法问题的高度重视，从而促进了历法的发展。现在我们清楚地知道，至迟殷代已经有了一定水平的历法，到春秋后期，更是出现了四分历——一种回归年长度为365.25日，并以19年7闰为闰周的历法。四分历的出现，标志着历法已经摆脱了对观象授时的依赖，进入了比较成熟的时期，人们可以根据已经掌握的天文规律预推未来的历法，并确保其不至于与实际天象发生大的偏差。《孟子·离娄下》所言之"天之高也，星辰之远也，苟求其故，千岁之日至，可坐而致也"，反映的就是这一事实。到战国时期，中华大地各诸侯国已经陆续出现了建立在四分历基础上的六种历法，史称古六历。古六历的出现，标志着历法的丰富多彩。整体来说，自殷代以后，百刻制、十二时制等计时单位已经被普遍采用，日晷、漏刻等计时仪器也得到了广泛应用，历法体系则达到了比较成熟的地步。这些进步表明，当时人们已经能够有效地进行时间计量。秦统一六国后，在全国颁行了统一的历法——颛顼历。颛顼历在本质上是先秦广泛流行的四分历，它一直行用到西汉的汉武帝时期，持续了一百多年。秦统一六国所促成的度量衡和历法在全国范围内的统一，标志着中国传统计量体系的正式形成。

---

① 梁代《漏刻经》云："漏刻之作，盖肇于轩辕之日，宣于夏商之代。"阎林山、全和钧认为百刻制最初制定地点是在北纬36.6°的地方，相当于商都安阳的地理纬度。他们又据古人称"刻"为"商"的情况，认为大约在商迁都安阳以后，古人将一天分划为均匀的一百刻。此即百刻制的来源。参见阎林山、全和钧，《我国固有的百刻计时制》，载《科技史文集（第六辑）》，上海：上海科学技术出版社，1980年版。

二、传统计量的理论成型时期

西汉王朝建立以后，在计量体系上全面继承了秦朝的制度。在时间计量上，西汉初期采用的是秦王朝的颛顼历，到了汉武帝时期，颛顼历已经出现了比较明显的错误，针对这种情况，司马迁提议修改历法。司马迁的提议得到了汉武帝的支持，但改历活动却历经曲折，最终在武帝的干预下，邓平的《太初历》应运而生。《太初历》是中国历史上一部比较重要的历法，它具备了后世历法的各项主要内容，如节气、晦朔、闰法、五星运行周期、日月交食周期等等。《太初历》的问世，为后世历法发展提供了楷模。

在计时仪器的发展方面，到了东汉，张衡对漏刻做了重大改进，使之具备了进行精密计时的功能，同时也为后世计时仪器的发展指明了方向。张衡漏刻的出现以及《太初历》的诞生，使得传统的时间计量体系进入了它的成型时期。

在度量衡制度建设方面，汉代同样极其重要。汉王朝继承、推广了秦王朝统一的度量衡制度，在秦制的基础上制定出了完整的度量衡单位体系，还对度量衡技术做了许多创新。特别是王莽时期，刘歆对度量衡制度所做的改革，标志着传统度量衡体系进入了它的理论成型时期。

刘歆的度量衡改革是中国计量史上一件极其重要的事情。西汉末年，王莽把持政权。为了炫耀自己，邀取民心，他打着复古改制的旗号，广泛召集各地通晓度量衡和音律的学者，在刘歆的主持下，进行了系统的考订音律和度量衡的工作，并制作了一批度量衡标准器，颁行全国。在这一过程中，刘歆详细论述了他关于音律和度量衡的理论及据此设计的各类标准器。他的理论被《汉书·律历志》完整地记载了下来，对后人产生了广泛影响。汉代以后的诸多王朝尽管也多次进行度量衡制度改革，但这些改革无一能忽视刘歆理论的存在。即使在清朝，传教士带来的西方科学已经广泛地深入中国社会，康熙皇帝在制定度量衡基准时，仍然把刘歆的理论奉为圭臬。刘歆的理论影响了中国近两千年来的计量实践，它的产生，标志着中国传统计量在理论上的成型。

三、传统计量的变动和发展时期

东汉末年，战乱频仍，度量衡体系遭到严重破坏。西晋建立，中国重新实现了统一。但西晋政权并不稳定，没过多久，随着东晋的南迁，中国进入南北朝时期。南方政权历经宋、齐、梁、陈，北方则是由拓跋鲜卑族建立起来的北魏政权。北魏政权后来也分裂了。南朝诸政权以华夏正统自诩，度量衡遵循秦汉旧制，变化尚且不大，而北魏统治者则出身于经济文化落后的游牧民族，在建立政权和入主中原以后，亦未着力通过建制立法去管理国家，法制不立，度量衡的统一就失去了根本保障，因此在其管辖区域内，本应统一的度量衡制度就出现了前所未有的混乱。

这个时期的中国计量一方面表现为度量衡制度的极度混乱，首先是南北政权度量衡单位量值的不统一，出现了"南人适北，视升为斗"的怪现象；其次是北朝内部度量衡极不稳定，官员们上下其手，任意改变度量衡单位量值的做法司空见惯。另一方面，计量科学仍在向前发展，这尤其表现在与计量有关的数学科学的进步上。刘徽发明了科学地推算圆周率的方法，祖冲之运用这一方法，得出了精确到小数点后六位有效数字的圆周率数值，他据此纠正了刘歆设计标准器时在计算上的失误。此外，对各种几何形体的计量问题也因数学的进步而不断找到了新的解决方法。中国古代数学的一个重要特点是以解决实用问题见长，而这些实用问题大都与计量有关。数学的进步，使得人们对计量问题的思考更为缜密，这不但促进了度量衡设计和制作技术的提高，也促进了计量科学的发展。

隋朝的建立，为度量衡的再度统一创造了条件。但这时的统一，既要沿袭古制，又要适应度量衡单位量值已经急剧增大的现实，二者矛盾的结果，是度量衡大小制的出现：在日常生活的范围，采用当时社会上行用的大量值的单位基准；在天文、律吕、医药领域，则采用所谓的秦汉古制。唐代继承了两制并存的局面，并以法律形式将其确立下来，管理上也采取了更加严格的形式。晚唐社会动荡，无暇顾及度量衡管理，到了宋朝，统一度量衡之事又重新受到重视，对度量衡理论的探讨更加深入，其中颇具代表性的一件事是司马光和范景仁为对乐律累黍说的不同理解而持续争论了长达几十年的时间。度量衡器制作技术也出现了新的飞跃，例如戥秤的出现，就是中国称重仪器发展史上的一个大创新，它不但使得对重量的微量计量达到了前所未有的精密程度，而且还导致了宋朝权衡单位量标准的重建。类似的局面，在元、明两朝也都曾经出现。特别是晚明的朱载堉，不但对历代的度量衡科学做了系统的整理，而且多有创见。朱载堉的工作，代表着当时中国计量科学的发展水平。

在时间计量方面，从三国到明末这段时期，更是成绩卓著。计时仪器的发展日新月异：机械计时器沿着与天文仪器相结合，向大型化、自动化方向发展的道路不断前进，到北宋时达到登峰造极的地步，其标志就是苏颂、韩公廉水运仪象台的诞生；日晷计时器从地平式发展到了赤道式，人们对日晷的计时原理有了更深刻的认识；漏刻走上了由单级漏向多级补偿漏发展的道路，从张衡的二级补偿漏开始，到晋朝孙绰所记"累筒三阶，积水成渊"[①]的三级漏，再到唐代吕才的四级漏，多级补偿漏发展到了它的顶峰。此外，秤漏的出现，标志着漏刻形制的多样性。燕肃莲花漏溢流装置的设立，则意味着漏刻研制在稳流原理上的突破。沈括对漏刻研制的精益求精，达到了前所未有的地步，这使得他能够运用自己研制的漏刻，测量出太阳周日运动的不均匀性，从而获得了远远领先于当时世界的科学成果。历法体系不断进步，《元嘉历》《大明历》等优秀历法富有创新精神，唐宋王朝为修订历法不惜耗费巨资，进行实地测量，从而取得了令人瞩目的成果。特别是元代，郭守敬为编制准确的历法，在南起北纬15°、北抵北纬65°的广大范围之内，进行了大规模的天文大地测量，他在这次测量中修建的登封观星台实物存留至今，成为当时天文计量高度发达的实物见证。郭守敬等编制的《授时历》，其回归年长度的测算与现行公历完全一致，在中国历法史上占有重要地位。

总体来说，从三国至明，中国计量的发展表现出了度量衡制度的统一与混乱交替出现、度量衡理论有所发展、计量科学研究引人注目、计量制作技

---

① 参见（晋）孙绰，《漏刻铭》，《全上古秦汉三国六朝文·全晋文》卷六十二。

术不断改进、时间计量成绩斐然这些特点。所以，这个时期是中国计量的变动和发展时期。

四、传统计量向近代计量转化的准备时期

明末清初，传教士进入中国，带来了西方的科学技术。正是由于传教士的进入，清代中国计量出现了一些新的特点，开始为向近代计量的转化准备条件。在传教士带来的西方科学知识的影响下，传统计量的变化首先表现在新概念、新单位的出现上。中国古代没有圆心角的概念，而自徐光启与利玛窦合译了《几何原本》之后，建立在圆心角概念基础上的一般角度概念开始普及，360°分度体系也开始流行，这为实现角度计量在单位的统一和与国际接轨方面创造了条件。此外，时刻制度也由昼夜百刻的划分方法改成了九十六刻制。它与角度概念相结合，进一步发展成与国际时间单位一致的时、分、秒制度，从而为时间计量的近代化做了铺垫。与此同时，还出现了一批新的计量仪器，例如温度计、湿度计、机械钟表、测角仪，等等。这些仪器与上述新的计量概念的结合，扩大了传统计量的范围，促成了新的计量分支的萌生。这些新的计量分支一开始就具备了与国际接轨的条件，它们为中国传统计量向近代计量的转化准备了基本条件。

终清一代，传统计量的主体仍然是度量衡。清前期对度量衡的管理颇为重视，从顺治朝开始，就不断颁发诏书，要求各地遵循官方颁行的度量衡标准。清代的度量衡管理重视对技术细节的要求，重视对相关法律条文的制定。官方颁布的条令，不但有对度量衡制作具体技术细节的说明，同时还从法治的角度出发，对违反度量衡管理要求的行为应受何种惩罚做出具体规定。这些措施的实施，确保了清前期度量衡量值的基本稳定。

在清代计量发展的历史上，康熙朝具有举足轻重的地位。康熙皇帝不但对度量衡管理做出种种要求，对度量衡科学也深钻细研。他熟谙西方科学，但在制定度量衡基准时，却依然按照汉文化传统，努力迎合刘歆乐律累黍说的要求。他为大清帝国制定出了既兼顾当时度量衡量值的现实，又在形式上遵循古

制的度量衡标准，为清王朝当时度量衡的统一做出了重要贡献。但他同时又在亲民、便民思想的指导下，允许民间各种形制度量衡器的存在，从而为清代后期度量衡的混乱埋下了祸根。清晚期的度量衡混乱程度达到了无以复加的地步，其严重性使得任何一个政治家都不得不正视这一问题的存在。正是这样的局面，促使晚清政府重新开始了在全国范围内的度量衡改革。这次改革力图建立科学的计量标准器和管理体系，为此还专门向国际计量局定制了尺度和重量原器。但此时的清王朝已经风雨飘摇，朝不保夕。面对垂死的王朝，清廷的政治家们再也无力回天，这就使得这次的度量衡改革难以避免中途夭折的命运。

　　整体而言，从明末迄清末，虽然有传教士带来的西方科学的冲击，但在传统礼教的约束下，中国计量的主体度量衡却依然墨守遵古传统，在古制约束和近代科学的感召下徘徊。也就是说，终清一代，中国计量酝酿着由传统向近代的转化，但并未完成这一历史任务。因此，这个时期是中国计量为由传统向近代的转化做准备的时期。

五、传统计量的终结

　　进入民国以后，由于各种因素，清末即已存在的度量衡混乱愈演愈烈。与此同时，与国际科学的交流却使人们对度量衡科学的原理达到了前所未有的掌握，在这种情况下，新成立的民国政府开始了自己的度量衡改革。但由于社会的动荡，北洋政府的度量衡改革方案出台以后，政府无力推行，不久即告夭折。在北洋政府的统治时期，全国范围内的度量衡混乱状况比之前朝有增无减。

　　南京国民政府成立后，开始了认真的度量衡改革。在改革中，民国政府制定了合理的度量衡制度，颁布了相关法律，并进行了行之有效的推广工作。新的度量衡制度既注意了与国际单位换算的简便，同时又兼顾了传统，在政府的大力推广下，得到了比较好的贯彻执行。虽然由于日本侵华，导致国土大片沦丧，民国政府推行统一度量衡制度的工作没有，也不可能深入到全国各地，但新度量衡制度的制定和贯彻执行，使建立在乐律累黍学说基础之上的传统度量衡理论和制度彻底完成了其历史使命，这是没有疑义的。

新度量衡制度虽然切近民用，其推行也取得了很大成绩，但这套制度与国际接轨不够，用于表现科学术语时颇多不便，科学界对之颇有微词。在政府大力推行新制度的同时，科学界却在探讨另一套单位基准的术语。计量基准在科学界和民用之间的分离现象，要等到新中国成立以后，推行统一的国际单位制，才能得到有效的解决。

同时，由于中国科学已经融入了国际科学主流，近代工业也从无到有逐步发展了起来，这使得科学计量、各类工业计量也都开始被提上了议事日程。但由于我国长期处于战乱状态，经济落后，科学也不发达，与计量有关的各种基准、标准还是一片空白，除了度量衡外，其他计量的溯源（量值传递）体系也未建立起来。因此，还不能说这个时期中国已经实现了计量的近代化。这是一个传统计量退出历史舞台、近代计量蹒跚起步的历史时期。

六、中国近代计量的建立

中华人民共和国的成立，标志着中国计量事业也翻开了新的一页，进入了它的近代时期。

新中国成立伊始，在计量管理方面一开始把主要精力放在了对度量衡的统一上。1950年，中央财经委员会技术管理局设立度量衡处，受理国民党留在重庆的有关度量衡卷宗、器具和设备，同时推进我国的度量衡划一事业。在度量衡处的努力工作之下，《中华人民共和国度量衡管理暂行条例（草案）》颁布，以政府条例形式规定了我国度量衡基本制度，保证了度量衡制度得以快速恢复和统一。与此同时，我国的计量工作也开始由度量衡管理向一般计量转化。1952年8月，国家以中国科学院的名义向苏联等国订购了第一批计量基准器、标准器，以之作为国家的计量基准、标准。1955年，中国国家计量局成立，着手统筹引进计量标准器和计量测试仪器，推行米制和草拟统一计量制度的条例、法规等。该局成立后，很快组织建立了推行公制委员会，并通过该委员会的工作，大大加快了推行国际通用的公制单位、迅速统一中国计量制度的步伐。1959年，国务院发布《关于统一计量制度的命令》，确定米制为中国基本计量制度。国务院的命令对尽早结束我国计量制度的混乱局面起了重要作用。该命令的颁布，标志着我国计量事业实现了由传统的度量衡向近代计量的转变。

新中国的计量事业一开始就把注意力放在了统一的计量系统、计量技术和国家标准的建立上，并为此做了不懈的努力。20世纪50至60年代是新中国计量事业发展的第一个高峰，通过人们的努力，计量管理机构和计量科学研究机构相继建立，与国际接轨的一批国家基准陆续建成，中国计量完成了它从传统计量中脱胎换骨的历史转变过程，形成了近代计量的科学体系。

七、中国现代计量的发展

1966年5月，中国开始了持续十年之久的"文化大革命"，各行各业受到了严重冲击，各种规章制度荡然无存。计量管理因其具有的强制性特征，所受冲击尤为严重，这使得中国计量发展经历了一段曲折的历程。

"文化大革命"结束以后，中国逐渐进入了改革开放的时代，中国计量也进入了它发展的第二个高峰期。新时代中国计量发展的重要举措是向国际化和法制化的方向前进。1977年，中国加入《米制公约》，成为当时米制公约组织的44个成员国之一，同年，我国还参加了国际计量委员会（CIPM）和国际计量大会（CGPM）。从此，中国同米制公约成员国在计量业务方面加强了联系，在计量科学方面进一步实现了与国际的接轨。这种接轨，加快了中国计量的现代化。

在计量的法制化建设方面，同样是在1977年，国务院发布施行《中华人民共和国计量管理条例（试行）》。这是继1959年国务院颁布《关于统一计量制度的命令》之后我国以政府最高行政部门名义发布的另一个法令性文件。这一文件的发布施行，使得中国的计量管理实现了有法可依，它意味着中国计量在法制化管理的道路上又向前迈进了一步。除了做到在计量管理方面有法可依，我国政府还在促进计量单位的法制化、推行法定计量单位方面下了很大功夫。其标志性成果是1984年国务院颁布的《国务院关于在我国统一实行法定计量单位的命令》。法定计量单位以国际单位制为基础，全面吸收了国际计量科学研究的成果，它的发布，标志着我国计量语言的真正统一，也意味着我国计量单位与国际单位制的接轨有了法律意义上的保障。1985年，我国通过、公布了《中华人民共和国计量法》（1986年7月1日起施行，以下简称《计量法》），并于同年加入了《国际法制计量组织公约》，成为当时国际法制计量组织50个成员国之一。《计量法》的颁布及实施，标志着中国计量实现了法制化，是我国计量史上一个重要的里程碑。

与国际计量的接轨和交流、走上法制化的道路、建立科学的计量技术管理和行政管理体系、实现计量科学研究的现代化，是现代计量必不可少的重要指标。这些指标，随着《计量法》的颁布，中国已经具备。所以，20世纪80年代中叶，是中国现代计量的形成和发展时期。

随着改革开放的进一步深入，随着市场经济时代的到来，与计划经济结构高度适应的传统的计量管理模式如何才能适应市场经济的要求，成了摆在广大计量工作者面前的新的课题。解决好这一问题，是中国当代计量面临的首要任务。中国计量在探索中前进、在改革中发展。在经济建设的大潮中，中国计量一定能够发挥其应有的重要作用。

第二节　中国与西方计量发展的比较 *

本节讨论中国及西方计量发展的类似性及其区别，以及导致这些差别的背后的原因。文中所谓的西方意指欧洲及其文化起源地，比如埃及和近东（美索不达米亚、腓尼基等）。内容涉及时间从远古截止到清朝。

一、计量的起源

在埃及，大约公元前4000年已经出现以法老王为统治者的奴隶社会，整个社会建立在农业的基础上。在美索不达米亚，奴隶社会则可追溯到公元前

---

* 本节系与德国联邦物理技术研究院［PTB］荣休教授康拉德·赫尔曼（Konrad Herrmann）合作的结果。

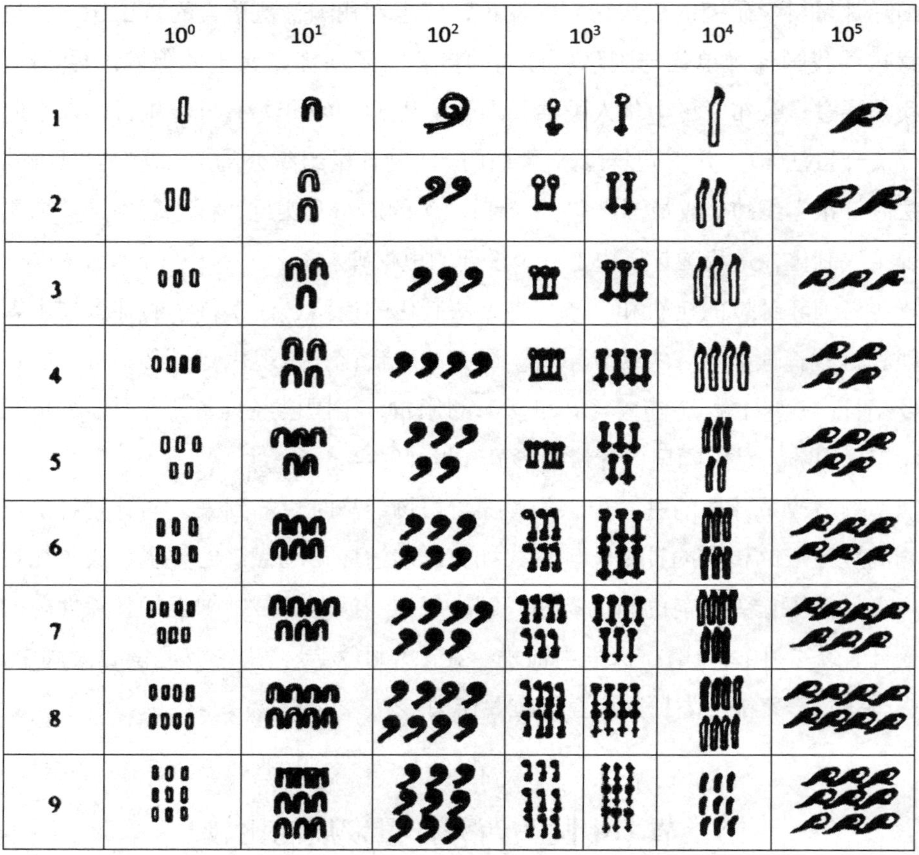

	10^0	10^1	10^2	10^3	10^4	10^5
1						
2						
3						
4						
5						
6						
7						
8						
9						

图 5.2.1 古埃及象形文字中的数字

3000年。埃及人基于农业的需要发展出了历法。为确保法老王在其去世后仍能保持永久的生命，埃及人建造了巨大且具有很高精度的金字塔。计量的基础是数字，在埃及的象形文字以及美索不达米亚的楔形文字中，都有关于数字的记录。在古埃及象形文字中的数字（图5.2.1）达到10^5的规模，说明在社会的生活中需要这样大的数字。

在埃及计量文物中，至今我们还能看到具有等距离分度线的尺子以及石质砝码。金字塔里的壁画表明了等臂天平的存在，记录了土地测量人员用测绳丈量田地以求其面积的活动。计时仪器滴漏很早以前就已经出现了。在法

老王时代就已经存在的尼罗河水
准仪被保存至今，见证着尼罗河
水的定期泛滥使田地变得肥沃这
一重要事实。[①]（图5.2.2）

金字塔建造的高精密度令人
惊异，胡夫金字塔基础棱的直线
度偏差只有15毫米/256米，棱的
直角度偏差则低至12″。

图 5.2.2　尼罗河水准仪

图片来源：CC BY 3.0（http://creativecommons.org/
licenses/by/3.0, via Wikimedia Commons.）

美素不达米亚的一些计量文
物也得以保存至今，其中很古老
的是公元前3000年初的铜尺。这把尺度有不等距离的分度线。在时间计量方
面，在楔形文字的文献里，古巴比伦的一个日历被记录了下来，表示当时已
有简单历法。

在埃及和美索不达米亚取得这些进展的同时，欧洲社会还处于新石器时
代。巨大的日历设施，比如在英国的巨石阵（Stonehenge，公元前2500—前
2000年），或在德国的可用以判
定冬至日的戈瑟克圆环（Goseck
Circle，公元前49—前47世纪）（图
5.2.3），以及具有历法功能的内布
拉星盘（Nebra Sky Disk，约公元
前1600年）等，表明欧洲开始出
现农业，因而需要确定季节。

图 5.2.3　德国的戈瑟克圆环

另一方面，同时期的中国，也处于新石器时代的阶段。从现在甘肃省的
大地湾文化遗址出土了一个容器，考古人员判断其时间约为公元前5850—前

---

① Konrad Herrmann, *A Comparison of the Development of Metrology in China and the West*, Bremerhaven:
NW-Verlag (2009), p. 8.

图 5.2.4　安徽潜山薛家岗出土的新石器时代七孔石刀

2950年，其用途很可能是作为容量标准来分配粮食的。[①]中国的新石器时代出现了许多精美的石质工具，它们必须在测量的基础上方可制作完成，例如在安徽省潜山出土的这把七孔石刀，长325毫米，宽95毫米，厚却不超过10毫米。石刀刃部略宽，刀背平直。沿刀背的地方，整齐地排列了7个圆形穿孔，以便于捆缚手柄（图5.2.4）。这些，显然是经过测量才能制作出来的。

在中国，奴隶社会可溯源到第一个朝代——夏代（公元前21—前16世纪）。传说在夏代之前已经出现了文化创造者。伏羲和女娲被认为是人类始祖，后人把他们描述为具有人头蛇身的生物，已经使用测量工具，比如规和矩。（图5.2.5）

黄帝（根据传说，约公元前2717—前2599年）确定了度量衡和历法。在计量的建立方面，夏王朝（约公元前2070—前1600年）的创立者大禹发挥了

图 5.2.5　武梁祠汉画像，伏羲和女娲手持圆规和矩

---

① 卢嘉锡总主编，《中国科学技术史·年表卷》，北京：科学出版社，2006年版，第20页。

重要作用，他通过测绘大地为洪水找到出路，征服了严重的洪灾。为了测量的需要，他"身为度，称以出"[1]，以其身体为基础，定义了长度及重量的单位。这种以权威人士的身体部位来确定测量单位的做法，跟美索不达米亚和古埃及的方法是一样的。[2]在欧洲，后来人们也有用这种方法来确定长度单位的，比如英尺的确定。

二、计量科学与计量管理

　　古雅典和古罗马都是从城邦社会的基础上发展起来的。罗马后来成为一个世界范围的帝国。雅典和罗马都有自己的计量和计量管理。在雅典，由度量士（Metronom）负责市场上的容量量具及重量测量的管理。[3]在罗马，这个职责是由市政长官承担的。希腊的哲学家，比如叙拉古（Syracuse）的阿基米德（Archimedes，公元前287—前212年），对计量问题很感兴趣。在他的研究中，可以发现有向以分析方法总结理论数学问题发展的趋势。在雅典卫城的神庙区，保存有古希腊时期的计量标准。这些标准，在当时是通过加盖印戳的方式证明它们是经过认定的。古希腊计量系统是从埃及那里继承过来的。

　　数学是计量的科学基础，它在希腊很繁荣。在萨摩斯（Samos）的毕达哥拉斯（Pythagoras，约公元前570—约前510年）之后，人们以他的名字命名了数学里的勾股定理，该定理成为欧几里得几何学中的重要定理。显然，在毕达哥拉斯之前，人们已经知道这个定理。例如，在埃及，人们知道在3、4、5这三个数字的特例下的该定理。希腊数学繁荣的另一个例子是欧几里得（Euclid，约公元前330—约前275年），他被誉为"几何学之父"，活跃于托勒密一世时期（公元前364—前283年）的亚历山大里亚。在其著作《几何原本》

---

①　（西汉）司马迁，《史记·夏本纪》。

②　Friedrich Hultsch, *Griechische und römische Metrologie*, Berlin: Weidmannsche Buchhandlung (1862), p. 27.

③　Friedrich Hultsch, *Griechische und römische Metrologie*, Berlin: Weidmannsche Buchhandlung (1862), p. 79.

中，他运用公理化体系的方法，从很少几条公理出发，推导出了现在被称为欧几里得几何学的467个命题，成为用公理化方法建立起来的数学演绎体系的最早典范。这个数学方法后来也成为整个自然科学的典范，后世曾多次修订和再版他的《几何原本》一书。明末欧洲传教士来华传播基督教时，给中国人带来了西方的科学，《几何原本》在其中发挥了重要作用。另一位值得一提的是阿基米德，他是伟大的哲学家和发明家。有一个流传已久的故事，说叙拉古王命人打造了一顶纯金的王冠，但王冠打造完成后叙拉古王怀疑该王冠不是纯黄金，他要求阿基米德来鉴定该王冠是纯黄金还是金银合金。阿基米德洗澡的时候，受启发想到了解决问题的方法，不需要毁坏冠冕就可以鉴定它是否是纯黄金打造的。[①]他最终证明该王冠不是用纯黄金制作的，还进一步发现了测定浮力大小的阿基米德原理。

罗马吞并希腊后，接受了希腊人的计量系统。罗马人将其计量标准保存在朱庇特神庙（Aedes Lovis Optimi Maximi Capitolini）的朱诺·莫尼塔（Juno Moneta）女神的神殿（当时也是造币厂的所在）。[②]

另一方面，在中国，早在夏代就建立了初步的中央集权的国家。统治者为各级官员支付报酬，由他们来管理整个国家。古籍《周礼》提到了好几种官职，承担这些官职的官员负责监督度量衡。在战国时期，人们已经设计和制造了度量衡标准器，并建立了量值的传递和检校系统。战国的学者提出了用音律作为制定度量衡基准的依据的理论，该理论在汉代得到继承和发展，成为中国权威的度量衡理论。出于设计度量衡标准器的需要，中国人对圆周率表现出特别的兴趣。三国时期的刘徽（约225—295年）发明了割圆术，找到了精确推算圆周率的方法，他推算出的圆周率 π 等于3.14。南北朝时期（420—589年）的祖冲之（429—500年）运用刘徽的割圆术，把圆周率值推算

① Konrad Herrmann, *A Comparison of the Development of Metrology in China and the West*, Bremerhaven: NW-Verlag (2009), p. 29.

② Friedrich Hultsch, *Griechische und römische Metrologie*, Berlin: Weidmannsche Buchhandlung (1862), pp. 71, 90.

到了精确到小数点后6位，达到了空前的精确。

在时间计量方面，一个重要的任务是制定历法，这对于一个有发达农业的国家来说特别重要。为了编制一个准确的历法，需要进行天文观测。司天监里的天文学家负责观测天象。先秦时期的历法叫作"四分历"，这意味着当时已经知道回归年的长度为365¼天（这个值已很接近现在知道的准确值365.2422天）。

在古典数学著作里，可以看到大量中国官员解决实用问题的例子。例如田地的丈量、堤坝及渠道的尺寸的计算、税赋、兑换率等等。[①]在整个中国历史上，我们可以看到，学者们基于儒学的影响，对在各种现象间建立象征性关系特别感兴趣。

政府用严厉的手段确保度量衡的稳定，对违反者加以经济和肉体的惩罚。度量衡标准器保存于皇宫中。汉代（公元前206—公元220年）以后，也保存在朝廷的各部。[②]

三、计量学家的出身

在欧洲，计量学家来自社会各个阶层。在中世纪，修道院是教育及知识的中心，计量由修道士管理。在教堂外面，有时候可看到两根嵌在墙上的金属销钉，教士以其间距作为长度标准将之呈现给公众。人们可以拿自己的量具跟其比较，进行校正。学者们从属于教会，他们对计量进行探讨。到了文艺复兴时期，学者的自由度增加了，他们有的被贵族所雇用，比如列奥纳多·达·芬奇（Leonardo di ser Piero da Vinci，1452—1519年）就是被波吉亚（Borgia）家族雇用的；有的则当大学教授，比如伽利略·伽利莱（Galileo Galilei，1564—1642年），他依靠学生给的学费维持生活。此外，还有几位学者，比如约翰内斯·开普勒（Johannes Kepler，1571—1630年），既是王室天

①　Joseph Needham, *Science and Civilization in China*, Cambridge: Cambridge University Press, V 3, p. 153.

②　Guan Zengjian, Konrad Herrmann, *Geschichte der chinesischen Metrologie*, Bremerhaven: NW-Verlag (2016), p. 44.

文学家，也要承担占星术的工作。也有学者在工业革命时代成为独立企业家，比如詹姆斯·瓦特（James Watt，1736—1819年），蒸汽机的发明家。原来他在格拉斯哥（Glasgow）大学当技术工人，负责制作工具，但是后来他建立了博尔顿和瓦特（Boulton & Watt）公司，并基于其发明成为富人。

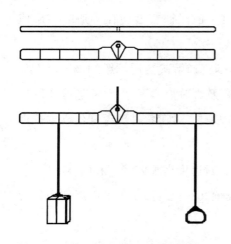

图 5.2.6 战国时期楚国的"王"铜衡，可以作为不等臂天平使用

另一方面，在中国，夏代已经有官员负责计量。在战国时代（公元前475—前221年），社会的知识集中于哲学家。特别是墨翟（公元前5世纪末）建立了墨家学派，在该学派的著作《墨经》中，讨论了自然科学的许多问题，其中也包括计量问题。《墨经》记载了不等臂衡器，意味着当时已经知道杠杆原理。[1] 出土的战国时期楚国的"王"铜衡，可以作为不等臂天平使用，也证明了这一点。（可参考图5.2.6所示）

孔子（公元前551—前479年）则提出："谨权量，审法度，修废官，四方之政行焉。"[2] 强调统一度量衡对国家治理的重要性。

秦代（公元前221—前207年）以来，负责计量的官员由帝国任命。在汉代，计量在长度、容量、重量和天文等领域分属帝国不同的部门，朝廷规定要在全国范围内定时检查度量衡器具是否符合要求。在各个朝代，地方官员负责所辖范围内具有政治和民生及司法意义的事情，他们也要关心计量问题。佛教在中国传播以后，寺院成为知识的中心，禅僧比如一行（673—727年）也对计量做出了贡献。唐玄宗时期，由一行负责组织实施了中国历史上首次天文大地测量，他在此基础上领衔制定了新的历法《大衍历》。

---

① Guan Zengjian, Konrad Herrmann, *Geschichte der chinesischen Metrologie*, Bremerhaven: NW-Verlag (2016), p. 140.

② 《论语·尧曰》。

　　一些著名的文学家也与计量有关。比如苏轼（1037—1101年），曾在多地担任过知州，他在管理军民事务的同时，也要处理计量事宜。笔记小说作家沈括（1031—1095年）是个大科学家，担任过皇帝的高层官员，有许多科学贡献，在立表测影、漏刻计时、天文观测、历法改革等多种计量领域都有重要创新，他的笔记体著作《梦溪笔谈》里记载了大量科学发明。苏颂（1020—1101年）曾担任过北宋的宰相，他同时又是一位天文学家、天文仪器制造家和药物学家，他领导制造的"水运仪象台"，是当时世界上规模最大的天文钟。

　　甚至普通知识分子，比如宋应星（1587—1666年），几次科举考试都未能中举，但他写了一部技术百科全书《天工开物》，里面也涉及计量问题，其中的知识吸收了官方计量体系的内容。

　　耶稣会的传教士到达中国的时候，利玛窦认识到，要向中国传播基督教，最好的方法就是介绍西方科学给中国知识分子，以此来获得他们的信任。他得到了很有影响的朝廷官员比如徐光启（1562—1633年）的支持，后来利玛窦在北京被任命为明朝的官员。

　　利玛窦与徐光启一起把欧几里得的《几何原本》的前半部分翻译成了中文。这本著作引起了中国学者的浓厚兴趣。别的耶稣会传教士，比如汤若望和南怀仁，因为他们在数学及天文学方面的深厚造诣，被任命为钦天监的官员，最后担任钦天监为监正。汤若望在其著的名为《远镜说》的小书中，为中国介绍了几年前刚被伽利略发明的望远镜。南怀仁除了在钦天监的工作外，还制作了中国第一个温度计和湿度计。[1]耶稣会传教士还通过向明代及清代的皇帝赠送欧洲的机械钟来赢得他们的好感。没过多久，中国人自己也学会了制作机械钟，清廷还在其内务府内设立了钟表处，负责钟表的制作和维修。

---

[1]　Guan Zengjian, Konrad Herrmann, *Geschichte der chinesischen Metrologie*, Bremerhaven: NW-Verlag (2016), pp. 163-397.

四、思想背景

在中国和西方，计量发展模式是不一样的，这可以归因于这两个地区不一样的思想背景。在西方，居支配地位的是吸收了古希腊哲学及古罗马思想的基督教。在科学方面，中世纪教堂宣传的是托勒密的世界观。中世纪社会是政教合一的社会，基督教一枝独秀，教堂同原来的多神信仰做斗争并咒骂它为异教。

就计量而言，中世纪的欧洲接受了罗马的系统。教堂和修道院作为知识及教育的中心，也关注度量衡。由于政治权力分散，那些统治不同地区的侯或公爵都保持了自己的度量衡，所以计量不可能统一，其发展呈现多元趋势，并且相应地社会对计量的要求也不高。

在文艺复兴时代，亚里士多德哲学再度复活。欧洲在探索世界及发现美洲的过程中发展了对自然科学越来越大的兴趣，贸易也繁荣起来了。教会用各种方式传教，特别是耶稣会士，主要以暴力的方式在世界新发现的地区推行基督教。17世纪，伽利略发展了实验和数学相结合的方法，以之研究自然现象，增加了对更准确测量的要求。新的科学发现促进了传统计量的发展，也导致新的计量种类，例如气压测量和温度测量的诞生。

再往后，工业革命的到来导致越来越多对计量有新要求的发明。一个重要的结果是哈里逊的航海机械表（1736年），能够以高精密度确定海上经度①（图5.2.7），从而解决了航海大发现以来令各国头疼的航船在大洋中航行时如何确定其所在经度的问题。

另一方面，在中国，国家的统一和分裂在不同的时代交替进行。很多情况

图 5.2.7　哈里逊的航海机械表

---

① Konrad Herrmann, *A Comparison of the Development of Metrology in China and the West*, Bremerhaven: NW-Verlag (2009), p. 119.

下，国家的分裂是北方民族的南下引起的。

在战国时代，产生了许多哲学学派。特别是墨家，对自然科学的发展做出了贡献，比如力学知识和杠杆定理的发现，使人们能够用不等臂的衡器称重。国家间的竞争使统治者重视度量衡问题，其中著名的代表人物是商鞅（？—前338年）。在秦国推行度量衡改革的过程中，商鞅通过"以度数审其容"的方法，制作了容量标准器铜方升，其特点是基于尺寸可计算出升的体积。商鞅铜方升一直留存至今，是战国时期中国人发明了度量衡标准器的实物见证。

秦朝奉行法家思想。在结束了战国的分裂统一整个国家之后，秦朝在全国范围内强力推行统一的度量衡制度。汉代以来，儒教是统治的思想。其目的是以纲常关系（即所谓君为臣纲，父为子纲，夫为妇纲等）为基础，创建一个以君君臣臣、父父子子伦理为纲常的稳定社会。儒家的目的是入世，同样重视度量衡。中国古代的诸子百家，没有不重视度量衡的。汉承秦制，在计量体系方面，汉代也继承了秦代的计量。

到了王莽（公元前46年—公元23年）的新朝（9—23年），计量达到了全盛时期。刘歆发展了用音律确定度量衡基准的理论，还设计制作了将5个容量单位组合在一个青铜器上，并限定重量，让其能够把度量衡诸单位基准保存于同一个标准器上。史称该标准器为"新莽嘉量"。[1]（图5.2.8）

在欧洲，复合标准器的设想于1617年被约翰内斯·开普勒实现了。开普勒设计制作的这台标准器保存在德国的乌尔姆市。[2]

图 5.2.8　新莽嘉量

[1]　Guan Zengjian, Konrad Herrmann, *Geschichte der chinesischen Metrologie*, Bremerhaven: NW-Verlag (2016), p. 131.

[2]　Konrad Herrmann, *A Comparison of the Development of Metrology in China and the West*, Bremerhaven: NW-Verlag (2009), p. 91.

　　南北朝时期（420—589年），从印度传入的佛教继续在中国传播。此外，印度数学及天文学也传了进来。这种趋势在唐朝（618—907年）继续存在。学者和僧侣从印度前来中国学习和交流。在这个时期，商人们从许多国家沿着丝绸之路来到长安。朝鲜和日本也有大量学者前来求学。在计量发展方面，唐朝形成了两以下十进制的重量单位，这有助于贸易的开展。

　　宋代（960—1279年）采取重文抑武的施政方针，加强了中央集权和文官地位。商品经济、文化教育都达到了高度繁荣。理学发展了起来，使儒学得到复兴。与阿拉伯人的贸易进一步繁荣，福建泉州成为东方第一大港，聚集着来自多国的商人。宋代是中国科技发展的高峰时期，计量科学也有多项成就在这个时代问世，以"水运仪象台"为代表的观测仪器大型化的趋势开始出现。

　　元代（1271—1368年）在蒙古人的统治下建立了辽阔的国家，统治范围从朝鲜一直延伸到欧洲东部。在这个时期，兴旺的阿拉伯科学影响了中国。回回历的出现就是阿拉伯科学影响的具体体现。阿拉伯天文学的传入对中国天文学的发展起了重要作用。

　　到明代（1368—1644年）早期为止，在技术优越性方面，中国比西方领先。郑和从公元1405年到1433年七次下西洋，他的船队的规模达到了200多艘海船，近3万人之多，航行范围从东南亚到印度、阿拉伯半岛、东非洲等。他的宝船的建造需要发达的计量。航海学也已经达到了相当高的水平。[①]

　　再往后，到了明末清（1644—1911年）初，欧洲的传教士把基督教和西方的科学一起带到了中国。他们带来的西方的数学及天文学成为新的计量发展的基础。新的计量种类例如角度计量、温度计量和湿度计量，也逐渐发展了起来。传教士使中国科学跟世界科学联合了起来，计量学科尤其成为其中的受益者。

---

① Joseph Needham, *Science and Civilization in China*, Cambridge: Cambridge University Press, V4, Part III, pp. 479–484.

五、技术差异

中西在计量制作技术方面也存在差异。其中之一是在欧洲优先使用锻造技术，这种技术可以使金属物品达到更高的强度。在中国，则是金属的铸造技术占优势，它有悠久的传统和更高的生产率。这在硬币的制作中有充分的反映。在欧洲，硬币大部分是冲制的，但是在中国，一般是铸造的。（图5.2.9）

西方的货币是基于铜、银、黄金制作的硬币[1]，但是在中国，硬币绝大多数是用青铜制作的。

在西方，人们用各种材料制作计量标准物，比如石头和金属。在中国，人们认为青铜是制作计量标准物的最好的、最适合的材料。用青铜铸造的计量复合标准器新莽嘉量，到现在已有2000多年，仍然保持了原来的形状。

图 5.2.9　古希腊和汉代的硬币

---

[1] Friedrich Hultsch, *Griechische und römische Metrologie*, Berlin: Weidmannsche Buchhandlung (1862), p. 127.

在西方，计量系统和作为其一部分的货币系统采用的是从美索不达米亚及埃及接受的十二进位数字系统和六十进位系统，但是在中国，测量单位主要基于十进位系统。

在中国和西方，古代计量都以度量衡、空间及时间的测量为主要组成部分。但是文艺复兴以来，基于对自然科学越来越大的兴趣，人们发展出了计量的新领域，比如气压测量、温度测量和湿度测量。随着科学的发展，新的计量种类越来越多。

就技术的优越性而言，从古代计量形成到明代早期为止，中国领先于西方。但是这一状况在科学急剧发展和工业革命进程中改变了。在欧洲，人们做出了许多发现和发明，科学迅速地进步了。在同时期的中国，儒教成为维持传统秩序、延续王朝寿命、阻碍科技发展的因素，清朝采取的闭关锁国施政方针，进一步导致社会和科学技术发展的停滞。在自然科学领域，理学家拒绝采用类似伽利略那样的实验方法，就是一个典型例子。[①]

六、结语

就古代计量而言，中国和西方关注的内容是类似的，一开始都把度量衡、空间及时间测量作为主要内容。但双方计量发展的道路不同，在不同的历史阶段，发展程度亦不相同。从战国到明初，就技术的优越性及计量管理而言，中国计量领先于西方。明中期以后，西方近代科学的发展，导致其计量赶上并超越了中国计量。明末清初，耶稣会传教士到达中国，带来了欧洲的科学，其中包括西方计量，中国计量开始了与世界接轨，并最终融入世界计量的历史进程。之所以如此，与计量本身兼具自然科学和社会科学双重属性密不可分。就计量单位的确定、计量标准器的设计制作、计量原理的探究、各种测量方法的实现等因素来说，计量本身是一门科学，它是科学技术的基础，同时其发展也需要得到科学技术的支撑。在古代科学技术发展的背景下，中国传统科学技术在支撑计量发展方面，诸如计时技术、历法编制、数学方法、

---

① Joseph Needham, *Science and Civilization in China*, Cambridge: Cambridge University Press, V 3, p. 163.

青铜铸造技术等，为古代计量发展提供了可靠的科技支撑。而在确保科学技术对计量发展的支撑方面，中国的古代科技不亚于西方。

计量的社会属性要求它具有社会统一性，能够确保量值传递的准确、溯源的可靠，最终确保测量结果的统一，这使得它具有很强的法制化特征。统一的社会有利于计量社会属性的实现。比较中西历史上的社会发展形态可知，中国和西方在计量发展形式和道路上有着明显的区别，这主要是由于双方社会组织形式的不同。中国很早就建立了统一的国家，大部分时间实行的是中央集权的管理方式。而在西方社会则发展为城邦社会。显然，统一的中央集权的管理方式有利于计量的统一。在中国，秦始皇和隋文帝都曾经运用国家机器的力量推行统一的度量衡制度，这在城邦社会里是难以想象的。国家的统一为中国计量发展提供了良好的社会保障，它与中国古代的科学技术一道，确保了中国计量在西方近代科学兴起之前，一直处于世界领先地位。

第三节　中国古代角度概念与角度计量的建立

角度概念是中国科学史研究关注的对象之一。科学史界传统上认为，中国古代天文学习用的365¼分度是一种特殊的角度单位，古人通过这种单位划分以及用浑仪进行测量，在天文学领域建立了一种特殊的角度体系。对此，笔者曾经撰文指出，"传统365¼分度不是角度"[1]。该文刊出之后，获得相关学者重视[2]，逐渐为学界所接受[3]，甚至还有学者进一步认为，"中国除了直角以外没有一般的角度概念"[4]。

但是，角度是重要的几何量之一，在科学技术和日用生活上具有重要作

① 参见本书第四章第一节，原载《自然辩证法通讯》，1989年第5期，第77—79页。
② 黄一农，《极星与古度考》，载《清华学报》，新22卷1992年第2期，第93—117页。
③ 李国伟，《中国古代对角度的认识》，李迪主编，《数学史研究文集（第二辑）》，呼和浩特：内蒙古大学出版社与九章出版社联合出版，1991年版，第6—14页。
④ 刘君灿，《影响中国传统数学发展的动力因初探》，载《淡江史学》，1990年第2期，第61—71页。

用，中华文明源远流长，在其漫长的发展过程中，古人创造了灿烂的精神文明和物质文明，这中间必然会遇到大量的角度问题，他们难道不会由此产生角度概念？既然365¼分度不是角度，他们在实践中又是如何处理与角度相关的问题的？角度计量在中国是怎么建立起来的？本节对此进行探讨，希望得到方家指正。

一、比例测度解天文

就角度测量来说，天文学是对之需求最为迫切的学科之一。要测量首先需要制定测量单位，古人是采用把太阳在空中的周年视运动路径分为365¼段，将每一段称为一度，以之作为天文测量的基本单位的。这就是传统的365¼分度。度下面还可以细分为"分"，与长度测量单位一致。这种分度虽然本质上不是角度，但它毕竟建立了一套天文测量单位。在实践中，古人就是用这套单位体系进行天文测量的，而其测量结果也在某种程度上反映了天体彼此之间的角距离。

那么，古人是什么时候开始用这套单位体系进行天文测量的？他们的测量是在什么样的思想指导下进行的？具体方式如何？

从史料角度来看，秦代已经有了天体运行的定量记录，这些记录就包含了"度"甚至度下面的"分"这样的单位。例如，20世纪出土的马王堆汉墓帛书《五星占》中就有这样的记载：

> 秦始皇帝元年正月，岁星日行廿分，十二日而行一度，终［岁行卅］度百五分……①

这里的"分""度"，显然不是地面测量用的长度单位，而是上述的天文测量单位。这表明早在秦代，人们已经会使用这套单位体系进行天文测量了。实际上，比秦始皇时代更早，古人已经用"度"这个单位来表示天体运行了。

———————————
① 刘乐贤，《马王堆天文书考释》，广州：中山大学出版社，2004年版，第88页。

　　《五星占》的记载表明，"度"既然被用于定量表示天体运行，这意味着古人一定有了相应的测量方法。在现存的古籍中，《周髀算经》最早记载了古人当时所用的天体方位测量方法：

　　　　术曰：倍正南方，以正句定之。即平地径二十一步，周六十三步。令其平矩以水正，则位径一百二十一尺七寸五分。因而三之，为三百六十五尺四分尺之一，以应周天三百六十五度四分度之一。审定分之，无令有纤微。分度以定，则正督经纬而四分之，一合各九十一度十六分度之五。于是圆定而正。则立表正南北之中央，以绳系颠，希望牵牛中央星之中。则复候须女之星先至者。如复以表绳希望须女先至定中，即以一游仪希望牵牛中央星出中正表西几何度，各如游仪所至之尺为度数。游在于八尺之上，故知牵牛八度。其次星放此，以尽二十八宿，度则之矣。[①]

　　《周髀算经》记载的这种测量方法，目的是要"立二十八宿以周天历度"，即确定二十八宿在空中彼此相距的度数。它使我们得以窥见中国天文学发展早期人们是如何测度天体彼此间的相对位置的。引文的前半部分是测量的准备工作，目的是建立测量的单位体系。这一体系是按照比例对应的思想建立起来的：天体的运行，做的是圆周运动，将其周长分成365¼段，每1段就是1度，要对其进行测量，就需要将这种运动缩映至地面，在地面上也画一个圆，将圆周也按365¼份划分，这样地面圆周的每一段也被称作1度。测量时，通过瞄准的方法，把不同天体在天空圆周上的位置对应标示到地面的圆上，这样只要看一下地面圆周上不同标示点之间所对应的度数，就可以知道其在天上相距的度数。显然，这样的测量方式，是建立在比例对应的思想基础上的，可称其为比例对应测度思想。

　　用《周髀算经》的方法，可以大致把天上星宿彼此相距度数测量出来。

————————————

① 　宋刻版《周髀算经》卷上。

这种测量本质上可视为一种角度测量，但它所测量的，不是二十八宿彼此间的赤经差，而是它们依次转到正南时的地平方位角。换言之，对于表示天体的实际位置而言，其测量结果是有误差的。不过，正如钱宝琮先生所说："中国古代不知利用角度，然有《周髀算经》测望术，日月星辰在天空中地位，亦大概可知矣。"[①]

　　除了不能得到星宿彼此间的赤经差外，从测量思想来看，《周髀算经》的测量方法还有另一不严格之处。因为《周髀算经》中的宇宙结构模式是盖天说，该说认为，天在上，围绕天北极做平面圆周运动，地在天下，静止不动。由此，如果要彻底贯彻比例对应测度思想，则此类测量应在北极之下（即盖天说所谓之"天地之中"）进行，这样才能保证天体圆周运动的圆心与地面测量大圆的圆心垂直对应。这是因为，古人没有地远远小于天的认识，这样，要用比例对应的方法进行测量，如果测量仪器（即在地面画的那个大圆）的圆心与天体圆周运动的圆心不垂直对应，天上一度与地上一度弧长比值就不是常数，这就无法按比例推算。但在现实中，人们不可能到北极之下进行此类测量。这是盖天家的无奈之处。

　　盖天家的尴尬，在浑天家那里并不存在。浑天说认为天是一个圆球，天在外，地在内，天大地小，天球围绕大地，以天北极和南极连线为轴，一天旋转一周。日月星辰依附在天球上运动。既然天不再是与地平行的平面，而是立着的圆球，继续采用《周髀算经》中在平地上做圆进行测量的方法，也就不合适了。为此，浑天家们把盖天家在平地上画的圆立了起来，让其成为一个竖立的圆环，圆环平面与天球的赤道面平行，在圆环上刻上365¼分度，用窥管取代了《周髀算经》中的表和绳，再加上用来维持这个环的其他环圈和架子，这就构成了浑天家用来观测天体所用的仪器浑仪。显然，浑天家们用浑仪进行天文测量，承袭的仍然是盖天说的比例缩放思想。就测量思想而

① 钱宝琮，《〈周髀算经〉考》，《钱宝琮科学史论文选集》，北京：科学出版社，1983年版，第126页。

言，浑盖两家是一脉相承的。

从比例对应测量思想的要求来说，浑仪必须放置在天球的中心，这样才能保证其圆心与天体运动圆心的重合。对浑天家来说，这一要求不难得到满足。因为在他们的心目中，北极之下不再是天地之中，天地之中（即所谓之地中）的位置是今河南郑州附近的登封观星台的所在地，由此我们可以理解，汉武帝时发生浑盖之争，浑天家落下闳为什么不在西汉首都长安进行天文测量，而是要千里迢迢跑到现在的河南登封，"为汉孝武帝于地中转浑天，定时节"①。

天文学的发展离不开测量，而在中国的天文测量中，"地中"是一个绕不开的话题。《隋书·天文志》提到："《周礼》大司徒职'以土圭之法，测土深，正日景，以求地中'。此则浑天之正说，立仪象之大本。"天文学家祖暅曾"错综经注，以推地中"。到了唐代，僧一行进行大规模的天文大地测量，其目的则是要"测天下之晷，求其土中，以为定数"②。从汉至唐，古人对这个子虚乌有的地中给予了异乎寻常的关注，原因就在于它是比例测度思想的内在要求。

无论如何，比例测度思想解决了如何测天的问题，还导致了浑仪的发明，而浑仪测天的实质是角度测量，它可以满足古代天文学发展的需求。不过，由于对角度定义上的先天不足，古人并未由这套体系出发，建立起有效的角度计量来，这也是历史事实。

二、就事论事说《考工》

天文分度不是角度，但古人通过用浑仪进行测量，满足了天文测度的要求。那么，在天文之外的领域，古人是如何解决角度问题的？在他们的科技实践中，有没有产生过较为抽象的角度概念？

在中国古代科技术语中，没有现代所用的"角度"这个词。古汉语中的

---

① 《隋书·天文志》。

② 《天文志一》，《旧唐书》卷三十。

"角"字，不具备现代所谓的"角度"的含义。虽然随着汉语的进化，"角"字的寓意在逐渐增加，其中与现代角度概念最接近的是角隅之类的词语，但那并不是角度，因为它没有相应的单位，不能定量表达角的大小。而古人所谓的"度"，是指长度，引申开来则为测度之义。合角与度为一词，用来表示角度概念，则是西方数学传入之后的事情了。

另一方面，没有"角度"这个词，不等于没有角度概念。古人在生产和生活中，不可能不接触到角度，不可能不对角的大小产生定量要求，这就自然会产生角度概念。一开始，人们认识的首先是一些特定的角，例如直角，古人称其为"矩"；八个地平方位角，古人称其为"八维"，等等。在此基础上，进一步产生了抽象的角的概念。在古代的技术百科全书《考工记》中，就有抽象角度概念的具体例证：

> 戈广二寸，内倍之，胡三之，援四之，已倨则不入，已句则不决……是故倨句外博，重三锊；戟广寸有半寸，内三之，胡四之，援五之，倨句中矩，与刺重三锊。[①]

戈和戟这两种兵器，其形制都与角度有关。引文提到的内、胡、援等，均为戈和戟上有关部件的名称。引文告诉我们，对于戈，要注意援和胡之间的角度关系，这个角度太大了，"已倨则不入"，在战斗中用来击人就击不进去；角度太小了，"已句则不决"，用来击人造成的创伤就不大。二者间合适的角度应该是"倨句外博"，即比直角要大些。而对于戟，则要求"倨句中矩"，即援和胡之间的夹角要等于直角。这里的"矩"，是古人用于表示直角的专有名词。显然，文中的"倨句"，就是表示一般角度概念的一个特定术语。在《考工记》中，这类例子还有很多：

---

① 《考工记·冶氏》。

为皋鼓，长寻有四尺，鼓四尺，倨句磬折。[1]

皋鼓是一种大鼓。郑玄注本条曰："以皋鼓鼓役事，磬折中曲之，不参正也。"[2]孔颖达疏云："磬折者粗处近上，故不得参正也。"由郑注孔疏可知，这种鼓的上腰处形成一个凸起，凸起处两侧的夹角等于一磬折。这里的"磬折"，也是一个特定的角度。有关其具体的含义，我们下文再做分析。

磬氏为磬，倨句一矩有半。[3]

磬是古代一种打击乐器，用玉石制成，使用时悬挂在架子上。悬孔两侧的上边缘形成一定的夹角。按照《考工记》的规定，该角大小为"倨句一矩有半"。矩是直角，等于360°分度体系中的90°，故如果用360°分度体系表示，则该角大小为$90°+\frac{1}{2}×90°=135°$。

车人为耒，庛长尺有一寸……坚地欲直庛，柔地欲句庛。直庛则利推，句庛则利发。倨句磬折，谓之中地。[4]

耒是中国古代用以翻土的一种农具。根据《考工记》的规定，对于不同土质的地，耒上的庛的安装方式也不同。对于土质软硬适中的土地，庛的安装形成的角度应为"倨句磬折"，即等于一磬折。

综上诸例，可知《考工记》是用"倨句"这个词来表示一般的角度概念的。实际上，倨和句都是和角度有关的概念，一般情况下，钝角形的叫倨，锐角形的叫句。《礼记·乐记》有"倨中矩，句中钩"之语，就是用"倨"和

---

① 《考工记·鲍人之事》。

② （清）阮元汇刻，《十三经注疏》，北京：中华书局，1979年影印版，第918页。

③ 《考工记·磬氏为磬》。

④ 《考工记·车人为耒》。

"句"来形容角度的开阖程度的。《考工记》合"倨""句"为一词，用来表示抽象角度概念，这一用法也存在于其他古籍之中，例如《大戴礼记·劝学》即有："夫水者……其流行庳下倨句，皆循其理。"这里的"倨句"，就是指的水流动时的弯曲情形，与角度概念相关。

《考工记》中有了"倨句"这一抽象角度概念，但它并未给出明确的角度单位的定义。那么，对于一些具体的角度，它是如何表示的呢？前面提到的"磬折"，又是怎么回事？

必须指出，古人既然没有明确的角度定义，没有建立角度的单位体系，他们就不可能进行角度测量，形成用数字表示角度的习惯。古人采取的，是用特定的名称表示特定的角度。当需要确定某个特定的角度时，他们就会从已知的角度出发，通过某种几何操作而将其构建出来。

例如，磬折是《考工记》中常用的特定角度。古人是通过对矩实施几何操作，而将其确定下来的。《考工记·车人之事》规定了具体的操作程序：

> 车人之事，半矩谓之宣，一宣有半谓之欘，一欘有半谓之柯，一柯有半谓之磬折。

这里的操作程序是，以矩为基础，先对之平分，然后将所得的半矩与矩相加，得到一个新角度，再继续对新角度进行平分和加半操作。连续三次进行同样的操作，最终得到的角度就是磬折。

《考工记》对这些操作的中间过程产生的角度分别起了名字，称其为宣、欘、柯。若用现行分度法表示，连同磬折在内，这些角度的具体数值为：

$$矩 = 90°$$

$$宣 = \frac{1}{2} \times 90° = 45°$$

$$欘 = 45° + \frac{1}{2} \times 45° = 67°30'$$

$$柯 = 67°30' + \frac{1}{2} \times 67°30' = 101°15'$$

$$磬折 = 101°15' + \frac{1}{2} \times 101°15' = 151°52'30''$$

进行这套操作的目的，是为了得出"磬折"这一特定的角度。因为"矩"是很容易得到的，所以这样的操作方法，在实践中并不繁难。正因为如此，清儒程瑶田明确指出，《考工记》中的矩、宣、欘、柯、磬折是一套角度定义，并且"百工皆持矩以起度，而倨句之度法遂生于矩焉"[①]。程瑶田是第一个提出"倨句之度法"，即古代角度的确定这一问题的学者，可谓慧眼独具。

《考工记》的做法，是在缺乏角度定义的条件下，古人摸索出的解决实用角度问题的独特路径。在《考工记》的诸多技术规范之中，"磬折"一词共出现4次，是一个较为常见的技术指标。作为一个特定的角度，"磬折"概念在社会生活中也有所应用，例如《礼记·曲礼下》就规定："凡执主器，……立则磬折垂佩。"即是说，捧执君主之器，站立时要保持鞠躬状态，鞠躬程度要符合磬折这一特定角度，这样，身上玉佩自然也就悬垂了。《史记·滑稽列传》："西门豹簪笔磬折，向河立待良久。"《庄子》杂篇卷十上《渔父》："今渔父杖拏逆立，而夫子曲要（腰）磬折，言拜而应，得无太甚乎?"显然，在《考工记》及古代社会生活中，磬折作为特定的角度，是被社会广泛认可了的。

既然如此，就有必要找到一种快捷方法，能准确将磬折这一特定角度复现出来。《考工记》"以矩生度"，恰恰能够满足这一需求。对于使用者来说，采用这种分合起度法，可以很方便地随时随地确定磬折的大小。显然，在这套体系中，矩和磬折最为重要，宣、欘、柯起过渡作用，通过它们得出磬折来。

当然，作为表征角度的技术规范，仅有矩、宣、欘、柯、磬折是不够的，因为它只覆盖了几个特殊的角度，不具备普遍意义。鉴于规和矩是古代最常用的几何工具，《考工记》还采用了"以规生度"的方法，来确定别的一些特定角度。例如，《考工记·弓人为弓》条，就针对弓的制作规范规定道：

为天子之弓，合九而成规；为诸侯之弓，合七而成规；大夫之弓，

---

① （清）程瑶田，《考工创物小记》，《皇清经解》卷五百三十九。

合五而成规；士之弓，合三而成规。

规为圆，按现行分度体系，圆心角为360°，"合九而成规"，则意味着"天子之弓"的弓背曲率为40°。同样，"诸侯之弓"为51.4°，"大夫之弓"为72°，"士之弓"为120°。类似的例子在《筑氏为削》条里也有：

筑氏为削，长尺博寸，合六而成规。

这是说六把削拼合起来正好围成一个圆，因此每把削的曲率应为60°。只有满足这一条件的削才是符合要求的。

《考工记》的规矩起度法是古人在没有角度定义情况下解决角度问题时的创举。在古代中国，规和矩是古人进行几何操作的基本工具，其基本功能是规圆矩方，正如《汉书·律历志》所云："规者，所以规圆器械，令得其类也；矩者，所以矩方器械，令不失其形也。"运用规和矩，很容易做出圆和方（直角）来。有了圆和方，再按一定步骤对其施行几何操作，就可以得到所需要的角度。这就是中国古代这套实用角度体系的由来。

在《考工记》中，矩、宣、欘、柯、磬折为一套角度，自程瑶田提出此说后，在学界已殆无异议，只剩一个问题，即所谓"倨句磬折"矛盾。《考工记·磬氏为磬》条对磬的规范有明文规定：

磬氏为磬，倨句一矩有半。

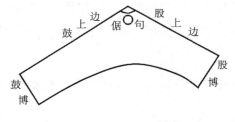

图 5.3.1　磬的倨句示意图

这里的倨句，指的是磬的鼓上边与股上边的夹角（图5.3.1）。

依据定义，该角的大小应为 $90°+\frac{1}{2}×90°=135°$，这与前文据《车人之事》条中"一柯有半谓之磬折"

的规定得到的磬折大小为151°52′30″的结论明显不同。对此，程瑶田认为：

> 磬氏为磬，倨句一矩有半，故曰一矩有半谓之磬折。持此以度他
> 物，凡倨句之应乎一矩有半者，皆以磬折名之。故玙人为皋鼓曰倨句磬
> 折，车人内耒之庇亦曰倨句磬折，而转写是记者乃顺上文读之，遂讹矩
> 为柯。①

　　程瑶田认为制磬的技术规范是"倨句一矩有半"，凡是满足这一条件的角度都叫磬折，《考工记》中所有提到磬折之处，其对应的角度均为"倨句一矩有半"，而《车人之事》条中"一柯有半谓之磬折"，是后人在对《考工记》的辗转传抄过程中，按上文句势把"矩"字误抄成"柯"字所致。程瑶田此说出于臆测，亦未考虑按"一矩有半"定义的磬折是否符合古代工艺实际，因而很难令人信服，正如戴吾三所言："他将'一柯有半谓之磬折'臆改为'一矩有半为之磬折'，这一改是失足矣。"②

　　数学史前辈钱宝琮也注意到了这两者的不合，他说："半矩四十五度为宣……得一百五十一度又八分度之七为磬折，其角度较磬氏所定为钝矣。旧法疏阔，难以名数详校也。"③钱先生主编的《中国数学史》也说："《考工记》'磬氏'节明白规定，磬的两部分的夹角为'倨句一矩有半'，也就是135°，这和'车人''一柯有半谓之磬折'显然不同。大概在135°上下的钝角都得称为'倨句磬折'。于此可见《考工记》中宣、欘、柯、磬折等名词的定义是不很明确的。"④钱先生的解释，也是一种推测，因为这两种定义相差实在太大，对之不能无视。

---

① （清）程瑶田，《艺文录》，转引自阮元汇刻《十三经注疏》，北京：中华书局，1979年影印版，第938页。
② 戴吾三，《〈考工记〉"磬折"考辨》，载《科学史通讯》，1998年第17期。
③ 钱宝琮，《读〈考工记〉六首》，载《中国科技史料》，1982年第2期。
④ 钱宝琮主编，《中国数学史》，北京：科学出版社，1964年版，第15页。

其实，所谓的"倨句磬折"矛盾，只是一种误解，《考工记》中不存在这样的矛盾。人们之所以会产生这样的误解，是由于论者囿于磬折的名称，先验地认为它一定是磬上某个夹角所要求的角度。实际上，在《考工记》中，磬折是作为一个特定角度的专有名称来使用的，其定义就是"一柯有半"，与磬没有关系。正如欘、柯本义是指斧柄，但在《车人之事》条中，它们只表示角度，而与斧柄毫无关系一样，磬折也不是磬匠制磬时所要遵循的技术规范。中国古代没有用数字量化表示角度的习惯，古人只能用特定的名称表示特定的角度，例如用矩表示直角、用十二地支表示十二个地平方位角，等等。《考工记》的作者只是借用了磬折这一名称来表示这个特定的角度的，至于具体到磬的制作，则又专门规定"磬氏为磬，倨句一矩有半"，以此作为制磬规范。从出土的古磬来看，其顶上的折角也大都符合"倨句一矩有半"的要求，而"磬折"型编磬在出土古磬中则极为少见，原因就在于"磬折"本身不是制磬规范。按照这样的思路去看待《考工记》的相关条文，所谓的"倨句磬折"矛盾，也就荡然无存了。

总的来说，《考工记》让我们了解到，中国人在没有角度定义和单位体系的情况下是如何解决角度问题的，那就是用规和矩作为基本工具，对其进行几何操作而构建出一些特殊的角度，以之满足技术规范的要求。就事论事是《考工记》解决角度问题的主要特征。

三、西儒东来建计量

中国古代虽然通过采用就事论事的方法，能够有效地解决生产和科技发展中遇到的角度问题，但由于在角度概念上的先天不足，角度计量始终未能有效地建立起来，这对中国科学和技术的发展是不利的。相比之下，西方对角度问题的探索，走过了一条完全不同的道路。早在古巴比伦时期，人们已经将圆周分为360°，每度60分，每分60秒。这套分度体系是否是角度姑且不论，但把它视为西方圆心角360分度体系的先驱，则殆无疑义。到了古希腊时期，希腊人毫无疑问已经有了清晰的角度概念，甚至演绎出了能否用尺规作图法三等分任意角这样的世界难题。该难题的出现，毫无疑问反映了古希腊人对角度问题认识的深化。

　　古希腊人之所以能够深研角度问题本质，与其对待几何学的不求实用、但问知识的态度不无关系。柏拉图在他的《理想国》中，就曾通过引述苏格拉底之言明确地阐述了这一态度。也许正是这样的态度，促成了古希腊人对角度本质的深钻细研，使他们一开始就走上了正确的道路。

　　有了明晰的角度概念，再加上科学实用的角度单位体系和相应的测量仪器测量方法，角度计量的建立也就水到渠成。这一切，在古希腊数学名著《几何原本》中有完整的体现。而在遥远的东方，当时的中国人还在采用几何构造的方法，就事论事地解决他们所遇到的各种角度问题。

　　这样的局面一直持续到明末，传教士负笈东来，把迥然不同于中国传统科学的西方科学介绍给了中国人，中国的角度计量借此才得以真正建立起来。这中间，起关键作用的因素，是意大利传教士利玛窦和明代学者徐光启合作翻译《几何原本》一事。

　　《几何原本》为希腊学者欧几里得所撰。该书逻辑性强，论证严谨，是公理化体系的杰作。从写作体例来看，该书一开始先给出了讨论几何学必须了解的一些定义和概念，诸如点、线、面、平面、平角、直角、锐角、钝角、平行线、各种平面图形等，然后以10个不证自明的公理为出发点，开始以之为基础证明出新的几何学定理，进而又以新的定理为出发点，继续证明。全书共证明出了467个定理。其证明条理清晰，逻辑严谨，体系安排合理。在所有被证明出来的几何定理中，没有一个不是从已有的定义、公设、公理和先前已经被证明了的定理中推导出来的。欧几里得的证明方式给后人以很大的影响，在人们的心目中，它成为科学证明的标准。尤其是在数学领域，这种现象表现得特别明显。

　　正因为《几何原本》是西方科学的经典，利玛窦在向中国人介绍西方科学时，首选的就是《几何原本》。他与徐光启商定，要把《几何原本》翻译成中文，以使中国学界能直接学习西方的证明方式。虽然他们的合作，只翻

译了《几何原本》的前六卷，但正是他们的翻译，标志着中国角度计量的
诞生。

《几何原本》对角度问题给予了异乎寻常的重视。在该书开篇关于几何学
相关定义和概念的描述中，第一条是关于点、线、面、体等概念的定义及其
彼此间的关系，第二条就是对角度概念的描述：

> 线有直曲两种，其二线之一端相合，一端渐离，必成一角。二线若
> 俱直者，谓之直线角；一线直一线曲者，谓之不等线角；二线俱曲者，
> 谓之曲线角。①

这个描述相当全面，既考虑了直线与直线形成交角的情况，也考虑了直
线与曲线、曲线与曲线形成交角的情况。接下去，《几何原本》进一步描述了
角的属性：

> 凡角之大小，皆在于角空之宽狭。出角之二线，即如规之两股，渐
> 渐张去，自然开宽，是以命角，不论线之长短，止看角之大小。②

这段话讲的是角的本质特征。判断角度的大小，确实与其边长的长短无
关，只需要看其两边开阖的程度即可，这是其定义所规定的角的本质属性。
对角的概念和角的本质特征了解以后，接下去就该是角的表示方法了：

> 凡命角，必用三字为记，如甲乙丙三角形，指甲角则云乙甲丙角；
> 指乙角则云甲乙丙角；指丙角则云甲丙乙角是也。亦有单举一字者，则

---

① ［意］利玛窦、（明）徐光启合译，《几何原本》一，第二条，《数理精蕴》上编卷二，文渊阁
　　《四库全书》版。
② ［意］利玛窦、（明）徐光启合译，《几何原本》一，第三条，《数理精蕴》上编卷二，文渊阁
　　《四库全书》版。

其所指一字即是所指之角也。①

《几何原本》给出的角的表示方法如图5.3.2所示，它与当代几何学所用完全一致，区别只在于现在用的是字母而非汉字。

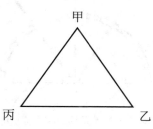

图 5.3.2　角的表示方法

但是，仅仅有了角度概念和对其本质属性的认识，还不等于就有了角度计量，因为还没有角度单位以及相应的测量方法，这就无法对其进行测量。不过，《几何原本》并未到此为止，而是进一步给出了角度单位体系，并阐明了角度单位的进位原则和具体测量方法：

　　凡大小圆界，俱定为三百六十度，而一度定为六十分，一分定为六十秒，一秒定为六十微，一微定为六十纤。

　　夫圆界定为三百六十度者，取其数无奇零，便于布算。即征之经传，亦皆符合也。度下皆以六十起数者，以三百六十乃六六所成，以六十度之，可得整数也。

　　凡有度之圆界，可度角分之大小，如甲乙丙角，欲求其度，则以有度之圆心置于乙角，察乙丙甲之相离可以容圆界之几度。如容九十度，即是甲乙丙直角；若过九十度者，为丁乙丙钝角；不足九十度者，为丙乙戊锐角。观此三角之度，其余可类推矣。②

这段话，正式介绍了360°圆心角分度体系，阐述了这套分度体系的优越性在于其运算的简便。更为重要的是，它还介绍了角度测量仪器和测量方法

① ［意］利玛窦、（明）徐光启合译，《几何原本》一，第四条，《数理精蕴》上编卷二，文渊阁《四库全书》版。

② ［意］利玛窦、（明）徐光启合译，《几何原本》一，第十七条，《数理精蕴》上编卷二，文渊阁《四库全书》版。

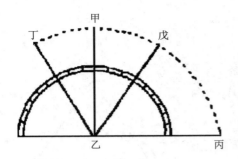

图 5.3.3 《几何原本》描绘的角度测量
方法

（如图5.3.3所示）。《几何原本》介绍的角度测量方法，现在的中小学生在学习中还在使用，那就是用量角器测量角度。引文中所谓"有度之圆界"，就是现在学生学习必备的量角器。

通过《几何原本》的介绍，中国人知道了角度概念及其本质特征，掌握了角度的表示方法，建立了角度单位体系，学会了角度测量方法，这样，角度计量的建立，也就水到渠成。自此，角度测量在中国不再成为问题。

《几何原本》介绍的角度体系，对中国人来说虽然是全新的，但也不乏似曾相识之感。这是因为，在漫长的中外文化交流过程中，西方的角度概念中国人未必没有机会接触，更重要的是，长期以来，中国人用浑仪测天，除了个别例外，本质上就是进行角度测量。正因为如此，《几何原本》介绍的角度体系，很自然地就被中国人接受了。相比于地球学说的传入引起的轩然大波，角度体系的传入可谓波澜不惊。以《几何原本》的翻译为标志，角度计量在中国得以顺利建立起来，这是16世纪晚期中国科学发展的一个里程碑事件。

第四节　中国古代对误差理论的探索

中国古人对误差理论有过内容丰富的探讨，他们已经认识到，在测量中误差不可避免，并讨论了产生误差的各种原因和减少测量误差的相应方法，还对误差概念从理论上做了分析。这些，是中国计量史的重要研究内容。

一、测量的精准与误差的不可避免

研究中国古代对误差理论的认识，是中国计量史必不可少的组成部分，也是目前这一学科薄弱环节所在。有鉴于此，本节从文献资料着手，对古人有关误差的学说进行分析，期望能引起广大学者对此论题的关注。

中国古代的误差理论，随着古人的测量实践和对测量认识的不断深入而得到逐步发展。在对测量结果的认识上，古人认为，只要正确选择测具，精心操作，测量可以做到非常精确。

例如，《管子·明法解》云：

> 尺寸寻丈者，所以得长短之情也，故以尺寸量短长，则万举而万不失矣。

这是说，在测量中，只要测量工具合适，就可以做到"万举而万不失"，次次都不致错误。《淮南子·主术训》对测量可以达到的精确程度做了具体描述，说：

> 衡之于左右，无私轻重，故可以为平；绳之于内外，无私曲直，故可以为正。……夫权轻重，不差蚊首；扶拨枉挠，不失针锋。

这是说，衡器、准绳等，各有其用于测量的机理。如果原理正确，器具得当，以之进行测量，相应的重量误差可以小于蚊首，长度误差可以小于针锋，即可精确到蚊首、针锋那样的程度。古人缺乏用数值量化表示极小数的习惯，只好用蚊首、针锋这样的词语，来形容极小的误差。《隋书·律历志》也谈到这一问题，说：

> 一、十、百、千、万，所同由也；律、度、量、衡、历、率，其别用也。故体有长短，检之以度，则不失毫厘，物有多少，受之以器，则不失圭撮，量有轻重，平之以权衡，则不失黍丝；……故隐幽之情、精微之变，可得而综也。

这里表达的思想来自刘歆为王莽考订度量衡制度时的"典领条奏"，意思是说，测量中要用到数的概念，用数字表示的测量结果可以达到很高的精确度。就长度而言，其差不到毫厘；就体积而言，其差不到圭撮；就重量而言，其差不到黍丝。这样的准确程度，确保了人们能够获得对事物的正确认识。还应指出的是，这段话强调了在音律、测量、历法、算术等领域量化表示的重要性，只有做到了量化表示，才能对事物的"隐幽之情、精微之变"，"得而综也"。这是中国历史上首次对数学在科学领域重要性的强调，意义十分重大。

另一方面，精确度虽然可以达到很高，但并不能由此说没有误差。任何测量，总会有一定的误差存在。这虽然是现代误差理论的总结，但中国古人对此亦有清晰的认识，《淮南子·说林训》指出：

> 水虽平，必有波；衡虽正，必有差；尺寸虽齐，必有诡。非规矩不能定方圆，非准绳不能正曲直，用规矩准绳者，亦有规矩准绳焉。

意思是说，水面即使平静，也有波纹存在；权衡即使平衡，结果也会有偏差；尺寸即使已经对齐，读数也会有不一致之处。没有仪器不能进行测量，使用仪器必须遵守相应的操作规则。这段话甚为重要，它反映了古人在误差概念上获得的一个重要进展：在测量中，误差不可避免。同时，它也强调了测量中使用合适的仪器以及在使用仪器时遵守相应操作规则的重要性。

二、测量中产生误差的原因

测量过程中产生误差的原因很多，其中不遵守操作规则而导致的误差甚为常见，荀子就列举过这种例子，他说：

> 衡不正，则重悬于仰，而人以为轻；轻悬于俛，而人以为重。此人所以惑于轻重也。[①]

---

① 《荀子·正名篇》。

"衡不正"，是说衡器没有调到平衡状态，这时进行测量，它就不能客观反映被测物的实际重量。这与前引《淮南子》总结的"用规矩准绳者，亦有规矩准绳焉"意思一样，都是说测量时，仅仅有合适的仪器还不行，还必须遵守操作规则，否则就会导致测量结果的不可靠。《淮南子·说山训》列举过另一种例子：

> 越人学远射，参天而发，适在五步之内，不易仪也。

"仪"，据李志超的考证，为射箭用的表尺，如同步枪表尺。[1]越人学射远，用的却是射高之"仪"，结果"参天而发，适在五步之内"，原因就在没有根据情况及时更换表仪。《荀子》和《淮南子》所举的例子，都可以归类于过失误差。为了避免这类误差，古人对测量中的操作规则有一定的规定。例如宋朝就曾针对"用大秤如百斤者，皆悬钧于架，植镮于衡，镮或偃，手或抑按，则轻重之际，殊为悬绝"这种情况，明文规定说，"每用大秤，必悬以丝绳，既置其物，则却立以视，不可得而抑按"[2]。这些规定，有助于保证测量结果的准确。

在测量过程中，测量仪器的选择十分重要。不同的测具有不同的精度，适用于不同的范围，如果选择不当，就会使测量精度下降，甚者使测量无法进行。古人对此亦有所认识。《慎子》说：

> 厝钧石，使禹察锱铢之重，则不识也。[3]

"厝"，放置之义。以钧、石这样大的量器来"察锱铢之重"，即使圣如大禹，亦将茫然不识。原因无它，是由于测具不当，单位过大，难以把测量结果显

① 李志超，《天人古义：中国科学史论纲》，郑州：大象出版社，2014年第3版，第172页。
② 《律历志》，《宋史》卷六十八。
③ 《慎子》佚文，《诸子集成》本。

示出来。

为了提高测量精度，需要采用尽可能小的读数单位，古人对此做了不倦的努力。以衡器为例，考古发掘证明，早在战国时期，我国衡器的制作已经相当精密，湖南长沙出土的战国铜环权，具有可靠重量的砝码小的仅重0.6克[①]，此即为例证。再以长度为例，《汉书·律历志》记述的刘歆为王莽考订的度量衡制度"五度制"，最小长度单位为分，但在实际测算过程中，古人采用了比分更小的单位。祖冲之测算圆周率，在"分"之下采用了厘、毫、秒、忽等单位。《宋史·律历志》中，在"分"之下增加了氂、毫、丝、忽等单位，并规定"十忽为丝，十丝为毫、十毫为氂、十氂为分"。这些，显然是长度测量日趋精密的表现。天文测量也是如此，公元1102至1106年，北宋姚舜辅等人进行了恒星位置观测工作，"其度数给出了度以下的少（¼）、半（½）、太（¾）等值，这本身就是测量精度提高的证明"[②]。

测量器具单位太大不行，另一方面，若单位过小，则势必要增加测量次数，导致累计误差增大，同样也不可取。即使在当代测量中，因误差的积累而导致最终误差过大的情况，也是时常发生的，是产生测量误差的原因之一，这种情况也要尽量注意避免。这就要求根据被测物的大小，选择合适的测具。《淮南子·泰族训》对之给出了形象的说法：

> 寸而度之，至丈必差；铢而称之，至石必过：石称丈量，径而寡失。

"径而寡失"，是古人在测量实践中得到的重要认识，也是测量工作应该遵循的一条基本原则。古人对这一原则有较为普遍的认识，例如《宋史·律历志》也提到，"物铢铢而较之，至石必差"。类似说法很多，这里不再详列。

观测要用仪器，仪器因各种原因有时会产生系统误差。中国古人在测量

---

① 高至喜，《湖南楚墓中出王的天平与法马》，载《考古》，1972年第4期。
② 杜石然等，《中国科学技术史稿（下册）》，北京：科学出版社，1985年版，第47页。

实践中，也广泛涉及了这种误差，并对其产生原因及如何减少此类误差做过深入探讨。例如，东汉学者贾逵在讨论用赤道仪观测日月运动时出现的"或月行多而日月相去反少"等误差现象时，就曾说过：

> 今史官一以赤道为度，不与日月行同……赤道者为中天，去极俱九十度，非日月道，而以遥准度日月，失其实行故也。①

日月都是沿着黄道运动的，而当时的浑仪只有赤道坐标，以之量度日月，不能反映其实际运动情况，由此带来的误差，就是用赤道仪观测日月运动时产生的系统误差。贾逵所谈论的，就是这件事情。

再如，北宋科学家沈括评论唐朝梁令瓒所做黄道游仪，说：

> 令瓒以辰刻、十干、八卦皆刻于纮，然纮平正而黄道斜运，当子午之间，则日径度而道促；卯酉之际，则日迤行而道舒。如此，辰刻不能无谬。②

沈括这里指出的梁令瓒黄道游仪的计时误差，就是该仪器由于设计原因而产生的系统误差。在梁令瓒黄道游仪中，表示时刻的刻度均标注在地平环上，而太阳的周年视运动是沿黄道面进行的，周日视运动则沿赤道面进行，无论黄道面还是赤道面，都与地平有一定夹角，这就造成了用地平方位角来表示的太阳沿赤道面的运动的不准确，导致其所表示的时间产生谬误。

系统误差是可以被克服的，中国古人在长期的观测实践中，也在努力不断地克服这种误差。例如，在天文观测实践中，古人孜孜不倦地改进浑仪，使之愈来愈符合天运日行，减少观测中的系统误差是其主要目的。

---

① 《续汉书·律历志中》。
② （北宋）沈括，《浑仪议》，《宋史·天文志一》。

古人对观测中产生的系统误差有时还有定量分析。例如，沈括《浑仪议》即曾提到：

> 李淳风尝谓解兰所作铁仪，赤道不动，乃如胶柱，以考月行，差或至十七度，少不减十度。此正谓直以赤道候月行，其差如此。[①]

李淳风给出了南北朝时解兰所做浑仪观测月行时的误差分布范围：介于十七度到十度之间。文中所给数据显然不能理解为偶然读数误差，因为偶然误差期望值应该是零。沈括解释了李淳风做这种判断的原因："直以赤道候月行。"这也明白无误地告诉我们，这里所论的是解兰浑仪的系统误差。

测量有一定的数理依据，这一依据本身有时也会成为产生误差的根源。古人对此多有涉及，这里举几个例子。三国时王蕃在讨论天球大小时，对同为吴国天文学家的陆绩的结果表示不满，说：

> 陆绩云："周天一百七万一千里，东西南北径三十五万七千里，立径亦然。"此盖天黄赤道之径数也。浑天盖天黄赤道周天度同，故绩取以言耳。此言周三径一也。古少广术用率，圆周三，中径一，臣更考之，径一不啻周三，率周百四十二而径四十五。[②]

王蕃认为，陆绩是用周三径一推算天球周长的，但圆周率的值大约是"周百四十二而径四十五"（即 $\pi=3.16$），不是"周三径一"。因此陆绩所用圆周率不准确，导致他的计算结果有误。王蕃圆周率的值也未必准确，但确实比陆绩的"周三径一"要好得多，所以他有资格批评陆绩。梁朝祖暅对张衡也有过类似的批评。[③]这些，都是通过对产生最后测算结果所依据的数学关系的分

---

① （北宋）沈括，《浑仪议》，《宋史·天文志一》。
② （三国）王蕃，《浑天象说》，《晋书》卷十一《天文志上》。
③ 参见（梁）祖暅，《浑天论》，《唐开元占经》卷一。

析，认为其所用的圆周率不准确，指出了产生误差的原因。

唐代僧一行有一段话，涉及测量中所用数学工具的可靠性问题。他说：

> 古人所以恃句股之术，谓其有征于近事。顾未知目视不能远，浸成微分之差，其差不已，遂与术错。如人游于大湖，广不盈百里，而睹日月朝夕出入湖中。及其浮于巨海，不知几千万里，犹睹日月朝出其中，夕入其中。若于朝夕之际，俱设重差而望之，必将小大同术而不可分矣。[①]

这里涉及测量的相对误差与绝对误差。在同样的相对误差情况下，绝对误差与距离成正比。一行认为，达到一定距离，绝对误差超出要求范围，原有的测量方法就不再适用。他的本意是在说明，勾股术在小范围内，是得到检验了的，可以用于测算，但不能将其适用范围无限外推，在天文测算范围内，勾股术就不能再被采用。实际上，在同样的方向误差情况下，距离增大，对测量的准确度没有影响。古人用勾股术测算日月远近出现错误的原因，在于没有考虑到地为球形，并非距离变大的缘故。一行并未言及大地形状因素，但他对测算过程中数学依据可靠性的分析，在思路上对后人是有启迪作用的。

古人进行天文测量的物理依据之一是光行直线，这一依据遭到了明末方以智的否定。方以智评论当时流行的计算日体大小的方法时说：

> 细考则以圭角长直线夹地于中，而取日影之尽处，故日大如此耳。不知日光常肥，地影自瘦，不可以圭角直线取也。何也？物为形碍，其影易尽，声与光常溢于物之数，声不可见，光可见，测而测不准也。[②]

---

① 《天文志上》，《旧唐书》卷十五。
② （明）方以智，《光肥影瘦之论可》，《物理小识》卷一。

"光肥影瘦"是方以智提出的重要概念，其中心意思是说光不走直线，光在传播过程中常向几何投影的阴影处侵入，因此运用建立在光行直线基础上的几何测算方法进行测量是"测不准"的。[①]测量技术的进步，很大程度上取决于对它所依据的数理原理的改进，由此，古人的上述讨论，就测量史而言，是有深远含义的，它意味着古人在实践中已经开始意识到这一问题。

三、测量精确度与准确度概念的区分

《韩非子·外储说左上》有一段话，涉及对误差的评价问题：

> 夫新砥砺杀矢，彀弩而射，虽冥而妄发，其端末未尝不中秋毫也。然而莫能复其处，不可谓善射，无常仪的也。设五寸之的，引十步之远，非后羿、逢蒙不能必全者，有常仪的也。有度难而无度易也。有常仪的，则羿、逢蒙以五寸为巧；无常仪的，则以妄发而中秋毫为拙。

这段话并非专门讨论测量，但它给我们以启示：刚刚磨毕的弩箭，箭端锋利，以之射物，随便每次射中的地方都小到一个点，这是否谓之射箭本领高强呢？如果用测量术语来讲，就是弩箭射靶的精确度很高，但尽管精度很高，是否准确度也一定很高呢？《韩非子》的回答是："莫能复其处，不可谓善射。"如果测量结果不能重复，不管读数精度多高，都不能说准确度高。是否善射，要看有没有"常仪的"，即实际射中之物是否是期待要射中之物，要将射的结果同期待值相比较，才能判定射手是"巧"还是"拙"。这叫"有度难而无度易也"。

《韩非子》的论述，对后人正确区分测量的精确度和准确度概念很有启发，它告诉人们，这是两个不同的概念，精确度高未必准确度也高。在古代，有这样的认识，是很难得的。因为我们测量的最终结果，是要追求尽可能高

---

① 李志超、关增建，《〈物理小识〉的光学——气光波动说和波信息弥散原理》，载《自然杂志》，1988年第2期。

的准确度，而不是测量的精确度。古人涉及精确度和准确度的论述很多，例如，"《易》曰：君子慎始，差若毫厘，缪以千里"①。可以这样理解这句话：在行为的开始和终结，其准确度一样，但精确度却大不相同。换言之，相对误差不变，绝对误差则不可同日而语。《淮南子·说林训》曰："射者，仪小而遗大。"对此，可以同样方式作解。

在中国历史上，真正从理论上探讨精确度和准确度概念的，当推宋代沈括，他是在讨论用浑仪测天有关问题时涉及此内容的。他在上皇帝的《浑仪议》一文中，批驳那种认为浑仪置于高台之上，观测日月出没时不与地平相当，因而增加了误差的观点时说：

> 天地之广大，不为一台之高下有所推迁。盖浑仪考天地之体，有实数，有准数。所谓实者，此数即彼数也，此移赤彼亦移赤之谓也；所谓准者，以此准彼，此之一分，则准彼之几千里之谓也。今台之高下乃所谓实数，一台之高不过数丈，彼之所差者亦不过此，天地之大，岂数丈足累其高下？若衡之低昂，则所谓准数者也。衡移一分，则彼不知其几千里，则衡之低昂当审，而台之高下非所当恤也。②

文中的"赤"字令人费解。据李志超判断，"赤"当为"十分"之误。③古书为竖排版，辗转传抄过程中，"十分"二字被当成"赤"，是极为可能的。沈括这里提到的"实数"，与测量的精确度有关，它所反映的是测量的绝对值，相应的误差是绝对误差。"准数"是测量的相对值，是用浑仪观测天体时直接反映在仪器上的读数，由此产生的误差直接影响了最后测算结果的准确度。在沈括所举的例子中，台子高下是"实数"，在此基础上进行测量导致的绝对误差可达"数丈"之巨，但它对相对误差的影响却近似于零，即是说，台

---

① 《礼记·经解第二十六》。

② （北宋）沈括，《浑仪议》，《宋史·天文志一》。

③ 李志超，《沈括的天文研究——观测和制历》，载《物理学史》，1989年第1期。

子的高低，不会影响最终结果的准确度。所以沈括说："天地之大，岂数丈足累其高下？"另一方面，尽管在浑仪上的读数是"准数"，它在测量中的读数误差也许不大，但因其反映的是相对测量数据，"衡移一分，则彼不知其几千里"，所以对最后结果影响还是很大的。由此，要提高观测的准确度，就必须在浑仪的读数上下功夫，而不必介意浑仪放在多高的台子上。沈括的分析表明，在判断误差对测量结果的影响方面，他已有清晰而正确的认识。这一认识的获得，与其比例缩放测量思想是分不开的。①

四、对减少测量误差的探索

在如何减少测量误差方面，古人做过多种探索。

首先，他们特别强调要保持测量器具本身的正确性。孔子曾针对当时的社会情况，呼呼要"谨权量，审法度"②。《荀子·王霸》篇则强调说："尺寸寻丈，莫得不循乎制度数量然后行。"秦始皇一统天下甫始，即统一度量衡，部分原因也在于这一思想的作用。历代王朝对此都很重视，唐玄宗在指令僧一行进行史无前例的天文大地测量时，"于京丽正院定表样并审尺寸，差太史官驰驿分往测候"③。宋代"太祖受禅，语有司精考古式，作为嘉量，以颁天下。……命凡四方斗斛不中式者皆去之"④。明代明文规定，"凡度量权衡，谨其校勘而颁之，悬式于市而罪其不正中度者"⑤。史书上全部律志的内容，可以说都是在讲如何保持量器的正确性。古人希望测量标准能够保持稳定，不因人、因时、因地而异。《淮南子·主术训》说："今夫权衡规矩，一定而不易，不为秦楚变节，不为胡越改容，常一而不邪，方行而不流，一日刑之，万世传之，而以无为为之。"这段话如醍醐灌顶，令人警醒，因为它反映了人们企望度量衡能够达到的理想状况。实际上，由于技术上的原因，中国古代

---

① 参见本书第四章第一节，原载《自然辩证法通讯》，1989年第5期，第77—79页。

② 《论语·尧曰》。

③ 《秘书省》，《唐六典》卷十。

④ 《律历志》，《宋史》卷六十八。

⑤ 《职官志》，《明史》卷十三。

度量衡的量值在不同朝代变化还是比较大的，例如《隋书·律历志》作者李淳风曾比较隋以前之古尺尺长，竟然列出有十五种之多。但无论如何，古人是重视这一问题，并对之做了孜孜不倦探索了的。

　　另一方面，古人在改进测量技术的实践中，大量的是"对症施治"，针对产生误差的原因加以改正。例如，古人在天文观测中，不断改进浑仪，使结构更为合理，更为符合天运日行，且尽可能提高读数精度，目的就在于减少观测误差。再如，北宋太平兴国四年（公元979年），四川民间天文学家张思训创献新型浑仪，以水银代替水作为运转动力。其理由是："开元遗法，运转以水，至冬中凝冻迟涩，遂为疏略，寒暑无准。今以水银代之，则无差失。"[1]这里，张思训就是通过分析前世水运浑象产生误差的原因，而做了相应改正，尽管他用水银代替水的做法未必可取，但他这种探索精神是可贵的。实际上，在古人各种测量实践中，几乎毫不例外都包含了这方面的内容。

　　在古人为减少误差而采取的种种措施中，有两种做法特别值得一提，因为它们很巧妙地运用了误差理论。

　　一种做法是减少测量中的相对误差，这在古人立表测影的演变过程中有所反映。早期的立表测影，表高一般都是八尺左右，到了元代，郭守敬对之做了改进，他创立的表高达四十尺。到了明万历年间，邢云路在兰州建造的表则高达六十尺。明代叶子奇对立高表的原因有所分析，他说：

　　　　历代立八尺之表以量日景、故表短而晷景短，尺寸易以差。元朝立四丈之表，于二丈折中开窍，以量日景，故表长而晷景长，尺寸纵有毫秒之差则少矣。[2]

　　叶子奇所要讲的，实际是说立高表测影可提高测量的准确度。在同样的绝对误差情况下，测量值越大，相对误差就越小。由此，立高表的做法是有

<hr>

[1] 《天文志一》,《宋史》卷四十八。
[2] （明）叶子奇,《草木子·杂制篇》。

道理的，因为表越高，表影就越长，这时进行测量，即使读数有一些误差，也能保证相应的相对误差很小，这就提高了测量的准确度。叶子奇不晓这些术语；在表达上显得有些费力，但基本意思还是清楚的。古人的这些实践和分析，表明他们已经有意识地运用误差理论来提高测量的准确度，这在测量史上是一个进步。

　　另一种方法是宋末赵友钦在测量恒星赤经差时采用的，意在避免过失误差，减少偶然误差。为保证观测结果的可靠性，赵友钦把观测人员分为两组，两组用同样的设备，观测相同的恒星，所得结果相互参校。他说："必置四壶、立两架，同时参验，庶无差忒。"[①]赵友钦的做法甚有道理，为避免过失误差，测量需要有所参校。同时，这样也有利于对测量结果取平均值，从而增加了测量结果的可靠性。现在人们在测量中也是取用多次测量的平均值作为真值使用的，这是测量的一个基本准则。赵友钦这一做法的思想前朝亦有，例如北宋就曾"置天文院于禁中，设漏刻、观天台、铜浑仪，皆如司天监。与司天监互相检察。每夜天文院具有无谪见、云物、祺祥，及当夜星次，须令于皇城门未发前到禁中。门发后，司天占状方到，以两司奏状对勘，以防虚伪"。但这是皇帝为防止下面"作伪"而采取的一种措施，尚未像赵友钦那样充分认识到它对测量本身的意义。与赵友钦差不多同时代的郭守敬发明正方案以测定准确的子午方位，也运用了取用多次测量的平均值作为真值的测量思想。这表明古人在测量实践中已经真实认识到了这一测量准则的科学性。

　　中国古代对误差问题的讨论，一般散见于各类书文之中，因而显得有些零散，没有形成自己首尾一贯的系统。即使如此，古人对误差理论的探讨还是达到了一定的深度和广度，这些探讨，构成了中国计量史宝贵的组成部分，是值得予以认真总结的。

---

① （元）赵友钦著，王祎删定，《重修革象新书·测经度法》。

第六章

古代计量学家贡献举隅

中国古代计量的发展，离不开历代计量学家的努力。但传统的度量衡史研究有某种"见物不见人"的倾向，研究者关注的重点是单位、大小、典章、制度、器物器形等，对计量学家本身的活动有些视若无睹。为弥补这一不足，本章择有代表性的几位学者进行讨论，展示他们对古代计量发展的贡献。

第一节　传统计量里程碑式的人物刘歆

在中国计量史上，刘歆是一个值得一提的人物。这并非由于他有争议的人生，而是由于他在协助王莽进行度量衡改革的过程中，提出了系统的度量衡理论，并依据该理论设计制作和颁行了度量衡标准器。他整理的《三统历》，为中国历史上第一部记载完整且被颁行的历法。他的理论对后人产生了广泛影响，成为中国传统计量发展的一座里程碑。

一、有争议的人生

刘歆（约公元前50—公元23年），字子骏，西汉末年著名学者。其父刘向是当时公认的大学问家，所作的《别录》，是中国历史上第一部体系完整的目录学著作，在中国学术史上享有崇高地位。刘歆在刘向的影响下，从小就博学多才，声名远播，以至于汉成帝即位后，左右即向他推荐这位年甫弱冠的青年才子，《汉书·元后传》绘声绘色地记载了成帝接受推荐召见刘歆的情景：

> 大将军凤用事，上遂谦让无所颛。左右常荐光禄大夫刘向少子歆通达有异材。上召见歆，诵读诗赋，甚说之，欲以为中常侍，召取衣冠。临当拜，左右皆曰："未晓大将军。"上曰："此小事，何须关大将军？"左右叩头争之。上于是语凤，凤以为不可，乃止。

这是建始元年（公元前32年）的事情，成帝即位的第二年，当时所有权柄掌握在大将军王凤手中，汉成帝召见刘歆面试之后，很喜欢他，想封他为中常侍，让他常侍左右，随时顾问应对。谁知当成帝让周围的人去取中常侍服装，准备正式封拜时，却被周围的人提醒，要先征求王凤的意见。征求意见的结果，虽然中常侍是仅有虚衔的加官，但仍然为王凤所反对，被迫中止。刘歆只得到了一个待诏宦者署的黄门郎职位。

虽然未能做上中常侍，但没过几年，到了河平三年（公元前26年），刘歆就受诏与其父刘向领"校中秘书"，《汉书·刘歆传》记云："河平中，受诏与父向领校秘书，讲六艺。传记、诸子、诗赋、数术、方技，无所不究。"这次机会，使得刘歆能够广泛阅读皇家藏书，特别是社会上罕见的珍稀图书，为其一生的学术事业奠定了坚实的知识基础。

刘向去世后，刘歆曾接受汉成帝的指令，继承其父亲的事业，领校五经，对当时的图书进行系统的整理，编纂了《七略》，完成了中国历史上第一次由政府组织的大规模图书整理编目工作。据《资治通鉴》记载，他编纂的《七略》，涉及13296卷图书，搜罗了596家学说，卷帙浩繁，在历史上很有影响。

刘歆的生平并非一帆风顺。西汉晚期，社会上流行的是今文经学，汉哀帝建平元年（公元前6年），刘歆建议将《周礼》《左氏春秋》《毛诗》《逸礼》《古文尚书》等古文经学立于学官，受到主张今文经学的人士的阻挠。对此，"哀帝令歆与《五经》博士讲论其义，诸博士或不肯置对，歆因移书太常博士，责让之。……其言甚切，诸儒皆怨恨"①。刘歆急于为古文经学正名，引发了汉代的今古文之争，遭到了强烈的反弹，经历了人生的曲折，《汉书·刘歆传》记载道：

　　　　歆由是忤执政大臣，为众儒所讪，惧诛，求出补吏，为河内太守。以宗室不宜典三河，徙守五原，后复转在涿郡，历三郡守。数年，以病

———————
① 《汉书·刘歆传》。

免官，起家复为安定属国都尉。会哀帝崩，王莽持政，莽少与歆俱为黄门郎，重之，白太后。太后留歆为右曹太中大夫，迁中垒校尉、羲和、京兆尹，使治明堂辟雍，封红休侯。

反对面太大了，舆论汹汹，刘歆无奈，只能出任外府，甚至被"以病免官"。后来，王莽把持朝政。刘歆和王莽曾经同为黄门郎，两人交情深厚，靠了王莽的提携，他才重新回到了政治舞台的中心，后来还被封了侯。

刘歆是个有争议的人物，人们对他在学术上的成就从无异议，但一涉及他的人品，却有不少非议之声。他本是汉室宗亲，但对西汉皇室却怀有二心。西汉末年，社会上纬书流行，所谓纬书，是一种内容上夹杂有预言性质的图书。刘歆从纬书上发现了刘秀当为天子的字样，于是就把自己的名字改成刘秀，希望以此"上应天命"，实现当皇帝的梦想。他给《山海经》作注后上书汉哀帝刘欣的表奏中即自称臣"秀"。结果皇帝没当上，却给人们留下了千古笑柄。他的父亲刘向对西汉刘氏政权忠心耿耿，当时王氏家族把持朝政，有篡权夺位的势头，刘向对此忧心忡忡，一再给皇帝上书，希望对王氏家族的权势加以限制。刘向的建议未能被皇帝采纳，甚至连儿子刘歆也不听他的。

刘歆感到自己当皇帝无望，就不顾自己汉室宗亲的身份，违背父亲的意愿，辅佐王莽篡汉。在他父亲去世后仅仅13年，王莽就取代了西汉政权。王莽即位后刘歆被封为国师，位居上公，是王莽政权的四辅之一。但对王莽的新朝，刘歆同样未能做到忠心不二。新朝末年，刘歆见王莽政权朝不保夕，前景暗淡，就又背叛了王莽，企图取而代之，却因未能把握好时机，导致消息泄露，被迫自杀，结束了自己富有争议的一生。

刘歆的人品虽然受到后人非议，但他协助王莽进行的度量衡改革，却是青史留名之举。王莽在为其篡权做舆论准备时，很重要的一条是"托古改制"，即以古代社会为借口改革当时的制度。这其中很重要的一条是改革度量衡制度。为此，王莽征集了一百多位精通音律和度量衡的人士，让他们在刘歆的带领下，进行度量衡制度改革。改革的结果，形成了统一的度量衡理论，并据此制作了标准器，颁行全国。事后，刘歆对之做了总结，由他向王莽"典领条奏"。

刘歆在其"典领条奏"中表述的计量思想，深受后人赞许，班固就曾称赞其理论"言之最详"①。刘歆本人对自己的这项工作也颇感自豪，他自述说：

> 今广延群儒，博谋讲道，修明旧典，同律，审度，嘉量，平衡，钧权，正准，直绳，立于五则，备数和声，以利兆民，贞天下于一，同海内之归。

这段话尽管对王莽不无阿谀奉承之嫌，但它对计量重要性的强调，却是中肯的。所谓"以利兆民，贞天下于一，同海内之归"，就是人们对计量的社会功能的期望。正因为如此，班固在编纂《汉书》时，对刘歆的理论没有因人废言，而是采取了"删其'伪辞'，取正义著于篇"的做法，将其载入《汉书·律历志》。刘歆的理论为后人所接受，这使得《汉书·律历志》成为中国历史上最权威的计量理论著作之一。本节讨论刘歆的计量理论，依据就是该书的记载，所有引文，凡不注明出处者，皆引自该书。

下面我们分门别类，讨论刘歆的计量理论。

二、数及其在计量中的作用

刘歆非常重视数的作用。他说："数者，一、十、百、千、万也，所以算数事物，顺性命之理也。"他认为数使事物的计量成为可能，是治理国家的基础。他引用古《逸书》说："先其算命。"颜师古解释这四个字道："言王者统业，先立算数以命百事也。"这些话所表现的，实际是定量化在管理国家中的作用。如果不能定量地"算数事物"，国家机器就不能正常运转。

对于数在计量的各个具体分支中的作用，刘歆也有清楚的认识，他强调

---

① 《汉书·律历志》。

说："夫推历生律制器，规圆矩方，权重衡平，准绳嘉量，探赜索隐，钩深致远，莫不用焉。"刘歆的论述，把数与具体的测量操作结合起来，这就容易形成定量化的思想。定量化的思想是计量赖以发展的基石，由此我们可以看到刘歆这一论述的意义。在中国历史上，刘歆最早系统论述了这一命题。

刘歆认为，要表现事物之间错综复杂的数量关系，只需要177147个数目字就可以了。他的依据是：

> 本起于黄钟之数，始于一而三之，三三积之，历十二辰之数，十有七万七千一百四十七，而五数备矣。

如果写成算式，则为：

子 丑 寅 卯 辰 巳 午 未 申 酉 戌 亥
$1 \times 3 \times 3 \times 3 \times 3 \times 3 \times 3 \times 3 \times 3 \times 3 \times 3 \times 3 = 177147$

他的这一认识，在我们今天看来，纯粹是一种无聊的数字游戏，但它却表现了当时流行的哲学观念。之所以要"始于一而三之"，三国孟康解释说："黄钟，子之律也。子数一。泰极元气含三为一，是以一数变而为三也。"古人认为，宇宙起源之初，呈现混沌状态，叫泰极元气。元气因是宇宙本原，故名为一。元气蕴含了天、地、人三种因子，故曰"元气含三为一"。由这三种因子，又进一步化衍万物，即所谓"三生万物"[1]，由此推演开来，"物以三生"[2]，所以，要用三作为公因子相乘。而与十二辰相应，则是因为十二辰对应于十二律。按古人理解，十二律音律变化可以反映万事万物一切变化。因为每一变化都是由三造成的，所以，只要从子位的一开始，以三相乘，历十二辰，就可以将一切变化对应的数量关系涵括在内，即孟康所谓"五行阴阳变化之数备于此矣"。当然，刘歆在这里并非是说自然数一共就这么多，而

---

① 《老子道德经》。
② 《淮南子·天文训》。

是说用这么多数来描述万事万物之变化，就足够了。需要说明的是，177147
这个数不是他最先提出的，《淮南子》就已经用同样的方法率先得出了这一数
字。刘歆只不过是将其纳入了自己的理论体系而已。

刘歆还指出，数之间具有各种关系，处理这些关系的学问就叫算术。算
术所用的计算工具是用竹子做成的直径为一分、长度为六寸的算筹。算术公
布于众时，属于传统小学那一部分。管理算术是太史的职责。

刘歆的理论，把抽象的数的观念提高到了突出的地位，有利于人们理解
数学的独立地位以及数学与其他学科的关系。而且，他把数与具体的测量结
合起来，形成了定量化的思想，这在计量理论的发展方面，是一个巨大的进
步。当然，他的"五数备矣"之说，是毫无价值的。其理论所蕴含的数字神
秘主义，也是不可取的。

三、音律本性及其相生规律

在刘歆的理论中，有关音律的内容占了很大比重。之所以如此，是因为
在中国传统文化中，音乐具有特殊地位。在古代，礼乐并重。孔子即曾说过：
"安上治民，莫善于礼；移风易俗，莫善于乐。二者相与并行。"[①]音乐在古代
社会中的地位，由此可见一斑。

音乐要繁荣，就必须要有坚实的音律学知识作为基础，而且在古人看来，
音律还是度量衡的本原。这样，刘歆的理论中音律学说占重要地位，是很自
然的。

刘歆的音律理论，主要论述五声、八音、十二律。关于五声八音的定义，
他解释说：

> 声者，宫、商、角、徵、羽也。所以作乐者，谐八音，荡涤人之邪
> 意，全其正性，移风易俗也。八音，土曰埙，匏曰笙，皮曰鼓，竹曰管，

---

① （东汉）班固，《汉书·艺文志》。

丝曰弦，石曰磬，金曰钟，木曰柷。五声和，八音谐，而乐成。

这里五声指的是宫、商、角、徵、羽，是五声音阶上的五个音级，而八音则指八种乐器。八音的和谐相配，加上五声的旋律变化，才能演奏出动人的音乐。

那么，五声音阶是如何生成的呢？刘歆指出：

五声之本，生于黄钟之律。九寸为宫，或损或益，以定商、角、徵、羽。九六相生，阴阳之应也。

这里讲的，是历史上有名的三分损益法。它以黄钟律长九寸为基准，将其三等分，然后依次减去一分或加上一分，以定出其他各音阶的相应长度。

三分损益法产生时间很早，因其法则简单，便于掌握和应用，利用由它所产生的音阶进行演奏，能给人以和谐悦耳的音感，因此在古代音乐实践中得到了广泛应用。刘歆继承了古人这一遗产，将其纳入了自己的体系之中。

五声音阶反映的是声调高度的改变值。也就是说，它表现的是相对音高，相邻两音之间的距离固定不变，但绝对音高则随着调子的转移而转移。这样，在演奏时，就必须定出一个音高，作为音阶的起点。为此，古人发明了十二律，以之作为十二个高度不同的标准音。对十二律，刘歆花费了很大篇幅进行讨论。

关于十二律的来历，刘歆引述说：

黄帝之所作也。黄帝使泠纶自大夏之西，昆仑之阴，取竹之解谷生，其窍厚均者，断两节间而吹之，以为黄钟之宫。制十二筒以听凤之鸣，其雄鸣为六，雌鸣亦六，比黄钟之宫，而皆可以生之，是为律本。

这段话，并非刘歆的发明，《吕氏春秋》亦有类似记载，但刘歆将之按自己意愿做了取舍。例如《吕氏春秋》提到的"其长三寸九分而吹之，以为黄钟之宫"①，刘歆就舍弃了，因为他对黄钟管长另有规定。刘歆引述的这段话有其深刻含义。它反映了人们最早是用竹管来定律的，这对后人制律及制定度量衡基准有启发作用。另外，它提到的"听凤之鸣"之语，具有音律要合乎自然界客观实际的意思。"比黄钟之宫，而皆可以生之"，又说明十二律有内在规律，可以按规律推导出来。这些思想，无疑都是很重要的。

　　那么，十二律的长度究竟是如何确定的呢？刘歆采用了首先规定黄钟、林钟、太族三律的长度，然后再加以推算的方法。他从其三统论出发，认为：

　　　　黄钟为天统，律长九寸。九者，所以究极中和，为万物元也。……林钟为地统，律长六寸。六者，所以含阳之施，楙之于六合之内，令刚柔有体也。……太族为人统，律长八寸，象八卦，宓戏氏之所以顺天地，通神明，类万物之情也。……此三律之谓也，是为三统。

这种做法的实质，是首先认定黄钟律长九寸，然后再分别确定其他各律长度。应该指出，刘歆的这种做法，并非毫无道理。十二律的认定，本质上就是人的一种主观行为。选择黄钟律长九寸，这符合中国古代音乐实践。而且刘歆的这一选择，还与其哲学理论达到了统一。尽管在我们看来，他的哲学理论充满了牵强附会。

　　选定了黄钟律长九寸之后，接下去就可以运用三分损益法推算其余各律的长度了，具体方法是：

　　　　[黄钟]三分损一，下生林钟；三分林钟益一，上生太族；三分太族损一，下生南吕；三分南吕益一，上生姑洗；三分姑洗损一，下生应钟；三分应钟益一，上生蕤宾；三分蕤宾损一，下生大吕；三分大吕益一，上生夷则；三分夷则损一，下生夹钟；三分夹钟益一，上生亡射；三分

---

① （战国）吕不韦，《吕氏春秋·仲夏纪·古乐篇》。

亡射损一，下生中吕。阴阳相生，自黄钟始而左旋，八八为伍。其法皆用铜。职在大乐，太常掌之。

十二律的这套三分损益法，在先秦时期既已存在。不过刘歆在继承传统的三分损益十二律的同时，也对之做了更改。在传统计算过程中，为使十二律都在一个八度组内，人们采用的是"先损后益、蕤宾重上"的方法[1]，如图6.1.1所示。而刘歆的三分损益十二律则取消了"蕤宾重上"这一步骤，其计算流程如图6.1.2所示。

图 6.1.1　传统的三分损益十二律

图 6.1.2　刘歆的三分损益十二律

说明：这是表示黄钟三分损一生林钟，林钟三分益一生太族。这里箭头向下表示损，向上表示益，黄钟三分损一表示黄钟本身的长度减去它的三分之一，就得到了林钟的长度。

刘歆为什么要做这种更改，我们不得而知。也许是为了追求数学形式上的整齐划一，体现了他作为数学家的审美需求。但他的这一更改，违背了音乐的内在规律。尽管按他的相生方法，最后对清黄钟的回归结果是一样的，但大吕、夹钟、中吕这三律却超越了一个八度的范围。对此，北宋沈括评价说：

---

[1]　戴念祖，《中华文化通志·物理与机械志》，上海：上海人民出版社，1998年版，第91页。

《汉志》："阴阳相生，自黄钟始而左旋，八八为伍。"八八为伍者，谓一上生与一下生相间。如此，则自大吕以后，律数皆差，须自蕤宾再上生，方得本数。此八八为伍之误也。[①]

沈括的评价是正确的，历史上确实也很少有人在音乐实践中采用刘歆的这套方法。刘歆的音律理论阐述了音乐的重要性和构成音乐的基本要素，说明了音律中五声八音十二律的基本内涵，其与自然和社会万事万物之间的关系及其来源和生成方法。但他为了追求形式上的整齐一致，不惜牺牲音律自身的要求，这使他关于十二律相生的理论出现了严重的失误，不利于音乐实践的发展。但由此也更可以看出刘歆身上那种追求形式完美的数学家特质。

四、乐律累黍说

乐律累黍说是刘歆计量理论的重要部分，其主要内容是度量衡单位基准的选择依据。

刘歆制定度量衡单位基准的依据是所谓的"同律度量衡"，即将度、量、衡用一个共同的本原统一起来。他认为这个本原是音律。音律为万事根本的思想，并非刘歆首创，司马迁就曾经说过："王者制事立法，物度轨则，壹禀于六律。六律为万事根本焉。"[②]此处六律指音律。中国古代传统上用的是十二律，这十二律又分为六律和六吕。单提六律，就可以代指整个音律，即十二律。但音律究竟如何与度量衡相联系，古人并未说清楚，是刘歆为其建立了具体模型，这就是所谓的乐律累黍说。

首先，我们分析一下刘歆是如何以之建立长度单位的。《汉书·律历志》载云：

度者，分、寸、尺、丈、引也，所以度长短也。本起黄钟之长，以

---

① （北宋）沈括，《乐律一》，《梦溪笔谈》卷五。

② （西汉）司马迁，《史记·律书》。

> 子谷秬黍中者，一黍之广度之，九十分黄钟之长。一为一分，十分为寸，
> 十寸为尺，十尺为丈，十丈为引，而五度审矣。

这是说，长度单位基准来自黄钟律管。黄钟律管长九寸，这本身就是一个基准。这一基准可以通过某种黍米（即所谓的子谷秬黍）的参验校正实现。具体方法是：选择个头适中的这种黍米，一个黍米的宽度是一分，九十个排起来，就是九寸，正好是黄钟律管的长度。这种黍米就提供了"分"这个长度单位。分确定了，其他长度单位自然也就可以由之推导出来。

为什么要用分作为最基本的长度单位呢？刘歆解释说："分者，自三微而成物，可分别也。"可见，他是以肉眼可明确分辨为前提而确定的。在此之前，小于分的单位还有厘、毫、秒、忽、丝等等，但那都是用于计算的理论推导单位，是刘歆首先将理论推导单位与实用单位做了区分。

乐律累黍说有其内在科学道理。因为律管的长度与其所发音高确实相关，一旦管长变化，必然引起音高变化，这是人耳可以感觉到的，从而可以采取相应措施，确保选定管长的恒定性，这就使得它有资格作为度量衡基准。但另一方面，对同一个笛管而言，它所发出的音高是否是黄钟音律，不同的人又可能有不同的理解，这就带来了标准的不确定性。为此，刘歆采用子谷秬黍作为中介物，通过对它的排列，获得长度基准。他采用的是双重基准制：黄钟律管提供的是基本基准，黍米参验提供的是辅助基准。

以黄钟律管长作为基准的思想，在古代中国由来已久。但对其具体数值，却有不同说法，有认为一尺的，有认为九寸的，有认为八寸一分的，也有认为三寸九分的。自从《汉书·律历志》采纳了刘歆的说法之后，黄钟管长九寸之说，就被历代正史《律历志》所接受，成了后世度量衡制定者信奉的圭臬。

黄钟律管不但提供了长度基准，而且还提供了容积基准。刘歆是这样建立他的容积基准的：

> 量者，龠、合、升、斗、斛也，所以量多少也。本起于黄钟之龠，

用度数审其容，以子谷秬黍中者千有二百实其龠，以井水准其概。合龠为合，十合为升，十升为斗，十斗为斛，而五量嘉矣。

刘歆认为，量器的单位基准来自黄钟之龠。所谓黄钟之龠，是指这种龠的大小是用黄钟律管定出的长度基准来规定的。实现的途径，也是用子谷秬黍的参验校正，具体方法是：选择1200粒大小适中的黍米，放在龠内，如果正好填平，那么这个龠的容积就被定义为一龠，这就是黄钟之龠。龠的大小确定之后，其他也就随之确定了。

用度数审其容的规定，非常科学，正是这一规定确保了长度单位和容积单位的统一。实际上，有了用长度单位规定的容积单位，再用子谷秬黍进行参验校正，已无必要，它只不过是增加了容积单位来历的神秘性而已。

另外，根据刘歆的理论，黄钟律还能为重量单位提供基准。其理论依据是：因为由黄钟律管可以得到长度基准，由长度基准可以定出量器基准，量器基准确定以后，它所容纳的某种物质的重量也就随之确定，这个重量就可以作为衡器基准。所以，衡器的基准也是来自黄钟律。刘歆说：

权者，铢、两、斤、钧、石也，所以称物平施，知轻重也。本起于黄钟之重，一龠容千二百黍，重十二铢，两之为两，二十四铢为两，十六两为斤，三十斤为钧，四钧为石。

可以看出，刘歆也是用子谷秬黍的参验校正来得到衡器的单位基准的。他认为，黄钟之龠恰好能容1200粒黍米，这1200粒黍米的重量就是12铢。之所以用铢作为重量基本单位的起始单位，其依据是：

铢者，物繇忽微始，至于成著，可殊异也。

显然，这与以分作为长度起始单位的理由一样，都是以人的感官能够分辨为出发点来制定的。铢的大小确定以后，其余的重量单位也就不难得到了。通过这些论述，我们知道，在刘歆的理论中，度、量、衡三者，就是这样与黄钟律建立了自己的关系的。

刘歆计量理论的核心内容是黄钟累黍说。该说将音律与计量之间建立了内在联系，使音乐的神圣化与计量的严谨性在形式上实现了统一，并使度量衡和音律在形式上实现了统一。因此，该学说成为中国历史上最权威的计量理论。该理论的核心是黄钟管长9寸的规定。而用黄钟律管产生计量基准的做法，从理论上来说存在着某种缺陷，因为律管作为音律标准器使用时，要发出标准音高，必须进行管口校正，而刘歆的理论没有涉及这一点。在刘歆之前，人们已经设想用弦乐器作为基准，京房甚至还发明了称为"准"的弦乐器。刘歆为了实现其将度量衡统一于一体的思想，弃弦准而用律管，从而为后世复现他的计量基准留下了隐患，这是他始料未及的。

五、度量衡标准器的设计

刘歆计量理论的精华是他对度量衡标准器的设计。所谓的乐律累黍说，只是从理论上提供了一种确定度量衡基准的途径，但在实际上，还需要在该学说确定的基准的基础上，设计出相应的标准器来，以之作为检定其他度量衡器具的依据。这就像1790年法国科学院决定采用通过巴黎的地球子午线的四千万分之一为1米，但还需要按这一定义制造出一支标准的米尺来一样。

刘歆设计的长度标准器有两种，一种是铜丈，另一种是竹引。《汉书·律历志》描述他的设计说：

> 其法用铜，高一寸，广二寸，长一丈，而分、寸、尺、丈存焉。用竹为引，高一分，广六分，长十丈，其方法矩，高广之数，阴阳之象也。

竹引因为材料的缘故，现已无存，而铜丈却有出土文物存在，现保存于台北"故宫博物院"内。该铜丈出土时已断成两截，一截稍弯曲。丈面没有分寸线纹，只是刻了王莽统一度量衡的81字诏书铭文。铜丈的形制与《汉书》所记相符，又刻有新莽时统一度量衡的铭文，当是标准器无疑。[①]

衡器的设计亦有出土文物为证。刘歆设计的衡器，是铜制的衡杆，悬钮在中央，按等臂天平原理制作。权则被设计成扁平环状，环的外径约为孔径的3倍，即刘歆所谓之"圆而环之，令之肉倍好"。肉，指环的实体部分；好，指环的空心部分。这种环权，同样有文物出土，这里不再多说。

应予细致介绍的是刘歆对量器标准器的设计。他把龠、合、升、斗、斛这五个量器单位设计到了一个器物上，而且还规定了它们的尺寸和总的重量，从而真正实现了度量衡基本单位在一个器物上的统一。他描述自己的设计说：

> 其法用铜，方尺而圆其外，旁有庣焉。其上为斛，其下为斗。左耳为升，右耳为合龠。其状似爵，以縻爵禄。上三下二，参天两地，圆而函方，左一右二，阴阳之象也。其圆象规，其重二钧，备气物之数，合万有一千五百二十。声中黄钟，始于黄钟而反覆焉。

依据这一思想制造出来的量器，至今仍保存在台北"故宫博物院"内，其形制与刘歆所述完全相同。从实物来看，该器为青铜质地，主体是一个大圆柱体，近下端有底，底上方为斛量，下方为斗量。左侧是一个小圆柱体，上为合量，底在中央，下为龠量。斛、升、合三量口朝上，斗、龠二量朝下，如图6.1.3所示。因为它是以王莽新朝的名义颁布发行的，所以学术界习惯上称其为新莽嘉量。新莽嘉量的器壁上，刻有王莽统一度量衡的81字诏文。嘉量的形制与《汉书》所记一致，又刻有王莽的诏书，这更证明它是刘歆设计的标准量器无疑。

新莽嘉量的每一个单件量器上都刻有分铭，分铭详细记载了该量的形制、规格、容积及与它量之换算关系。这里仅就斛量上的分铭做些分析。该铭文如下：

---

① 丘光明，《中国历代度量衡考》，北京：科学出版社，1992年版，第18页。

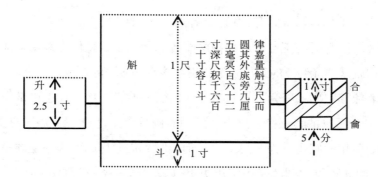

图 6.1.3 刘歆设计的标准量器结构示意图

律嘉量斛，方尺而圆其外，庞旁九厘五毫，冥百六十二寸，深尺，积千六百二十寸，容十斗。

"律"，指黄钟律，意为此斛容积是按"同律度量衡"的方法以黄钟律为基准确定的。"嘉"，是好的意思。"嘉量"，即本文所谓之标准量器。"方尺而圆其外"，是用圆内接正方形的边长来规定圆的大小，并非表示该量器的构造为外圆内方。之所以要这样做，大概是因为早期古人未曾找到准确测定圆的直径的方法，只有借助于其内接正方形来表示。那时他们要确定一个圆，首先要定出方的尺寸，然后再作外接圆，此即古人所谓之"圆出于方，方出于矩"[①]的含义。刘歆继承了这一传统。"庞旁"是指从正方形角顶到圆周的一段距离，如图6.1.4所示。"冥"同幂，指圆面积。嘉量斛明文规定"冥百六十二寸"，即大圆柱体横截面积为162平方寸。只有满足这一数字，才能使该斛在深一尺时，容积恰为1620立方寸。但按"内方尺而圆其外"的规定，不能满足对面积的这种要求。从初等几何中我们知道，当正方形边长为一尺时，其外接

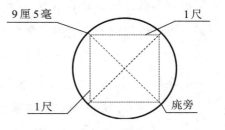

图 6.1.4 新莽嘉量"庞旁"示意图

—————————
[①] 《周髀算经》卷上。

圆面积为1.57平方尺，即"冥百五十七寸"，比要求的"冥百六十二寸"少了五平方寸，因此要在正方形对角线两端各加上九厘五毫作为圆径，面积才能相合。这就是"庣旁"的来历，是"用度数审其容"的典范。

刘歆能够定出"庣旁"为九厘五毫，很了不起。其设计思路是先给定圆的面积，然后逆推其直径。这中间要用到圆周率。考查一下嘉量有关数据，可知刘歆所用的圆周率为 π=3.1547，而当时人们通用的圆周率值才是"周三径一"。由此可见，刘歆是中国历史上打破"周三径一"的第一人。遗憾的是，他是如何得到这一数据的，我们一无所知。

嘉量设计巧妙，合五量为一器；刻铭详尽，记录了每量的径、深、底面积和容积；计算精确，体现了当时的最高水平；制作也很精湛。非但如此，它还有"其重二钧"的重量要求。这样，由此一器即可得到度、量、衡三者的单位量值。度、量、衡在一器上实现了统一。正是考虑到这些因素，我们可以毫不夸张地说，刘歆的设计是极其成功的。

刘歆还考虑了制作度量衡标准器的材料问题，他选择了铜，其理由是：

> 凡律度量衡用铜者，名自名也，所以同天下，齐风俗也。铜为物之至精，不为燥湿寒暑变其节，不为风雨暴露改其形，介然有常，有似士君子之行，是以用铜也。

可见，刘歆之所以选择铜作为制作度量衡的原料，一方面是因为铜与同谐音，可以寄托他们希望度量衡标准器能够一成不变、传之千秋万代的理想；另一方面，则是因为铜不受外界条件变化的影响，能够确保度量衡标准器的恒定性。当然，竹引是个例外，"用竹为引者，事之宜也"。因为"引长十丈，高一分，广六分，唯竹篾柔而坚为宜耳"。需要说明的是，古人所说的铜，往往是指青铜，新莽嘉量就是用青铜制成的，而青铜在其强度和抗腐蚀性能方面，确有其独到之处。当然，青铜也热胀冷缩，"为燥湿寒暑变其节"，只是其变化量很小，古人不知而已。在古人所接触到的有限几种金属中，从成本及性能两方面来考虑，青铜确是最佳选择。现存的一些秦汉青铜量器，历时已两千多年，仍保持着完好的形状，这充分证明了刘歆选择的正确。

此外，对度量衡器的管理、度量衡名称及单位的象征意义等问题，刘歆也都做了论述。限于篇幅，这里不再细论。

六、《三统历》的编撰

除了音律阐释和度量衡理论发明及标准器设计，刘歆还有很高的天文学造诣。王莽掌权时，为了实现其托古改制、建立新朝的愿望，把许多官职名称都改用上古时的名称。在汉代，负责天文的官职是太史令，王莽下令将其改称为羲和，因为羲和是上古帝尧时期的天文官。刘歆即曾任职羲和，主管天文事务。《汉书·楚元王传》说他曾"考定律历，著《三统历谱》"，说的就是他除了考订音律外，还撰写了《三统历谱》，为历法编撰做出了贡献。

关于刘歆撰写《三统历谱》的时间，钱穆曾有过推测，他说：

> 歆著《三统历》，未详何年，歆本传载于封侯之后，王莽篡位之前，则与定钟律同时也。[①]

王莽广征天下通天文、历算、钟律等方面的人士，在刘歆的统领下考订音律和度量衡，此事史有明载，是在元始五年（公元5年），我们不妨认为他的《三统历谱》也是完成于这个时期。事实上，刘歆考订度量衡的成果记载在他的"典领条奏"中，而他的《三统历谱》，同时紧跟着该"典领条奏"记载在《汉书·律历志》中，也充分表明了这一点。

《三统历谱》反映的是西汉绥和二年（公元前7年）开始至东汉章帝元和二年（公元85年）期间实施的历法《三统历》。《三统历》之前西汉行用的历

[①]　钱穆，《刘向歆父子年谱》，载《燕京学报》，1930年第7期，第1265页。

法是《太初历》，王莽为了篡汉，依据当时流行的观念，需要改正朔，这就需要有新的历法。刘歆编订《三统历谱》，就是为了满足王莽的这个政治需求而进行的一种学术操作。

所谓"三统"，是董仲舒天道循环论的某种表述。董仲舒认为历史是循环的，天之道周而复始，黑、白、赤循环往复，是为三统。刘歆把董仲舒的这套观念引入历法，构造了一套精致的数学模型，以之建立历法的基本要素。具体来说，他使用的基本常数——一个朔望月是29.5309日（$29\frac{43}{81}$日），然后按照19年7闰的规律推算回归年长度，计算其他周期。这些周期有章、统、元，具体关系为：

1章=19年=235月。在这个周期的始末，朔旦冬至在六十甲子的同一天。

1统=81章=1539年=19035月=562120日。在这个周期的始末，朔旦冬至在六十甲子同一天的夜半。

1元=3统=4617年。在这个周期的始末，朔旦冬至在六十甲子日那天的夜半。

古人制定历法，希望把历法的推算始点置于各周期的共同起点，具体说就是朔旦冬至正好落在甲子日的夜半。甲子日是用天干地支推算的，以60日为一周期，因为一统的日数是562120，用60来除，还剩40。所以若以甲子日为元，则一统后得甲辰，二统后得甲申，三统后才复得甲子。这就是"三统"名称的由来。

实际上，一个朔望月是29.5309日，这并非刘歆的发明，而是《太初历》的数据。从历法本身的结构及内容上看，《三统历》是对《太初历》的改进。《太初历》是中国古代第一部成体系、有明确记载的历法，该历最初由司马迁与太中大夫公孙卿、壶遂等提议编订，多人参与，最终汉武帝裁决用实际验证的方法，在当时制定的十余部历法中择优所得，行用于西汉时期。《太初历》颁行之后，其历谱并未在史书中得到记载。但通过刘歆的《三统历谱》，我们仍然能够窥见《太初历》的基本面貌，正如清儒钱大昕所说："古术之可考者，当以《三统》为首。《三统》之术，本之《太初》。"①

《三统历谱》全文约2万字，大致可分为三部分。第一部分是《三统历》的序言，载于《汉书·律历志》上篇，该部分附会《易·系辞传》的数字神秘主义，将《太初历》中本来就不靠谱的以音律定历法常数的方法发挥到了更荒唐的地步。第二、三部分收入《汉书·律历志》下篇，其中第二部分是《三统历》的历术，包括《三统历》的基本概念、数据和推算方法，是中国历法史的重要文献，反映了西汉时期天文历法工作所呈现的具体面貌和精密程度；第三部分称为《世经》，是从太昊帝伏羲到东汉光武帝刘秀的帝王年代系统，其中从成汤伐纣开始有具体数据，是刘歆依据《三统历》数据推演出来的。不过从王莽篡位到光武帝那段文字显然非刘歆所为，应是《汉书·律历志》作者所添加。

需要指出的是，《三统历》并非全盘拷贝《太初历》。相比于《太初历》，《三统历》在科学上有其创新所在。例如，《太初历》确定的岁星（木星）运行周期是12年，而《三统历》则发现了岁星超辰现象，确定岁星在144年中于天上共经历145次（次是古人划分星空的单位，一个周天分为十二次，一次等于30°），这相当于确定岁星运行周期为11.92年。现在测定的木星运行周期是11.86年。显然，《三统历》的这个数据比《太初历》更先进。

此外，刘歆还发现了冬至点在星空间的位置有变动的现象，相当于他接触到了岁差的事实，为后世虞喜确定岁差准备了条件。还有，《太初历》提出了历元概念，以甲子朔旦夜半冬至这个特殊时刻作为历法计算的起算点，而刘歆则进一步提出太极上元概念，把日、月、五星这7个天体各自运行周期的共同起始点作为历法计算起点。在太极上元时刻，会有日月合璧、五星连珠（7个天体从地上看汇聚于一起）现象，这进一步增加了历法的神圣性。《三统历》开创的推求上元积年传统，使后世历家在观测数据越来越精密的情况下，

---

① （清）钱大昕，《三统术衍·序言》，潜研堂全书版。

推求数目越来越庞大。这在某种程度上推动了数学的发展，使我国古代数学在一次同余式理论与实践方面遥遥领先于世界，同时也使历法计算越来越繁重，反过来影响了天文数据精密化的进展。

无论如何，作为我国历史上第一部留下了完整数据和推算方法的正式历法，《三统历》在我国天文学史上具有极为重要的地位，得到了历代天文学家的高度重视。刘歆作为《三统历》的编撰者，其历史功绩是巨大的。

总体来看，刘歆的计量理论既遵循了当时流行的哲学观念，又有一定的科学性和实用价值，这尤其表现在他对度量衡基本单位的确立和度量衡标准器的设计上。刘歆对自己理论的自我评价是："稽之于古今，效之于气物，和之于心耳，考之于经传，咸得其实，靡不协同。"这话说得虽然不无夸张，但也可从中窥见他的理论是经过认真思考并按一定程序做了检验了的。他的历法编撰也达到了当时最高水平。他的学说是中国古代最早的系统化了的计量理论，其核心内容指导了中国近两千年来的计量实践。这就是刘歆计量理论在中国计量史上的地位。

第二节　量的概念在王充思想中的作用

王充是东汉著名学者，在中国学术史上享有很高的地位。他的《论衡》以"疾虚妄""扬真美"为指导思想，对当时社会上的"伪书俗文""虚妄之言"做了揭露，并阐发了他自己关于社会、自然和人生等重要问题的见解。在进行这种揭露和阐发的过程中，量的概念是他的基本出发点之一。这里所谓的量，既可以是物体的数量，也可以指物体的尺度、重量等自身属性，还可以包括物体间相互作用范围、远近距离变化等，是指不同的物体同一属性在大小、多少等方面的差异，而不是不同属性在性质上的区别。注意从量的角度思考问题，是王充的一个重要思想方法。明确这一点，对于准确把握王充的思想，是十分必要的。

一、反对世俗迷信之工具

在《论衡》中，王充花费大量篇幅，对当时社会上流行的世俗迷信做了分析和批判。在这一过程中，量的概念是他进行这种批判的重要工具。这里我们略举几例加以说明。

在王充的时代，神鬼之说流行，很多人相信人死后为鬼。对此，王充从其元气学说出发，对这种传说做了揭露。他认为："人之所以生者，精气也。"①精气促成了人的生命，使人具有形体和知觉。精气和人的形体具有相辅相成的作用，它不能脱离人体而单独产生知觉。王充说："形须气而成，气须形而知，天下无独燃之火，世间安得有无体独知之精？"②即是说，人一旦死亡，精气离散，也就不会再有任何知觉了。"人死脉竭，竭而精气灭，灭而形体朽，朽而成灰土，何用为鬼？"③这样，王充从他的哲学观点出发，论证了"人死为鬼"说之不能成立。但王充并不到此为止，他进一步运用量的观念对神鬼之说做了分析：

> 天地开辟，人皇以来，随寿而死。若中年夭亡，以亿万数。计今人之数不若死者多。如人死辄为鬼，则道路之上，一步一鬼也。人且死见鬼，宜见数百千万，满堂盈廷，填塞巷路，不宜徒见一两人也。④

这种驳论，显得十分机敏，它从量的角度论证了"人死为鬼"之说的不合逻辑，从而增强了他的无神论主张的说服力。

在汉代，卜筮盛行。人们认为，卜筮者通于天地，"卜者问天，筮者问地"，天地通过蓍草、龟甲等卜具向卜策者提供信息，报告吉凶，"蓍神龟

---

① （东汉）王充，《论衡·论死篇》。
② 同上。
③ 同上。
④ 同上。

灵，兆数报应"。因此，人们"舍人议而就卜，违可否而信吉凶"①，对之十分信奉。王充反对卜筮之说，他认为卜筮者不可能通过蓍草、龟甲从天地获取信息，这除了由于"蓍不神、龟不灵"，还在于天地的高大。他说：

> 天高，耳与人相远。如天无耳，非形体也，非形体则气也，气若云雾，何能告人？蓍以问地，地有形体，与人无异同，人不近耳，则人不闻，人不闻则口不告人。夫言问天，则天为气，不能为兆；问地，则地耳远，不闻人言。信谓天地告报人者，何据见哉？②

这是说，不管天有没有耳朵，卜筮者都不可能通于天地，原因在于天高地大。天高，它即使有耳，也距人甚远，不可能听到人的祈求，也就不可能向人报告信息。更何况天是气，像云雾一样，没有耳和口，根本不可能向人报告。地虽然有一定形体，但是地体广大，它倘若有耳，也离人十分遥远，同样听不到人的诉求。由此，王充总结说，即使仅从天地与人大小相差悬殊这一点来看，认为"卜筮者能通于天地"，这种观点也是荒唐的。他说：

> 人在天地之间，犹虮虱之着人身也。如虮虱欲知人意，鸣人耳榜，人犹不闻。何则？小大不均，音语不通也。今以微小之人，问巨大天地，安能通其声音？天地安能知其旨意？③

由此，主张"卜者问天、筮者问地，蓍神龟灵、兆数报应"者，就像说人与寄生在自己身上的虮虱可以互通语言信息一样，都不能成立。

在汉代的世俗迷信中，有一种迷信对于兴建土木工程与太岁之关系非常

---

① （东汉）王充，《论衡·卜筮篇》。
② 同上。
③ 同上。

重视。这种观点认为："起土兴功，岁月有所食，所食之地，必有死者。"① 为避免这种局面，他们提出了相应的破解方法，具体为："见食之家，作起厌胜，以五行之物，悬金木水火。假令岁月食西家，西家悬金；岁月食东家，东家悬炭。设祭祀以除其凶，或空亡徒以辟其殃。"② 王充反对这种做法。他首先论证了兴建土木与岁月之间毫无关系，然后又从量的角度出发，嘲笑了这种所谓的"厌胜之法"，他说：

> 且岁月审食，犹人口腹之饥，必食也，且为己酉地有厌胜之故，畏一金刃、惧一死炭，岂闭口不敢食哉？如实畏惧，宜如其数。五行相胜，物气钧适（敌）。如泰山失火，沃以一杯之水；河决千里，塞以一掊之土，能胜之乎？非失五行之道，小大多少，不能相当也。……天道人物，不能以小胜大者，少不能服多。以一刃之金、一炭之火，厌除凶咎，却岁之殃，如何也？③

这是说，虽然可以按五行相胜理论，按方位悬挂金、木、水或火，但要以此使"岁月"畏惧，却不可能，因为它与"岁月之神"所具有的"威力"相比，"不如其数"，在量级上相差太大。当然，王充并非认为通过增加所悬挂五行之物的量，就可以起到"厌胜"作用，因为他本来就不相信二者之间有关系。他这样论述，只是为了从量的角度说明这种做法的荒唐。

　　中国古代有许多神话传说，在汉代一些人看来，这些传说在历史上也许是确有其事的，这就使得它们容易演变成为迷信。例如，关于著名的"共工撞不周山"的神话即是如此。王充在《论衡·谈天篇》记载说："儒书言：共工与颛顼争为天子，不胜，怒而触不周之山，使天柱折、地维绝。"对于这一传言，"文雅之人，怪而无以非；若非而无以夺，又恐其实然，不敢正议"。

① （东汉）王充，《论衡·讔时篇》。
② 同上。
③ 同上。

王充则从量的角度出发，旗帜鲜明地指出：这件事，"以天道人事论之，殆虚言也"。他说：

> ［共工］与人争为天子，不胜，怒触不周之山，使天柱折、地维绝。有力如此，天下无敌。以此之力，与三军战，则士卒蝼蚁也，兵革毫芒也，安得不胜之恨，触不周之山乎？且坚重莫如山，以万人之力，共推小山，不能动也。如不周之山，大山也，使是天柱乎，折之固难；使非柱乎，触不周山而使天柱折，是亦覆难信。颛顼与之争，举天下之兵，悉海内之众，不能当也，何不胜之有？①

这是从力气大小角度出发进行论证的，指出了该传说与常识之间的矛盾，从而使得"文雅之人不敢正议"的这一命题，恢复了它的本来面目。

《论衡》所列举的世俗迷信甚多，在反对这些迷信的过程中，王充常常从量的角度出发，揭示其不能成立之处。这使得量的概念成了他反对世俗迷信的一种有力工具。

二、批驳天人感应之利器

汉代，天人感应学说盛行。王充以"疾虚妄"为己任，对天人感应学说也做了猛烈抨击。量的概念是他进行这种抨击常用的有力武器。

一般说来，王充并不反对天（自然界）的变化会影响到人这一观点，他反对的是所谓人的行为会感动天之类的谬说。而促使他形成这种思想认识的主要因素就是量的概念。他说：

> 夫天能动物，物焉能动天？何则？人物系于天，天为人物主也。……天气变于上，人物应于下矣。……故天且雨，蝼蚁徙，蚯蚓出，琴弦缓，

---

① （东汉）王充，《论衡·谈天篇》。

固疾发：此物为天所动之验也。故天且风，巢居之虫动；且雨，空处之物扰：风雨之气感虫物也。故人在天地之间，犹蚤虱之在衣裳之内、蝼蚁之在穴隙之中。蚤虱蝼蚁为逆顺横从，能令衣裳穴隙之间气变动乎？蚤虱蝼蚁不能，而独谓人能，不达物气之理也。[①]

人生活于天地之间，自然要受到天气变化的影响，但是反过来，人要想依靠自己的个别行为去影响整个天地之气，却是不可能的，原因在于人跟天地相比，大小相差悬殊。同样性质的作用，天要影响人，可以立竿见影，而人要以自己的行为去感动天，则是不可能的。从这样的思想认识出发，王充对当时社会上流传的所谓人的行为感动了天的种种传说，一一做了剖析，这些剖析鲜明地表现了他的这一思想特点。

　　例如，在汉代，天人感应理论的重要表现形式之一是所谓精诚动天说。这种说教发端于先秦，至汉盛行。王充立足于量的观念，对之做了批判。

　　在《论衡》的《变虚篇》中，王充对子韦所说的"天之处高而听卑，君有君人之言三，天必三赏君"之语做了辨析。子韦所言之事，据纬书记载，指在宋景公时，火星走至心宿，心宿属于宋国分野，宋景公担心会对宋国有不测之事，召太史子韦而问之。子韦认为这表示国君将有灾祸，劝他移祸于人。宋景公不同意，认为移给谁都不好，表示愿意自己承担。这话感动了上天，于是上天将火星从心宿移开了三舍。王充认为，这完全是谎言，其理由是：

　　　　夫天，体也，与地无异。诸有体者，耳咸附于首。体与耳殊，未之有也。天之去人，高数万里，使耳附天，听数万里之语，弗能闻也。[②]

即是说，天离人太远，它不可能听到宋景公的这些"善言"，当然也就不可能去褒奖他。王充进一步举例说：

---

① （东汉）王充，《论衡·变动篇》。
② （东汉）王充，《论衡·变虚篇》。

人坐楼台之上，察地之蝼蚁，尚不见其体，安能闻其声？何则？蝼蚁之体细，不若人形大，声音孔气，不能达也。今天之崇高，非直楼台，人体比于天，非若蝼蚁于人也，谓天非若蝼蚁于人也，谓天闻人言，随善恶为吉凶，误矣。①

既然天与人在大小方面相差悬殊，二者就不可能相通。既然不能相通，"人不晓天所为，天安能知人所行"②？由此，人无论如何至真至诚，都不能感动天。

王充对于纬书中所谓"荆轲为燕太子谋刺秦王，白虹贯日"的分析，更充分体现了他对于"量"的概念的重视。纬书对其所述现象的解释是："此言精感天，天为变动也。"③王充则认为，"言白虹贯日"，可能是事实，但说"白虹贯日"是"荆轲之谋""感动皇天"所致，则"虚也"。他解释说：

夫以筯撞钟、以算击鼓，不能鸣者，所用撞击之者小也。今人之形，不过七尺，以七尺形中精神，欲有所为，虽积锐意，犹筯撞钟、算击鼓也，安能动天？精非不诚，所用动者小也。④

"筯"为"箸"的异体字，指筷子；筭，指算筹，是古代一种计算工具。《汉书·律历志》记载算筹的规格为"径一分，长六寸"。可见，筯、筭均为细微之物，以之撞钟击鼓，不能令钟鼓正常发声。人在天地之间，要想以自己的"精神"去感动天，就像用筷子撞钟、算筹击鼓一样，无济于事。由此，天空出现"白虹贯日"，与"荆轲之谋"的行为只是一种偶然巧合，二者并无联系。王充就是这样否定荆轲以精诚感动天的传说的。

---

① （东汉）王充，《论衡·变虚篇》。
② 同上。
③ （东汉）王充，《论衡·感虚篇》。
④ 同上。

天人感应说的另一表现是说人君的行为与自然界息息相关。这种说法由来已久，而至汉代尤盛。例如，汉代流行一种"人君喜怒致寒温"之说，即是如此。该说认为"人君喜则温，怒则寒"①。王充对此说不以为然，他认为寒温是一种自然现象，与人的行为无关。他首先引述生活中常见的物理现象，说："夫近水则寒，近火则温，远之渐微。何则？气之所加，远近有差也。"② 根据这一认识，他从量的角度出发，论证自己的观点道：

> 火之在炉，水之在沟，气之在躯，其实一也。当人君喜怒之时，寒温之气，阖门宜甚，境外宜微。今案寒温，外内均等，始非人君喜怒之所致。③

从日常生活经验可知，"近水则寒，近火则温"，如果寒温确由人君之喜怒所致，那么这种变化就应当首先在他的周围表现出来，"阖门宜甚，境外宜微"。而实际上，自然界一旦发生气温变化，"外内均等"，这显然与人君的喜怒无关。

那么，人的情绪为什么不能影响气温变化呢？王充总结说：

> 夫寒温，天气也。天至高大，人至卑小。蒿不能鸣钟，而萤火不能爨鼎者，何也？钟长而蒿短，鼎大而萤小也。以七尺之细形，感皇天之大气，其无分铢之验，必也。④

原来，决定因素还在于人和天在量级方面的巨大差异。姑且不论寒温与人君喜怒在本质上有无相通之处，仅从量的角度考虑，人君之喜怒亦不能影响到

---

① （东汉）王充，《论衡·寒温篇》。
② 同上。
③ 同上。
④ （东汉）王充，《论衡·变动篇》。

天气的变化。

王充对当时流行的天人感应学说做了多方面的批判，在这些批判中，他非常注意从量的角度出发展开论述，量的概念是他反对天人感应学说的一把利刃。

三、论述人的学说之依据

在王充的思想体系中，人的学说占有很重要的地位。《论衡》花费很大篇幅论述人的生命长短、聪明愚笨、本性善恶等。在这些论述中，量的概念作为一种思想方法，在其中占有重要地位。

王充在论述其关于人的学说时，基本出发点是元气学说。他认为人禀元气而生，元气的多少决定了人的一切，是元气在量上的差异造成了人与人之间的差异。量的概念对他关于人的学说的影响，主要就表现在这个方面。

王充认为，人之所以会有生命，是人从天地间获得元气的结果，他说：

> 人禀元气于天，各受寿夭之命，以立长短之形。[①]

那么，人的寿命为什么会有长有短呢？这要分两种情况来考虑：

> 凡人禀命有二品：一曰所当触值之命，二曰强弱寿夭之命。所当触值，谓兵烧压溺也。强弱寿夭，谓禀气沃薄也。兵烧压溺，遭以所禀为命，未必有审期也。若夫强弱寿夭，以百为数，不至百者，气自不足也。夫禀气沃则其体强，体强则其命长；气薄则其体弱，体弱则命短。……人之禀气，或充实而坚强，或虚劣而软弱。充实坚强，其年寿；虚劣软弱，失弃其身。[②]

---

① （东汉）王充，《论衡·无形篇》。
② （东汉）王充，《论衡·气寿篇》。

所谓触值之命，取决于外界偶然因素，这里不去多说。而所谓强弱寿夭之命，则指人的自然寿命，王充认为它完全取决于人的先天"所禀之气"。如果禀气充足，人的自然寿命应该"以百为数，不至百者，气自不足也"。一般情况下，禀气充实，则体格健壮，寿永命长；禀气薄弱，则体弱多病，寿浅命短。

为了证明自己的理论，王充做过观察：

> 儿生，号啼之声鸿朗高畅者寿，嘶喝湿下者夭。何则？禀寿夭之命，以气多少为主性也。妇人疏字者子活，数乳者子死，何则？疏而气沃，子坚强；数而气薄，子软弱也。①

这些说明，中心思想只有一个："气"的多少决定人的寿夭。

既然都是禀元气而生，人为什么会有聪明愚笨之分？王充认为：

> 人之所以聪明智惠者，以舍五常之气也；五常之气所以在人者，以五藏在形中也。五藏不伤，则人智惠；五藏有病，则人荒忽，荒忽则愚痴矣。②

> 人受五常，含五脏，皆具于身。禀之泊少，故其操行不及善人，犹或厚或泊也，非厚与泊殊。其酿也，曲蘖多少使之然也。是故酒之泊厚，同一曲蘖；人之善恶，共一元气，气有少多，故性有贤愚。③

即是说，一个人的聪明愚笨，主要取决于他先天所禀"五常之气"的多少，多者聪慧，少者愚笨，而这些气本身并没有优劣之分。

王充这一论述，主要在于说明影响人的聪明才智的先天因素。另一方面，

---

① （东汉）王充，《论衡·气寿篇》。

② （东汉）王充，《论衡·论死篇》。

③ （东汉）王充，《论衡·率性篇》。

他同样也强调人的后天的修养和学习的重要，他说：

> 夫学者，所以反情治性，尽材成德也。[①]
> 骨曰切，象曰磋，玉曰琢，石曰磨，切磋琢磨乃成宝器。人之学问
> 知能成就，犹骨象玉石切磋琢磨也。[②]

王充以为，学习的目的就是为了弥补先天的不足，通过学习、教育，任何人都可以"尽材成德"，琢磨成器。既陈说先天差异，又强调后天学习的重要，他的论述，应该说是相当合理的。

王充还以同样的思想方法讨论了人性善恶问题，他认为人性的善恶在很大程度上也取决于先天所禀之气，他说：

> 人体已定，不可减损。用气为性，性成命定。[③]

"气"决定了人性的善恶，但气本身并无善恶，决定的因素在于人所禀气的多少：

> 豆麦之种，与稻粱殊，然食能去饥。小人君子，秉性异类乎？譬如
> 五谷皆为用，实不异而效殊者，禀气有厚泊，故性有善恶也。[④]

不过，王充并没有由此走向先天决定论。他认为人之先天受气多少，的确会影响到生性的善恶，但这样并不妨碍后天的教化。他说：

---

① （东汉）王充，《论衡·量知篇》。
② 同上。
③ （东汉）王充，《论衡·无形篇》。
④ （东汉）王充，《论衡·率性篇》。

> 魏之行田百亩，邺独二百，西门豹灌以漳水，成为膏腴，则亩收一
> 钟。夫人之质犹邺田，道教犹漳水也，患不能化，不患人性之难率也。[1]

魏国为敛取赋税，把荒田按劳动力分给农民，每人百亩，邺地则每人二百亩，这表明邺的土地贫瘠。而西门豹引漳河水灌溉以后，邺的土地变成肥沃良田，一亩地即可收一钟（100斗）粮食。人的品性就像邺的田地一样，先天可以很低劣，但只要后天给予良好的培养和教育，也会变得高尚起来。他进一步举例说：

> 雒阳城中之道无水，水工激上洛中之水，日夜驰流，水工之功也。
> 由此言之，迫近君子，而仁义之道数加于身，孟母之徒宅，盖得其验。[2]

看来，后天教育也存在一个量的多少问题。达到了一定的量，受到"仁义之道"不断的影响和熏陶，就可培养出"君子"来。比之孟子的"性善说"、荀子的"性恶论"，王充关于人性的见解，显得更"中庸"些。他认为人的生性有善恶之分，但这些差异不是绝对的，可以通过后天的教育使之得到改善。王充重视后天教育的道德规范作用，是可取的。

王充关于人的学说形成了一个体系。在这一体系中，量的概念作为一种思想方法发挥着重要作用，这是应予承认的。

四、在自然科学上的应用

王充算不上科学家，但他对自然科学许多问题都发表过见解。量的概念对他这些见解的形成起着较大的影响作用。

例如，在科学观上，王充认为，人类之所以要发展技术，开发自然，是

---

[1]　（东汉）王充，《论衡·率性篇》。
[2]　同上。

为了弥补自己体能的不足。他说：

> 桥梁之设也，足不能越沟也；车马之用也，走不能追远也。足能越
> 沟，走能追远，则桥梁不设，车马不用矣。天地事物，人所重敬，皆力
> 劣知极，须仰以给足者也。[①]

从量的角度来看，人的体能不是无限的，但人的需求却是无止境的，必须借
助外界才能得到最大限度的满足，这就需要"重敬天地事物"，了解自然，
发展技术。

在具体科学问题上，王充也常常从量的角度出发观察问题。例如，在对
冷热形成原因的认识上即是如此。在汉代，有一种学说，叫"吁炎吹冷"
说。这种学说把自然界的寒温变化与气的特定运动方式相联系。吁，指人向外缓
慢吹气。人向外吁气时，以手阻之，则可感觉气触手是热的；而用力向外吹
气，则感觉气触手是凉的。古人可能就是从这一现象出发，提出了气的"吁
炎吹冷"之说。清儒王仁俊辑有《玉函山房辑佚书续编》，其中收录了汉代
张升所作《反论》，在该文中张升极力夸大吁炎吹冷之说，曰："嘘枯则冬荣，
吹生则夏落。"而王充则从量的角度反对这一学说，他认为：

> 物生统于阳，物死系于阴也。故以口气吹人，人不能寒；呼人，人
> 不能温。使见吹呼之人，涉冬触夏，将有冻旸之患矣。[②]

潜在意思是说，以口气吹或吁人，能量太小，不足以使人寒温，但整个自然
界阴阳消长所导致的气温变化，则是人所不能抗御的。

王充运用量的观点观察自然，有一个重要发现：我们所居之地的尺度远

---

① （东汉）王充，《论衡·程材篇》。
② （东汉）王充，《论衡·变动篇》。

小于天。他在批驳邹衍关于"方今天下在地东南，名赤县神州"的说法时指出：

> 天极为天中。如方今天下在地东南，视极当在西北。今极正在北方，今天下在极南也。以极言之，不在东南，邹衍之言非也。如在东南，近日所出，日如出时，其光宜大。今从东海上察日，及从流沙之地视日，小大同也。相去万里，小大不变，方今天下得地之广少矣。雒阳，九州之中也，从雒阳北顾，极正在北。东海之上，去雒阳三千里，视极亦在北，推此以度，从流沙之地，视极亦必复在北焉。东海、流沙，九州东西之际也，相去万里，视极犹在北者，地小居狭，未能辟离极也。①

王充提到的这些观察现象，是地球说的自然推论。但王充没有地球观念，他信奉的是地平大地观，这迫使他认真思考这些现象，思考的结果，他认为是我们居住的大地相对于天来讲过于狭小所造成的。根据他的推理，东到东海岸，西到流沙地，相去万里，观测太阳的出没，居然大小不变，观测极星方位，居然都在正北，这只有一种可能：太阳及极星离人的距离远远大于地本身的尺度。换言之，天远大于地。王充得出的这一认识，与传统观念大相径庭。中国古人传统上一直认为天地等大，所谓"天地一夫妇"，就反映了这种观念。古人从来没有想到过地会远远小于天。到了汉代，天文学家对天地大小有了定量的表示，《周髀算经》记载传统的盖天说给出的日高天远，认为天去地八万里，太阳离开人的距离，则为十万里左右。这与当时已知的地的尺度具有可比性。张衡的《灵宪》记载浑天学派测算结果，认为"八极之维，径二亿三万二千三百里"，即天球直径为232300里，这与地的大小也是可以比拟的。现在王充通过比较在相距遥远的两地观察太阳视直径及北极星方位变化情况，得出了"地小居狭"的认识，这是一大进步。

---

① （东汉）王充，《论衡·谈天篇》。

　　在对陨石形成原因的解说上，王充从量的角度出发，也得出了不同于传统的认识。我国习惯上认为陨石是天上的星陨落地面而形成的。《左传》在解释《春秋·僖公十六年》"陨石于宋五"的记载时，提出"陨星也"之说，开创了这种解释的先河。此说为大多数后世学者所接受，形成了对陨石成因的传统解说，也博得了当今学者的高度评价。

　　但是，王充反对这种解说，他的根据就是星体的远近大小视觉变化。他说：

　　　　数等星之质百里，体大光盛，故能垂耀。人望见之，若凤卵之状，远失其实也。如星陨审者，天之星陨而至地，人不知其为星也。何则，陨时小大不与在天同也。今见星陨如在天时，是时星也非星，则气为之也。①

　　王充认为，视物近则大，远则小，人们所见到的地上的陨石，看上去与星星在天上的大小差不多，这表明它们不是天上的星星。"何则，陨时小大不与在天同也。"

　　王充否认陨石为星，在科学史上并非退步。当今学界对《左传》的"星陨为石"说推崇备至，认为它早于西方近两千年提出了正确的陨石成因说。这实际上是个误解。因为现代所说的形成陨石的星，指的是流星，即在太阳系行星际空间飘浮的天体，而《左传》所谓"星陨至地"的星，指的是天上的恒星。恒星不可能陨落到地球，所以，《左传》的解说实际上不能成立。王充则从量的角度出发，对这个问题做了更深入的思考，他的结论无所谓对错，但其思想方法却是可取的。

　　因为王充惯于从量的角度观察问题，所以他对于涉及物体间相互作用的自然科学问题就比较敏感，例如他曾多次提及与物体惯性有关的一些现象：

---

① （东汉）王充，《论衡·说日篇》。

是故湍濑之流、沙石转而大石不移，何者？大石重而沙石轻也。……金铁在地，飙风不能动；毛芥在其间，飞扬千里。……车行于陆，船行于沟，其满而重者行迟，空而轻者行疾。……任重，其取进疾速难矣。[①]

对于自然界广泛存在的生存竞争，他也有所描写：

凡万物相刻贼。含血之虫则相服，至于相啖食者，自以齿牙顿利，筋力优劣，动作巧便，气势勇杰。……凡物之相胜，或以筋力，或以气势，或以巧便。小有气势，口足有便，则能以小而制大；大无骨力，角翼不动，则以大而服小。鹊食猬皮，博劳食蛇，猬蛇不便也。蚊虻之力，不如牛马，牛马困于蚊虻，蚊虻乃有势也。……故夫得其便也，则以小能胜大；无其便也，则以强服于赢也。[②]

所有这些，都是从物体相互作用着眼，通过分析其相应量的关系，得出具有普遍意义的结论来。

王充运用量的概念讨论自然科学的例子还有很多，诸如热的扩散、声音传播、物体远近视角变化、日体晨午大小远近之争、自然界气候变迁，等等。这些讨论，常令人耳目一新，这跟他重视量的思想方法是分不开的。

五、思想渊源和局限性

王充重视从量的角度出发思考问题，这在当时的学者中，是比较突出的。他的这一思想方法的渊源何在？

在王充之前的思想家中，亦有学者从量的角度讨论过问题的。例如西汉贾谊在其《新书·大政上》讨论国家兴衰、君主安危的决定性因素时说：

---

① （东汉）王充，《论衡·状留篇》。

② （东汉）王充，《论衡·物势篇》。

> 故夫民者，大族也。民不可不畏也。故夫民者，多力而不可适（敌）也。呜呼，戒之哉！戒之哉！与民为敌者，民必胜之。

需要重视民众的原因在于民众是大多数，"多力而不可敌"。这种分析，显然包含了量的概念在内。不过，贾谊的这一思想是否直接影响到了王充，还难以断定。

更早些的《庄子·秋水》篇，借北海若之口谈论人与天地之关系：

> 吾在天地之间，犹小石小木之在大山也，方存乎见少，又奚以自多？计四海之在天地之间也，不似礨空之在大泽乎？计中国之在海内，不似稊米之在大仓乎？号物之数谓之万，人处一焉。人卒九州，谷食之所生，舟车之所通，人处一焉，此其比万物也，不似豪末之在于马体乎？

礨空，指蚁穴。这些话，与王充关于人与天地在量上差异悬殊的论述如出一辙。不过，《庄子》强调的是物体间差别的相对性，并由此走向了"齐物论"：

> 以道观之，物无贵贱。……以差观之，因其所大而大之，则万物莫不大；因其所小而小之，则万物莫不小。知天地之为稊米也，知豪末之为丘山也，则差数等矣。①

这一结论与王充可谓同途殊归。

先秦典籍《墨经》中有"五行毋常胜，说在宜"之语，认为五行生克不是绝对的。《经说》在对这一陈述进行解说时，提到"火炼金，火多也；金靡炭，金多也"，完全从量的角度出发论述五行之关系。无独有偶，王充对五

---

① 《庄子·秋水》。

行生克说也做过类似的分析：

> 天地之性，人物之力，少不胜多，小不厌大。使三军持木杖，匹夫
> 持一刃，伸力角气，匹夫必死。金性胜木，然而木胜金负者，木多而金
> 寡也。积金如山，燃一炭火以燔烁之，金必不销：非失五行之道，金多
> 火少，少多小大不钧也。①

就思想方法而言，王充对五行生克说的认识，与《墨经》是一致的。

但是，真正使王充形成用量的概念来思考问题这一思想方法的，恐怕还
是他所处的时代及他自己的学术取向。在汉代，天人感应学说盛行。这一学
说有一个特点，它在肯定自然界与人之间存在着广泛联系的同时，把这种联
系以及由这种联系所规定的相互作用绝对化，尤其是把人对自然界的作用能
力意志化和不适当地扩大化，从而引申出许多荒唐结论。导致这种现象的重
要原因之一就是该学说忽略了相互作用双方在量上的差异。王充以"疾虚妄"
为己任，天人感应学说是被他视为"虚妄之言"的重要内容之一，他要对这
一学说进行全面分析批判，就必然要认真思考该学说的不能成立之处，而量
的概念正是天人感应学说最薄弱的地方。作为该学说的批判者，王充不难发
现这一点，由此必然会引起他自己对于量的概念的重视。这种思想方法一旦
形成，他就会在探讨其他问题时，不自觉地加以应用，从而使得量的概念在
他的思想中发挥了巨大的作用。

毋庸多言，王充重视量的概念这一思想方法，从科学史的角度来看，是
一种相当先进的思想方法。但他的这一思想方法也还需要进一步发展，因为
他虽然重视事物在量上的差异，却很少想到要将这些差异定量化。实际上，
早在西汉末年，王莽秉政时，刘歆受命考定度量衡，即曾就数具有之可用以
把握事物的性质，亦即对事物进行量化表述的重要性发表过议论，《汉书·律
历志》记载他的言论说：

---

① （东汉）王充，《论衡·誳时篇》。

　　　　数者，一、十、百、千、万也，所以算数事物、顺性命之理也。……
夫推历生律制器，规圆矩方，权重衡平，准绳嘉量，探赜索隐，钩深致
远，莫不用焉。

　　相比之下，王充并没有就数量与事物性质之关系做过深入探讨。他重视
量的概念，但并没有向定量化方向发展。

　　要求王充具有定量思想，这是一种苛求，因为他毕竟不是职业科学家。
但是，他在《论衡》中出现数学上粗枝大叶的错误，则是不应该的。王充在
反驳邹衍的"大九州"说时提到，从观测角度推论，"天极为天中"，极南极
北，极东极西，至少各应有五万里的距离。这样，天下的实际大小应为：

　　　　东西十万，南北十万，相承（乘）百万里。邹衍之言："天地之间，
有若天下者九。"案周时九州，东西五千里，南北亦五千里，五五二十
五，一州者二万五千里。天下若此九之，乘二万五千里，二十二万五千
里。如邹衍之书，若谓之多，计度验实，反为少。①

这段话，也是从量的角度出发进行论证，认为邹衍的大九州说看上去似乎范
围很大，但真正计算起来，"计度验实，反为少焉"。但是，就在这为数不多
的定量计算中，王充居然出现了两处数学错误。东西十万，南北十万，相乘
为百万万，而不是他所说的百万。东西五千里，南北五千里，相乘为二千五
百万平方里，也不是他所说的二万五千里，出现这样的错误，无形之中削弱
了他的论证所具有的说服力。

　　无论如何，王充重视从量的角度出发思考问题，这种思想方法是可取的。
它尤其有利于科学发展。科学精神之一就在于重视量的概念，守恒原理的着
眼点就是量的概念。王充能重视量的概念，这是难得的。在当时的学者中，

———————————
① （东汉）王充，《论衡·谈天篇》。

王充这一点上也是比较突出的。即使就今天而言，这一思想方法也有其一定的可借鉴价值。在当代涌现的诸多所谓与传统文化有关的思潮中，如果发起者们都像王充那样，能从量的角度思考一下自己学说的立足点，那么我们的社会上那些似是而非的理论将会减少许多。

第三节　中国计量史上的祖冲之

祖冲之是我国南北朝时期的著名科学家，在中国科学史上享有崇高地位。在今天的人们看来，他推算出了高精度的圆周率，使之领先世界一千多年，是一位享誉世界的大数学家；他提出了《大明历》，内含多项创新，是一位杰出的天文学家；他成功复原了指南车，使古代绝技失而复得，是一位优秀的机械发明家……对祖冲之的这些评价，是完全正确的，但还不够全面，因为他为今人所称道的那些成就，主要是围绕着计量科学的发展而做出的。他首先是一位杰出的计量学家，对中国古代计量科学的发展做出了巨大贡献。他重视测量中的精度问题，重视对计量基准的搜集和保存。他对前代度量衡标准器的研究取得了引人注目的成绩。在时间计量方面，他对基本计时单位回归年、朔望月和时刻制度都做过探讨，他的探讨促进了传统历法的进步。对计量问题的关注是他在科学研究上取得重大成就的重要原因。与此同时，在他的计量科学工作中，也有个别不严谨之处。

一、对测量精度和尺度标准的重视

祖冲之一生的科学工作，大都与计量有关。他有着丰富的计量实践。在给宋孝武帝刘骏（430—464年）所上请求颁行《大明历》的表中，他曾经提到，在治历实践中，他常常"亲量圭尺，躬察仪漏，目尽毫厘，心穷筹策"[①]，自己动手进行测量和推算。测量离不开择定基准、核对尺度，测量本

---

① （梁）萧子显，《南齐书·祖冲之传》。

身不可避免还会涉及精度问题，这都与计量有关。对这些问题的重视，使他很自然地步入了计量领域。

　　精度问题是促进计量进步的重要因素，祖冲之对之十分重视。他曾经指出："数各有分，分之为体，非细不密。"[1]所谓"细"，即是指测量数据的精度要高，他认为，只有高精度的测量，才能使测量结果与实际密合。他不但在理论上高度重视精度问题，而且在实践中也身体力行，努力追求尽可能高的测量精度。他自称在测量和处理各类数据时的指导思想是"深惜毫厘，以全求妙之准；不辞积累，以成永定之制"[2]。他在测量实践中的"目尽毫厘"，在推算圆周率时精确到小数点后7位，就是其重视精度的具体表现。正是这种重视，使他在计量科学领域做出了令人景仰的成就。

　　在对计量基准的择定方面，祖冲之首先值得一提的工作是他对前代计量标准器的保存和传递。他的这一事迹与西晋荀勖考订音律的成果有关。

　　荀勖考定音律的事情发生在西晋初期。晋朝立国之后，在礼乐方面沿用的是曹魏时期杜夔所定的音律制度。但是，杜夔所定的音律并不准确，晋武帝泰始九年（公元273年），荀勖在考校音乐时，发现了这一问题，于是受武帝指派，做了考订音律的工作，制定了新的尺度。《晋书·律历志上》对此有简要记载：

　　　　起度之正，《汉志》言之详矣。武帝泰始九年，中书监荀勖校太乐，八音不和，始知后汉至魏，尺长于古四分有余。勖乃部著作郎刘恭依《周礼》制尺，所谓古尺也。依古尺更铸铜律吕，以调声韵。以尺量古器，与本铭尺寸无差。又，汲郡盗发六国时魏襄王冢，得古周时玉律及钟、磬，与新律声韵闇同。于时郡国或得汉时故钟，吹律命之皆应。

荀勖通过考订音律，制作了新的标准尺，并对之做了一系列的测试。测试结

---

① （梁）沈约，《宋书·历志下》。

② 同上。

果表明，他的新尺符合古制，制作是成功的。

　　荀勖律尺的制作成功，在当时影响很大，著名学者裴頠即曾上言：既然荀勖新尺已经证明当时流行的尺度过大，就应该对度量衡制度加以改革，或至少对医用权衡进行改革：

> 　　荀勖之修律度也，检得古尺短世所用四分有余。頠上言："宜改诸度量。若未能悉革，可先改太医权衡。此若差违，遂失神农、岐伯之正。药物轻重，分两乖互，所可伤夭，为害尤深。"卒不能用。①

　　裴頠的建议未被采纳，荀勖律尺就只能限于宫廷内部，考订音律时使用。

　　中国古代在制定度量衡制度时，有一个传统，就是首先要考订古制。荀勖律尺是经历三国时期度量衡混乱之后，人们用"科学"方法考订出来的第一个标准尺，因此深受后人重视，《晋书》把它放在"审度"栏目之下，紧接着"起度之正"加以叙述，就表明了这一点。从这个意义上说，荀勖律尺是后人制定度量衡制度的圭臬。而这样的圭臬，被祖冲之设法搜罗到并传递下去了。

　　祖冲之是如何保存并传递荀勖律尺的，我们一无所知。导致我们做出这一判断的，是唐代李淳风在考订历代尺度时，对"祖冲之所传铜尺"的记载：

> 　　祖冲之所传铜尺。
> 　　……梁武《钟律纬》云："祖冲之所传铜尺，其铭曰：'晋泰始十年，中书考古器，揆校今尺，长四分半。所校古法有七品：一曰姑洗玉律，二曰小吕玉律，三曰西京铜望臬，四曰金错望臬，五曰铜斛，六曰古钱，七曰建武铜尺。姑洗微强，西京望臬微弱，其余与此尺同。'铭八十二字。"此尺者，勖新尺也。今尺者，杜夔尺也。雷次宗、何胤之二人作《钟律图》，所载荀勖校量古尺文，与此铭同。而萧吉《乐谱》，谓为梁

---

① （唐）房玄龄等，《晋书·裴頠传》。

朝所考七品，谬也。今以此尺为本，以校诸代尺云。[①]

引文中省略的部分是《晋书》对荀勖制定律尺过程的介绍。通过对祖冲之所传铜尺上的铭文的研读，李淳风断定它就是荀勖所发明的律尺，并以之为标准，对前代诸多尺度做了校核。就铭文而言，该尺是荀勖律尺，断无可疑，但该尺是否为祖冲之所传呢？李淳风的依据是梁武帝《钟律纬》的记载。梁朝上承南齐，祖冲之晚年是南齐重臣，他去世两年而梁武帝即位，所以梁武帝对他的记述应该是可靠的，该尺应该确实是祖冲之所传。

祖冲之能搜罗到荀勖律尺，殊为不易。因为荀勖律尺只是用来调音律，并未用于民间，不可能在社会上流传，一般人是难以觅其踪迹的。而在宫廷中保存，同样难逃厄运。西晋末年，战乱大起，京城洛阳被石勒占领，晋朝皇室匆忙南迁，各种礼器，尽归石勒，以致东晋立国之时，礼乐用器一无所有。这种状况直到东晋末年，也未得到彻底改善。对此，《隋书·律历志上》记载道：

> 至泰始十年，光禄大夫荀勖，奏造新度，更铸律吕。元康中，勖子藩复嗣其事。未及成功，属永嘉之乱，中朝典章，咸没于石勒。及帝南迁，皇度草昧，礼容乐器，扫地皆尽。虽稍加采撷，而多所沦胥，终于恭、安，竟不能备。

在这种情况下，荀勖律尺的命运也不会好到哪里去。而从西晋灭亡到祖冲之的时代，时间又过去了100多年，由此，祖冲之要搜寻到荀勖律尺，难度可想而知。但祖冲之最终还是找到了该尺，并把它传给了后人。这样，李淳风才能以之为据考订历代尺度。这件事情本身表明，祖冲之对尺度的标准器问题是非常重视的。

---

① （唐）李淳风，《隋书·律历志上》。

二、对新莽嘉量的研究

祖冲之不但注意搜集和保存前代的标准尺，而且还注重对前代度量衡标准器的研究。在祖冲之之前，中国历史上有两件标准量器最为著名，一件是战国时的栗氏量，一件是西汉末年的新莽嘉量，祖冲之对它们都做了研究，并取得了令人景仰的成就。本节我们先说祖冲之对新莽嘉量的研究。

新莽嘉量是刘歆设计制作的。祖冲之在探究新莽嘉量的过程中，求得了精确度高达小数点后7位的圆周率值，并以之为据，指出了刘歆设计的粗疏之处，从而把中国计量科学推进到了一个新的高度。

西汉末年，王莽秉政，为了满足其托古改制的政治需要，他委派以刘歆为首的一批音律学家，进行了一次大规模的度量衡制度改革。这次改革的成果之一是制作了一批度量衡标准器，新莽嘉量就是其中之一。新莽嘉量是一个五量合一的标准量器，其主体是斛量，另外还有斗、升、龠、合诸量。在嘉量的五个单位量器上，每一个都刻有铭文，详细记载了该量的形制、规格、容积以及与它量之换算关系，例如斛量上的铭文是：

> 律嘉量斛，方尺而圆其外，庣旁九厘五毫，冥百六十二寸，深尺，积千六百二十寸，容十斗。

此处"冥"同"幂"，表示面积。铭文反映了刘歆的设计思想。按照当时的规定（即《九章算术》所谓的粟米法），1斛等于10斗，容1620立方寸，因此，在深1尺的前提下，要确保斛的容积为1620立方寸，必须其内圆的截面积为162平方寸，即刘歆所谓之"冥百六十二寸"。也就是说，圆的面积是确定了的，需要解决的，是其直径的大小。当时，人们是用圆内接正方形来规定圆的大小的，即所谓"方尺而圆其外"，但在内接正方形边长为1尺的情况下，圆面积不足162平方寸，所以需要在其对角线两端加上一段距离，这段距离就叫"庣旁"，如下图所示。

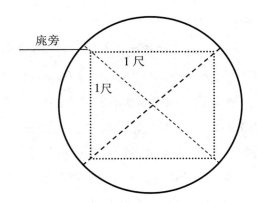

图 6.3.1 新莽嘉量斛"庞旁"示意图

根据刘歆的设计思想，嘉量斛的容积可以表示为：

$$1斛 = \pi\,(\,\frac{\sqrt{2}}{2} + 庞旁\,)^2 \times 1 = 1.62\,(尺^3)$$

可见，在嘉量的设计过程中，圆周率 π 是一个举足轻重的因素，它决定了"庞旁"的大小，而"庞旁"则决定了斛的设计精度。刘歆最后得出的"庞旁"为9厘5毫，根据这一数字，可以倒推出他使用的 π 值是3.1547。考虑到当时通用的圆周率值是周三径一，刘歆的设计已经走在了时代的前面。

因为圆周率 π 在嘉量设计中具有举足轻重的作用，后人在研究刘歆的设计时，就不能不将注意力放在圆周率上。祖冲之即是如此。为了考证新莽嘉量的设计是否科学，祖冲之运用刘徽发明的割圆术，经过繁杂的运算，得到了 $3.1415926 < \pi < 3.1415927$ 这样的结果，从而使得中国数学在圆周率推算方面，取得了远远领先于欧洲数学的成就。祖冲之为今人所景仰，主要也是出于他的这一数学发展史上里程碑式的成就。祖冲之对圆周率的研究，人们已经耳熟能详，这里不再赘述。

需要指出的是，祖冲之推算圆周率的目的，是为了考校刘歆的设计是否精确，也就是说，是着眼于计量科学的发展的。这是他在计量科学研究中所获得的数学成果。在他的时代，人们为纯数学而研究数学的思想并不强，当时人们研究圆周率，有两种传统，一种是为了解决天文学问题，一种是为了解决实际的计量问题。张衡、王莽、皮延宗等代表的是前一种传统，而刘歆、刘徽、祖冲之等则代表了后一种传统。特别是祖冲之，他求得了精确的圆周率值以后，接着就用新的圆周率值，对刘歆的数据做了校验。这件事本身就表明了他推算精确的圆周率值的目的。

关于祖冲之对新莽嘉量的校验结果，《隋书·律历志上》有所记载：

> 其斛铭曰："律嘉量斛，方尺而圆其外，庣旁九厘五毫，冥百六十二寸，深尺，积千六百二十寸，容十斗。"祖冲之以圆率考之，此斛当径一尺四寸三分六厘一毫九秒二忽，庣旁一分九毫有奇。刘歆庣旁少一厘四毫有奇，歆数术不精之所致也。

"其斛"，指的就是新莽嘉量。祖冲之以他推算的圆周率值来检验刘歆的设计，发现刘歆的庣旁不够精确，少了1厘4毫。祖冲之的推算结果可以从上述式子中得出，以祖率 $\pi = 3.1415926$ 代入上式，则有

$$1斛 = 3.1415926 \times \left(\frac{\sqrt{2}}{2} + 庣旁 \right)^2 \times 1 = 1.62（尺^3）$$

从这个式子中解出的庣旁值为0.01098933尺，即"一分九毫有奇"，将此值与刘歆的结果9厘5毫相比，刘歆的庣旁值确实少了"一厘四毫有奇"。所以，《隋书·律历志》的作者李淳风指出，之所以如此，是刘歆"数术不精之所致也"。这种"不精"，主要就表现在其圆周率值不够精确。在祖冲之之前，刘徽曾以他推算出的 $\pi = 3.14$ 的圆周率值计算过嘉量斛的直径，但他未提及庣旁，而且计算精度也不及祖冲之。祖冲之是历史上第一个明确指出刘歆庣旁的误差的人。

应该指出，1厘4毫的差距确实很小。当时的测量精度，达不到毫的量级。正因为如此，这一结果的取得，只能是理论推算所得，是计量科学得到充分发展的标志。高精度圆周率值的发现，是当时计量科学发展在数学科学领域取得的重大成果。

三、对栗氏量的探讨

相比于对新莽嘉量的研究，祖冲之对栗氏量的探讨别具一格。关于栗氏量的原始记载见于文献《考工记·栗氏为量》条，原文为：

栗氏为量……鬴深尺，内方尺而圆其外，其实一鬴；其臀一寸，其实一豆；其耳三寸，其实一升。重一钧。其声中黄钟。

引文中提到的鬴、豆、升是三种容量单位。栗氏量在提供这些单位的实物大小的同时，还规定了其相应尺寸，这就使得人们有可能通过这些尺寸，推算出其具体容积来。汉代郑玄就做过这种推算，他说："四升曰豆，四豆曰区，四区曰鬴，鬴六斗四升也。鬴十则钟。方尺积千寸。于今粟米法少二升八十一分升之二十二。"[①]郑玄推出1鬴等于6斗4升，依据的是《左传》的记载："齐旧四量，豆区釜钟，四升为豆，各自其四，以登于釜，釜十则钟。"[②]这里"釜"同"鬴"，是同量异名。[③]《左传》给出的这几种单位的换算关系是：

$$1钟=10鬴；\quad 1鬴=4区；\quad 1区=4豆；\quad 1豆=4升$$

如果栗氏量遵循《左传》中所言的进位制，则其1鬴应等于64升，即6斗4升。接下去，郑玄按照鬴的容积为1立方尺进行计算，得出1鬴等于1000立方寸的结论，认为它比按照《九章算术》"粟米法"的运算结果少了2又81分之22升。

郑玄的推算给人们提出了一个严峻的话题：栗氏量的单位量制比汉代的要小。在谈论量器的容积时，中国古代有一个优良传统，叫作"用度数审其容"[④]，即用长度单位规定出量器单位的大小来。当时斗的单位量制是1斗等于

---

① 《考工记·栗氏为量》条之郑玄注，《十三经注疏·周礼注疏卷四十》，北京：中华书局，1979年版。

② 《左传·昭公三年》。

③ 吴承洛，《中国度量衡史》，上海：上海书店出版社，1984年版，第100页。

④ （汉）班固，《汉书·律历志上》。

162立方寸。从战国时遗留至今的商鞅方升上的铭文"积十六尊（寸）五分尊（寸）壹为升"，到《九章算术》的"粟米法"，再到新莽嘉量斛铭上的"积千六百二十寸"，都昭示着这样的单位量制。该量制是当时人们的共识，并被公认为它就是所谓的古周制。而按照郑玄的推算，6.4斗合1000立方寸，即栗氏量的1斗合156.25立方寸。这与公认的斗的量制显然是不同的。我们知道，刘歆制作嘉量时，模仿的是栗氏量的结构和形制，正如励乃骥先生所言："刘歆作量，仿乎周制，故其铭辞，多引《周礼》，如'嘉量''方尺而圆其外''深尺'等语，即引《考工记》之文。"[①]嘉量斗的量制是1斗等于162立方寸，刘歆嘉量以栗氏量为蓝本，郑玄推算的同样也是栗氏量，他们得出的单位量制居然不同，这是说不过去的。

实际上，郑玄在这里犯了两个错误。一个是他误解了栗氏量的形制。《考工记》中说的"内方尺而圆其外"，不是说栗氏量的形状内方外圆，而是说该量器口径正好容纳下一个边长为1尺的正方形。即是说，鬴的形状是圆桶形的。郑玄把它当成一个边长为1尺的正方体容器去计算，焉能不出错。

郑玄的第二个错误是：他还误解了栗氏量的单位进制。按照郑玄的解释，栗氏量1鬴等于6斗4升，而刘歆的嘉量则1斛等于10斗，这样，二者又出现了矛盾。在这里，郑玄依据的是《左传》的记载，而实际上，《左传》中说的是"齐旧四量"，它是否适用于栗氏量，尚需再加考证。关于栗氏量的单位进制问题，陈梦家提出了一种新的解释，他说："《考工记》之嘉量，其主体之鬴，深、径各一尺，鬴下圈足内（即谓臀）深一寸，径仍一尺，则豆为鬴十分之一。如此，豆、升皆为十进制。"陈梦家的"径一尺"的说法，不够准确，但他提出的鬴、豆、升各为十进制的见解，则不无道理，丘光明等对陈梦家的观点评价道："这种看法是很有见地的。齐国四进制的'公量'，最早见于春秋，时至战国，逐渐被田齐家量所取代，并且已证明多用升、斗、釜十进制。《考工记》成书于战国后期，不会再用四进之豆、区制。而栗氏量中之豆，实

---

① 励乃骥，《释瓿》，河南省计量局，《中国古代度量衡论文集》，郑州：中州古籍出版社，1990年版，第52页。

当为斗。"①换句话说，栗氏量中的鬴容10斗，与后世的斛是一样的。

在历史上，郑玄的这两个错误，在祖冲之那里得到了明确的纠正。《隋书·律历志上》记载说，对栗氏量：

> 祖冲之以算术考之，积凡一千五百六十二寸半。方尺而圆其外，减傍一厘八毫，共径一尺四寸一分四毫七秒二忽有奇而深尺，即古斛之制也。

祖冲之的算法可用公式表述如下：

$$1鬴 = \pi \left(\frac{14.10472}{2} \right)^2 \times 10 = 1562.5 （寸^3）$$

这一算法，只对圆柱体成立，因此，它纠正了郑玄的第一个错误。引文中的"即古斛之制也"，更明确指出这是容十斗之"古斛"，这样，它又纠正了郑玄的第二个错误。

需要指出的是，祖冲之的上述推算也有瑕疵。他在推算鬴的直径时，采用了"减傍一厘八毫"的做法，这种做法依据不足。栗氏量明确规定其口径为"内方尺"，即恰能容下一个边长为1尺的正方形，原文并没有提到"傍"的存在。"庣旁"是刘歆设计嘉量时的发明，刘歆之前不存在类似的概念。祖冲之的"减傍"，于理于原文皆无所据。

实际上，在祖冲之之前，刘徽在研究栗氏量时，已经引入了"庣旁"的概念，他在检验栗氏量的数字关系时提出：

> 以数相乘之，则斛之制：方一尺而圆其外，庣旁一厘七毫，幂一百五十六寸四分寸之一，深一尺，积一千五百六十二寸半，容十斗。②

根据刘徽给出的数字关系，可以看出他是按下述式子进行运算的：

---

① 丘光明、邱隆、杨平，《中国科学技术史·度量衡卷》，北京：科学出版社，2001年版，第221页。
② （魏）刘徽，《商功》，《九章算术注》卷五。

$$1斛 = \pi\left(\frac{\sqrt{200}}{2}-0.017\right)^2 \times 10 \approx 1562.5 \text{（寸}^3\text{）}$$

与刘歆设计新莽嘉量不同的是，刘徽把"庣旁"由正变成了负。祖冲之继承了刘徽的做法，只不过他的圆周率值比刘徽的 $\pi=3.14$ 要稍微大一点，所以他把"庣旁"也做了相应增加，由1厘7毫变成了1厘8毫。至于刘徽与祖冲之为什么要对栗氏量引入"庣旁"概念，我们不得而知，也许这是他们为了得到与郑玄的1斗合156.25立方寸相同的结果而采取的凑数措施。实际上，在当时，1斛等于1620立方寸的所谓的古周制已深入人心，郑玄的推算于史无据，前提是错的，他们没必要去迎合郑玄的单位进制。

祖冲之的推算还有另外一个疏忽。按"正方尺而圆其外"再"减傍一厘八毫"的方式进行计算，得到的结果应该是"径一尺四寸一分六毫一秒三忽有奇"，而不是"一尺四寸一分四毫七秒二忽有奇"。运算过程如下式所示：

$$斛径 = \sqrt{2}-2 \times 0.0018 = 1.4106135 \text{（尺）}$$

要得到祖冲之所说的"径一尺四寸一分四毫七秒二忽有奇"的结果，应该"减傍一厘八毫七秒有奇"[①]，而不是"减傍一厘八毫"。所以，这是祖冲之在数字表示上的疏忽。祖冲之之所以会出现这样的疏忽，是因为古人不具备现代的有效数字概念，记数时不运用四舍五入法则，而他在对"庣旁"的表示上又只取了两位有效数字。但无论如何，这种疏忽的出现都是不应该的：他既然在推算栗氏量的直径时，可以精确到7位有效数字；在指出刘歆"庣旁"的精度时，不忘在"毫"之后加上"有奇"二字，那么，在为栗氏量设计"庣旁"时，他为什么就不肯在"毫"之后多记上一两位有效数字，从而使一组数据之间的精度大致保持一致呢？

四、对时间计量的贡献

祖冲之在时间计量方面也做了大量工作。

---

① 李俨在"减傍一厘八毫"后补上了"七秒"二字，并说"原无此二字"，但未进一步深究。参见邹大海，《李俨与中国古代圆周率》，载《中国科技史料》，2001年第2期。

在对基本时间单位回归年长度的测定方面，祖冲之改进了传统的测定方法，从而使新的历法在回归年长度上更为准确。过去人们测定回归年长度，通常是在预期的冬至前后几天，用立竿测影的方法，测出影子最长的那一天作为冬至，相邻两个冬至之间的时间长度，就是一个回归年。这种方法在理论和实践上都存在一些问题，而且还容易受到冬至前后气候变化的影响，有一定误差。祖冲之对之做了巧妙的改革，提出了一种具有比较严格的数学意义的测定冬至时刻的方法：他选择冬至前若干天和冬至后若干天分别测量正午时分的影长，通过比较影长变化，运用对称原理推算出冬至的准确时刻。他的方法是对传统回归年测定方法的重大突破，有很高的理论意义和实用价值。他运用这一方法，测得了更为精确的回归年数值，并将其写进了自己编制的《大明历》中。按《大明历》的数据，他测得的回归年长度是365.2428日。这个数值过了700多年才被后人所突破。[1]

另外，祖冲之还对闰周做了修改。我国古代历法是阴阳历，需要通过安置闰月来调整朔望月和回归年之间的关系。传统上人们采用19年7闰的方法来解决这一问题，但这一闰周比较粗疏，大约200多年就要多出一天，祖冲之经过反复测算，提出每391年中置144个闰月的主张。他的这一主张跟现代测量值比较只差万分之六日，即一年只相差52秒，这是相当精密的。

由于回归年日数和闰周数据都比较精密，祖冲之《大明历》在另一自然时间单位——朔望月长度的推定方面，也取得了非常好的结果。他的朔望月长度为29.5305915日，与今测值相比误差仅为0.00000560日，每月仅长0.5秒。祖冲之以后，直到宋代《明天历》《奉元历》《纪元历》等历法中，才有更好的朔望月数据出现。[2]

除了对回归年、朔望月这两个时间单位进行改革，祖冲之还对古代另

---

① 中国天文学史整理研究小组，《中国天文学史》，北京：科学出版社，1987年版，第89—91页。

② 杜石然，《祖冲之》，杜石然等，《中国古代科学家传记（上）》，北京：科学出版社，1997年第2次印刷，第221—234页。

一个重要计时单位——刻及计时仪器漏刻做了探究，其探究成果表现在他和儿子祖暅合著的《漏经》一书中。《南史·沈洙传》曾提到《漏经》这本书：

> 洙曰：夜中测立，缓急易欺，兼用昼漏，于事为允。但漏刻赊促，今古不同。《汉书·律历》、何承天、祖冲之祖暅之父子《漏经》，并自关鼓至下鼓、自晡鼓至关鼓，皆十三刻，冬夏四时不异。若其日有长短，分在中时前后。

《漏经》一书已经失传，其具体内容我们不得而知。从沈洙的引述中可知，该书至少探讨了时刻制度安排问题，而且其探讨被当时人作为讨论时刻制度的依据而加以引用，这是没有疑义的。

五、空间计量留佳话

在空间方位测量方面，祖冲之成功地研制出了指南车，为中国计量史留下了一段佳话。

关于指南车，古代有许多传说，有一个传说：最早的指南车是黄帝发明的。黄帝的军队在与蚩尤作战时，遇到大雾，不辨方向，无法取胜，于是黄帝便制造出一辆指南车，利用它来识别方向，使军队在大雾中不至于迷失方向。依靠指南车的指引，黄帝的军队取得了胜利，生擒了蚩尤。另一个传说认为指南车是周公发明的。周公协助武王推翻了暴虐的商纣王，建立了周朝。武王去世后，周公又代成王治理国家，一时天下太平，王邦来贺，就连在遥远的南方的越棠氏也派使者前来祝贺。周公为了感谢他们的盛意，就造了指南车送给他们，以便他们在归途中不至于迷失方向。

黄帝或周公发明指南车的传说，其真相如何，很难考辨。根据文献记载，东汉时大科学家张衡制造过指南车，三国时北魏的发明家马钧也制造过指南车。马钧经过发奋钻研，成功地制造出了指南车的故事被《三国志·魏

书·方技传》记载了下来，从而成了中国古代关于指南车的最早的可信
记载。

张衡和马钧的指南车都失传了，但人们对指南车的关注却热情不减。《晋
书·舆服志》曾记载说："司南车，一名指南车，驾四马，其下制如楼，三
级；四角金龙衔羽葆；刻木为仙人，衣羽衣，立车上，车虽回运而手常南指。
大驾出行，为先启之乘。"刘宋王朝的奠基人是后来被追封为武帝的刘裕，刘
裕当年平定关中后秦政权时，得到了后秦政权的一辆指南车，该车虽然具有
指南车的形状，但设计却不够精巧，以至于每当车子随仪仗队出行时，就得
有一个人藏在车内，依靠人的转动使车上木人的手臂指向南方。祖冲之对该
车早有所知，多次提出应该对之加以改造。后来，萧道成把持刘宋王朝朝政，
他就把改造这部车子的任务交给了祖冲之。祖冲之大胆地把木构件改用铜制，
经过精心推敲和反复测试，成功地设计和安装了其内部机械装置，使得该车
"圆转无穷而司方如一"，不论车子怎样转弯，木人所指示的方向始终不变，
具备了自动指南的功能。当时，北方有个叫索驭骥的，号称自己也能造指南
车，萧道成就让他和祖冲之各造了一辆，公开比试。比试的结果，祖冲之
得到了大家的一致认可，而索驭骥所造则"颇有差僻，乃毁焚之"[①]。祖冲之
的复原被认为是马钧以来最好的。

祖冲之博学多才，精通音律，平生著述很多，《隋书·经籍志》著录有
《长水校尉祖冲之集》五十一卷，散见于各种史籍记载的则有像《缀术》《九
章算术注》《大明历》《驳戴法兴奏章》这样的科学作品，有像《安边论》这
样的政论作品，有像《论语孝经释》以及关于《易经》《老子》《庄子》的
注释等哲学作品，还有像小说《述异记》这样的文学作品。其著述内容之丰
富、所涉范围之广泛，由此可见一斑。可惜的是这些著作绝大部分都已经失
传了。

---

① （唐）李延寿，《南史·祖冲之传》。

第四节　传教士对中国计量的贡献

明末清初，中国传统计量出现了一些新的变化：在西学东渐的影响下，计量领域出现了一些新的概念和单位，以及新的计量仪器，它们扩大了传统计量的范围，为新的计量分支的诞生奠定了基础。这些新的计量分支一开始就与国际接轨，它们的出现，标志着中国传统计量开始了向近代计量的转化。这一转化，是传教士带来的西方科学促成的。

一、角度计量的奠基

中国传统计量中没有角度计量。之所以如此，是因为中国古代没有可用于计量的角度概念。

像世界上别的民族一样，中国古人在其日常生活中不可能不接触到角度问题。但中国人处理角度问题时采用的是"具体问题具体解决"的办法，他们没有发展出一套抽象的角度概念，并在此基础上制定出统一的角度体系（例如像西方广泛采用的360°圆心角分度体系那样），以之解决各类角度问题。没有统一的体系，也就不可能有统一的单位，当然也就不存在相应的计量。所以，古代中国只有角度测量，不存在角度计量。

在进行角度测量时，中国古人通常是就其所论问题规定出一套特定的角度体系，就此体系进行测量。例如，在解决方位问题时，古人一般情况下是用子、丑、寅、卯、辰、巳、午、未、申、酉、戌、亥这十二个地支来表示十二个地平方位，如图6.4.1所示。在要求更细致一些的情况下，古人采用的是在十二地支之外又加上了十干中的甲、乙、丙、丁、庚、辛、壬、癸和八卦中的乾、坤、艮、巽，以之组成二十四个特定名称，用以表示方位，如图6.4.2所示。但是，不管是十二地支方位表示法，还是二十四支方位表示法，它们的每一个特定名称表示的都是一个特定的区域，区域之内没有进一步的细分。所以，用这种方法表示的角度是不连续的。更重要的是，它们都是只具有特定用途的角度体系，只能用于表示地平方位，不能任意用到其他需要进行角度测量的场合。因此，由这种体系不能发展出角度计量来。

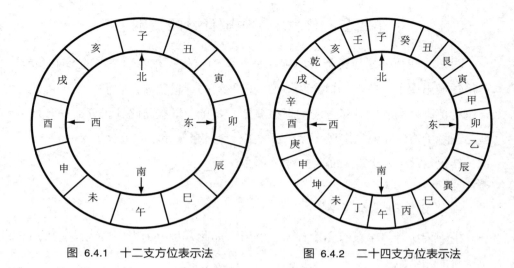

图 6.4.1　十二支方位表示法　　　　图 6.4.2　二十四支方位表示法

在一些工程制作所需的技术规范中，古人则采用规定特定的角的办法。例如《考工记·车人之事》中就规定了这样一套特定的角度：

> 车人之事，半矩谓之宣，一宣有半谓之欘，一欘有半谓之柯，一柯有半谓之磬折。

矩是直角，因此这套角度如果用现行360°分度体系表示，则：

$$一矩 = 90°$$

$$一宣 = 90° \times \frac{1}{2} = 45°$$

$$一欘 = 45° + 45° \times \frac{1}{2} = 67°30'$$

$$一柯 = 67°30' + 67°30' \times \frac{1}{2} = 101°15'$$

$$一磬折 = 101°15' + 101°15' \times \frac{1}{2} = 151°52'30''$$

显然，这套角度体系只能用于《考工记》所规定的制车工艺之中，其他场合是无法使用的。即使在《考工记》中，超出这套体系之外的角度，古人也不得不另做规定，例如《考工记·磬氏为磬》条在涉及磬的两条上边的折角大小时，就专门规定说："倨句一矩有半。"即该角度的大小为90°+90°×$\frac{1}{2}$=135°。这种遇到具体角度就需要对之做出专门规定的做法，显然发展不成角度计量，因为它不符合计量对统一性的要求。

在古代中国，与现行360°分度体系最为接近的是古人在进行天文观测时，所采用的分天体圆周为365¼度的分度体系。这种分度体系的产生，是由于古人在进行天文观测时发现，太阳每365¼日在恒星背景上绕天球一周，这启发他们想到，若分天周为365¼度，则太阳每天在天球背景上运行一度，据此可以很方便地确定一年四季太阳的空间方位。古人把这种分度方法应用到天文仪器上，运用比例对应测量思想测定天体的空间方位[1]，从而为我们留下了大量定量化了的天文观测资料。

但是，这种分度体系同样不能导致角度计量的诞生。因为，它从一开始就没有被古人当成角度。例如，西汉扬雄就曾运用周三径一的公式去处理沿圆周和直径的度之间的关系[2]，类似的例子可以举出许多。[3]非但如此，古人在除天文之外的其他角度测定场合一般也不使用这一体系。正因为如此，我们在讨论古人的天文观测结果时，尽管可以直接把他们的记录视同角度，但由这种分度体系本身却是不可能演变出角度计量来的。

传教士带来的角度概念，打破了这种局面，为角度计量在中国的诞生奠定了基础。这其中，利玛窦发挥了很大作用。

利玛窦为了能够顺利地在华进行传教活动，采取了一套以科技开路的办法，通过向中国知识分子展示自己所掌握的科技知识，博取中国人的好感。他在展示这些知识的同时，还和一些中国士大夫合作翻译了一批科学书籍，传播了令当时的中国人耳目一新的西方古典科学。在这些书籍中，最为重要的是他和徐光启合作翻译的《几何原本》一书。《几何原本》是西方数学经典，其作者是古希腊著名数学家欧几里得。该书是公认的公理化著作的代表，

---

① 关增建，《中国古代物理思想探索》，长沙：湖南教育出版社，1991年版，第224—232页。

② （西汉）扬雄，《难盖天八事》，《隋书·天文志上》，北京：中华书局，1976年版。

③ 参见本书第四章第一节，原载《自然辩证法通讯》，1989年第5期，第77—79页。

它从一些必要的定义、公设、公理出发，以演绎推理的方法，把已有的古希腊几何知识组合成了一个严密的数学体系。《几何原本》所运用的证明方法，一直到17世纪末都被人们奉为科学证明的典范。利玛窦来华时，将这样一部科学名著携带到了中国，并由他口述，徐光启笔译，将该书的前六卷介绍给了中国的知识界。

就计量史而言，《几何原本》对中国角度计量的建立起到了奠基的作用。它给出了角的一般定义，描述了角的分类及各种情况、角的表示方法，以及如何对角与角进行比较。这对于角度概念的建立是非常重要的。因为如果没有普适的角度概念，角度计量就无从谈起。

除了在《几何原本》中对角度概念做出规定，利玛窦还把360°圆心角分度体系介绍给了中国。这对于中国的角度计量是至关重要的，因为计量的基础就在于单位制的统一，而360°圆心角分度体系就恰恰提供了这样一种统一的、可用于计量的角度单位制。正因为这样，这种分度体系被介绍进来以后，其优点很快就被中国人认识到了，例如，《明史·天文志一》就曾指出，利玛窦介绍的分度体系"分周天为三百六十度……以之布算制器，甚便也"。正因为如此，这种分度体系很快被中国人所接受，成了中国人进行角度测量的单位基础。就这样，通过《几何原本》的介绍，我们有了角的定义及对角与角之间的大小进行比较的方法；通过利玛窦的传播，我们接受了360°圆心角分度体系，从而有了表示角度大小的单位划分：有了比较就能进行测量，有了统一的单位制度，这种测量就能发展成为计量。因此，从这个时候起，在中国进行角度计量已经有了其基本的前提条件，而且，这种前提条件一开始就与国际通用的角度体系接了轨，这是中国的角度计量得以诞生的基础。当然，要建立真正的角度计量，还必须建立相应的角度基准（如检定角度块）和测量仪器，但无论如何，没有统一的单位制度，就不可能建立角度计量，因此，我们说，《几何原本》的引入，为中国角度计量的出现奠定了基础。

角度概念的进步表现在许多方面。例如，在地平方位表示方面，自从科学的角度概念在中国建立之后，传统的方位表示法就有了质的飞跃，清初的

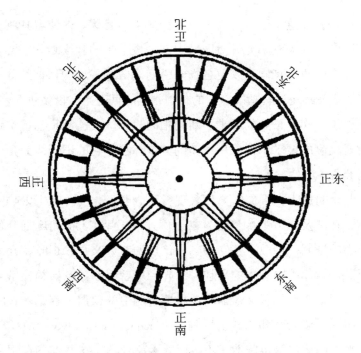

图 6.4.3 《灵台仪象志》记载的32向地平方位表示法

《灵台仪象志》就记载了一种新的32向地平方位表示法："地水球周围亦分三百六十度，以东西为经，以南北为纬，与天球不异。泛海陆行者，悉依指南针之向盘。盖此有定理、有定法，并有定器。定器者即指南针盘，所谓地平经仪。其盘分向三十有二，如正南北东西，乃四正向也；如东南东北、西南西北，乃四角向也。又有在正与角之中各三向，各相距十一度十五分，共为地平四分之一也。"①这种表示法如图6.4.3所示。

由这段记载我们可以看出，当时人们在表示地平方位时，已经采用了360°的分度体系，这无疑是一大进步。与此同时，人们还放弃了那种用专名表示特定方位的传统做法，代之以建立在360°分度体系基础之上的指向表示法。传统的区域表示法不具备连续量度功能，因为任何一个专名都固定表示

---

① ［比］（清）南怀仁，《灵台仪象志三》，《古今图书集成·历象汇编历法典》第九十一卷，上海：上海文艺出版社，1993年影印本。

某一特定区域，在这个区域内任何一处都属于该名称。这使得其测量精度受到了很大限制，因为它不允许对区域内部做进一步的角度划分。要改变这种局面，必须变区位为指向，以便各指向之间能做进一步的精细划分。这种新的32向表示法就具备这种功能，它的相邻指向之间，是可以做进一步细分的，因此它能够满足连续量度的要求。新的指向表示法既能满足计量实践日益提高的对测量精度的要求，又采用了新的分度体系，它的出现，为角度计量的普遍应用准备了条件。

角度概念的进步在天文学方面表现得最为明显。受传教士影响所制作的天文仪器，在涉及角度的测量时，毫无例外都采用了360°角度划分体系，就是一个有力的证明。传教士在向中国人传授西方天文学知识时，介绍了欧洲的天文仪器，引起了中国人的兴趣，徐光启就曾经专门向崇祯皇帝上书，请求准许制造一批新型的天文仪器。他所要求制造的仪器，都是西式的。徐光启之后，中国人李天经和传教士罗雅各（Jacques Rho，1590—1638年）、汤若望以及后来的南怀仁等也制造了不少西式天文仪器，这些仪器在明末以及清代的天文观测中发挥了很大作用。这些西式天文仪器，无疑"要兼顾中国的天文学传统和文化特点。比如，传教士和他们的中国合作者在仪器上刻画了二十八宿、二十四节气这样的标记，用汉字标数字"[1]。但是，在仪器的刻度划分方面，则放弃了传统的365¼分度体系，而是采用了"凡仪上诸圈，因以显诸曜之行者，必分为三百六十平度"的做法。[2]之所以如此，从技术角度来看，自然是因为欧洲人编制历法，采用的是60进位制，分圆周为360°，若在新仪器上继续采用中国传统分度，势必造成换算的繁复，而且划分起来也不方便。所以，这种做法是明智之举。

随着角度概念的出现及360°分度体系的普及，各种测角仪器也随之涌现。只要看一下清初天文著作《灵台仪象志》中对各种测角仪器的描述，我们就不难明白这一点。

① 张柏春，《明清测天仪器之欧化》，沈阳：辽宁教育出版社，2000年版，第160页。
② 《新法历书·浑天仪说一》，《历法大典》第八十五卷，上海：上海文艺出版社，1993年影印本。

总之，360°分度体系虽然是希腊古典几何学的内容，并非近代科学的产物，但它的传入及得到广泛应用，为中国近代角度计量的诞生奠定了基础，这是可以肯定的。

二、温度计的引入

温度计量是物理计量的一个重要内容。在中国，近代的温度计量的基础是在清代奠定的，其标志是温度计的引入。

温度计量有两大要素，一是温度计的发明，一是温标的建立。在我国，这两大要素都是借助西学的传入而得以实现的。

中国古人很早就开始了对有关温度问题的思考。气温变化作用于外界事物，会引起相应的物态变化，因此，通过对特定的物态变化的观察，可以感知外界温度的变化。温度计就是依据这一原理而被发明出来的。中国古人也曾经沿这条道路探索过，《吕氏春秋·慎大览·察今》中就有过这样的说法：

> 审堂下之阴，而知日月之行，阴阳之变；见瓶水之冰，而知天下之寒，鱼鳖之藏也。

这里所讲的，通过观察瓶里的水结冰与否，就知道外边的气温是否变低了，其实质就是通过观察水的物态变化来粗略地判定外界温度变化范围。《吕氏春秋》所言，当然有其一定道理，因为在外界大气压相对稳定的情况下，水的相变温度也是相对恒定的。但盛有水的瓶子绝对不能等同于温度计，因为它对温度变化范围的估计非常有限，而且除了能够判定一个温度临界点（冰点）以外，也没有丝毫的定量化在内。

在我国，具有定量形式的温度计出现于17世纪六七十年代，是耶稣会传教士南怀仁介绍进来的。南怀仁是比利时人，1656年奉派来华，1658年抵澳门，1660年到北京，为时任钦天监监正的汤若望当助手，治天文历法。这里所说的温度计，就是他在其著作《灵台仪器图》和《验气图说》中首先介绍

的。这两部著作，前者完成于1664年，后者发表于1671年，两者均被南怀仁
纳入其纂著的《新制灵台仪象志》中，前者成为该书的附图，后者则成为正
文的一部分，即其第四卷的《验气说》。关于南怀仁介绍的温度计，王冰有
详细论述，这里不再赘述。[①]

南怀仁的温度计是有缺陷的：该温度计管子的一端是开口的，与外界大
气相通，这使得其测量结果会受到外界大气压变化的影响。他之所以这样设
计，是受亚里士多德"大自然厌恶真空"这一学说影响的结果。考虑到早
在1643年，托里拆利（E. Torricelli，1608—1647年）和维维安尼（V. Viviani，
1622—1703年）已经提出了科学的大气压概念，发明了水银气压计，此时南
怀仁还没有来华，他应该对这一科学进展有所知晓。可他在20多年之后，在
解释其温度计工作原理时，采用的仍然是亚里士多德学说，这种做法，未免
给后人留下了一丝遗憾。而且，他的温度计的温标划分是任意的，没有固定
点，因此它不能给出被大家公认的温度值，只能测出温度的相对变化。这种
情况与温度计量的要求还相距甚远。

在西方，伽利略于1593年发明了空气温度计。他的温度计的测温结果同
样会受到大气压变化的影响，而且其标度也同样是任意的，不具备普遍性。
伽利略之后，有许多科学家孜孜不倦地从事温度计的改善工作，他们工作
的一个重要内容是制定能为大家接受的温标，波义耳（Robert Boyle，1627—
1691年）就曾为缺乏一个绝对的测温标准而感到苦恼，惠更斯也曾为温度计
的标准化而做过努力，但是直到1714年，德国科学家华伦海特（Gabriel Daniel
Fahrenheit，1686—1736年）才发明了至今仍为人们所熟悉的水银温度计[②]，10
年后，他又扩展了他的温标，提出了今天还在一些国家中使用的华氏温标。
又过了近20年，1742年，瑞典科学家摄尔修斯（Anders Celsius，1701—1744
年）发明了把水的冰点作为100°，沸点作为0°的温标，第二年他把这二者颠

---

① 王冰，《南怀仁介绍的温度计和湿度计试析》，载《自然科学史研究》，1986年第1期。
② ［英］亚·沃尔夫著，周昌忠等译，《十六、十七世纪科学、技术和哲学史（上册）》，北京：
　　商务印书馆，1995年版，第104—108页。

倒了过来，成了与现在所用形式相同的百分温标。1948年，在得到广泛赞同的情况下，人们决定将其称作摄氏温标。这种温标沿用至今，成为社会生活中最常见的温标。

通过对比温度计在欧洲的这段发展历史，我们可以看到，尽管南怀仁制作的温度计存在着测温结果会受大气压变化影响的缺陷，尽管他的温度计的标度还不够科学，但他遇到的这些问题，他同时代的那些西方科学家也同样没有解决。他把温度计引入中国，使温度计成为人们关注的科学仪器之一，这本身已经奠定了他在中国温度计量领域所具有的开拓者的历史地位。

在南怀仁之后，我国民间自制温度计的也不乏其人。据史料记载，清初的黄履庄就曾发明过一种"验冷热器"，可以测量气温和体温。清代中叶杭州人黄超、黄履父女也曾自制过"寒暑表"。由于原始记载过于简略，我们对于这些民间发明的具体情况，还无从加以解说。但可以肯定的是，他们的活动，表现了中国人对温度计量的热忱。

南怀仁把温度计介绍给中国，不但引发了民间自制温度计的活动，还启发了传教士不断把新的温度计带到中国。"在南怀仁之后来华的耶稣会士，如李俊贤、宋君荣、钱德明等，他们带到中国的温度计就比南怀仁介绍的先进多了。"[1]正是在中外双方的努力之下，不断得到改良的温度计也不断地传入了中国。最终，水银温度计和摄氏温标的传入，使得温度测量在中国有了统一的单位划分，有了方便实用的测温工具。这些因素的出现，标志着中国温度计量的萌生，而近代温度计量的正式出现，则要到20世纪，其标志是国际计量委员会对复现性好、最接近热力学温度的"1927年国际实用温标"的采用。在中国，这一步的完全实现，则是20世纪60年代的事情了。

三、时间计量的进步

相对于温度计量而言，时间计量对于科技发展和社会生活更为重要。中

---

① 曹增友，《传教士与中国科学》，北京：宗教文化出版社，1999年版，第265页。

国的时间计量，也有一个由传统到近代的转变过程。这一过程开始的标志，主要表现在计时单位的更新和统一、计时仪器的改进和普及上。

就计时单位而言，除去年、月（朔望月）、日这样的大时段单位决定于自然界一些特定的周期现象以外，小于日的时间单位一般是人为划分的结果。中国人对于日以下的时间单位划分，传统上采用了两个体系，一个是十二时制，一个是百刻制。十二时制是把一个昼夜平均分为12个时段，分别用子、丑、寅、卯、辰、巳、午、未、申、酉、戌、亥这12个地支来表示，每个特定的名称表示一个特定的时段。百刻制则是把一个昼夜平均分为100刻，以此来表示生活中的精细时段划分。

十二时制和百刻制虽然分属两个体系，但它们表示的对象却是统一的，都是一个昼夜。十二时制时段较长，虽然唐代以后每个时段又被分为时初和时正两部分，但其单位仍嫌过大，不能满足精密计时的需要。百刻制虽然分划较细，体现了古代计时制度向精密化方向的发展，但在日与刻之间缺乏合适的中间单位，使用起来也不方便。正因为如此，这两种制度就难以彼此取代，只好同时并存，互相补充。在实用中，古人用百刻制来补充十二时制，而用十二时制来提携百刻制。

既然十二时制与百刻制并存，二者之间就存在一个配合问题。可是100不是12的整数倍，配合起来颇有难度，为此，古人在刻下面又分出了小刻，1刻等于6小刻，这样每个时辰包括8刻2小刻，时初、时正分别包括4刻1小刻。这种方法虽然使得百刻制和十二时制得到了勉强的配合，但它也造成了时间单位划分繁难、刻与小刻之间单位大小不一致的问题，增加了相应仪器制作的难度，使用起来很不方便。它与时间计量的要求是背道而驰的。

传教士介绍进来的时间制度，改变了这种局面。明朝末年，传教士进入我国之后，在其传入的科学知识中，一开始就有新的时间单位。这种新的时间单位首先表现在对传统的“刻”的改造上，传教士取消了分一日为100刻的做法，而代之以96刻制，以使其与十二时制相合。对百刻制加以改革的做法在中国历史上并不新鲜，例如汉哀帝时和王莽时，就曾分别行用过120刻制，而南北朝时，南朝梁武帝也先后推行过96刻制和108刻制，但由于受到天人感应等非科学因素的影响，这些改革都持续时间很短。到了明末清初，历史上曾存在过的那些反对时刻制度改革的因素已经大为削弱，这使得中国天文学界很快就认识到了传教士的改革所具有的优越性，承认利玛窦等"命日为九十六刻，使每时得八刻无奇零，以之布算制器，甚便也"[①]。

传教士之所以首先在角度计量和时间单位上进行改革，是有原因的。他们要借科学技术引起中国学者的重视，首先其天文历法要准确，这就需要他们运用西方天文学知识对中国的观测数据进行比较、推算，如果在角度和时间这些基本单位上采用中国传统制度，他们的运算将变得十分繁难。

传教士对计时制度进行改革，首先提出96刻制，而不是西方的时、分、秒（HMS）计时单位体系，是因为他们考虑到了对中国传统文化的兼顾。在西方的HMS计时单位体系中，刻并不是一个独立单位，传教士之所以要引入它，自然是因为百刻制在中国计时体系中有着极为重要的地位，而且行用已久，为了适应中国人对时间单位的感觉，不得不如此。传教士引入的96刻制，每刻长短与原来百刻制的一刻仅差36秒，人们在生活习惯上很难感觉到二者的差别，接受起来也就容易些。由于西方的时与中国十二时制中的小时大小一样，所以，新的时刻制度的引入，既不至于与传统时刻制度有太大的差别而被中国人拒绝，又不会破坏HMS制的完整。所以，这种改革对于他们进一步推行HMS制，也是有利的。

96刻制虽然兼顾到了中国传统，但也仍然遭到了非议，最典型的例子就是清康熙初年杨光先引发的排教案中，这一条被作为给传教士定罪的依据之一。《清圣祖实录》卷十四《康熙四年三月壬寅》是这样记录该案件的："历法深微，难以区别。但历代旧法每日十二时，分一百刻，新法改为九十六刻……俱大不合。"不过，这种非议毕竟不是从科学角度出发的，它没有影响到天文学界对新法的采纳。对此，南怀仁在《历法不得已辨·辨昼夜一百

---

① 《明史·天文志一》。

刻之分》中的一段的话可资证明："据《授时历》分派百刻之法，谓每时有八刻，又各有一奇零之数。由粗入细，以递推之，必将为此奇零而推之无穷尽矣。况迩来畴人子弟，亦自知百刻烦琐之不适用也。其推算交食，求时差分，仍用九十六刻为法。"南怀仁说的符合实际，自传教士引入新的时刻制度后，96刻制就取代了百刻制。十二时制和96刻制并行，是清朝官方计时制度的特点。

但新的时刻制度并非完美无借瑕，例如它仍然坚持用汉字的特定名称而不是数字表示具体时间，这不利于对时间进行数学推演。不过，传教士并没有止步不前，除了96刻制，他们也引入了HMS制。我们知道，HMS制是建立在360°圆心角分度体系基础之上的，既然360°圆心角分度体系被中国人接受了，HMS这种新的计时单位制也同样会被中国人接受，这是顺理成章之事。所以，康熙九年（1670年）开始推行96刻制的时候，一开始推行的就是"周日十二时，时八刻，刻十五分，分六十秒"[①]之制，这实际上就是HMS制。这一点，在天文学上表现得最为充分，天文仪器的制造首先就采用了新的时刻制度。在清代天文仪器的时圈上，除仍用十二辰外，都刻有HMS分度。[②]这里不妨给出一个具体例子，在南怀仁主持督造的新天文仪器中，有一部叫赤道仪，在这台仪器的"赤道内之规面并上侧面刻有二十四小时，以初、正两字别之，每小时均分四刻，二十四小时共九十六刻，规面每一刻平分三长方形，每一方平分五分，一刻共十五分，每一分以对角线之比例又十二细分，则一刻共一百八十细分，每一分则当五秒"[③]通过这些叙述，我们不难看出，在这台新式仪器上，采用的就是HMS制。前节介绍温度计量，南怀仁在介绍其温度计用法时，曾提到"使之各摩上球甲至刻之一二分（一分即六十秒，

① 《清会典》，《嘉庆会典》卷六十四，北京：中华书局，1991年版。

② 王立兴，《计时制度考》，《中国天文学史文集（第四集）》，北京：科学出版社，1986年版，第41页。

③ ［比］（清）南怀仁，《新制六仪》，《新制灵台仪象志》卷一，上海：上海文艺出版社，1993年影印本。

定分秒之法有本论，大约以脉一至，可当一秒）"①。这里所说的分、秒，就是HMS制里的单位。这段话是HMS制应用于天文领域之外的例子。

在康熙"御制"的《数理精蕴》下编卷一《度量权衡》中，HMS制作为一种时刻制度，是被正式记载了的：

> 历法则曰宫（三十度）、度（六十分）、分（六十秒）、秒（六十微）、微（六十纤）、纤（六十忽）、忽（六十芒）、芒（六十尘）、尘；
> 又有日（十二时，又为二十四小时）、时（八刻，又以小时为四刻）、刻（十五分）、分，以下与前同。②

引文中括号内文字为原书所加之注。引文的前半部分讲的是60进位制的角度单位，是传教士引入的结果；后半部分就是新的时刻制度，本质上与传教士所介绍的西方时刻制度完全相同。《数理精蕴》因为有其"御制"身份，它的记述，标志着新的时刻制度完全获得了官方的认可。

有了新的时刻制度，没有与时代相应的计时仪器，时间计量也没法发展。中国传统计时仪器有日晷、漏刻，以及与天文仪器结合在一起的机械计时器，后者如唐代一行的水运浑象、北宋苏颂的水运仪象台等。日晷是太阳钟，使用者通过观测太阳在其上的投影和方位来计时，在阴雨天和晚上无法使用，这使其使用范围受到了很大限制。在古代，日晷更重要的用途不在于计时，而在于为其他计时器提供标准，作校准之用。漏刻是水钟，其工作原理是利用均匀水流导致的水位变化来显示时间。漏刻是中国古代的主要计时仪器，由于古人的高度重视，漏刻在古代中国得到了高度的发展，其计时精度曾达到过令人惊异的地步。在东汉以后相当长的一段历史时期内，中国漏刻的日误差，常保持在1分钟之内，有些甚至只有20秒左右。③但是，漏刻也

① ［比］（清）南怀仁，《验气说》，《新制灵台仪象志》卷四，上海：上海文艺出版社，1993年影印本。
② （清）玄烨，《御制数理精蕴》，文渊阁《四库全书》版。
③ 华同旭，《中国漏刻》，合肥：安徽科技出版社，1991年版，第12、215页。

存在规模庞大、技术要求高、管理复杂等缺陷，不同的漏刻由不同的人管理，其计时结果会有很大的差别。显然，它无法适应时间计量在准确度和统一化方面的要求。

与天文仪器结合在一起的机械计时器也存在不利于时间计量发展的因素。中国古代此类机械计时器曾发展到非常辉煌的地步，苏颂的水运仪象台，就规模之庞大、设计之巧妙、报时系统之完善等方面，可谓举世无双。但古人设计此类计时器的原意，并非着眼于公众计时之用，而是要把它作为一种演示仪器，向君王等演示天文学原理，这就注定了由它无法发展成时间计量。从计量的社会化属性要求来看，在不同的此类仪器之间，也很难做到计时结果的准确统一。所以，要实现时间计量的基本要求，机械计时器必须与天文仪器分离，而且还要把传统的以水或流沙的力量为动力改变为以重锤、发条之类的力量为动力，这样才能敲开近代钟表的大门，为时间计量的进步准备好基本的条件。在我国，这一进程也是借助传教士引入的机械钟表而得以逐步完成的。

最早把西洋钟表带到中国来的是传教士罗明坚（Michel Ruggieri，1543—1607年）。[①]罗明坚是意大利耶稣会士，1581年来华，先在澳门学汉语，后移居广东肇庆。他进入广东后，送给当时的两广总督陈瑞一架做工精致的大自鸣钟，这使陈瑞很高兴，于是便允许他在广东居住、传教。

罗明坚送给陈瑞的自鸣钟，为适应中国人的习惯，在显示系统上做了些调整，例如他把欧洲机械钟时针一日转两圈的24小时制改为一日转一圈的12时制，并把显示盘上的罗马数字也改成了用汉字表示的十二地支名称。他的这一更改实质上并不影响后来传教士对时刻制度所做的改革，也正因为这样，他所开创的这种十二时辰显示盘从此一直延续到清末。

罗明坚的做法启发了相继来华的传教士，晚于罗明坚一年来华的利玛窦也带来了西洋钟表。当还在广东肇庆时，利玛窦就将随身携带的钟表、世界

---

① 曹增友，《传教士与中国科学》，北京：宗教文化出版社，1999年版，第157页。

地图以及三棱镜等物品向中国人展示，引起中国人极大的好奇心。当他抵达北京，向朝廷进献这些物品时，更博得了朝廷的喜欢。万历皇帝将西洋钟置于身边，还向人展示，并允许利玛窦等人在京居住、传教。

明朝灭亡之后，来华传教士转而投靠清王朝，以继续他们在华的传教事业。在他们向清王朝进献的各种物品中，机械钟表仍然占据突出地位。汤若望就曾送给顺治皇帝一架"天球自鸣钟"。在北京时与汤若望交谊甚深的安文思（Gabriel de Magalhāes，1609—1677年）精通机械学，他不但为顺治帝、康熙帝管理钟表等，而且自己也曾向康熙帝献钟表一架。南怀仁还把新式机械钟表的图形描绘在其《灵台仪象志》中，以使其流传更为广泛。在此后接踵而至的传教士中，携带机械钟表来华的大有人在。还有不少传教士，专门以机械钟表师的身份在华工作。

传教士引进的机械钟，使中国人产生了很大兴趣。崇祯二年，礼部侍郎徐光启主持历局时，在给皇帝的奏请制造天文仪器的清单中，就有"候时钟三"[①]，表明他已经关注到了机械钟表的作用。迫至清朝，皇宫贵族对西洋自鸣钟的兴趣有增无减，康熙时在宫中设有"兼自鸣钟执守侍首领一人。专司近御随侍赏用银两，并验钟鸣时刻"。在敬事房下还设有钟表作坊，名曰"做钟处"，置"侍监首领一人"，负责钟表修造事宜。[②]在上层社会的影响之下，制作钟表的热情也普及到了民间，大致与宫中做钟的同时，在广州、苏州、南京、宁波、福州等地也先后出现了家庭作坊式的钟表制造或修理业，出现了一批精通钟表制造的中国工匠。清廷"做钟处"里的工匠，除了一部分由传教士充任的西洋工匠外，还有不少中国工匠，就是一个有力的证明。钟表制作的普及，为中国时间计量的普及准备了良好的技术条件。

中国人不但掌握了钟表制作技术，而且还对之加以记载，从结构上和理论上对之进行探讨和改进。明末西洋钟表刚进入中国不久，王征在其《新制

---

① 《明史·天文志一》。

② 《清史稿·职官志》。

诸器图说》（成书于1627年）中就描绘了用重锤驱动的自鸣钟的示意图，并结合中国机械钟报时传统将其报时装置改成敲钟、击鼓和司辰木偶。清初刘献廷在其著作《广阳杂记》中则详细记载了民间制钟者张硕忱、吉坦然制造自鸣钟的情形。《四库全书》收录的清代著作《皇朝礼器图式》中，专门绘制了清宫制作的自鸣钟、时辰表等机械钟表的图式。嘉庆十四年（公元1809年），徐光启的后裔徐朝俊撰写了《钟表图说》一书，系统总结了有关制造技术和理论。该书是我国历史上第一部有关机械钟的工艺大全，亦是当时难得的一部测时仪器和应用力学著作。①

中国的钟表业在传教士影响之下向前发展的同时，西方钟表制作技术也在不断向前发展。欧洲中世纪的机械钟计时的准确性并不高，但到了17世纪，伽利略发现了摆的等时性，他和惠更斯各自独立地对摆的等时性和摆线做了深入研究，从而为近代钟表的产生和兴起，也为近代时间计量奠定了理论基础。1658年，惠更斯发明了摆钟②，1680年，伦敦的钟表制造师克莱门特（Clement）把节摆锚即擒纵器引入了钟表制作。③这些进展，标志着近代钟表事业的诞生。

那么，近代钟表技术的进展，随着传教士源源不断地进入我国，是否也被及时介绍进来了呢？答案是肯定的，"可以说，明亡（1644）之前，耶稣会士带入中国的钟是欧洲古代水钟、沙漏，中世纪重锤驱动的钟或稍加改进的产品；从清顺治十五年（1658）起，传入中国的钟表有可能是惠更斯型钟；而康熙二十年（1681）以后，就有可能主要是带擒纵器和发条（或游丝）的钟（表）"④。即是说，中国钟表技术的发展与世界上近代钟表技术的进步几乎是同步的。这为中国迈入时间计量的近代化准备了基本条件。当然，只是有

① 戴念祖，《中国科学技术史·物理学卷》，北京：科学出版社，2001年版，第505页。

② ［日］汤浅光朝著，张利华译，《科学文化史年表》，北京：科学普及出版社，1984年版，第54页。

③ ［英］亚·沃尔夫著，周昌忠等译，《十六、十七世纪科学、技术和哲学史（上册）》，北京：商务印书馆，1995年版，第128页。

④ 戴念祖，《中国科学技术史·物理学卷》，北京：科学出版社，2001年版，第499页。

了统一的计时单位、有了达到一定精确度的钟表，没有全国统一的计时、没有时间频率的量值传递，还不能说时间计量已经实现了近代化的要求。这是不言而喻的。

四、地球观念的影响

中国近代计量的萌生，不仅仅是由于温度计和近代机械钟表等计量仪器的出现，更重要的，还在于新思想的引入。没有与近代计量相适应的科学观念，近代计量也无从产生。这些观念不一定全部是近代科学的产物，但没有它们，就没有近代计量。上述角度观念是其中的一个例子，地球观念也同样如此。

地球观念的产生，与17世纪的近代科学革命无关，但它却是近代计量产生的前提。如果没有地球观念，法国议会就不可能于18世纪90年代决定以通过巴黎的地球子午线的四千万分之一作为长度的基本单位，从而拉开近代计量史上米制的帷幕。没有地球观念，也就不可能有时区划分的概念，时间计量也无从发展。所以，地球观念对于近代计量的产生是至关重要的。

中国传统文化中没有地球观念。要产生科学的地球观念，首先要认识到水是地的一部分，水面是弯曲的，是地面的一部分。中国人从来都认为水面是平的，"水平"观念深入到人们思想的深层，这无疑会阻碍地球观念的产生。在中国古代几家有代表性的宇宙结构学说中，不管是宣夜说，还是有了完整理论结构的盖天说，乃至后来占统治地位的浑天说，从来都没有科学意义上的地球观念。到了元朝，西方的地球说传入我国，阿拉伯学者扎马鲁丁在中国制造了一批天文仪器，其中一台叫"苦来亦阿儿子"，《元史·天文志》介绍这台仪器说：

苦来亦阿儿子，汉言地理志也。其制以木为圆毬，七分为水，其色绿；三分为土地，其色白。画江河湖海，脉络贯穿于其中。画作小方井，以计幅圆之广袤、道里之远近。

这无疑是个地球仪，它所体现的，是不折不扣的地球观念。但这件事"并未在元代天文学史上产生什么影响"①。到了明代，地球观念依然没有在中国学者心目中扎下根来。这种局面，要一直到明末清初，传教士把科学的地球观念引入我国，才有了根本的改观。

地球观念的引入，从利玛窦那里有了根本改观。《明史·天文志一》详细介绍了利玛窦引进的地球说的内容：

> 其言地圆也，曰地居天中，其体浑圆，与天度相应。中国当赤道之北，故北极常现，南极常隐。南行二百五十里则北极低一度，北行二百五十里则北极高一度。东西亦然，亦二百五十里差一度也。以周天度计之，知地之全周为九万里也。

这是真正的地球说。由这段话可以看出，当时人们接受地球学说，首先是接受了西方学者对地球说的论证，所谓"南行二百五十里则北极低一度，北行二百五十里则北极高一度"，就是地球说的直接证据。对这一证据，唐代一行在组织中国历史上第一次天文大地测量时就已经发现，但未能将其与地球说联系起来。而传教士在引入地球说时，首先把这一条作为地球说的证据进行介绍，从而引发了中国人的思考，思考的结果，是他们承认了地球说的正确性。对此，有明末学者方以智的话为证，他在其《通雅》卷十一《天文·历测》中说："直行北方二百五十里，北极出高一度，足征地形果圆。"

中国人接受地圆说，当然就承认水是地的一部分。方以智对此有明确认识，他在《物理小识》卷一《历类》中说："地体实圆，在天之中。……相传地浮水上，天包水外，谬矣。地形如胡桃肉，凸山凹海。"方以智的学生揭暄更是明确指出了水面的弯曲现象："地形圆，水附于地者亦当圆。凡江湖以及盆盎之水，无不中高，特人不觉耳。"②这样的论证，表明西方的地球说确实

---

① 中国天文学史整理研究小组，《中国天文学史》，北京：科学出版社，1987年版，第201页。
② （明）方以智，《地类·水圆》，《物理小识》卷二，《万有文库》本。

在其中国支持者那里找到了知音。

有了地球观念之后，计量上的进步也就随之而来。例如，在计量史上很重要的时差观念即是如此。时差观念与传统的地平大地说是不相容的，所以，当元初耶律楚材通过观测实践发现时差现象之后，并没有进一步得出科学的时差概念。事情起源于一次月食观测。根据当时通行的历法《大明历》的推算，该次月食应发生在子夜前后，而耶律楚材在塔什干城观察的结果，"未尽初更而月已蚀矣"。他经过思考，认为这不是历法推算错误，而是地理位置差异造成的。当发生月食时，各地是同时看到的，但在时间表示上则因地而异，《大明历》的推算对应的是中原地区，而不是西域。他说：

> 盖《大明》之子正，中国之子正也；西域之初更，西域之初更也。西域之初更未尽时，焉知不为中国之子正乎？隔几万里之远，仅逾一时，复何疑哉！

但耶律楚材只是提出了在地面上东西相距较远的两地对于同一事件有不同的时间表示，可这种时间表示上的差别与大地形状、与两地之间的距离究竟有什么样的关系，他则语焉不详。不从科学的地球观念出发，他也无法把这件事讲清楚。而不了解这中间的定量关系，时间计量是无法进行的。

地球观念的传入，彻底解决了这一问题。利玛窦介绍的地球说明确提到："两地经度相去三十度，则时刻差一辰。若相距一百八十度，则昼夜相反焉。"[①]这是科学的时区划分概念。有了这种概念，再有了HMS时制以及达到一定精度的计时器（如摆钟），就为近代意义上的时间计量的诞生准备了条件。

地球观念的传入，还导致了另一在计量史上值得一提的事情的发生。这就是清代康熙年间开展的全国范围的地图测绘工作。这次测绘与中国历史上

---

① 《明史·天文志一》。

以前诸多测绘最大的不同在于，它首先在全国范围进行了经纬度测量，选择
了比较重要的经纬度点641处[1]，并以通过北京钦天监观象台的子午线为本初
子午线，以赤道为零纬度线，测量和推算出了这些点的经纬度。在此基础上，
实测了全国地图，使经纬度测量成果充分发挥了其在地图测绘过程中的控制
作用。显然，没有地球观念，就不会有这种测量方法，清初的地图测绘工作，
也就不会取得那样大的成就。这种测绘方法的诞生，是中国传统测绘术向近
代测绘术转化的具体体现。

　　地球观念还与长度基准的制定有关。国际上通行的米制，最初就是以地
球子午线长度为基准制定的。传教士在把地球观念引入中国时，也隐约认识
到了地球本身可以为人们提供不变的长度基准。在《古今图书集成·历象汇
编·历法典》第八十五卷所载之《新法历书·浑天仪说》中，有这样一段话：

> 　　天设圈有大小，每圈俱分为三百六十度，则凡数等而圈之大小、度
> 之广狭因之。乃地亦依此为则。故地上依大圈行，则凡度相应之里数等。
> 依小圈亦有广狭，如距赤道四十度平行圈下之里数较赤道正下之里数必
> 少，若距六十七十等之平行圈尤少。则求地周里数若干，以大圈为准，
> 而左右小圈惟以距中远近推相当之比例焉。里之长短，各国所用虽异，
> 其实终同。西国有十五里一度者，有十七里半又二十二里又六十里者。
> 古谓五百里应一度，波斯国算十六里……至大明则约二百五十里为一度，
> 周地总得九万余里。乃量里有定则，古今所同。

所谓大圈，指地球上的赤道圈及子午圈，小圈则指除赤道圈外的所有的纬度
圈。这段话告诉我们，地球上的赤道圈及子午圈提供了确定的地球周长，各
国在表示经线一度的弧长时，所用的具体数值虽然不同，但它们所代表的实

---

[1] 《中国测绘史》编辑委员会，《中国测绘史（第二卷）》，北京：测绘出版社，1995年版，第
119页。

际长度却是一样的。换句话说，如果以地球的"大圈"周长为依据制定尺度基准，那么这种基准是最稳定的，不会因人、因地而异。

《新法历书》的思想虽未被中国人用来制定长度基准，但它所说的"凡度相应之里数等"的思想在清代的这次地图测绘中被康熙皇帝爱新觉罗·玄烨用活了，玄烨据此提出了依据地球纬度变化推算距离以测绘地图的设想。他曾"谕大学士等曰"：

> 天上度数，俱与地之宽大吻合。以周时之尺算之，天上一度即有地下二百五十里；以今时之尺算之，天上一度即有地下二百里。自古以来，绘舆图者俱不依照天上之度数以推算地里之远近，故差误者多。朕前特差能算善画之人，将东北一带山川地里，俱照天上度数推算，详加绘图视之。①

细读康熙的原话可以看出，他所说的"天上度数"，实际是指地球上的纬度变化，他主张在测绘地图时，要通过测量地球上的纬度变化，按比例推算出（而不是实际测量出）相应地点的地理距离。因为纬度的测量比地理距离的实测要容易得多，所以康熙的主张是切实可行的，也是富有科学道理的。他的这一主张，是在地球观念的影响之下提出来的，这是不言而喻的。

关于康熙时的地图测绘，有不少书籍都从计量的角度，对测绘用尺的基准问题做过探讨，例如，《中国测绘史》就曾提出：在测绘全国地图之前，"爱新觉罗·玄烨规定，纬度一度经线弧长折地长为200里，每里为1800尺，尺长标准为经线弧长的0.01秒，称此尺为工部营造尺（合今0.317米）。

"玄烨规定的取经线弧长的0.01秒为标准尺度之长，并用于全国测量，乃世界之创举。比法国国民议会1792年规定以通过巴黎的子午圈全长的四千万分之一作为1米（公尺）标准长度及其使用要早88年和120多年，（1830年后

---

① "康熙五十年四月至六月"，《清圣祖实录》卷二四六，北京：中华书局，1985年版。

才为国际上使用）"①。因此，这一规定显然是中国近代计量史上值得一书的大事。

《中国测绘史》的这种观点富有代表性，涉及于此的科学史著作几乎众口一词，都持类似看法。空穴来风，这种看法应当有其依据，因为康熙本人明确提到"天上一度即有地下二百里"，这里天上一度，反映的实际是地上的度数，因此，完全可以按照地球经线弧长来定义尺度。

但是，如果清政府确实按康熙的规定，取经线弧长的0.01秒为标准尺度之长，则1尺应合现在的30.9厘米（按清代数据，地球周长为72000里，合129600000尺，取其四千万分之一为1米，则得此结果），但清代营造尺的标准长度是32厘米②，二者并不一致。可见，认为清代的营造尺尺长是按照地球经线弧长的0.01秒为标准确定的这一说法，与实际情况是不一致的。

再者，如果康熙的确是按地球经线弧长的0.01秒作为营造尺一尺的标准长度，那也应该是首先测定地球经线的弧长，然后再根据实测结果确定尺度基准，制造出标准器来，向全国推广，而不是首先确定尺长，再以之为基准去测量地球经线长度。

此外，文献记载也告诉我们，康熙朝在统一度量衡时，是按照"累黍定律"的传统方法确定尺长标准的，与地球经线无关。在康熙"御制"的《数理精蕴》中，就明确提到：

> 里法则三百六十步计一百八十丈为一里。古称在天一度，在地二百五十里，今尺验之，在天一度，在地二百里，盖古尺得今尺之十分之八，实缘纵黍横黍之分也。③

---

① 《中国测绘史》编辑委员会，《中国测绘史（第二卷）》，北京：测绘出版社，1995年版，第111页。
② 丘光明、邱隆、杨平，《中国科学技术史·度量衡卷》，北京：科学出版社，2001年版，第423页。
③ （清）玄烨，《御制数理精蕴度量权衡，下编卷一》，文渊阁《四库全书》版。关于康熙用"累黍定律"方法确定度量衡基准的过程，亦可参见《律吕正义》《律吕正义后编》等书。

这段话明确告诉我们，与所谓"在天一度，在地二百里"相符的"今尺"尺长基准，是按照传统的累黍定律的方法确定的。在这里，我们看不到以地球经线弧长为标准确定尺度基准的影子。

　　显然，康熙并未设想要以地球经线弧长为准则确定尺度，更没有按这种设想去制定国家标准器，去推广这种标准。他在测量前指示人们按照"在天一度，在地二百里"的比例测绘地图，是为了测量的简便，与长度基准的确定应该没有什么关系。

跋

关于本书的说明

　　本书是在作者迄今发表之科学史研究论文的基础上完成的。全书就中国古代的宇宙观与时空观、天文与社会、物理现象探索、科学史研究的辨析求真、计量历史管窥等方面展开探索。内中各文虽然完成于不同时期，反映了作者多年来在科学史领域的相关研究成果，但整体来看，倒也自成体系，有内在逻辑关联，形成了一部从物理、天文、计量视角对中国古代科学史进行解读的专门著作，读者可借此了解中国古代科学的某些特点，增进对古代科学本身的理解。

　　此书内容的选择，与作者对科学史学科中物理、天文、计量的学科属性的理解有关。一方面，在当代文明中，科学技术扮演着重要角色，而当代科学是在近代科学基础上发展起来的，近代科学则起步于17世纪物理学的发展。科学史的一个重要功能是了解科学，特别是现代科学。基于物理学是近代科学的带头学科这一事实，要发挥科学史研究的这一功能，当然要关注物理学史的研究。中国古代虽然不存在当代意义上的物理学，但古人对相关物理现象仍然给予了足够的重视，做过深入的探讨，对他们的这种探讨加以解读，对了解中华文明的特质，是大有裨益的。这是本书在内容选择上把物理学史作为重要组成部分的原因之所在。

　　另一方面，在世界主要文明发展过程中，天文学都是带头学科。天文学的发展，不但带动了科学技术的发展，更重要的是，带动了文明的进步。如果要把研究科学史作为了解人类文明发展历程的一种进路，就不能不关注古代天文学的发展。把古代天文与社会作为组成部分，就是希望能够通过相应命题的研究，展示其与古代社会间的相互作用及其独特的历史面貌。在研究方法上，鉴于本书不是专门的天文学史著作，作者关注的重点是天文与社会的互动，而这种互动随着天文学的发展在形式及内容上都在变化，因此，作者采取了把这种互动置于天文学本身发展的视角展开探讨的做法，会涉及古代天文学本身的内在元素。

　　此外，不管是天文学，还是物理学，乃至其他学科，都需要计量为之提供支撑。一般来说，没有定量化，就没有科学，而定量的本质，离不开测量，测量则需要计量的支撑，因为计量的本质就在于确保单位的统一和测量结果的准确可靠。因此，计量是科学的基础。由此，计量史的研究，对科技史学科来说，是必不可少的。由于各种原因，中国计量史的研究，相对于其他科技史学科，相对还比较薄弱，这就更需要我们来努力加强这个科技史的新兴学科。作者有个认识，就中国科技史来说，传统上认为有四大学科：农、医、天、算。此说固然不错，但就重要性、资料分布的广泛性和自身发展的系统性而言，计量作为一个重要学科，也应榜上有名。由此，农、医、天、算加上计量，中国古代科技发展较为成熟的，应该是五大学科，正好应了古代在讨论自然科学时尚五的传统。这是本书把计量史的研究作为其另一个重要组成部分的学理依据。

　　物理、天文、计量对科技史学科的重要性如上所述，而作者已有研究的部分内容恰好涉及这些领域，为相应学科的发展起到了添砖加瓦的作用。正因为如此，利用上海交通大学人文学院组织出版"全球人文学术前沿丛书"之机，作者选择过去研究成果中的部分相关论文，对之重新做了梳理和修订，一方面是文字上尽可能删改错讹，去芜存菁；另一方面则是叙述上的补阙挂漏，打磨组合；同时，根据丛书的要求，在编排和叙事方式上也做了调整。

更重要的是，作者根据自己研究的进展，对其中不少内容做了新的叙写。作者希望通过这样的努力，使这部中国古代物理、天文、计量领域的研究著作，能够以较好的形式呈现于读者面前。虽然如此，由于水平所限，作者固然力求完善，但自忖书中仍多有不尽人意之处，特请读者谅解并予以指出，以使今后有机会予以改正。

此书名称的由来，首先在于其相当一部分内容属于计量史，与规矩权衡密不可分；更重要的则在于，从事科学史研究，要实事求是，努力还原历史，解读历史，这就要遵守治学之道，画圆以规，制方用矩，要守规矩；还有，史籍浩繁，人之精力有限，见识有限，欲在史海觅珠，必须有所选择，这就需要遴选甄别，权衡比较。有虑及此，故以此书名自勉。

商务印书馆上海分馆孟祥颖编辑认真地编校修订，使本书增色不少。上海交通大学人文学院领导及相关人士为本套丛书的问世付出了心血。在此，一并致以感谢！

关增建

2021年12月30日

上海交大·全球人文学术前沿丛书
（第一辑）

————————— ✻ —————————

《全球人文视野下的中外文论研究》

王 宁 著

《中国古代散文探奥》

杨庆存 著

《哲学、现代性与知识论》

陈嘉明 著

《中国现代文学的历史还原和视域拓展》

张中良 著

《中国美学的史论建构及思想史转向》

祁志祥 著

图书在版编目（CIP）数据

规圆矩方，权重衡平：中国科学史论纲 / 关增建著.
—北京：商务印书馆，2024
（上海交大·全球人文学术前沿丛书）
ISBN 978 - 7 - 100 - 23347 - 7

Ⅰ.①规…　Ⅱ.①关…　Ⅲ.①科学史 — 中国 —
古代　Ⅳ.①G322.9

中国国家版本馆 CIP 数据核字（2024）第009967号